中国科学院科学与社会系列报告

2012中国可持续发展战略报告
——全球视野下的中国可持续发展

China Sustainable Development Report 2012
China's Sustainable Development in the Shifting Global Context

● 中国科学院可持续发展战略研究组

科学出版社

北 京

内 容 简 介

《2012中国可持续发展战略报告》的主题是"全球视野下的中国可持续发展"。报告回顾了过去20年全球及中国实施可持续发展战略的历程，总结了环境与发展的经验和教训，重点探讨了在新的全球化背景下中国与世界的关系，阐述了中国可持续发展的全球意义，分析了开放环境下中国面临的多重挑战、全球资源环境安全格局，以及中国在发展绿色经济中的角色和作用，并结合情景分析，提出了未来中国实施可持续发展的战略愿景、路径选择和相应的对策建议。

本报告利用更新的可持续发展评估指标体系和资源环境综合绩效指数，分别对全国和各地区1995年以来的可持续发展能力以及2000年之后的资源环境绩效，进行了综合评估和分析。同时对世界73个主要国家的绿色发展水平开展了评估和比较研究。

本报告对于各级决策部门、行政部门、立法部门，有关的科研院所、大专院校、社会公众，具有一定的参考和研究价值。

中国可持续发展研究网　http：//www.china-sds.org
中国可持续发展数据库　http：//www.chinasd.csdb.cn

图书在版编目(CIP)数据

2012中国可持续发展战略报告：全球视野下的中国可持续发展/中国科学院可持续发展战略研究组编 .—北京：科学出版社，2012.3
（中国科学院科学与社会系列报告）
ISBN 978-7-03-033572-2

Ⅰ.①2⋯　Ⅱ.①中⋯　Ⅲ.①可持续发展－研究报告－中国－2012
Ⅳ. X22-2

中国版本图书馆 CIP 数据核字(2012)第 023743 号

责任编辑：胡升华　侯俊琳　张　凡/责任校对：朱光兰　宋玲玲
责任印制：徐晓晨/封面设计：无极书装

科 学 出 版 社 出版
北京东黄城根北街 16 号
邮政编码：100717
http://www.sciencep.com

北京京华虎彩印刷有限公司 印刷
科学出版社发行　各地新华书店经销

*

2012 年 3 月第 一 版　开本：720×1000　1/16
2016 年 1 月第四次印刷　印张：29 1/4　插页：2
字数：580 000
定价：**98.00** 元
（如有印装质量问题，我社负责调换）

中国科学院《中国可持续发展战略报告》

总策划　曹效业　潘教峰

中国科学院可持续发展战略研究组

名誉组长　牛文元
组　长　王　毅
副组长　刘　毅　李喜先
成　员　胡　非　蔡　晨　杨多贵　陈劭锋　陈　锐

《2012中国可持续发展战略报告》研究组

主题报告首席科学家　王　毅
研究起草组成员　（以姓氏笔画为序）

孔令红　朱　蓉　任　姗　任　鹏　刘　颖
苏利阳　吴昌华　沈　镭　张庆杰　陈劭锋
金嘉满　周宏春　胡　涛　袁山林　钱　翌
高天明　高　丽　Mukul Sanwal
Rainer Walz　Wolfgang Eichhammer

技术报告首席科学家　陈劭锋
研究起草组成员　陈劭锋　刘　扬　苏利阳　潘明麒　严晓星
　　　　　　　　岳文婧　郑红霞　秦海波　梁丽华　邱明晶

评　阅　专　家　孙鸿烈　陆大道　傅伯杰

本报告得到中国科学院自然科学与社会科学交叉研究中心的资助，特此致谢

迎接全球挑战，实现绿色创新，引领中国可持续发展

（序）

白春礼

1992 年联合国召开环境与发展大会以来，全球的环境与可持续发展格局正在发生深刻的变化。世界经济规模不断扩大，中国等新兴经济体迅速崛起，绿色经济日渐成熟，正在改变着全球的环境与发展版图。中国从 1996 年开始就将可持续发展作为国家战略，在促进可持续发展的相关领域包括人口控制、节能减排、生态建设等方面，取得了举世瞩目的成就。

当前，世界范围内的政治经济格局面临深度变革与调整，经济发展方式、社会治理结构、全球安全形势正在发生着重大变化。人类快速发展的巨大需求与地球有限承载能力、能源资源和生态环境约束间的矛盾日益尖锐，各种问题相互交织和叠加，严重威胁着全球的可持续发展。中国依然面临着复杂而严峻的多重挑战，重要资源能源进口依存度不断提高，高投入、高消耗、高污染、低产出、低效益的经济增长方式尚未得到根本性转变，资源环境问题成为阻碍我国全面实现小康社会的重要制约因素。这些复杂而严峻的问题，既是对经济社会的挑战，更是对科技的挑战，需要综合运用自然科学、人文社会科学和各种技术手段去研究解决。

一、科技进步是促进可持续发展的永恒动力和源泉

科技进步与知识发展是人类应对各种挑战和实现可持续发展永不枯竭的源泉。近现代史表明，科技进步与创新始终在推动人类进步方面发挥着革命性的作用。至今人类社会已经历了五次科技革命，每一次重大的科技创新与突破，都会极大地提高社会生产力，重塑人类的思想观念、改变人类的生产方式和生活方式，为可持续发展创造了更大的空间，从而深刻地影响人类文明的发展进程。

第一次是 16～17 世纪以哥白尼、伽利略、牛顿等为代表的科学革命，建立了近代科学的理论体系；第二次是发生在 18 世纪中叶，以蒸汽机为标志的工业革命，突破了人类体能极限，开辟了生产力的巨大发展空间；第三次是 19 世纪下半叶，以电动机和内燃机为标志的电气革命，大幅拓展了人类的活动空间，人类进入电气时代；第四次是 19 世纪后期至 20 世纪中叶，以相对论、量子论等为标志的科学革命，引发了原子能、信息通讯、航空航天等一系列技术和产业的兴起，极大地延伸了人类的认知空间；第五次是 20 世纪 90 年代以来的信息通信技术革命，极大地促进了网络经济、知识经济的形成和发展，并催化了整体经济的转型升级，人类进入了新的信息社会。

世界上主要发达国家如美国、德国、英国、日本等抓住了这五次科技革命的机遇，发展成为世界强国。而中国在错失了前四次科技革命机遇的情况下，经济发展落后，尽管把握住了第五次科技革命的机遇，助推了改革开放 30 多年来的快速经济增长和社会进步，但与发达国家相比还存在相对大的差距。

当前，世界正处于第六次科技革命前夜，一些重要科技领域已显现革命性突破的先兆。新一轮科技革命将得益于信息科技革命的推动，在物质科学、生命科学等学科及其交叉领域开辟新的空间。学科交叉融合进一步加快，新学科不断涌现。创新资源在全球范围内加速流动，知识、技术、人才高效配置，转移转化和应用周期更短、效率更高。未来几十年内很有可能发生一场由绿色引领和创新驱动双重作用所引发的新科技

革命和产业革命。这次科技革命的重大突破和发展方向将为人类可持续发展提供更大的发展机遇和空间。

二、可持续发展对科技创新提出新的课题

绿色经济已成为全球可持续发展领域的新趋势。21 世纪以来，在应对全球气候变化和世界金融危机等一系列全球性问题的冲击和挑战下，促进绿色经济发展、实现绿色转型已成为世界性的潮流和趋势。无论是全球层面，还是区域层面，也无论是发达国家还是包括新兴经济体在内的发展中国家，纷纷制定绿色经济的发展战略、政策和行动，加快了全球绿色转型的步伐，力图在促进经济增长和就业、加大环境保护、保障社会公平的同时，努力推动实现一个节能环保、绿色低碳、社会包容的可持续未来。这同时也在全球范围内酝酿和催生一场新的科技革命和产业革命，并且预示着全球将进入一个前所未有的创新密集时代。

2008 年 10 月，联合国环境规划署针对当时全球金融危机蔓延的态势，适时提出了发展"绿色经济"的倡议，呼吁实施"全球绿色新政"，实现"绿色复苏"。主要发达国家和经济体先后出台经济刺激计划、后续的发展战略或政策，加快新兴技术和产业发展布局和规划，创造新的经济增长动力或新的经济增长点，意图通过技术创新、产业创新和制度创新，把保障短期的经济复苏与长期的绿色转型和可持续经济增长结合起来，实现创造新的产业和就业机会、创建新的竞争优势、保障资源安全、应对环境与气候变化挑战等多重目标。

美国把清洁能源产业作为其新兴产业发展的重中之重，其战略核心是投资发展"气候友好型能源"，依靠科学技术开辟能源新途径。欧盟也在尝试把促进经济复苏和就业机会增长的短期措施与旨在向低碳经济、资源效率经济转型的中期战略结合起来，将低碳经济的发展视为"新的工业革命"，采取强有力的措施推进低碳技术及其产业发展，推动欧盟经济向高能效和低碳排放的方向转型。日本则公布了"绿色经济与社会变革"政策草案，旨在强化日本的低碳社会建设，并通过提出环境能源技术创新计划、低碳社会行动计划等计划和颁布相关法规，促进环保和新

能源产业发展。韩国则制定了《低碳绿色增长国家战略》和《绿色经济五年计划》，提出通过发展绿色环保技术和可再生能源技术，实现节能减排、增加就业和创造经济发展新动力三大目标。一些新兴经济体和发展中国家，如印度尼西亚、南非等国家也制定了本国的绿色经济规划或者正在重点绿化其主要的产业部门。

绿色创新是绿色发展与转型的关键和动力。 实现绿色发展与转型本质上是对传统发展模式的变革与创新。这种绿色创新往往是全方位的，涉及技术、政策、制度、组织、文化、管理等多个维度，涵盖宏观和微观两个层面，甚至是革命性的或根本性的。因此，向绿色发展过渡并非一蹴而就，它是一个系统变革的过程，受到多重因素的制约和影响。其中，绿色技术创新又是绿色创新的核心和关键，在推进节约资源、减少污染排放方面通常发挥着先导性作用。从世界范围来看，绿色创新呈现出由单项技术、单项工艺、单种产品和单个过程改进或增量创新向大规模、集成化或整合化、深层次的激进式系统创新方向转变的趋势；由为末端治理方案提供支撑向为生产和消费全过程控制方案提供支撑方向转变的趋势；由单纯注重技术单一维度创新向包含技术创新在内的全方位、多维度创新方向转变的趋势；由微观层面的企业技术创新、商业模式和管理创新向宏观层面的全社会结构、组织、制度乃至文化创新方向转变的趋势。

绿色发展与转型是中国的必由之路。 20 世纪 50 年代以来，中国基本上走的是一条粗放型的经济增长道路，高速的经济增长建立在高昂的资源环境代价基础上。改革开放的 30 多年间，中国的 GDP 增长了 15 倍，而能源消费增长了近 4 倍，单位 GDP 消耗的主要资源和污染物排放远高于发达国家。尽管作为世界"制造工厂"，中国的大量资源能源消费和碳排放是为其他国家承担的，但相对粗放的"高投入、高消耗、高污染、低产出、低效益"的经济增长方式是难以为继的，也凸显了中国资源、能源和环境安全问题的严峻性。主要表现在两个方面：一是应对气候变化的长期挑战，将长期面临着越来越大的国际减排压力，并将直接影响到中国的现代化进程。二是国内资源环境问题多样性的挑战，一些战略性能源资源，包括油、气等优质能源以及铁、铜、铝等战略性矿产资源将长期处于供需紧张状态，对外依存度迅速攀升；环境污染格局更加复杂多样并且面临着大范围的生态退化压力。转变经济发展方式任重道远。必须探索一条符合中国国情、资源节约型和环境友好型的绿色低碳发展路径。

1996年实施可持续发展战略以来，中国政府已经提出了一系列与绿色发展有关的方略，加快转变经济发展方式、推动科学发展，这包括走新型工业化道路、建设节约型社会、建设创新型国家、建设生态文明、大力发展绿色经济、促进绿色低碳发展等，并且出台了一系列的重大政策和行动予以推进，包括将资源环境约束性目标纳入到五年规划中付诸实施。目前，我国以节能减排和应对气候变化为核心的绿色低碳发展取得了显著成效，国家可持续发展能力稳步提升。

制定全球视野的中国绿色发展战略与绿色创新计划。为迎接和应对国内外资源环境问题的挑战，顺应国际绿色发展的潮流和趋势，必须依靠绿色创新，包括科技创新、政策创新、制度创新、管理创新，加快推动中国绿色发展和绿色转型的步伐，抢占未来国际竞争的制高点和发展主动权。然而，我国目前的科技能力、政策供给、体制机制安排等方面还难以满足绿色发展与转型的现实和潜在需求。加之中国发展的外部环境复杂、多变，不确定性因素显著增多，国内资源环境问题与全球资源环境问题叠加、交织、并存，这些新的问题和挑战，更是增加了中国绿色发展与转型的难度。这意味着推动中国的可持续发展，不仅要立足于国内，还要从国际视角审视和谋划，即"全球思考、地方行动"。在着力解决国内可持续发展问题的同时，提高参与解决全球可持续发展问题的能力，共同推动实现全球的可持续发展。

基于国家的绿色发展与转型的现实需求出发，需要在以下几个方面提供科技支撑：制定中国绿色发展与转型综合战略规划，包括战略目标、战略任务、战略重点和战略对策，确定符合中国国情的绿色发展与转型的路线图和优先领域，统筹协调政府部门的相关政策和利益相关者的行动，为推动绿色发展与转型提供依据；加快制度创新，充分发挥法律、行政、经济、科技手段和措施的组合作用，特别是基于市场的政策工具开发与应用，为推动绿色发展与转型提供保障；加强绿色科技创新、产业创新和产品创新，提高绿色科技创新能力，促进环保和能源产业发展，为推动绿色发展与转型提供科技支撑；制定中国绿色发展全球战略与对策，包括中国的能源、资源、环境安全全球战略与对策，应对气候变化的国际合作战略与政策，可持续发展领域的技术合作战略与对策等，积极参与全球环境治理和全球规则制定，为推动中国与全球的绿色发展与转型提供导向作用。

三、中国科技界要在促进中国可持续发展中发挥关键作用

国内外复杂的环境与发展问题，对中国可持续发展研究提出更新、更高的要求，需要从全球视野审视和谋划中国的可持续发展，寻求促进经济发展、保障中国能源资源和环境安全、应对全球气候变化、加强国际合作等领域的新战略与新对策。中国科技界必须抓住新科技革命的历史机遇，大力提高自主创新和可持续发展能力，抢占未来发展和竞争的制高点，为中国 13 亿人的现代化和绿色发展做出贡献，并与国际科技界通力合作，共同促进建设一个可持续的全球未来。

要科学预测和判断未来新科技革命的可能方向，加强前瞻布局，加强战略性先导研究与重大交叉前沿研究，推动可持续发展与科技革命的深度融合，做出原创性成果，突破关键核心技术，在战略性能源与资源、典型生态环境的开发和保护以及战略性新兴产业发展方面提供系统性的解决方案和决策支持，抢占新科技革命和国际科技经济竞争制高点，为绿色、智能、可持续的新科技革命做好充分准备，支撑引领我国经济社会可持续发展。

作为国家科研机构，中国科学院担负着服务国家目标、保障公共利益和国家安全，出成果出人才出思想的战略使命，在促进中国可持续发展中做出了重要贡献。20 世纪 80 年代，参与提出"可持续发展"的理念，并持续开展国家可持续发展战略与政策研究，提出中国不同区域适应气候变化的对策、建设国家主体功能区等政策建议，为国家可持续发展宏观决策提供了重要科学依据。开展多学科理论、方法、手段研究和关键技术开发与示范，在先进节能环保工业技术、煤的洁净利用、中低

产田改造、生态恢复修复与环境综合治理、沙漠防治技术、遥感信息技术应用等方面，取得了一批重大创新成果，为推动我国可持续发展提供了有力科技支撑。

面向未来10~20年中国可持续发展面临的最迫切的问题，中科院将恪守战略定位，切实肩负起出成果出人才出思想的战略使命，实施"民主办院、开放兴院、人才强院"发展战略，充分发挥综合优势，不断创造一流的科技成果，不断培养造就一流的创新人才，不断提出支撑科学发展的新思想，勇作第六次科技革命的"急先锋和领头羊"，进一步发挥中国科技"火车头"作用，引领中国可持续发展。

以解决关系国家全局和长远发展的基础性、战略性、前瞻性重大科技问题为着力点，在可持续能源与资源、先进材料与绿色智能制造、普惠泛在信息网络、生态高值农业与生物产业、普惠健康保健、生态与环境保育、空天海洋能力新拓展、国家与公共安全等八个重要方面和重要基础研究与交叉科学领域，进行整体布局，着力促进重大产出，培育未来竞争新优势。在绿色创新相关研究工作方面，部署未来先进核裂变能、深海科学探测装备关键技术研发与海试、应对气候变化的碳收支认证及相关问题、分子模块育种创新体系与现代农业示范工程、低阶煤清洁高效梯级利用关键技术与示范、深部资源探测核心技术研发与应用示范、重大新药创制与重大疾病防控新策略、储能电池、甲醇制烯烃、煤制乙二醇等一批重大科技任务。在前沿交叉领域部署一批重点突破方向。整合支撑可持续发展的研究队伍、研究平台和监测分析网络等资源，使其成为全社会可共享、可依靠的公共科学资源。加强国际交流合作，在开放环境下充分利用国际创新资源。

建设创新型人才培养高地。坚持培养与引进相结合，立足创新实践，造就若干能攻坚克难、在国际学术界有重要影响的领军人才或团队，引进一批海外高层次人才、优秀学术技术带头人，不拘一格选拔、使用优秀青年人才，加强国际化培养。坚持"全院办校、所系结合"和"三统一、四融合"，为社会培养一大批高层次可持续发展研究人才。建设国家高端思想库和智囊团，联合全国科技界，发挥院士群体和研究机构专家队伍多学科综合优势，持续开展科技发展路线图战略研究、情报分析与服务。加强重大问题决策咨询研究，重点是国家科技战略布局、战略性新兴产业发展、破解社会转型时期复杂社会矛盾、突破资源瓶颈和生态环境约束、我国国际竞争战略等，为国家宏观决策提供科学思想和系统建议。弘扬科学院精神，建设创新文化，构建充满活力、包容兼蓄、和谐有序、开放互动的创新生态系统。加强与重点行业大型企业、省科学院和大学等构建协同创新联盟，建设区域创新集群，促进科技与经济紧密结合。完善现代科研院所制度，充分尊重科技人员的创新自主权，建立重大产出导向的评价和资源配置体系，开放共享科教基础设施，实现最大效益。

前言与致谢

今年的报告选择"全球视野下的中国可持续发展"作为主题主要有两个原因：一是今年是 1992 年联合国环境与发展大会 20 周年，"里约 + 20"大会将于 6 月在巴西里约热内卢召开，世界各个国家和国际组织都在为此做准备。二是中国已经成为世界第二大经济体和最大的能源消费国与碳排放国。当前我们所面临的国际环境与 20 年前已完全不同。也正是由于成为最大的新兴经济体和"世界制造工厂"，中国对全球资源环境的影响举足轻重。如何更好地处理中国与世界的关系，对于实现中国乃至全球的可持续发展和绿色转型至关重要。

为顺利完成今年的报告，我们组织了一系列研讨会，希望了解不同领域的专家学者对中国的发展前景、中国与世界的关系、绿色发展的可行性、可持续发展的主要障碍等广泛议题的看法。同时，我们遴选了 10 个关键问题，尝试通过向国内外各界名流、智者发放问卷或重点采访的方式，以获取大家对"中国与世界"的观点和意见。我们还利用参与国内外各种会议的机会，汲取不同讨论议题的精华，思考中国以及人类的未来。本报告的很多观点正是得益于这些研讨会和访问问卷。

在此基础上，我们邀请了国内外常年从事可持续发展、绿色创新、环境保护等领域研究的官方和民间智库的专家与学者，组成了研究团队，围绕中国与全球可持续发展的各个领域开展专题研究，回顾发展历程，总结经验和教训，提出未来的路径选择和政策建议。

本年度报告由研究起草组成员分章撰写，主题报告由王毅修改、审定，技术报告由陈劭锋组织完成，全书最后由王毅统稿。

我们要特别感谢中国科学院院长白春礼先生专门为本年度报告撰写了序言，感谢李静海副院长对报告的审阅，感谢孙鸿烈先生、陆大道先生、傅伯杰先生对报告所做出的评阅意见，感谢曹效业、潘教峰两位副秘书长对报告主题的选定所提出的意见建议以及对报告修改所做的指导，感谢规划战略局陶宗宝处长在课题研究过程中和报告文稿起草过程中提出的宝贵建议，以及刘剑等同志所提供的帮助。感谢国家发展和改革委员会宏观经济研究院国土开发与地区经济研究所张庆杰研究员、国务院发展研究中心周宏春研究员、中国科学院地理科学与资源研究所沈镭研究员、环境保护部环境与经济政策研究中心胡涛研究员、全球环境研究所金嘉满主任、气候组织大中华区吴昌华总裁和刘颖女士对本年度报告研究的积极参与和支持。感谢周宏春、陈劭锋对报告摘要提出的修改建议。感谢整个研究团队对本年度报告工作的支持。

我还要特别感谢来自印度的穆库·圣瓦尔（Mukul Sanwal）教授以及来自德国弗朗霍夫协会系统创新研究所的莱纳·瓦尔兹（Rainer Walz）博士和沃尔夫冈·艾希哈默（Wolfgang Eichhammer）博士参与了本年度报告的专题撰写工作。他们丰富的国际组织经验及颇有见地的观点，不仅十分切合今年报告的主题，而且也为报告添色不少。

在此还要感谢所有参与报告问卷调查和采访的人士，包括参与问卷设计的气候组织的研究人员，以及来自国内的 21 位受访者（以姓氏拼音排序）：鄂云龙、高泉庆、郭伟、郭秀闲、华贲、何育萍、姜克隽、李宝林、栗德祥、刘海林、李振达、孟浩、马宇、牛志明、唐国庆、王小康、许方洁、徐玉华、张建民、周开壹、詹益明，和 19 位来自国外的受访者：斯泰纳尔·安德烈森（Steinar Andresen）、包立贤（Andrew Brandler）、汤姆·布鲁克（Tom Burke）、尼古拉斯·肖德龙（Nicolas Chaudron）、杰夫·查普曼（Jeff Chapman）、埃利奥特·迪林格（Elliot Diringer）、盖伊·德鲁里（Guy Drury）、马库斯·埃德雷尔（Markus Ederer）、布鲁诺·拉丰特（Bruno Lafont）、伯尼斯·李（Bernice Lee）、琼·麦克纳夫顿（Joan Macnaughton）、凯文·莫斯（Kevin Moss）、苏雷什·普拉布（Suresh Prabhu）、安德烈·施耐德（Andre Schneider）、保尔·辛普森（Paul Simpson）、哈里·费哈尔（Harry Verhaar）、格雷厄姆·沃森（Graham Watson）、罗伯特·维斯特（Robert Wiest）、迪米特里·曾格利斯（Dimitri Zenghelis）。在此，向他们所给予我们报告的无私贡献和深刻的见解与启示表示衷心感谢。

此外，我还要感谢程伟雪先生、吴昌华女士、罗斯（Lester Ross）先生为报告有关章节和目录所做的翻译工作。感谢张冀强、白爱莲（Irene Bain）、丁宁宁、孙桢、刘健、骆建华等在研究过程中所提供的观点和建议。我还要特别感谢布莱蒙基金会和福特基金会在本报告研究过程中所提供的支持和帮助。

感谢科学出版社科学人文中心胡升华主任、科学人文分社侯俊琳社长对本书出版的一贯支持和帮助。特别感谢责任编辑张凡，他高效的编辑工作是本书出版的重要保障。

最后，请允许我代表研究组向所有为本年度报告做出贡献和提供帮助的朋友和同仁一并表示衷心的感谢！

王　毅

2011 年 2 月 18 日

首字母缩略词

缩写	英文全称	中文全称
3R	Reduce, Reuse, Recycle	减量化、再利用和资源化
BaU	Business as Usual	照常情景
BEV	Battery Electric Vehicle	纯电动汽车
BT	Build-Transfer	建设－移交
BOD	Biochemical Oxygen Demand	生化需氧量
BOT	Build-Operate-Transfer	建设－营运－移交
CAS	Chinese Academy of Sciences	中国科学院
CCS	Carbon Capture and Storage	碳捕集与封存
CCUS	Carbon Capture, Utilization, and Storage	碳捕集、利用与封存
CDM	Clean Development Mechanism	清洁发展机制
CE	Circular Economy	循环经济
CSP	Concentrating Solar Power	聚光太阳能发电
CSR	Corporate Social Responsibility	企业社会责任
CTD	Committee on Trade and Development	WTO 贸易与发展委员会
CTE	Committee on Trade and Environment	WTO 贸易与环境委员会
CGE	Computable General Equilibrium	可计算一般均衡模型
CO_2	Carbon Dioxide	二氧化碳
CO_2e	Carbon Dioxide equivalent	二氧化碳当量
COD	Chemical Oxygen Demand	化学需氧量
CSDR	China Sustainable Development Report	中国可持续发展战略报告
DBO	Design-Build-Operation	设计、建设、运营一体化

续表

缩写	英文全称	中文全称
DfE	Design for the Environment	为环境而设计
DSM	Demand-Side Management	需求侧管理
EE	Emerging Economies	新兴经济体
EEA	European Environment Agency	欧洲环境局
EED	Energy Efficiency Directive	欧盟能源效率指令
EEX	European Energy Exchange	欧洲能源交易所
EGS	Environmental Goods and Services	环境产品和服务
EIA	Energy Information Administration	（美国）能源信息署
EKC	Environmental Kuznets Curve	环境库兹涅茨曲线
EMC	Energy Management Contract	合同能源管理
ESCO	Energy Service Company	节能服务公司
ESI	Emerging Strategic Industry	战略性新兴产业
EU	European Union	欧洲联盟（简称欧盟）
EU ETS	European Union Emission Trading Scheme	欧盟排放交易体系
EuP	Energy-using Product	用能产品
EV	Electric Vehicle	电动汽车
FCEV	Fuel Cell Electric Vehicle	燃料电池电动汽车
FDI	Foreign Direct Investment	外国直接投资
GATT	General Agreement on Tariffs and Trade	关税及贸易总协定（简称关贸总协定）
GDP	Gross Domestic Product	国内生产总值
GD	Green Development	绿色发展
GE	Green Economy	绿色经济
GEF	Global Environment Facility	全球环境基金
GEI	Global Environmental Institute	全球环境研究所
GHGs	Greenhouse Gases	温室气体
HEV	Hybrid Electric Vehicle	混合动力电动汽车

缩写	英文全称	中文全称
HSBC	The Hongkong and Shanghai Banking Corporation Limited	香港上海汇丰银行（简称汇丰银行）
ICSU	International Council for Science	国际科学理事会（简称国科联）
ICT	Information and Communication Technology	信息与通信技术
IEA	International Energy Agency	国际能源署
IGCC	Integrated Gasification Combined-Cycle	整体煤气化联合循环
IRP	International Resource Panel	国际资源专家组
ISI	Fraunhofer Institute for Systems and Innovation Research	（德国）弗朗霍夫协会系统创新研究所
ISO	International Organization for Standardization	国际标准化组织
IPCC	Intergovernmental Panel on Climate Change	政府间气候变化专门委员会
IPM	CAS Institute of Policy and Management	中国科学院科技政策与管理科学研究所
IPO	Initial Public Offering	首次公开募股
IPR	Intellectual Property Right	知识产权
KP	Kyoto Protocol	京都议定书（简称议定书）
LCE	Low Carbon Economy	低碳经济
LED	Light Emitting Diode	半导体照明（发光二极管照明）
LM	Lead Market	先导市场
MDGs	Millennium Development Goals	千年发展目标
MEAs	Multilateral Environmental Agreements	多边环境协议
NAPs	National Allocation Plans	国家分配计划
NICs	Newly Industrialized Countries	新兴工业化国家和地区
NO_x	Nitrogen Oxides	氮氧化物
NREAP	National Renewable Energy Action Plan	国家可再生能源行动计划
OECD	Organization for Economic Cooperation and Development	经济合作与发展组织（简称经合组织）

续表

缩写	英文全称	中文全称
PE	Private Equity	私募股权投资
PHEV	Plug-in Hybrid Electric Vehicle	插电式混合动力汽车
PM2.5	Particulate Matter less than 2.5 μm	大气中粒径小于或等于 2.5 微米的细颗粒物
PPP	Public-Private Partnership	公私合作伙伴关系
PV	Solar Photovoltaic	太阳能光伏
R & D	Research and Development	研究与试验发展（简称研发）
RCA	Relative Comparative Advantage	相对比较优势
REEFS	Resource-Efficient and Environment-Friendly Society	资源节约型、环境友好型社会（简称两型社会）
REO	Rare Earth Oxide	稀土氧化物
REPI	Resource and Environmental Performance Index	资源环境综合绩效指数
Rio + 20	The 20th Anniversary of the 1992 United Nations Conference on Environment and Development in Rio de Janeiro	"里约 +20"，特指为 1992 年里约热内卢联合国环境与发展大会 20 周年召开的联合国可持续发展大会
RLA	Relative Literature Advantage	相对文献优势
RPA	Relative Patent Advantage	相对专利优势
RXA	Relative Export Activity	相对出口活力
SEA	Strategic Environmental Assessment	战略环境评价
SG	Smart Growth	智能增长
SO$_2$	Sulfur Dioxide	二氧化硫
SPS	Agreement on the Application of Sanitary and Phytosanitary Measures	实施动植物卫生检疫措施的协议
STOs	Specific Trade Obligations	特殊贸易义务
TBT	Technical Barriers to Trade	技术性贸易壁垒
TCE	Ton of Coal Equivalent	吨标准煤

缩写	英文全称	中文全称
TCG	The Climate Group	气候组织
TOE	Ton of Oil Equivalent	吨标准油或吨石油当量
TOT	Transfer-Operate-Transfer	转让－运营－移交
TRIPS	Agreement on Trade-Related Aspects of Intellectual Property Rights	与贸易有关的知识产权协定
UNCED	United Nations Conference on Environment and Development	联合国环境与发展大会（简称里约环发大会）
UNCSD	United Nations Commission on Sustainable Development	联合国可持续发展委员会
UNCTAD	United Nations Conference on Trade and Development	联合国贸易和发展会议
UNDESA	United Nations Department of Economic and Social Affairs	联合国经济及社会理事会（简称联合国经社理事会）
UNDP	United Nations Development Programme	联合国开发计划署
UNECE	United Nations Economic Commission for Europe	联合国欧洲经济委员会
UNEP	United Nations Environment Programme	联合国环境规划署
UNESCAP	United Nations Economic and Social Commission for Asia and the Pacific	联合国亚洲及太平洋经济与社会理事会（简称亚太经社会）
UNFCCC	United Nations Framework Convention on Climate Change	联合国气候变化框架公约（简称公约）
USDOI	United States Department of the Interior	美国内务部
USGS	United States Geological Survey	美国地质调查局
USTR	Office of the United States Trade Representative	美国贸易代表办公室
VC	Venture Capital	创业投资或风险投资
VOCs	Volatile Organic Compounds	挥发性有机化合物

续表

缩写	英文全称	中文全称
WB	World Bank	世界银行
WCED	World Commission on Environment and Development	世界环境与发展委员会（也称布伦特兰委员会）
WEC	World Energy Council	世界能源理事会
WEF	World Economic Forum	世界经济论坛
WSA	World Steel Association	国际钢铁协会
WTO	World Trade Organization	世界贸易组织（简称世贸组织）

报 告 摘 要[*]

    自 1992 年联合国环境与发展大会达成可持续发展的共识以来已近 20 年，全球的环境与发展形势发生了深刻变化。一方面，世界各国在推进可持续发展、实现千年发展目标方面取得了一定的进展，特别是包括中国在内的新兴经济体的崛起，正在改变着全球政治经济以及资源环境安全的格局，中国与全球的关系越来越紧密；另一方面，人口快速增长，贫困问题远未解决，气候变暖凸显，区域环境污染严重，战略性资源和能源供需矛盾加剧，环境与发展的公平正义面临新的困境，实现可持续发展所面临的挑战依然严峻。

    然而，在全球金融危机的影响还未消退的背景下，绿色经济的浪潮正在兴起，2012 年将在巴西里约热内卢召开的联合国可持续发展会议（"里约 + 20"大会）把"可持续发展和消除贫困背景下的绿色经济"作为大会的两个主题之一，力图通过建立发展绿色经济和促进可持续发展的制度框架，进一步消除贫困，改变不可持续的生产和消费模式，保护和管理经济及社会发展的自然资源基础。因此，我们有必要重新回顾可持续发展的进展和总结存在的差距，站在全球高度去审视我们取得的经验和教训，以便基于国情、面向长远、抓住机遇，制定有效战略，促进广泛合作，为争取和塑造一个资源高效、环境友好、绿色低碳、公平包容和更富竞争力的可持续未来而共同努力。

一 可持续发展的全球进程：转变、机遇与不确定性

    可持续发展概念自提出以来一直在演变。根据《我们共同的未来》的经典定义，可持续发展是"既满足当代人的需求，又不对后代人满足其需求的能力构成危害的发展"（世界环境与发展委员会，1989）。广义上讲，可持续发展战略旨在促进人类之间以及人与自然之间的和谐；从狭义来看，可持续发展意味着自然的可持续性，即资源供应及其成本和效益在人类代际间的公平分配，当然这也必须包括代内

---

    * 报告摘要由王毅执笔，作者单位为中国科学院科技政策与管理科学研究所

各地区间的公平。实际上，在定义上更具哲学内涵的可持续发展概念也引起了广泛的争议，主要体现在实施上的难点，一是难以给出明确的定义和解释，二是缺少统一的理论和方法进行度量。

无论如何，可持续发展作为一种战略框架，还是在 1992 年联合国环境与发展大会上被与会各国普遍接受。之后，又于 2002 年在约翰内斯堡召开的联合国可持续发展大会上被解释为包括经济发展、社会发展和环境保护 3 个相互依存的支柱。显然，随着这一概念的进一步扩充、泛化和缺少着力点，尽管许多国家和地区制定了可持续发展战略及其行动方案，并在许多重要的部门和领域取得进展，但由于缺少具有法律约束力的多边协议或强制性国内实施机制，使得可持续发展更多地变成了一个政治口号，也没有形成相互协调的整体，甚至在一定程度上还被不同利益集团所利用或扭曲，成为谋求局部利益和目标的"招牌"，使人们渐渐遗忘了可持续发展其原本的目的和含义（Victor，2006；中国科学院可持续发展战略研究组，2008）。

值得庆幸的是，2008 年全球金融危机后，发展绿色经济逐渐成为各国解决多重挑战的共识方案，并成为全球实现可持续发展和绿色转型的新机遇和新载体（中国科学院可持续发展战略研究组，2010；中国科学院可持续发展战略研究组，2011）。在联合国环境规划署、经济合作与发展组织等国际机构的积极倡导下，各国纷纷制定本国和地区的绿色发展战略，例如，欧盟委员会在《欧洲 2020》可持续增长的框架下相继提出走向低碳经济和资源效率欧洲的路线图（European Commission，2011a；European Commission，2011b），韩国政府颁布了《低碳绿色增长基本法》，中国则在《中华人民共和国国民经济与社会发展第十二个五年规划纲要》中提出实现绿色低碳发展。

其实绿色经济在内涵上并不是什么新概念，绿色经济与可持续发展在总体理念上一脉相承。此次绿色经济的提出主要缘于金融危机，一些国际组织和专家呼吁通过"绿色新政"或发展绿色经济来共同应对金融危机和气候变化，以推进而非延缓相关的国际多边谈判进程（UNEP，2008；Edenhofer et al.，2009）。因此，尽管没有统一的定义，但本次绿色经济的内涵更加注重发展绿色新兴产业、增加绿色就业、提高绿色竞争力等目标，并助推全球经济的绿色转型，走上可持续发展的轨道。

有关绿色经济的谈判和"里约+20"大会虽然重要，但各界预期普遍不高。随着 2009 年年底在哥本哈根召开的联合国气候大会无果而终，2011 年在德班召开的联合国气候大会上尽管通过了过渡性方案，但 2015 年之前能否达成新的长期碳减排框架也未可知，加上金融危机复苏前景的不确定性，使得人们对应对气候变化的关注和对绿色低碳的热情有所降低，缺乏强大而有效的领导力，观望战略和现实主义哲学渐占上风，各国都在重新思考各自的战略，采取相对务实和更加全面而长远的应对措施，在没有很好地解决资金、技术以及公平等方面存在的一系列严重分歧的前提下，要想在"里约+20"大会取得实质性进展需要付出艰苦的努力和超常的智慧（Kuper，2011；王毅，2011b）。与气候谈判类似，围绕"绿色经济"主题的国际谈判将面临以下几个主要问题和冲突：

第一，责任、公平与政治承诺。20年前确立的"共同但有区别的责任"的原则一直处于矛盾的核心。在这一问题上的争议不下使得发达国家为发展中国家实施可持续发展、应对气候变化提供资金支持与技术转让的承诺远未落实，许多发展中国家甚至难以实现千年发展目标，其发展权也得不到基本保障。发展绿色经济同样面临公平问题。因此，在一些发达国家缺少明确政治承诺的前提下，要制定绿色经济的统一目标、时间表和路线图显然是不现实的。与此同时，要求中国承担更多国际义务的呼声却越来越高，减排的压力也越来越大，利益冲突越来越多元化。

第二，绿色经济的理解和定义分歧。发达国家由于其常规环境问题已基本得到解决，其发展绿色经济的核心是减少碳排放；而发展中国家却面临广泛的发展与环境问题，提高资源利用效率和解决常规环境污染更为迫切；由于发展阶段、国情、地域和国际义务的不同，各国发展绿色经济的目标、技术、路径、成本以及政策措施等也不尽相同。因此，解决问题不能只有目标，而是需要整体的解决方案。

第三，绿色贸易冲突。可以预计，鉴于金融危机的影响、新兴经济体的竞争力不断提高和缺少具有法律约束力的国际环境协议等因素，一些国家尤其是发达国家有可能更多地利用包括关税、世界贸易组织（WTO）贸易规则等经济手段以及传统知识产权保护、贸易保护主义等措施，设置"绿色贸易壁垒"和"知识产权壁垒"，影响环境产品和服务贸易，以及绿色技术和可持续技术的扩散。类似欧盟于2012年开始实施的将航空业纳入其欧盟碳排放交易体系引起的冲突，美国对中国清洁能源企业开展的"301"调查、"双反"调查，以及美欧等国家或地区诉中国原材料出口限制的案例等都仅仅是开始，"绿色贸易战"将会愈演愈烈。

今后绿色经济的实践过程还将面临各种新的挑战。未来10~20年间，全球将有二三十亿人口相继进入重化工业阶段，同时也可能面临具有法律约束力的碳排放峰值与定量减排约束。如何正确地把握机遇，合理开发利用和公平分配有限的资源、能源和排放空间来积累财富和实现现代化，并使自己占得先机和竞争的制高点，将是新兴经济体乃至全球面临的巨大挑战。也正因为如此，我们才更需要凝聚共识，构建一个全球绿色经济发展的合作框架，采取切实行动，承担公平义务，分享发展的权利与最佳实践，通过提高资源效率、发展清洁能源、投资绿色创新、转变不可持续的发展方式和贸易方式，不断缓解各种冲突和压力，实现可持续发展的人类共同愿景。

二　中国对可持续发展的贡献：实践、经验与全球挑战

在过去 20 年中，中国的可持续发展实践不断丰富可持续发展理念，并为全球可持续发展做出了重大贡献，其经验可供其他国家分享。

中国参与了《我们共同的未来》报告的起草和讨论工作，是最早提出和实践可持续发展战略的国家之一。中国政府早在 1983 年就把环境保护确定为基本国策，并于 1992 年签署了《里约环境与发展宣言》和《21 世纪议程》。1994 年，中国率先发布了第一个国家级的 21 世纪议程——《中国 21 世纪议程——中国 21 世纪人口、环境与发展白皮书》。1996 年，可持续发展被正式确定为国家的基本发展战略之一，可持续发展开始从科学共识转变为政府工作的重要内容和具体行动。国家从制度建设、政策措施、组织管理、资源节约与环境保护工程，以及绿色低碳试点等多个领域开展了卓有成效的工作。中国对全球可持续发展的主要贡献包括理论创新、工程实践与制度保障等方面。

● 开展大规模生态保护工程、节能环保工程，以及相关试点。从 1998 年开始，中国大规模投入生态保护工程及环境保护基础设施，特别是前者的力度之大、影响面之广，超过之前 20 多年环境保护的总规模。仅"十五"期间，我国就投入约 7000 亿元实施以"天然林保护"、"退耕还林"为主的林业六大工程（邓华宁等，2005）。至今已持续 10 多年，取得了显著效果。2004 年以后，中国政府陆续启动了发展循环经济、节约资源、开发可再生资源等相关工程项目和试点工作；2008 年开始，又将节能减排和生态环境建设列为经济刺激计划的重点，从而极大地提高了中国环境基础设施能力。

● 提出一系列可持续发展相关理念。进入 21 世纪，随着中国加入 WTO 和进入以重化工业增长为主要特征的工业化和城市化快速发展阶段，中国迅速成为"世界制造工厂"，并成为世界第二大经济体，与此同时，中国在 2002 年开始出现全面的资源、能源、环境的紧张状态。为了解决面临的环境与发展问题，中国政府提出了一系列与可持续发展相关的新理念，并通过采取相应的具体行动落实这些理念，从而不断丰富中国特色的可持续发展实践。这些理念包括新型工业化道路（2002 年），科学发展观（2003 年），循环经济（2004 年）、资源节约型、环境友好型社会（2004 年），和谐社会（2005 年），节能减排（2006 年），创新型国家（2006 年），生态文明（2007 年），绿色经济和低碳经济（2009 年），转变经济发展方式（2010年），绿色低碳发展（2011 年）。其中不少理念是在中国自我实践和认识的基础上提出和发展的，还有一些是基于国际上的经验，并且很多理念是与世界同步的甚至领衔的。

- 制定了以"节能减排"约束性指标为核心的新时期中国可持续发展战略，并且实现这些目标在国内是具有法律约束力的。从"十一五"开始，中国制定了提高能效 20% 和减少主要污染物排放 10% 的约束性指标，并相应制定了综合性工作方案和重点工作，通过采取法律、行政、经济、技术等一揽子综合措施予以落实。2009 年，进一步将应对气候变化的内容充实到节能减排战略中，首次对国际社会承诺自愿降低碳强度和增加森林碳汇等量化指标。在"十二五"期间，中国政府继续"十一五"的政策取向，提出要以转变经济发展方式为主线，增加了非化石能源比重等约束性指标，提出了合理控制能源消费总量、逐步建立碳排放交易市场等新政策，促进中国的绿色低碳发展和转型，逐步从理念到实践，走出了一条中国特色的可持续发展道路。

- 为了实现可持续发展战略和节能减排目标，中国政府做出了一系列的制度安排。包括制定《中华人民共和国清洁生产促进法》（2002 年），《中华人民共和国环境影响评价法》（2002 年），《中华人民共和国水法》（2002 年），《中华人民共和国可再生能源法》（2005 年），《中华人民共和国循环经济促进法》（2008 年），修订了《中华人民共和国节约能源法》（2007 年）、《中华人民共和国水污染防治法》（2008 年）；出台了《中国应对气候变化国家方案》（2007 年）；成立国家应对气候变化和节能减排工作领导小组以及应对气候变化专门管理机构（2008 年）；全国人大还通过了《关于积极应对气候变化的决定》。这些都为落实上述措施提供了法律保障。

正因为上述这些努力，中国"十一五"期间在节能减排领域取得了令世人瞩目的突出成绩，如"十一五"期间单位 GDP 能耗下降了 19.1%，化学需氧量和二氧化硫排放总量分别下降了 12.5% 和 14.3%。可再生能源技术得到大规模应用，2010 年年底全国并网风电容量约 3000 万千瓦，年均增长 94.75%（国家电力监管委员会，2011），目前风电装机规模已达世界第一。此外，我国在一些节能减排领域的技术和装备制造上已经达到国际先进水平（如洁净煤发电等）。

中国节能减排战略的成功不仅反映在这些数字上，其取得的成果是综合性的。这些成果和经验包括：从各级领导干部到普通公众的节能环境意识得到显著的提高；选择优先领域采取具体的行动；奉行"从实践中学习"的原则和多部门多角度的试点（如循环经济、生态工业园、低碳试点、可持续发展实验区等）；落后产能被加速淘汰，产业结构向清洁化转变；绿色创新能力、技术示范水平与绿色低碳相关产业规模得到大幅提升，等等。当然，我们也应该看到中国为取得这样的成绩付出了高昂的代价。无论如何，如果未来 10 年节能减排的政策方向能够延续，在 2020 ～ 2030 年，中国有可能在主要行业的节能减排技术创新、设备制造、工程建设和管理方面达到世界领先水平。

不可否认的是，中国的可持续发展和节能减排战略也存在这样那样的问题，并需要在实践中不断加以改进。较为突出的问题有：自上而下的决策过程和过分依赖行政手段导致各类资源不能有效利用；在缺少有效协调机制的条件下，部门利益和特殊利益集团妨碍了改革的深化、国家利益的实现以及造成各种重复性工作。更为重要的是，随着中国国际地位的提升和中国与世界的关系发生了根本性变化，由于巨大的规模效应，使几乎所有的中国问题都具有世界意义和影响，无论中国还是世界都没有做好准备去适应这种变化。

中国的迅速崛起使中国与世界的关系越来越相互影响，中国的任何行动都变得举足轻重。在资源环境领域，由于资源禀赋、经济规模和世界制造工厂的地位，中国的石油、铁、铜、钾等主要资源的对外依存度都在不断增加，其中石油、铁矿石等均已超过50%；中国的二氧化碳排放量占全球的比重也超过20%，并仍在快速提高。随着中国对海外资源的需求和海外投资的增加，我们可以听到两种不同的声音，一是认为中国应该借助节能减排的成绩成为世界绿色经济的领导者；另一种声音截然相反，认为中国在搞"新殖民主义"，他们怀疑或"恐惧"中国要改变世界现行的游戏规则。与此同时，我们也必须看到中国的一些海外开发企业，由于不熟悉国际惯例，不注重企业的社会和环境责任，不尊重他人文化，从而造成当地的资源环境破坏，甚至引起社会冲突，不仅导致自身的财产损失，而且严重损害了中国的国家利益。这也是造成上述负面影响的原因之一。

绿色经济是一个全球性话题，发展绿色经济、实现可持续发展并非一国之事，它事关公平、竞争与合作。要成为一个负责任的大国，我们首先需要从"绿色"学起，在各个层面学会包容和担当，这不仅是为自己也是为他人。实现"绿色崛起"，需要有更综合的战略高度、历史眼光和全球视野，承担更多的与自己的能力增长相适应的国际义务。我们还有很长的路要走。

三 面向未来的道路选择：体制改革、政策驱动、公平环境与全面转型

尽管关于绿色经济、低碳发展还存在许多争议和不确定性，但其发展方向是毋庸置疑的。重要的是，中国如何能抓住机遇、营造环境、把握节奏、强化创新、争取主动、合作共赢，甚至在关键时候起到绿色引领的作用。我们需要把握两个大局，采取稳健、渐进的绿色发展道路，逐步实现全面的绿色转型。一方面，面对即将到来的碳排放峰值限制，未来10年的战略选择十分重要，我们需要在发挥传统优势与

寻求绿色创新方面保持平衡。另一方面，我们必须要在保证国家利益与和平崛起的前提下，积极参与全球环境与发展秩序的重建，通过战略合作与布局，开拓全球的战略空间。

制定中国的全球资源环境安全战略。首先是通过利益相关方的参与，明确中国在资源环境领域的国家利益和战略意志，增加资源能源需求的透明度，有效降低因信息不对称所造成的风险，并通过政治、经济、技术和军事等综合手段保护自己的利益；二是加强学习和研究，提高综合研判未来资源能源发展趋势的能力，了解各主要资源能源进出国的动态，提供可操作的对策建议；三是从周边国家做起，通过长期合作项目，包括与资源开发相关的基础设施、技术援助和能力建设项目，建立长期稳固的合作关系；四是实施资源能源相关产品、技术的战略性收购，简化相关审批手续，鼓励国有、民营企业开展相关资源性企业和技术的股权并购与技术并购。

促进可持续发展领域的体制机制创新。鉴于我国在可持续发展领域部门分割严重，利益协调困难，不利于发挥整体优势和提高效率。建议在坚持大部制改革的框架下，重新组建和成立以下机构：一是组建能源与气候变化部，整合现有能源开发、节能、应对气候变化与低碳发展等相关政府职能，使两个联系紧密的能源和应对气候变化领域的规划、政策、监管工作统一起来。二是组建资源与环境保护部，将涉及资源、环境要素的相关政府职能合并，特别是水利、林业、环保等部门应优先合并，以利于解决我国的区域、流域资源开发和环境保护工作的有效开展。三是成立国际开发署，作为日渐崛起的负责任大国，成立独立的国际开发署是十分必要的，它将在协调多个政府部门、更好地实施"走出去"战略、制定对外援助计划、提高国家"软实力"、保障资源环境安全等方面起到重要作用。

把握可持续发展政策的重要驱动方向。在人口领域，应尽快放松人口生育政策，为实现经济的持续增长、减缓老龄化负面影响、提供新的劳动力资源做出贡献。在资源领域，在今后 10 年应把提高资源效率和行业标杆管理放在首位，推动经济增长与资源消耗和环境影响"脱钩"，针对资源能源价格政策的改革应优先于其他财税政策；同时加快土地制度的改革。在环境领域，重点应为解决跨行政区和流域的资源环境问题提供整体解决方案。在气候变化领域，除坚持原有的节能和低碳政策外，应谨慎对待碳排放交易市场建设，在总结国内外相关经验的基础上，抓好顶层设计和基础能力建设，出台相关指导意见和条例，避免盲目冒进，浪费资金和资源。

转变对外经济合作战略，提升海外开发的企业社会责任。随着国际社会日益关注崛起的中国，中国在新形势下转变对外经济合作战略十分必要。目前有三方面优先内容：一是制定新时期对外经济合作的整体战略，把节能减排和应对气候变化作为指导对外经济合作的重要因素，加快包括外交在内的对外经济发展方式的全面转型，促进外交、商务、宣传、发展等部门以及企业、公众的广泛参与和有效配合，更加合理地开发与保护海外资源和能源；二是在新一轮 WTO 贸易谈判中，提起关于协调 WTO 相关制度与国际多边环境协议的请求，以尽可能避免减缓温室气体排放、国内环境保护、绿色产业发展、知识产权保护、资源原材料贸易过程中可能出现的各种规则冲突；三是调整"走出去"战略，实现绿色投资和贸易的转型，制定中国海外开发企业行为的指导性原则，除遵守必要的商业规则和国际惯例外，还必须规范企业的投资开发行为，承担企业在当地的社会和环境责任，支持当地的可持续发展能力建设，并努力促进海外投资企业社会责任和产业转移规则的国际制度化；四是转变海外援助模式，建立绿色援助机制，将节能环保、应对气候变化作为海外援助的重点内容，加强南南合作，利用海外援助资金直接或间接地促进海外资源能源的开发和保护，树立国家和企业的绿色形象。

中国正面临前所未有的国际、国内发展与环境挑战，没有成熟的经验和固定的模式可以借鉴。把实现可持续发展、发展绿色经济作为系统工程或综合目标体系，通过具有法律约束力的制度与激励机制的相互结合，发挥多种政策的组合效应，争取不同环境和发展目标之间，以及目标、手段、成本、路径之间的相互结合与协同效益，促进制度建设、政策配套、技术研发、能力发展、商业模式和市场培育的系统创新，进而塑造现代意义上的生态文化。走中国特色的可持续发展之路是一个不断学习、实践、调整和创新的过程，需要利益相关方广泛而有效的参与和合作。实践"中国之路"不仅对中国自身发展，而且对全球可持续发展进程具有重大影响，特别是其经验可以为其他发展中国家所共同分享。

参 考 文 献

1994. 中国 21 世纪议程——中国 21 世纪人口、环境与发展白皮书. 北京：中国环境科学出版社

1997. 中华人民共和国可持续发展国家报告. 北京

2002. 中华人民共和国可持续发展国家报告. 北京：中国环境科学出版社

2011. 中华人民共和国国民经济和社会发展第十二个五年规划纲要. 北京：人民出版社

邓华宁，蔡玉高. 2005. "十五"期间我国投入七千亿元实施林业六大工程. http：// news. xinhuanet. com/fortune/2005-09/27/content_ 3551048. htm ［2012-02-10］

国家电力监管委员会. 2011. 2010 年度发电业务情况通报. http：//www. serc. gov. cn/ywdd/201109/ W020110901610165944272. doc ［2012-02-10］

国务院. 2010. 国务院关于加快培育和发展战略性新兴产业的决定. http：//www. gov. cn/zwgk/2010-10/18/content_1724848. htm ［2012-02-10］

胡锦涛. 2010. 胡锦涛在省部级干部落实科学发展观研讨班上讲话. http：//news. xinhuanet. com/ politics/2010-02/03/content_12926039. htm ［2012-02-10］

胡锦涛 . 2011-12-12. 在中国加入世界贸易组织 10 周年高层论坛上的讲话 . 人民日报，2 版

世界环境与发展委员会 . 1989. 我们共同的未来 . 国家环保局外事办公室译 . 北京：世界知识出版社

王毅 . 2011a. 全球视野下的中国可持续发展//王伟光等 . 应对气候变化报告（2011）——德班的困境与中国的战略选择 . 北京：社会科学文献出版社：122 ~ 133

王毅 . 2011b. 学做大国从"绿色"开始 . 财经，2012：预测与战略：290 ~ 293

温家宝 . 2012. 中国坚定走绿色和可持续发展道路——在世界未来能源峰会上的讲话，阿布扎比 . http：//news. xinhuanet. com/world/2012-01/16/c_ 111442816. htm［2012-02-10］

张宇燕等 . 2011. 中国入世十周年：总结和展望 . 国际经济评论，（5）：40 ~ 83

中国工业节能与清洁生产协会等 . 2011. 2011 中国节能减排发展报告 . 北京：中国经济出版社

中国科学院可持续发展战略研究组 . 2006. 2006 中国可持续发展战略报告——建设资源节约型和环境友好型社会 . 北京：科学出版社

中国科学院可持续发展战略研究组 . 2008. 2008 中国可持续发展战略报告——政策回顾与展望 . 北京：科学出版社

中国科学院可持续发展战略研究组 . 2009. 2009 中国可持续发展战略报告——探索中国特色的低碳道路 . 北京：科学出版社

中国科学院可持续发展战略研究组 . 2010. 2010 中国可持续发展战略报告——绿色发展与创新 . 北京：科学出版社

中国科学院可持续发展战略研究组 . 2011. 2011 中国可持续发展战略报告——实现绿色的经济转型 . 北京：科学出版社

钟述孔 . 1992. 21 世纪的挑战与机遇 . 北京：世界知识出版社

Edenhofer O, et al. 2009. Towards a global green recovery：Recommendations for immediate G20 action. Report Submitted to the G20 London Summit. Report on Behalf of German Foreign Office

European Commission. 2010. Europe 2020：A European strategy for smart, sustainable and inclusive growth. COM（2010）2020. Brussels

European Commission. 2011a. A roadmap for moving to a competitive low carbon economy in 2050. COM（2011）112. Brussels

European Commission. 2011b. Roadmap to resource efficient Europe. COM（2011）571. Brussels

IEA. 2011. World energy outlook 2011. IEA

Kuper S. 2011. Climate change：who cares any more? http：//www. ft. com/cms/s/2/1b5e1776-df23-11e0-9af3-00144feabdc0. html#axzz1mYWgzGcL［2012-02-10］

OECD. 2011a. Towards green growth. OECD

OECD. 2011b. Better policies to support eco-innovation, OECD studies on environmental innovation. OECD Publishing

UNEP. 2008. "Global Green New Deal"——Environmentally-Focused investment historic opportunity for 21st century prosperity and job generation. UNEP. http：//www. unep. org/documents. multilingual/default. asp？ documentid = 548&articleid = 5957&l = en

UNEP, et al. 2011. Resource efficiency: economics and outlook for Asia and the Pacific. Bangkok: UNEP

UNEP. 2011a. Towards a green economy: Pathways to sustainable development and poverty eradication. www. unep. org/greeneconomy [2012-02-10]

UNEP. 2011b. Decoupling natural resource use and environmental impact from economic growth, A report of the working group on decoupling to the international resource panel. UNEP

Victor D G. 2006. Recovering sustainable development. Foreign Affairs, 85 (1): 91~103

目　　录

第一部分　主题报告——全球视野下的中国可持续发展

CONTENTS

Part Two Technical Report: Methodology and Technical Analysis—Assessment of Sustainable Development and Resource and Environmental Performance

第一部分 主题报告

——全球视野下的中国可持续发展

中国的崛起与可持续发展*

　　自 1992 年在巴西里约热内卢召开联合国环境与发展大会以来，国际社会积极推动实施《里约环境与发展宣言》、《21 世纪议程》和《可持续发展世界首脑会议执行计划》等，在国际多边、双边以及区域层面、环发领域的合作不断深入，应对气候变化、保护生物多样性等一系列国际公约予以实施。

　　经过国际社会的共同努力，尤其是发展中国家的积极贡献，在消除贫困和实现千年发展目标方面取得了一些成绩和进展。全球有 100 多个国家制定了国家可持续发展战略及实施计划，政府、工商界、非政府组织和民众积极参与，可持续发展理念深入人心，全球发展格局发生了显著变化。

　　但是，全球可持续发展依然面临着异常严峻的挑战。突出表现在执行力不足的状况长期存在，经济、社会发展很不均衡，生态恶化、环境污染严重的状况尚未得到根本扭转，如期实现千年发展目标困难重重。其中，广大发展中国家更是面临着资金严重不足、技术手段缺乏、能力建设薄弱等突出困难。而国际金融危机、气候变化、粮食和能源供需紧张、自然灾害等挑战，使得发展中国家实现可持续发展目标更为艰难。当前，世界经济复苏的不确定性因素增多，全球可持续发展事业面临

---

　　* 本章由张庆杰执笔，作者单位为国家发展和改革委员会宏观经济研究院国土开发与地区经济研究所

更为复杂的形势和更为严峻的挑战。

中国在实施可持续发展战略的进程中取得了世人瞩目的成就，所积累的经验值得全球分享。1994 年中国在全球率先发布了《中国 21 世纪议程——中国 21 世纪人口、环境与发展白皮书》，系统地论述了经济、社会与环境的相互关系，构建了一个综合性的、长期的、渐进的国家可持续发展战略框架。1996 年中国将实现可持续发展上升为国家战略，统筹经济社会发展与资源环境保护，紧紧抓住控制人口过快增长，强化土地、水、森林、生物等重要资源的管理，加强生态保护和环境治理等重点领域，全面推进实施可持续发展战略。尤其是进入 21 世纪以来，将以人为本、全面、协调、可持续的科学发展观确立为国家发展的根本指导思想。在科学发展观的指引下，经济保持较快增长，民生持续改善，人民生活水平不断提高，提前甚至超额完成了消除贫困、饥饿、文盲，降低婴儿和五岁以下儿童死亡率等方面的联合国千年发展目标，以节能减排为核心的绿色低碳发展取得突出成绩，国家可持续发展能力稳步提升。

一 中国实施可持续发展战略的基本经验

过去近 20 年，中国政府将推进可持续发展作为核心工作之一，注重协调经济社会发展与资源环境保护，积累了可供全世界尤其是发展中国家借鉴的经验。

（一）积极探寻全面协调可持续的科学发展之路

在总结改革开放和现代化建设经验，借鉴其他国家发展进程中的有益尝试，中国于 2003 年提出了以人为本、全面协调可持续的科学发展观，并将其确立为国家经济社会发展新的战略指导思想。其基本内涵可以概括为：第一要义是发展，核心是以人为本，基本要求是全面协调可持续，根本方法是统筹兼顾。深入贯彻落实科学发展观，对促进中国的可持续发展具有十分重大的现实意义和深远的历史意义。

中国在发展中始终坚持以经济建设为中心，同步实施可持续发展战略、科教兴国战略和人才强国战略，着力于把握发展规律、创新发展理念、转变发展方式、破解发展难题，提高发展质量和效益。中国将以人为本作为发展的核心，将促进人的全面发展作为经济社会发展的根本目的，关注、关心、帮扶弱势群体，采取强有力的政策措施推进扶贫开发、保护妇女儿童、发展残疾人事业等。明确走生产发展、生活富裕、生态良好的文明发展道路，努力建设资源节约型、环境友好型社会，以实现发展速度和结构质量效益相统一、经济发展与人口资源环境相协调为目标，使人民在良好的生态环境中生产生活，保障经济社会可持续发展。中国着力于统筹城乡发展、区域发展、经济社会发展、人与自然和谐发展、国内发展和对外开放，统筹中央和地方关系，统筹个人利益和集体利益、局部利益和整体利益、当前利益和长远利益，充分调动各方面推进经济社会可持续发展的积极性；注重统筹国内、国际两个大局，以世界眼光、战略思维，从国际形势发展变化中把握发展机遇、应对风险挑战，积极营造良好的国际发展环境；作为一个负责任的大国，中国全面履行对国际社会做出的各项承诺，履行参加的国际公约，在国际谈判中发挥积极的、建设性的作用，为全球可持续发展事业做出贡献。

（二）保持经济持续健康较快发展

中国注重调整经济结构、协调区域发展、增强创新能力、夯实发展基础。近年来，实施正确有力的宏观调控，有效应对国际金融危机的冲击，以及雨雪冰冻灾害、汶川大地震等严重自然灾害，在 21 世纪的头 10 年中，经济总量再上新台阶，已经成为拉动全球经济增长的重要力量。2010 年，中国的国内生产总值（GDP）达到 40.12 万亿元，经济总量跃升至世界第二位；内需对经济增长的贡献率达到 92.1%，成为经济增长的主要动力源。

1. 着力调整经济结构

中国针对经济发展中的结构性矛盾和问题，积极推进经济发展方式转变，巩固和加强农业基础地位，提高工业发展集中度，扶持服务业持续快速增长。三次产业对经济增长的贡献率由 2000 年的 4.4∶60.8∶34.8 转变为 2010 年的 3.9∶57.6∶38.5，第三产业对于经济增长的贡献率明显提升。主要农产品稳定增产，不仅保障了国内的粮食安全，也为世界粮食安全做出了积极的贡献。2010 年我国粮食产量达到 54 641 万吨，连续 7 年保持增产（图 1.1）；农村基础设施建设取得重大进展，农村生产生活条件持续改善。国家组织制定实施了一系列产业政策和重点行业调整振兴规划，支持企业技术改造，促进淘汰落后产能和企业兼并重组。先进生产能力比重和资源能源利用效率明显提高，重点工业行业结构得以优化。2010 年，电力行业 30 万千瓦以上火电机组已占到 70% 以上，钢铁行业 1000 立方米以上大型高炉炼铁产能比重达到 52%，装备制造业增加值占规模以上工业增加值约 30%。服务业呈现出进一步加快发展的态势，2010 年服务业增加值达到 17.3 万亿元，占国内生产总值的比重由 2000 年的 39% 提升到 2010 年的 43.1%。

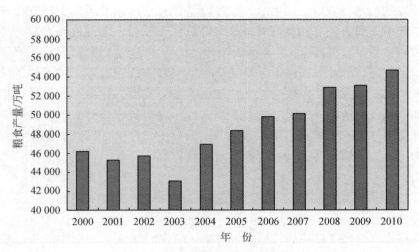

图 1.1 中国粮食产量变化情况

资料来源：历年《中国统计年鉴》

2. 统筹协调区域发展

中国的区域发展战略已经从改革开放初期的不均衡发展战略调整为协调发展战略，着力解决区域间发展差距巨大、人均经济发展水平和享受基本公共服务水平的绝对差距持续扩大等突出问题。在 21 世纪的头 10 年中，中国逐步形成并深入推进区域发展总体战略，西部大开发战略确定的重点工程扎实推进；振兴东北地区等老工业基地战略推进该区域经济转型明显加快；中部地区崛起战略确立的将该地区建设为粮食生产基地、能源原材料基地、现代装备制造业基地和综合交通运输枢纽四项任务取得明显进展；东部地区率先战略的实施，使得该区域综合竞争力进一步提升，成为中国参与国际竞争，经济总量持续增长的主要区域。

在"十一五"期间中国又提出并实施主体功能区战略，发布实施《全国主体功能区规划》，推进国土空间合理有序开发。主体功能区战略与区域发展总体战略相辅相成，共同构成了中国国土开发新的战略格局。

中国的城镇化水平快速提升，城镇化率已经由 2000 年的 36.22%，提高到 2010 年的 49.95%，年均提高 1.37 个百分点。中国进一步加大了对革命老区、民族地区、边疆地区、贫困地区和资源枯竭型地区的帮扶力度，贫困发生率由 2000 年的 10.2%下降到 2010 年的 2.8%。针对特殊地区的对口支援，对于灾区的对口援助，以及区域合作等方面取得了突破性进展。

注释专栏 1.1

主体功能区战略

推进形成主体功能区是中国"十一五"规划提出的战略构想，明确了基本方向和主要任务。"十二五"规划将主体功能区提升为国家区域发展战略，与区域发展总体战略相辅相成，共同构成中国国土空间开发的完整战略格局。

推进形成主体功能区，就是根据不同区域的资源环境承载能力、现有开发强度和发展潜力，统筹谋划人口分布、经济布局、国土利用和城市化格局，确定不同区域的主体功能，并据此明确开发方向，完善开发政策，控制开发强度，规范开发时序，逐步形成人口、经济、资源环境相协调的国土空间开发格局，构筑高效、协调、可持续的美好家园。

中国按照国土开发方式将国土空间划分为优化开发区域、重点开发区域、限制开发区域和禁止开发区域，并实施分类管理的区域政策；按照开发内容，四类主体功能区又可以分为城市化地区、农产品主产区和重点生态功能区三类；按层级分为国家和省级两个层面。

3. 提升科技创新能力

中国针对创新能力相对薄弱的基本状况，积极推进国家创新体系建设。2010 年研究与试验发展（R&D）经费支出达到 7062.6 亿元（图 1.2），占国内生产总值的比重从 2000 年的 0.9% 提升到 1.76%。依托国家重点实验室、国家工程（技术）研究中心、国家认定的企业技术中心等研发机构，突破了一批前沿、核心技术和关键装备技术。神舟系列飞船载人航天取得圆满成功，"嫦娥一号"、"嫦娥二号"探月卫星成功发射，"蛟龙号"载人潜水器下潜试验成功突破 5000 米水深大关，100 万千瓦超超临界火电机组、百万吨乙烯成套装置、万米深井钻探装备等重大技术装备实现自主制造。2010 年，中国国内外专利申请受理数达到 122.2 万件（图 1.3），国内专利授权量达到 81.5 万件。技术市场交易额达到 3907 亿元。

4. 增强基础设施和基础产业支撑能力

中国努力推进基础设施建设，发展基础产业，提高经济社会可持续发展能力。21 世纪的头 10 年间，建设完成了青藏铁路、五纵七横公路国道主干线等一批重大交通基础设施，综合交通运输体系不断完善。公路总里程达到 10 年前的 2.4 倍，其

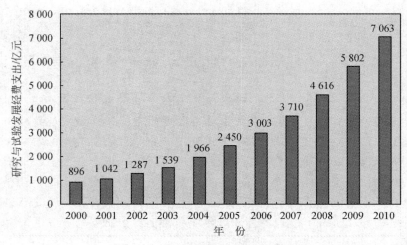

图 1.2　全社会研发投入增长情况

资料来源：历年《中国统计年鉴》

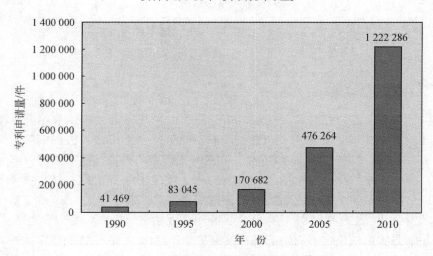

图 1.3　国内外三种专利申请受理数增长情况

资料来源：历年《中国统计年鉴》

中高速公路里程已经居世界第二位；铁路运营里程达到 9.1 万千米，高速铁路从无到有，建设速度领先世界；定期航班机场达到 177 个，机场密度为 1.84 个/10 万平方千米；港口吞吐能力大幅提升，内河港口生产用泊位达到 26 181 个，万吨级及以上泊位 318 个，沿海港口生产用码头 5453 个，其中万吨级及以上泊位 1343 个，分别是 10 年前的 2.1 倍和 2.4 倍。建设完成长江三峡、黄河小浪底、淮河临淮岗等一批流域控制性水利枢纽工程，水利基础设施支撑保障能力明显增强。电力总装机容量达到 9.6 亿千瓦，居世界第二位；330 千伏以上输电线路达到 16 万千米，电网规模跃居世界第一位；原煤、粗钢、水泥、布、汽车产量分别达到 32.4 亿吨、6.27 亿吨、18.8 亿吨、800 亿米和 1827 万辆，有 900 余种主要工业产品产量均居于世界首位，为世界众多国家提供了优质、廉价的商品，为提高全人类消费水平做出了难以替代的贡献。

（三）努力推进和谐社会建设

中国在推进社会可持续发展领域积极探索，本着尊重人民主体地位、发挥人民首创精神、保障人民各项权益、走共同富裕道路的基本思路，促进人的全面发展，努力改善民生，构建和谐社会。

1. 稳定保持人口低生育水平

中国始终将控制人口过快增长作为实施可持续发展战略中的重点领域，坚持计划生育基本国策。21 世纪的头 10 年中，人口总量保持低速平稳增长（图 1.4），出生人口性别比上升趋势初步得到遏制。截至 2010 年末，中国人口总量为 13.41 亿人（未包括香港、澳门特别行政区和台湾省人口），比 2000 年净增 7390 万人，年均增长 0.57%，较 20 世纪 90 年代下降 0.5 个百分点。中国人口占世界人口的比重继续下降，为减缓全球人口压力做出了积极的贡献。

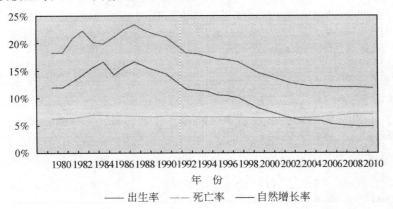

图 1.4　1978 年以来中国人口出生率、死亡率和自然增长率

资料来源：历年《中国统计年鉴》

2. 努力提高人民生活水平

中国居民收入随着经济的发展保持基本同步较快增长态势。2010 年，城镇居民人均可支配收入和农村居民人均纯收入分别达到 19 109 元和 5919 元（图 1.5）。伴随着收入水平的提升，居民消费层次稳步提高，消费已经成为了拉动经济增长的重要动力源。2010 年城镇和农村居民家庭恩格尔系数分别为 35.7% 和 41.1%，较 2000 年分别下降了 3.5 和 9.0 个百分点。城镇人均住宅建筑面积和农村人均住房面积分别为 31.6 平方米和 34.1 平方米，电话普及率达到 86.5 部/百户，互联网普及率达 34.3%。文化体育事业蓬勃发展，广播、电视节目综合人口覆盖率分别达到 96.8% 和 97.6%。

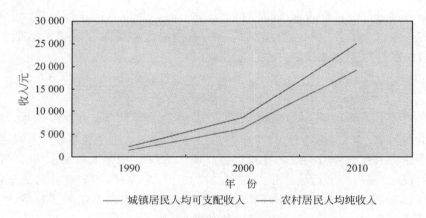

图 1.5　20 年来中国城镇、农村居民收入增长情况
资料来源：历年《中国统计年鉴》

3. 逐步健全社会保障体系

中国社会保障体系尚处于逐步完善的进程中。近 10 年来，基本养老保险覆盖范围不断扩大，到 2010 年，城镇职工基本养老保险已实现省级统筹；新型农村社会养老保险试点自 2009 年启动，已覆盖到全国 24% 的县（市）。城镇医疗保险实现了制度上的全覆盖，城镇居民基本医疗保险参保人数达到 4.32 亿人，农村新型合作医疗制度惠及 8.35 亿人。失业保险、工伤保险和生育保险人数大幅度增加。最低生活保障制度实现全覆盖，城乡社会救助体系基本建立，社会福利、优抚安置、慈善和残疾人事业取得明显进展。

4. 稳步提高公民受教育水平

中国针对国民总体素质偏低的基本国情，积极推进覆盖全民的公平教育，全民受教育水平较快提升。到 2010 年，国民平均受教育年限已超过 9 年，新增劳动力平均受教育年限超过 12 年；基本扫除青壮年文盲，基本普及义务教育的人口覆盖率达到 100%。各级教育投入水平不断提升，全面实现了城乡免费义务教育。学前教育、高中阶段教育、职业教育、高等教育、成人教育等各级各类教育取得全面发展（图 1.6）。

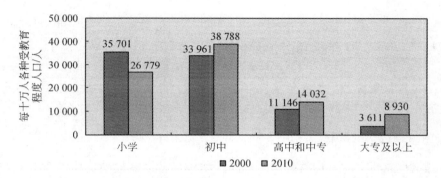

图 1.6　近 10 年每十万人中各种受教育程度人口变化情况

资料来源：历年《中国统计年鉴》

5. 增强医疗卫生服务能力

中国努力破解医疗资源不足、发展不均衡的基本状况。近 10 年来，医疗卫生服务资源总量持续增加，遍布城乡的医疗卫生服务网络逐步健全，基本医疗服务的可及性大幅度提高。2010 年，千人口医院卫生院床位数和执业（助理）医师人数分别达到 3.27 张和 1.79 人，较 2000 年提高了 0.89 张和 0.11 人。重大传染病得到有效控制，2010 年，肺结核患病率降至 66/10 万，比 2000 年下降了 61%，提前实现了联合国千年发展目标确定的结核病控制指标。中国有效应对和处置了非典型性肺炎、甲型 H1N1 流感等突发公共卫生事件。

6. 着力扩大城乡就业渠道

中国城乡就业压力巨大，经过艰苦的努力，近 10 年中保持了规模不断扩大，就业结构不断优化的良好态势。城镇登记失业率保持在 5% 以下的较低水平，为推动经济社会持续稳定健康发展发挥了重要作用。农村富余劳动力继续向城镇和非农产业转移，10 年累计转移 9500 万人；2010 年，农民工总量达到 2.4 亿人，其中外出务工人员 1.5 亿人。

7. 不断完善社会管理体系

中国是自然灾害多发的国家，近年来不断加强突发公共事件应急体系建设，健全应对重特大自然灾害的社会动员机制，防灾减灾能力明显增强。安全生产水平大幅度提高，10 年来工矿商贸就业人员生产安全事故死亡率下降了 45%。城乡基层自治组织、公益慈善和基层服务性民间组织等各类社会组织有序发展。社会治安综合治理明显加强。

（四）着力节约资源和保护环境

中国将建设资源节约型、环境友好型社会作为经济社会发展的战略性任务，积极推进能源和资源的可持续利用，努力改善环境、保护生态。

1. 强力推进节能降耗

能源消耗总量大、利用效率偏低是中国实施可持续发展战略中的重要约束。近年来，中国采取综合性举措加强节能降耗，实现了以相对较低的能源消耗增长支撑国民经济持续较快发展，能源利用效率较大幅度地提高。2006 年，中国将节能指标即单位国内生产总值能耗作为经济社会发展的约束性指标，空前加大了全社会节能工作力度。经过 5 年的努力，单位国内生产总值能耗累计下降 19.1%，其中，电力、钢铁、水泥、石化等高耗能行业单位产品能耗大幅下降（表 1.1）。例如，高效节能空调的市场占有率从 5% 上升到 80%，行业整体能效达到世界先进水平。

表 1.1　主要高耗能产品的单位产品能耗

年份	2000	2005	2006	2007	2008
火电厂供电煤耗/（克标准煤/千瓦时）	392	370	367	356	345
钢可比能耗/（千克标准煤/吨）	784	732	729	718	709
水泥综合能耗/（千克标准煤/吨）	181	167	161	158	151
乙烯综合能耗/（千克标准煤/吨）	1 073	1 013	1 026	1 003	
纸和纸板综合能耗/（千克标准煤/吨）	1 380	1 290	1 255	1 153	

资料来源：《中国能源统计年鉴 2010》

2. 不断提高水资源利用效率和效益

水资源空间分布不均，水旱灾害多发，资源性、工程性、水质性缺水并存是中国的基本水情。近年来，中国积极推动从传统水利、工程水利向现代水利、资源水利、可持续发展水利的转变，根据水资源禀赋，合理调整产业和城镇发展布局，优化用水结构，提高用水效率，以用水总量年均不足 1% 的增幅保障了国民经济的快速增长。万元 GDP 用水量由 2000 年的 554 立方米降至 2010 年的 225 立方米（图 1.7），灌溉用水有效利用系数由不足 0.43 提高到 0.50。再生水、矿井水、雨水、海水等非常规水源利用量成倍增长，其中海水淡化能力 10 年增长了 57 倍多，矿井水利用量达到 43.5 亿立方米。合理开发利用空中云水资源的技术基本成熟，实际利用情况良好。

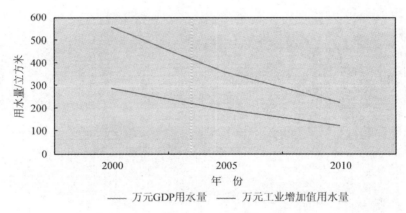

图 1.7　中国用水效率变化（按 2000 年可比价计算）

资料来源：历年《中国统计年鉴》

3. 保护与节约利用土地资源

针对土地资源禀赋差、供需矛盾十分突出、开发利用总体粗放、利用效率不高等突出矛盾和问题，中国坚持实行最严格的耕地保护制度和节约集约用地制度，全面实行耕地先补后占政策，大力推进农村土地整治。2000～2010 年，平均每年补充耕地 400 多万亩，累计整治新增耕地 4200 多万亩，超过同期建设占用和自然灾害损毁的耕地面积，耕地保有量保持在 18 亿亩以上，保证了耕地面积基本稳定。同时，采取强化行政监管、市场优化配置等措施，逐步提高土地节约集约利用水平。

4. 立足国内开发利用矿产资源

中国面临着经济社会发展对矿产资源需求快速增长，供需矛盾加剧等问题，资源保障任务艰巨。进入21世纪以来，中国组织开展了大规模国土资源调查，大幅提高了基础地质调查和重点成矿区带地质勘查工作力度，圈定了一批新的找矿靶区，累计发现矿产地900余处；矿产资源量显著增加，开发规模迅速扩大（表1.2）。2010年，我国煤炭产量达32.4亿吨（图1.8），铜、铝、铅、锌等10种有色金属产量达3092.6万吨（图1.9）。矿产资源综合利用水平逐步提高，约70%的共生、伴生金属矿产品种得到有效利用，煤层伴生的油页岩、高岭土等矿产进入大规模利用阶段。生产和在建的以煤矸石、煤泥和部分中煤为主要燃料的低热值燃料电厂装机容量已超过2500万千瓦。

表1.2 2001～2010年重要矿产新增资源储量

矿产类别	新增资源储量
石油/亿吨	96.2
天然气/万亿立方米	5.6
煤炭/亿吨	6 116.9
铁矿石/亿吨	131.9
铜/万吨	1 666.5
铅锌/万吨	4 548.5
金/吨	3 171.3

资料来源：历年《中国国土资源年鉴》

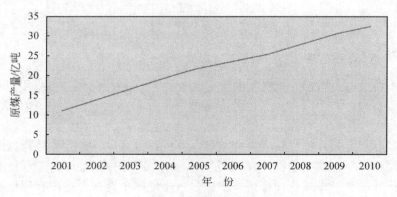

图1.8 2001～2010年中国原煤产量
资料来源：历年《中国统计年鉴》

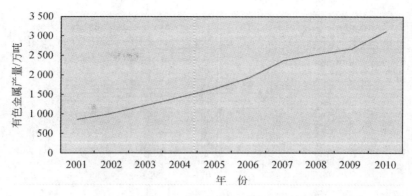

图 1.9 2001～2010 年中国 10 种有色金属产量

资料来源：历年《中国国土资源年鉴》

5. 逐步改善环境质量

中国针对局部有所改善、总体尚未遏制、环境污染严重的严峻形势，坚持保护环境基本国策，以污染物排放总量减排为抓手，加快推进环保基础设施建设，强化监督管理，环境质量逐步改善。城市污水处理率由 2000 年的 34.25% 提高到 2010 年 77%，生活垃圾无害化处理率由 61.4% 提高到 77.9%，火电脱硫装机比例由不到 5% 提高到 82.6%。

2006 年，中国将消减二氧化硫（SO_2）和化学需氧量（COD）两项主要污染物排放量纳入国民经济和社会发展五年规划纲要，并作为约束性指标，采取工程减排、结构减排和管理减排等综合措施。化学需氧量和二氧化硫排放量 5 年分别下降了 12.45% 和 14.29%（图 1.10，图 1.11），扭转了排放总量持续上升的势头。空气主

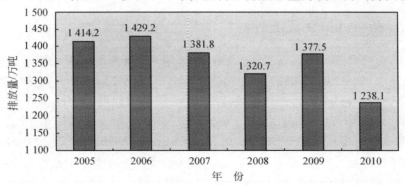

图 1.10 2005～2010 年中国化学需氧量排放总量

资料来源：历年《中国环境年鉴》

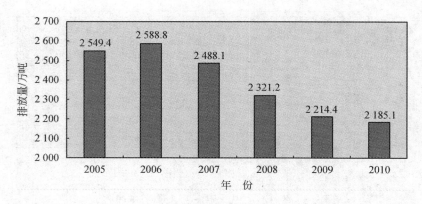

图 1.11   2005～2010 年中国二氧化硫排放总量
资料来源：历年《中国环境年鉴》

要污染物重污染分布区域明显减小，基于"十一五"监测指标的环境空气质量达标城市比例提高 50% 以上，地表水水质总体呈稳中向好的发展趋势，淮河、海河、辽河、巢湖、滇池、松花江、三峡库区及其上游、黄河中上游等重点治理流域Ⅰ～Ⅲ类国控水质断面比例由 2005 年的 24.4% 上升为 44.2%，劣Ⅴ类国控水质断面比例从 36.4% 下降为 25.8%。

近岸海域水质总体由中度污染变为轻度污染。2010 年，近岸海域监测面积共 279 225 平方千米，其中Ⅰ、Ⅱ类海水面积为 17 万多平方千米，占 62.7%，比 2000 年提高 13.2%；Ⅰ类海水面积比例比 2000 年增加 31.5%；Ⅲ类海水面积 4 万多平方千米，占 14.1%，比 2000 年下降 12.1%；Ⅳ类、劣Ⅳ类海水面积 5 万多平方千米，占 23.2%，比 2000 年下降 1.1%，其中劣Ⅳ类降低了 16 个百分点。

6. 坚持生态保护优先战略

中国中西部国土中相当一部分面积的自然环境较为恶劣，生态脆弱，生态保护任务非常繁重。自 1998 年以来，中国大幅度加大了生态保护力度，截至 2010 年已建立各种类型、不同级别的自然保护区 2588 个，总面积约 14 944 万公顷，分别比 2000 年增加 1361 个和 5124 万公顷（表 1.3）。自然保护区有效保护了 70% 以上自然生态系统类型、80% 以上的野生动物和 60% 以上的高等植物种类以及重要自然遗迹。大熊猫、朱鹮、珙桐等一批珍稀濒危物种种群数量呈明显恢复和发展趋势，野生动植物迁地保护和种质资源移地保存得到高度重视。

表1.3　2000～2010年中国自然保护区数量和面积

年份	自然保护区数量/个	面积/万公顷	占国土面积的比例/%
2000	1 227	9 820.8	9.85
2001	1 551	12 989	12.90
2002	1 757	13 295	13.20
2003	1 999	14 398	14.37
2004	2 194	14 822.6	14.80
2005	2 349	14 398	14.40
2006	2 395	15 153.5	15.16
2007	2 531	15 188.3	15.19
2008	2 538	14 894.3	15.13
2009	2 541	14 700	14.70
2010	2 588	14 944	14.90

资料来源：历年《中国环境年鉴》

7. 持续实施大规模生态修复工程

为加快生态恢复进程，遏制生态持续恶化的趋势，中国自1998年始，持续实施了天然林资源保护、退耕还林、退牧还草、京津风沙源治理等一大批重点生态保护与建设工程，启动实施青海"三江源"、青海湖流域、西藏生态安全屏障等生态保护与建设工程，开展岩溶地区石漠化综合治理。到2010年，中国森林面积达到1.95亿公顷，森林覆盖率达20.36%，林木蓄积量达137.21亿立方米，实现持续净增长。开展草原生态修复成效明显，21世纪头10年，草原保护建设项目工程区植被盖度提高12个百分点。土地沙化总体上得到遏制，沙化土地面积由20世纪末的年均扩展3436平方千米转变为年均减少1717平方千米，荒漠化土地面积10年净减少5.03万平方千米。实施大规模的水土保持工程，10年间实施生态修复面积72万平方千米。积极推进水生态系统保护与修复，部分生态脆弱河湖得到有效治理。积极开展小水电代燃料生态保护工程建设，保护森林面积超过50多万公顷。

二　中国当前存在的问题及未来的挑战

人口规模大、人均资源占有量低、生态相对脆弱是中国的基本国情。目前，中国人均国内生产总值仍排在全球百位左右，虽然经济总量和人均收入显著增长，但仍属于发展中国家；消除贫困、改善民生的任务仍十分艰巨；工业化和城市化尚未完成，制造业总体上在全球分工中仍处于产业链中低端，经济发展的资源环境代价高昂，制约着中国可持续发展目标的实现。此外，注释专栏1.2也反映了国内外各界人士对未来中国可持续发展所面临挑战的一些判断。

注 释 专 栏 1.2

国内外各界关于中国可持续发展挑战的采访观点

我认为中国在经济方面取得了很大的成就，尤其是创造了一个有利于经济增长的环境并建设了所需的基础设施；但社会方面仍存在一些挑战，如社会贫富差距大、存在腐败等，中国一直在致力解决这些问题；在生态环境方面，中国已经将其纳入经济社会发展的五年规划，但是如何协调经济增长和生态环境之间的关系，以及强劲的经济增长带来的社会和环境问题依然需要考虑和解决。

——前世界经济论坛首席运营官及施耐德咨询公司首席执行官 安德烈·施奈德

中国在可持续发展中最主要的成就是其可再生能源的发展。在其他领域则是仅停留在纸面上的。例如，在提高水质、空气质量和利用生物资源方面，除了看到法律和口号，却看不到更多的实际行动——在此方面没有一个很大的内在驱动力。

——E3G 组织创始董事 汤姆·布鲁克

环境污染治理、节能减排只是实现可持续发展的基础，而并非可持续发展本身。中国的现状是各地只是在被动地实施节能减排的计划，并没有积极地、主动地寻求实现可持续发展的方法。在可持续发展的长征中，中国才刚刚上路。

——北京曲全环保科技有限公司总经理 张建民

与经济发展模式有所不同的是，中央政府和地方政府在可持续发展中的分歧更大一些，相对来说，中央政府更为重视可持续发展，而地方政府首要考虑的还是"发展"或"增长"。而这也构成了中国可持续发展模式的基本特点。

——商务部研究院外资部主任 马宇

---

1. 经济发展方式需要战略性转变

中国经济在持续快速增长的同时，内需与外需、投资与消费结构性失衡的问题也进一步凸现。经济增长过于依赖投资和出口拉动，内需和消费性需求薄弱的局面尚没有得到根本扭转。2001～2009年，投资率由36.5%上升到47.5%，消费率则由61.4%下降到48.6%，其中居民消费率由45.3%下降到35.6%。同时，从产业发展的角度考量，农业发展的基础尚不够牢固，尤其是农业基础设施依然薄弱，抵御自然灾害的能力较弱，农业发展方式落后；工业增速过高，服务业发展依然滞后，而工业的产业构成主要集中在价值链中低端的局面依旧，过度依赖加工制造环节，决定市场地位和高附加值的生产性服务环节发展滞后；高技术产业名义上提高较快，但缺乏核心技术和品牌，战略性新兴产业发展尚处在孕育期；重化工业产能扩张过度，与资源环境承载力的矛盾日益加剧。区域间、城乡间发展差距和收入差距依然巨大。因而，中国在未来的发展中，转变发展方式、进行经济结构战略性调整任重而道远。

2. 发展中的人口压力依然巨大

中国多年坚持计划生育基本国策，控制人口过快增长取得了显著成效，但是受到庞大的人口基数和增长惯性的影响，中国人口总量在相当长一段时间内仍将保持增长态势，在现行政策下预计要到2025～2030年间才能达到人口总量增长的拐点。中国的贫困人口规模依然较大，按照2010年标准，贫困人口仍有2688万，而按照2011年提高后的贫困标准（农村居民家庭人均纯收入2300元/年），中国还有1.28亿的贫困人口。此外，相对贫困、城市贫困等问题也逐渐突现，返贫现象时有发生，成为构建和谐社会、实现全面建设小康社会目标的难点。伴随着经济的发展，中国的劳动力供需总量矛盾和结构性矛盾已经显现，未来10年中城镇每年新增就业人口数量就达到1000万左右，劳动者职业技能与岗位需求不适应，转轨就业、青年就业、农村转移就业等问题日益突出，迫切需要实施更加积极的就业政策；近年来中国老龄人口比重迅速上升，目前已经成为世界上唯一一个老年人口总量超过1亿的国家。妥善解决就业及老年人口的社会保障和健康服务等任务需要中国付出艰苦的努力。

3. 资源环境约束逐步增强

中国经济社会发展对自然资源需求呈持续上涨趋势，自然资源利用效率明显偏低，粗放型经济发展方式仍然普遍存在，以土地、能源、水为代表的资源约束日趋明显，以煤为主的能源消费结构仍将较长期持续。尽管生产的大量产品出口，但中国的资源原材料消耗量巨大，按照2009年的统计，中国消耗的钢材占全球的46%，煤炭占45%，水泥占48%，按汇率计算的单位国内生产总值能耗约为世界平均水平的2.3倍、日本的4.9倍和欧盟的4.3倍。部分区域或流域主要污染物排放总量大大超出环境容量，环境污染严重，重大污染事故时有发生，严重危及人民群众的身心健康；在传统污染尚未得到有效控制的情况下，持久性有机污染、重金属污染、细微颗粒（PM2.5）污染等新的环境问题不断出现。部分地区生态系统仍处在严重退化状态，生态恶化的趋势尚未得到根本性的扭转。同时，中国是世界上自然灾害最严重的国家之一，自然灾害种类多、分布地域广、发生频率高、破坏强度大、造成损失严重，对人民生命财产安全和经济社会发展构成巨大威胁，而于此相对应的防灾减灾基础能力尚显薄弱。

4. 发展的外部不确定性因素增多

在经历了全球金融危机的剧烈震荡后，世界经济开始缓慢复苏，但金融危机的深层次影响依然存在，复苏进程呈现复杂多变局面，世界经济政策及经济发展不确定因素明显增多，欧债危机尚未平息，世界经济存在二次探底的风险。世界主要发达国家失业率居高不下，政府负债沉重，进口需求明显减弱，消费市场疲软，贸易保护主义有所抬头。气候变化以及能源资源安全、粮食安全等全球性重大问题更加突出。这些因素使得中国保持经济持续稳定发展面临着更加复杂、多变的外部环境，需要深入认识中国在全球经济分工中的新定位，注重捕捉和利用发展机遇，努力创造参与国际经济合作与竞争的新优势。

三 未来中国可持续发展的路径选择

基于中国仍然是发展中国家，以及仍处于并将长期处于社会主义初级阶段的总体判断，我们认为发展仍是解决中国所有发展问题的关键，要将科学发展贯穿于经济社会发展全过程和各领域，在发展中促转变，在转变中谋发展。

（一）实施可持续发展战略的有利条件

从内部和外部两个方面来考察，中国在实施可持续发展战略中，都面临着众多机遇，为实现全面建设小康社会目标，进而基本实现现代化，真正走上全面协调可持续的发展道路提供了有利的条件。

1. 仍处于工业化和城市化快速推进期

中国目前总体上处于工业化中期向中后期过渡的阶段，仍处在经济较快增长的上升通道。随着工业化、城市化的快速推进，对基础设施、城市建设、重大装备、科技研发等必将产生巨大需求，并促进物流、商务、通信、金融等领域的生产性服务业加快发展；同时中国城乡居民消费结构仍处在快速扩张、不断升级的过程中，可以预判随着人民收入水平的提高，对汽车、家用电器、住房等生活消费的需求仍快速增长，居民消费市场加速扩大，消费必将成为拉动经济增长的主要来源。由以上各方面所构成的投资需求和消费需求的持续增长，会为经济的可持续增长提供强劲动力，并将创造出新的就业机会。

2. 发展的基础支撑能力已显著增强

伴随着中国经济实力平稳较快提升，科技创新在可持续发展的重点领域不断取得突破，人口快速增长的趋势得到了控制，铁路、公路、水路、民航和管道共同组成的综合交通运输体系基本形成，以及基础产业的较快发展，国土空间开发与保护的定位日渐清晰等，都为可持续发展提供了强有力的基础支撑。与此同时，以《宪法》为依据、有关资源环境法律为基础、行政法规为主干、地方性法规和规章为补充的可持续发展法律体系不断完善，为全面实施可持续发展战略提供了重要保障。

3. 绿色技术和产业革命机遇难得

为积极应对全球金融危机，寻找新的经济增长点，在全球范围内，低碳环保、新能源和可再生能源、生物医药、新材料、信息网络等技术及相关产业加速兴起。这些技术的推广应用必将引发一场新的全球产业结构的调整重组，推动以绿色为主要特征之一的产业转型升级。中国作为一个日益全方位对外开放的新兴经济体和发展中大国，在这一轮国际科技和产业创新中有机会争得一席之地。中国已将积极培育发展节能环保、新一代信息技术、生物、高端装备制造、新能源、新材料、新能源汽车等战略性新兴产业，作为寻求新增长的重要战略举措，为加快转变经济发展方式提供了新的途径。

4. 推进可持续发展已成为社会共识

在中国政府的正确引导、非政府组织的积极推动、媒体和公众的广泛参与下，节约资源、保护环境、绿色消费等可持续发展理念已经得到了全社会的广泛认可，为将实施可持续发展战略深入到经济社会发展的各个领域和层面，建立了良好的社会基础。同时，公众对环境质量的要求日益提高，参与意识显著增强，已经初步形成了自下而上的推动力。

（二）中国加快实施可持续发展战略的基本路径

加快转变经济发展方式是中国发展中的一次深刻的变革，是综合性、系统性、战略性的转变。推行绿色发展，协调经济社会和资源环境发展是重中之重。我们认为，中国在未来 10～20 年内，在实施可持续发展战略中依然要紧紧抓住人口、资源、环境等重点领域，特别注重基础建设，不断提升可持续发展的能力。

1. 仍要保持经济平稳较快增长

发展是解决中国所有问题的关键，也是实施可持续发展战略、实现绿色发展的根本要求。需要统筹考虑未来发展趋势和条件，着力于提升国家综合竞争力和长期可持续发展能力。中国在"十二五"规划中提出的国内生产总值年均增长 7%，城镇新增就业 4500 万人，城镇登记失业率控制在 5% 以内，价格总水平基本稳定，国际收支趋向基本平衡等目标，是控制经济过快增长、统筹协调增长与就业、国际与国内两个关系的基本要求；同时，"十二五"期间要在结构调整方面取得突破性进展，提升居民消费率，服务业增加值占国内生产总值比重在 2010 年的基础上提高 4 个百分点以上，城镇化率提高 4 个百分点。还要进一步加大贫困地区扶持开发力度，加强基础设施建设，强化生态保护和修复，提高公共服务水平，切实改善老少边穷地区生产生活条件。

2. 努力转换到绿色发展的轨道

经济结构调整是中国转变经济发展方式的主攻方向，也是实施绿色发展的根本之所在。在今后的发展中需要着力调整需求结构、产业结构、区域结构和城乡结构，推动经济增长向依靠消费、投资、出口协调拉动转变，向依靠第一、第二、第三产业协同带动转变；要把科技进步和创新作为重要支撑，深入实施科教兴国战略和人才强国战略，推动发展向主要依靠科技进步、劳动者素质提高、管理创新转变；要把保障和改善民生作为根本出发点和落脚点，完善社会保障和改善民生的制度安排，使发展成果惠及全体人民；要把建设资源节约型、环境友好型社会作为重要着力点，加快推进生产方式和消费模式绿色化进程，促进经济社会发展与人口资源环境相协调，增强国家可持续发展能力。

3. 促进人口长期均衡发展

中国仍要坚持计划生育基本国策，控制人口总量，并将人口工作的重点更多地集中到提高人口素质、优化人口结构方面。虽然在未来若干年应该适当调整现行的计划生育政策，但仍需要把握好人口增长的总规模。在人口领域还要大力开发人力资源，积极落实男女平等基本国策，实施妇女发展纲要，切实保障妇女合法权益，促进妇女就业创业，提高妇女参与经济发展和社会管理的能力。要坚持儿童优先原则，实施儿童发展纲要，依法保障儿童生存权、发展权、受保护权和参与权。采取积极措施应对人口老龄化。健全残疾人社会保障体系和服务体系，为残疾人生活和发展提供稳定的制度性保障。

4. 高效可持续开发利用资源

中国要实施资源节约优先战略，全面推进节能、节水、节地和节约各类资源，实行资源利用总量控制、供需双向调节、差别化管理等措施，大幅度提高能源资源利用效率，提升各类资源保障程度。要以提高资源产出率为核心，以体制创新和技术创新为动力，以构建循环型工业、农业、服务业等现代产业体系和绿色消费模式为重点，加大力度实施一批循环经济重大工程和示范行动，把循环经济理念贯穿到生产、流通、消费各个环节，努力构建低消耗、低排放、高效率、能循环的产业体系，促进资源循环式利用，鼓励企业循环式生产，推动产业循环式组合，倡导社会循环式消费。

5. 进一步加大生态环境保护力度

坚持预防优先，综合治理的原则，以解决饮用水不安全和空气、土壤污染等损害群众健康的突出环境问题为重点，以削减主要污染物排放总量为抓手，以改善环境质量为目的，强化目标责任，健全法规标准，加大资金投入，完善政策机制，严格环境执法和监管，防范环境风险。继续降低主要污染物排放总量，改善环境质量，并注重协同减排，及早关注和采取有效措施解决新的环境问题。围绕建设生态文明的总体要求，以各类自然保护区和国家重要生态功能区的保护与建设为重点，积极建设符合地带性特征的国土生态安全体系，增强生态系统在涵养水源、保持水土、防风固沙能力、保护生物多样性等方面的服务功能。构建以青藏高原生态屏障、黄土高原－川滇生态屏障、东北森林带、北方防沙带和南方丘陵山地带以及大江大河重要水系为骨架，以其他国家重点生态功能区为重要支撑，以点状分布的国家禁止开发区域为重要组成的生态安全战略格局。实现森林面积、质量和结构的全面改善。在黄土高原、岩溶石漠化地区、北部风沙区等重点区域生态治理取得突破性进展，生态修复取得显著成效；初步实现草畜平衡，草原生态持续恶化势头得到遏制；继续开展水土流失治理，减少土壤流失量。

6. 积极应对全球气候变化

把积极应对气候变化作为经济社会发展的重大战略，作为调整经济结构和转变经济发展方式的重大机遇，坚持走新型工业化道路，合理控制能源消费总量，综合运用优化产业结构和能源结构、节约能源和提高能效、增加碳汇等多种手段，全面开展低碳试点示范，完善体制机制和政策体系，健全激励和约束机制，更多地发挥市场机制作用，加强低碳技术研发和推广应用，加快建立以低碳为特征的工业、能源、建筑、交通等产业体系和消费模式，有效减缓温室气体排放。争取"十二五"期间单位国内生产总值二氧化碳（CO_2）排放量降低 17% 以上，为到 2020 年单位国内生产总值二氧化碳排放量降低 40%~45% 打下良好基础。全面提高应对气候变化能力，促进经济社会可持续发展。

7. 不断提高可持续发展能力

继续健全可持续发展相关法律法规，形成较为完整的法规体系。完善可持续发展信息共享和决策咨询服务体系。加强科技创新支撑能力建设。加大力度实施可持续发展试点示范，广泛开展可持续发展的宣传教育，鼓励和支持社会各界以及民间团体、非政府组织积极参与可持续发展的各项活动，提高社会公众参与可持续发展的程度。加强防灾减灾能力建设，提高抵御自然灾害的能力。加强国际合作与交流，提升参与国际社会可持续发展领域合作能力。

参 考 文 献

1994. 中国 21 世纪议程——中国 21 世纪人口、环境与发展白皮书. 北京：中国环境科学出版社

2002. 中华人民共和国可持续发展国家报告. 北京：中国环境科学出版社

2011. 中华人民共和国国民经济和社会发展第十二个五年规划纲要. 北京：人民出版社

国家统计局能源统计司. 2011. 中国能源统计年鉴 2010. 北京：中国统计出版社

联合国. 2002. 可持续发展问题世界首脑会议的报告. http://www.unescap.org/esd/environment/rio20/pages/Download/JPOI-WSSD_PlanImplC.pdf

马凯. 2006. 科学发展观. 北京：人民出版社

全国推进可持续发展领导小组办公室. 2008. 中国可持续发展战略回顾报告（2008）——农业、农村发展、土地、干旱、荒漠化领域. http://dqs.ndrc.gov.cn/gzdt/P020110415418551564095.pdf

全国推进可持续发展战略领导小组办公室. 2004. 中国可持续发展回顾报告（2004）——水、环境卫生和人类住区领域. 北京：中国环境科学出版社

全国推进可持续发展战略领导小组办公室. 2006. 中国可持续发展回顾报告（2006）——能源可持续发展、工业发展、大气污染及气候变化领域. http://dqs.ndrc.gov.cn/gzdt/P020110415

418511625432. pdf

实现"十一五"环境目标政策机制课题组．2008．中国污染减排：战略与政策．北京：中国环境科学出版社

中国环境年鉴编委会．2001～2011．中国环境年鉴2001～2011．北京：中国环境年鉴社

中国环境与发展国际合作委员会．2010．中国环境与发展国际合作委员会2010年年会．北京：国合会秘书处

中国科学院可持续发展战略研究组．2009．2009中国可持续发展战略报告．北京：科学出版社

中国科学院可持续发展战略研究组．2010．2010中国可持续发展战略报告．北京：科学出版社

中国科学院可持续发展战略研究组．2011．2011中国可持续发展战略报告．北京：科学出版社

中华人民共和国国家统计局．1990～2011．中国统计年鉴1990～2011．北京：中国统计出版社

中华人民共和国国土资源部．2001～2010．中国国土资源年鉴2001～2010．北京：中国国土资源年鉴编辑部

中华人民共和国外交部、联合国驻华系统．2010．中国实施千年发展目标进展情况报告（2010年版）．http://www. un. org. cn/public/resource/China_ MDG_ Progress_ report_2010_ c. pdf

朱之鑫．2011．中国宏观经济与发展改革研究．北京：中国计划出版社

第二章

中国节能减排的经验及其启示*

　　节能减排是我国建设资源节约型、环境友好型社会的重要着力点。其中，节能在 20 世纪 80 年代初被确定为我国社会经济发展中的一项长期战略方针，污染物减排则是在"十一五"规划纲要中被首次确定，尽管"九五"规划就提出了污染物排放总量控制的要求。将"节能减排"这两个既相互联系又各有侧重的工作有机地整合在一起，并作为调整产业结构、转变发展方式、建设生态文明的重要抓手，是我国在快速工业化和城市化阶段实现经济社会可持续发展的有益探索，是具有中国特色的认识深化和制度创新。

　　基于"全球思考、地方行动"的精神，保证资源安全和治理区域性、流域性环境污染仍将是我国在未来相当长一段时间内需要优先解决的问题。我国是世界的重要组成部分，加强我国的资源节约和环境保护，可以在很大程度上推动世界各国的可持续发展进程。本章总结了我国在推进节能减排中的一些主要做法，由此得出的经验和教训对于后发国家在工业化和城市化过程中走经济发展与环境保护协调的道路，具有十分重要的借鉴和参考意义。

---

　　* 本章由周宏春执笔，作者单位为国务院发展研究中心。北京工业大学博士生刘宇和北京师范大学博士生王占朝参与了资料收集和初稿撰写工作

一　节能减排的内涵及相互关系

国内外对节能内涵的理解基本相同，对"节能"定义的表述经历了一个与时俱进的认识深化过程。1979 年，世界能源理事会（WEC）对节能的定义是："采取技术上可行、经济上合理、环境和社会可接受的一切措施，提高能源的利用效率。"1995 年，世界能源理事会在《应用高技术提高能效》报告中将"能源效率"定义为：在提供同等能源服务的条件下减少能源投入。这些表述或定义均被我国广泛采用。例如，《中华人民共和国节约能源法》（简称《节约能源法》）中将节能表述为"加强用能管理，采取技术上可行、经济上合理以及环境和社会可以承受的措施，减少从能源生产到消费各个环节中的损失和浪费，更加有效、合理地利用能源"。随着我国节能工作的不断深入，节能重点发生了较大变化：从控制能源消费转向促进能源的合理消费，即从"少用能"转变到"提高能效"上。节能的目的从原来的拾遗补缺转变为在现有技术经济条件下提高竞争力的优化方案。目前，节能已经成为企业技术创新、提高产品竞争力的重要途径。

国内外对减排内涵的理解差异较大，从本质上看，这与各国在不同发展阶段面临的环境问题密切相关。发达国家所强调的减排重点是温室气体减排，且以一个国家或一个地区的温室气体排放总量作为考量基准。我国现阶段强调的减排则侧重于二氧化硫（SO_2）、化学需氧量（COD）、氨氮和氮氧化物（NO_x）等常规污染物的减排。本章讨论的污染物减排是那些与节能关系较为密切的部分，比"十一五"约束性指标规定的污染减排范畴要大一些，但比环境保护部管理的范围要少得多。

节能与减排，这两者既密切相关又各有侧重。一方面，节能有利于减排，因为能源生产和消费必然会影响生态环境，例如，煤炭开采影响植被与地下水，产生大量的煤矸石，堆存将占用土地且污染环境；燃煤发电会排放二氧化硫、烟尘等大气污染物，而燃煤发电的二氧化碳排放更是我国工业温室气体排放的主要来源。因此，节约了能源也就减轻了环境压力。另一方面，无论是二氧化硫还是化学需氧量减排，均是改善环境质量所必需的，因而是有利于民生、有利于改善人民群众生活质量的，但这些污染物的减排均要消耗能源，在一定程度上增加了能源消费与单位产值的能耗强度。节能和减排在这种情况下并不统一。换句话说，节能，特别是提高管理水平带来的节能效果属于少投入甚至不需投入的减排，而减排虽然有利于环境质量的改善，但不一定节能，因为脱硫设备或水处理设施的运转需要消费大量电能。

进一步地说，节能与减排可以相互促进，也会相互制约。从经济学的角度出发，节能和减排均可以纳入企业的财务管理：节能本身就是节约资金的，因而可以降低成本，提高企业的产品竞争力。减排可以改善人们的生活环境，可以形成产业，即所谓的环保产业，本质是利用市场机制降低污染治理的成本；虽然在现有国民经济核算体系中显示的是正值，却是生产企业产值的扣除（即外部成本的内在化），或者以生产企业支出、治污企业收入的形式体现。准确理解节能减排的经济学内涵，对于推进节能减排工作无疑是非常重要的。

节能减排的效果可以用"脱钩"理论来解释。"脱钩"的含义是，随着时间的变化，资源和环境等要素的增长与经济增长开始分离。按照联合国环境规划署（UNEP）的定义，"脱钩"概念用到经济发展中，特别是可持续发展语境下，包括两方面的内容：一是资源要素投入的脱钩，即随着以 GDP 表征的经济发展，自然资源投入强度逐步降低，资源利用效率不断提高，表现在曲线上，资源利用总量增长曲线斜率开始小于经济增长曲线的斜率；二是环境影响的脱钩，即随着经济发展，污染物排放总量增长减缓，单位国内生产总值排放的污染物强度下降，由经济发展带来的负面环境影响减少，直至环境质量得到明显改善并产生好的生态环境效益，从而使人民群众的福利水平高于经济发展或人均收入水平的提高。用通俗的语言表述就是，人民的幸福指数得到不断提高。UNEP 给出的脱钩概念框架见图 2.1。

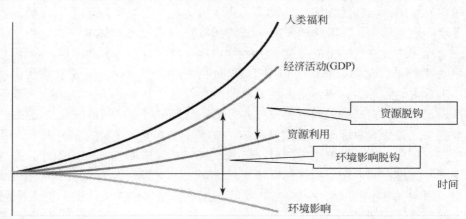

图 2.1 "脱钩"的两种情形
资料来源：UNEP，2011

自 1972 年罗马俱乐部提出《增长的极限》报告以来，随着技术进步和可替代资源的出现，资源供给和使用效率的提高已经成为可能。就现阶段的世界世纪情况看，资源仍然在被过度消耗，浪费现象依然随处可见。有研究表明，在人们购买和消耗的物资中约 93% 根本没有做到物尽其用，80% 的产品经一次使用后就被弃置。在美国，99% 的商品或包含在商品中的原材料在销售后的 6 周内变成了废物。那么，是否有一种方式可以引导人们更节约、更合理地生产与消费呢？科学家进行了大量研究，提出了2倍、4倍、5倍、10倍因子理论，有研究者甚至提出20倍因子假说。由于提高了资源利用效率也就减少了污染物排放，所以可以说，中国大力推进的节能减排收到了"脱钩"的效果。

二　中国能源消耗和污染物排放强度变化

中国政府十分重视节能减排工作。国务院成立节能减排领导小组，把节能减排作为推动科学发展、转变发展方式、调整经济结构的重要抓手，采取一系列的政策措施，并取得显著成效。"十一五"期间，全国单位GDP能耗下降19.1%，二氧化硫排放量减少14.29%，化学需氧量排放量减少12.45%，基本完成或超额完成了"十一五"规划纲要确定的目标。

（一）能耗和碳排放强度下降趋势明显

在改革开放以来的30多年中，我国能源结构变化不大，保持了一次能源以煤为主的格局，在能源消费中煤炭所占的比例仅由1980年的72.2%下降为2009年的70.4%；同期石油所占能源消费比重从20.7%下降到17.9%；天然气比重由3.1%上升到3.9%；非化石能源所占比例从4.0%上升到7.8%。相反，过去能耗强度（单位GDP所消耗的能源）下降明显，1980年的能耗强度为3.40吨标准煤/万元，到2009年下降为1.08吨标准煤/万元（表2.1）。

表2.1　中国的能耗强度和二氧化碳排放强度（1980~2009）

年份	能耗强度	二氧化碳排放强度	年份	能耗强度	二氧化碳排放强度	年份	能耗强度	二氧化碳排放强度
1980	3.4	8.5	1996	1.60	3.96	2004	1.28	3.12
1985	2.6	6.52	1997	1.47	3.61	2005	1.28	3.10
1990	2.29	5.74	1998	1.37	3.34	2006	1.24	3.02
1991	2.21	5.55	1999	1.31	3.22	2007	1.18	2.87
1992	2.03	5.10	2000	1.25	3.05	2008	1.12	2.69
1993	1.90	4.73	2001	1.20	2.87	2009	1.08	2.59
1994	1.77	4.41	2002	1.16	2.80			
1995	1.71	4.23	2003	1.22	2.96			

注：表中能耗强度单位是吨标准煤/万元，二氧化碳排放强度单位是吨/万元

资料来源：中华人民共和国国家统计局，2010；宣晓伟，2011

在过去的 30 年间，我国碳排放总量和碳排放强度发生了较大变化。从 1980 年到 2009 年，我国二氧化碳年排放总量从 15.1 亿吨增加到 73.6 亿吨，年均增长 5.6%（图 2.2）。"十一五"期间，我国通过节能降耗减少二氧化碳排放 14.6 亿吨，为应对全球气候变化做出了重要贡献，承担了负责任大国的义务。

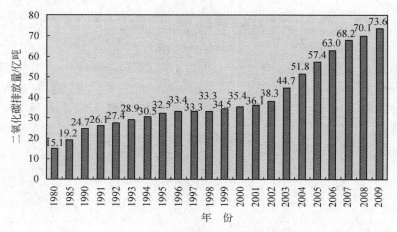

图 2.2　中国的二氧化碳排放量变化

资料来源：中华人民共和国国家统计局，2010；宣晓伟，2011

我国二氧化碳排放强度呈下降趋势。二氧化碳排放强度是指单位 GDP 所产生的二氧化碳排放量。1980 年，我国的二氧化碳排放强度为 8.5 吨/万元，2009 年下降到 2.59 吨/万元，降幅达 70%，年均下降 2.4 个百分点（表 2.1）。

节能减排工作的大力推进，优化了产业结构，推动了技术进步，重点行业主要产品单位能耗有了较大幅度的下降，整体能效水平得到较快提高，节能减排能力明显增强，扭转了中国工业化、城镇化快速发展阶段能源消耗强度和主要污染物排放强度的上升势头，显示了初步"脱钩"的情景。在经济快速增长阶段，发达国家能源弹性系数一般要大于 1，我国"十五"期间也显示了这一特征，如"十五"后3 年全国单位 GDP 能耗上升了 9.8%，全国二氧化硫和化学需氧量排放总量分别上升了 32.3% 和 3.5%。

促进了产业结构的优化升级。例如，电力行业 300 兆瓦以上火电机组占火电装机容量比重由 47% 上升到 71%，钢铁行业 1000 立方米以上大型高炉比重由 21% 上升到 52%，建材行业新型干法水泥熟料产量比重由 39% 上升到接近 80%。技术革新效果显著。2010 年与 2005 年相比，钢铁行业干熄焦技术普及率由不足 30% 提高到 80% 以上，水泥行业低温余热回收发电技术由开始起步提高到 55%，烧碱行业离子膜法烧碱比重由 29.5% 提高到 84.3%。

单位产品能耗下降幅度加快。"十一五"期间，火电供电煤耗由 370 克标准煤/千瓦时降到 333 克标准煤/千瓦时，下降了 10.0%；国有重点钢铁企业吨钢综合能耗由 694 千克标准煤下降到 605 千克标准煤，下降了 12.8%；水泥综合能耗下降了 24.6%；乙烯综合能耗下降了 11.6%；合成氨综合能耗下降了 14.3%。其中，十大节能重点工程产生了明显成效，形成节能能力 3.4 亿吨标准煤；新增城镇污水日处理能力 6500 万吨，处理率达到 77%；燃煤电厂投运脱硫机组容量达 5.78 亿千瓦，占全部燃煤机组容量的 82.6%。

部门能耗强度的变化有两个明显特征。第一，各部门的能耗强度绝对值都在下降。1995～2008 年，农业部门能耗强度下降了 34.3%；工业部门能耗强度下降幅度达到 44.8%；建筑业部门下降 13.6%；服务业下降 32.7%（表 2.2）。第二，不同部门能耗强度差异很大，工业部门明显高于其他部门。2008 年工业部门的能耗强度为 1.90 吨标准煤/万元，分别是农业部门和建筑业部门能耗强度的 8 倍左右、服务业部门的近 3 倍。

表 2.2　各产业部门的能耗强度（单位：吨标准煤/万元）

年份	农业	工业	建筑业	服务业
1995	0.36	3.44	0.29	0.98
2000	0.34	2.18	0.36	0.81
2005	0.37	2.17	0.35	0.75
2008	0.23	1.90	0.25	0.66
1995～2008 年的变化/%	−34.3	−44.8	−13.6	−32.7

资料来源：宣晓伟，2011

工业部门的能耗强度变化对于整体经济能耗强度的影响最大。在 1995～2008 年间，中国整体经济的能耗强度下降了 0.592 吨标准煤/万元，其中，经济结构的变化使整体经济的能耗强度上升 0.163 吨标准煤/万元，各部门能源效率的提高则使整体经济能耗下降 0.755 吨标准煤/万元。从分部门贡献来看，农业、工业、建筑业和服务业四个部门对整体经济能耗强度下降的贡献分别为 8.2%、76.2%、0.5% 和 15.1%（表 2.3）。

由此可见，产业结构调整对能耗强度变化有很大的影响。近年来，由于我国重化工化特征明显，能耗强度较高的工业部门所占 GDP 的比重一直在增加，而能耗强度相对较低的农业部门的比重则有明显下降，对整体经济能耗强度的影响是负面的。

表 2.3　各部门对整体能耗强度变化的贡献（1995~2008）

项目	整体能耗变化	农业	工业	建筑业	服务业
部门结构变化/（吨标准煤/万元）	0.163	-0.030	0.156	0.000	0.038
部门能耗变化/（吨标准煤/万元）	-0.755	-0.018	-0.607	-0.002	-0.128
部门贡献/（吨标准煤/万元）	-0.592	-0.049	-0.451	-0.003	-0.089
部门贡献率/%	100	8.2	76.2	0.5	15.1

资料来源：宣晓伟，2011

换句话说，近年来中国经济结构的变化导致整体能耗强度的上升，并没有取得结构调整带来的预期节能效益。

（二）污染物排放强度逐步降低，环境质量有所改善

研究发现，我国单位 GDP 污染物排放量与发达国家同期相比并不是最高的。我们利用《中国统计年鉴》和《中国环境年鉴》的资料分析 1985 年以来万元产值废气、废水排放量以及人均废气、废水排放量的变化趋势。按 1978 年价计算，1985~2006 年我国 GDP 从 6838.36 万元增长到 48626.22 万元，废水排放量仅从 300 多万吨增加到 500 多万吨；万元 GDP 废气排放量从 10.8 标立方米下降到 6.80 标立方米，万元 GDP 废水排放量从 0.50 吨下降到 0.11 吨（图 2.3）。

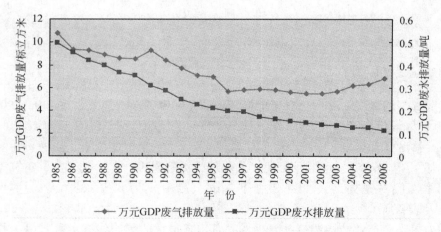

图 2.3　我国单位 GDP 废水和废气排放量变化（1985~2006）（按 1978 年价计）

中国环境宏观战略研究显示，改革开放以来中国工业污染物排放强度下降较为明显。亿元工业增加值废水排放量从1981年的1136吨降为2006年的26.6吨，降低了97.7%；万元工业增加值工业粉尘、烟尘、二氧化硫排放量分别从1981年的694.2千克、709.9千克和669.3千克下降到2006年的8.95千克、9.57千克和24.77千克，15年间排放强度分别下降了98.71%、98.65%和96.30%（图2.4）。

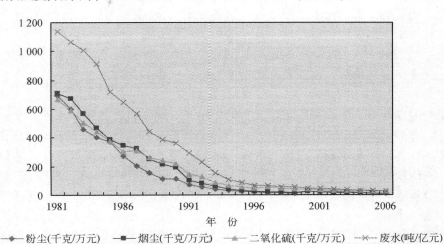

图2.4　全国工业粉尘、烟尘、二氧化硫和工业废水排放强度（1981~2006）

形象地说，我国走了一条"穿越环境高山"之路。用库兹涅兹"倒U型"曲线理论表述就是，污染物排放强度峰值没有发达国家工业化时原来那么高了，但并不是直线，因为发展是一个多目标非线性的过程。我国走了一条"穿越环境高山"之路，并不代表环境污染不严重；相反，我国环境污染的趋势并没有得到根本逆转。因此，对污染环境者不仅要在道义上谴责，更要在法律上和经济上予以处罚，否则不足以遏制环境质量下降的趋势。

三　中国的节能减排政策措施及其沿革

下面，我们将分别讨论节能和减排的政策措施及其沿革。

（一）我国节能政策的发展

改革开放以来，我国社会经济发生了多方面的深刻变化。顺应不同时期社会经济发展的客观形势需要，政府节能管理职能机构的工作重点不断调整，研究制定和组织实施了与此相应的法规、政策等多种综合节能管理手段。

1. 1979～1991 年

这一时期，随着改革开放的逐步深入，我国经济持续、健康、快速发展，加上人口增长的影响，能源需求急剧增长，供需矛盾十分突出。在 20 世纪 80 年代的大部分时间里，全国能源供应长期、持续紧张，特别是石油、电力供应短缺，许多企业被迫"停三开四"。能源供应短缺成为制约国民经济发展的"瓶颈"。与此同时，国有企业生产工艺落后，用能设备和设施陈旧，能源利用效率低下，挖掘节能挖潜大有可为。

这一时期政府节能管理的工作重心是，促进国有企业（主要是工业企业）的能源节约，弥补全国能源（特别是电力）供应的短缺。我国制定和实施了以下主要节能管理手段和措施：制定了能源"开发与节约并重，近期把节约放在优先地位"的方针；实施能源定量供应、企业能源定额管理制度；国务院发布压缩烧油、节电、节油、节煤等 5 个指令；1981 年，节约能源列入国民经济计划；全面规范节能工作，制定"节能 58 条"；加强企业节能基础能力建设，建立三级能源管理体系，实施能耗考核制度；建立节能服务中心；制定实施节能优惠政策，加大资金投入。开展节能宣传教育，每年开展一次全国性"节能月"活动。

20 世纪 80 年代后期和 90 年代初，全国能源生产能力有了较大提高，能源供应短缺状况有所缓和，煤炭供应开始出现供大于求的局面，但电力和油品仍然比较紧张。国家实行社会主义有计划的商品经济，国有经济在国民经济中的比重下降，但国家仍保持着对国有企业的影响和控制力。虽然能源效率有所提高，但与发达国家相比，我国国有工业部门的技术装备水平较低，国有企业的能源管理水平也较差。

基于上述背景，这一时期政府节能管理的工作重点是：促进国有企业开展节能技术改造和节能管理，进一步缓解国内能源供应紧缺，保障国民经济的快速发展。为此，政府制定和实施一系列节能管理手段和措施，包括国务院 1986 年发布《节约能源管理暂行条例》，制定主要节能标准和节能设计规范，制定和实施节能优惠政策，安排节能示范工程，推广节能先进技术，开展控制温室气体排放国际合作研究等。

总之，这一时期国家采取了多种途径，给予较多的优惠政策，实行带有计划经济特点的能源定量供应和企业定额管理制度，并取得了卓有成效的结果。

2. 1992～2002 年

1993 年 3 月，全国人民代表大会（简称全国人大）通过《中华人民共和国宪法修正案》，国家实行社会主义市场经济，经济体制开始由计划经济向市场经济转轨。国有经济在国民经济中的比重不断下降，对国有企业的控制趋于放松。国内能源供需关系出现明显变化，除石油外，煤、电呈现供大于求局面。能源消费和以煤炭为主的一次能源结构导致的环境污染问题开始突显，引起全社会的关注和重视。1994年 3 月，中国公布了《中国 21 世纪议程》，提出实施可持续发展战略。其中，把提高能源效率和节能列为实施可持续发展战略的关键措施。

这一时期政府节能管理的工作重点是：探索适应市场经济的节能管理方法，以节能促环保。相应地，政府对节能管理手段和措施进行重大调整，取消了计划经济体制时期建立的一些节能管理手段和措施：

● 1994 年起，国家税收、金融体制改革，取消 20 世纪 80 年代以来计划经济体制时期国家在节能方面建立的财政、税收、金融优惠政策。

● 取消企业节能专项奖，节能奖纳入企业综合奖。

● 探索和建立了若干新的政府节能管理手段和措施，组织起草《中华人民共和国节约能源法》（草案）。

● 1994 年，成立中国节能投资公司，继续对节能基建进行投资。

● 开展农村能源综合建设工作，实施"中国绿色照明工程"，制定新能源和可再生能源发展纲要。

● 探索市场经济条件下的节能机制和鼓励政策，开展能源服务公司（ESCO）试点，进行需求侧管理/综合资源规划（DSM/IRP）试点。

● 1996 年，中华人民共和国国家计划委员会（简称国家计委）印发《中国节能技术大纲》，推广节能科技成果，加强节能信息传播；1997 年中华人民共和国国家经济贸易委员会（简称国家经贸委）组建"节能信息传播中心"。

● 加强国际交流与合作：与全球环境基金（GEF）/世界银行（WB）合作开展"中国高效锅炉项目"、"中国节能促进项目"等。

总之，这一阶段国家对节能工作的管理，开始探索适应市场经济体制要求的节能机制并进行试点；重视节能的纲要、规划、信息传播等基础性工作。也就是说，在节能工作管理上，政府的职能已经开始转变。

20 世纪 90 年代后期以来，我国社会、经济发展形势出现新的变化，市场开始发挥资源配置的基础性作用；买方市场格局基本形成，经济全球化趋势日益增强，竞争战略成为国家经济发展战略和企业经营策略的主要内容；产业结构经历新一轮战略调整，经济增长方式从粗放型向集约型转变。国有企业进行股份制改造，国有经济从一些竞争性行业中撤出，政府不再对国有企业进行直接控制。

能源形势方面，全国能源市场基本形成，石油等能源价格基本上与国际接轨，供需关系总体上呈现供大于求的局面，煤炭和电力生产企业逐步转变观念，由"卖方市场"转变为"买方市场"，通过提高产品和服务质量来吸引用户。能源结构性矛盾突显，能源安全问题引起政府重视。能源消费企业为降低生产成本，"节能降耗"成为其自发要求，尤其生产能源费用占产品成本 20% 以上的企业，如钢铁、化工企业等，都十分重视节能工作。

由于能源生产和消费引起的环境污染问题日趋严重，已经引起全社会的密切关注和政府的高度重视；国家认真贯彻实施可持续发展战略，节能作为环保的重要措施，与环保的结合更为密切。

基于上述背景，这一时期政府节能管理的工作重点是：引入、示范和推广利用市场节能机制，加强节能法规建设和节能管理，引导和规范企业和全社会的能源消费行为，促进能源利用效率的提高，从节能的角度提升国民经济竞争力，有效缓解国内能源环境压力，为国家能源安全提供重要保障，保障经济、社会的可持续发展。为此，政府建立和实施了以下主要节能管理手段和措施：

- 1997 年 11 月，全国人大常委会通过《中华人民共和国节约能源法》，1998 年 1 月 1 日施行，节能工作开始步入法制化轨道。

- 制定《中华人民共和国节约能源法》配套法规，包括节能产品认证管理办法，民用建筑节能管理规定等。

- 用能产品能耗标识管理办法、高耗能工业产品能耗限额管理暂行办法、节约石油管理条例等相继出台。

- 制定出台《十五节能规划》、《十五节能技术政策大纲》等相关节能宏观管理文件。

- 加大对重点行业和重点企业节能的支持，实施"节约增效工程"，组织节能型、清洁型工厂示范。

- 组织节能科研项目。科技部将节能项目纳入"科技型中小企业技术创新活动"。

- 加强节能信息传播。节能信息传播中心开展活动；中国节能协会办好《节能信息报》；各地出版多种"节能"杂志、报刊。

- 加强国际交流与合作。

总之，20 世纪 90 年代以来，随着经济体制改革的深化，国家对节能工作的管理出现重大变化。一是以《中华人民共和国节约能源法》实施为标志，节能工作的管理步入法制化轨道；已经或正在制定若干配套法规，初步形成了节能的法规体系；二是改变了政府对企业节能的直接管理和财政补贴的做法，通过政策引导，运用价格机制和市场手段引导用户节能；三是系统组织研究节能中面广量大的关键技术和共性技术，通过技术进步促进节能；四是加强节能信息的国际交流，资助节能技术服务中心为企业服务，为企业和社会提供节能的信息服务；五是进行能源服务公司、需求侧管理等市场手段推进节能的试点。

3."十五"后期和"十一五"期间的节能政策

这一时期，我国经济社会进入新世纪新阶段。随着新一轮经济增长的到来，我国产业重化工化特征明显且成为经济增长的带动力量，虽然国家和企业在能源供应和污染治理上的投入力度不断加大，但节能减排的压力凸现。为缓解经济发展与资源环境的矛盾，我国实施了以节能减排约束性指标为核心的节能减排战略，加大了财税、金融等政策的扶持力度，价格政策也起到了积极作用。注释专栏2.1列出了近年来国务院及国家有关部门发布的节能减排政策。

注 释 专 栏 2.1

近年来国务院及国家有关部门发布的节能减排政策

1.《国务院办公厅转发国家发展和改革委员会等部门关于加快推行合同能源管理促进节能服务产业发展意见的通知》

2.《关于进一步加强中小企业节能减排工作的指导意见》

3.《国务院通过加快培育和发展战略性新兴产业的决定》

4.《财政部关于印发〈节能技术改造财政奖励资金管理办法〉的通知》

5.《财政部 国家发展和改革委员会关于调整高效节能空调推广财政补贴政策的通知》

6.《财政部 国家发展和改革委员会 工业和信息化部关于印发〈"节能产品惠民工程"节能汽车（1.6升及以下乘用车）推广实施细则〉的通知》

7.《国家重点节能技术推广目录（第三批）》发布

8.《"节能产品惠民工程"高效电机推广目录（第一批)》

9.《国务院关于进一步加强淘汰落后产能工作的通知》

10.《高耗能落后机电设备（产品）淘汰目录（第一批)》

---

11. 《关于促进节能服务产业发展增值税 营业税和企业所得税政策问题的通知》

12. 《中国资源综合利用技术政策大纲》发布

13. 《发布关于资源综合利用企业所得税优惠管理问题的通知》

14. 《关于推进北方采暖地区既有居住建筑供热计量及节能改造工作的实施意见》

15. 《关于印发〈民用建筑能耗和节能信息统计报表制度〉的通知》

16. 《关于印发〈村镇宜居型住宅技术推广目录〉和〈既有建筑节能改造技术推广目录〉的通知》

17. 《财政部 国家发展和改革委员会关于调整节能产品政府采购清单的通知》

18. 《财政部 国家发展和改革委员会关于开展"节能产品惠民工程"的通知》

19. 《财政部 国家发展和改革委员会关于印发〈节能产品惠民工程高效电机推广实施细则〉的通知》

20. 《财政部 国家发展和改革委员会关于印发〈"节能产品惠民工程"高效节能房间空调器推广实施细则〉的通知》

21. 《中华人民共和国实行能源效率标识的产品目录(第六批)》、《电力变压器能源效率标识实施规则》、《通风机能源效率标识实施规则》和《房间空气调节器能源效率标识实施规则》(修订)发布

22. 《关于进一步做好支持节能减排和淘汰落后产能金融服务工作的意见》

资料来源：中国节能协会节能服务产业委员会，2010

2009 年 5 月 21 日，中华人民共和国财政部（简称财政部）张少春副部长总结了"十一五"期间国家采取的支持新能源与节能减排工作的十大措施："……三是开展节能与新能源汽车示范推广试点，鼓励北京、上海等 13 个城市在公交、出租等领域推广使用。四是加快实施十大重点节能工程，鼓励合同能源管理发展。五是加快淘汰落后产能，对经济欠发达地区淘汰电力、钢铁等 13 个行业落后产能给予奖励。……八是实施'节能产品惠民工程'，扩大节能环保产品使用和消费。九是支持发展循环经济，全面推行清洁生产。十是支持节能减排能力建设，建立完善能效标识制度，节能统计、报告和审计制度，加强环境监管能力建设。"为完成"十一五"节能目标，国家主要采取了以下八项措施：

一是强化目标责任。将"十一五"节能减排目标分解落实到省级人民政府、千

家高耗能企业和五大发电公司。国务院发布了节能减排统计监测考核实施方案，从2008年起，国家每年对省级政府节能减排目标责任进行现场评价考核，考核结果向社会公告，形成了目标明确、责任清晰、一级抓一级、一级考核一级的节能减排目标责任制。

二是调整产业结构。强化产业政策和项目管理，提高节能环保准入门槛，严把土地、环保、信贷等关口，调整出口退税和配额，清理和纠正各地在电价、地价、税费等方面的优惠政策，遏制高耗能、高排放行业过快增长。大力淘汰落后产能，"十一五"期间，关停小火电机组7000多万千瓦、炼铁产能超过1亿吨、水泥产能超过2.6亿吨等行动节能约1.3亿吨标准煤。

三是实施节能减排重点工程。"十一五"共安排中央资金2151亿元，支持十大重点节能工程、城镇污水处理设施及配套管网建设、重点流域水污染防治、节能环保能力建设等，带动全社会投资达1.6万亿元，建成后可形成节能能力约3.4亿吨标准煤，新增城镇污水日处理能力6100多万吨，燃煤电厂投运脱硫机组超过5亿千瓦。

四是推广先进节能技术和产品。发布两批国家重点节能技术推广目录。实施"节能产品惠民工程"，近几年，安排中央财政补贴资金约140亿元，推广节能灯3.6亿只、高效节能空调2000多万台、节能汽车20万台，以及高效节能电机。仅2010年，就安排中央财政补贴资金20亿元，支持节能服务公司采用合同能源管理机制对企业实施节能改造。

五是推动重点领域节能。组织开展千家企业节能行动，开展能源审计，编制节能规划，实施能效水平对标，公告能源利用状况等，"十一五"累计节能1.5亿吨标准煤。截至2009年年底全国累计完成北方采暖地区既有居住建筑供热计量及节能改造1亿平方米。发布汽车燃料消耗量限值标准，加快淘汰老旧汽车，推进船型标准化，发展电气化铁路，优化航路航线，等等。中央国家机关广泛开展了节能诊断和改造。

六是完善经济政策。实施了成品油价格和税费改革。实行烟气脱硫机组上网电价政策。对限制类、淘汰类的高耗能产品实施差别电价政策。对节能节水环保设备给予税收优惠，调整了不同排量乘用车消费税税率。中央财政采取"以奖代补"、"以奖促治"、转移支付等方式支持节能减排重点项目。

七是健全法规标准。修订了《中华人民共和国节约能源法》、《中华人民共和国水污染防治法》，制定了民用建筑节能条例和公共机构节能条例。发布了27项高耗能产品能耗限额强制性国家标准，涉及有色金属、钢铁、化工、电力、建材五大行业的粗钢、焦炭、铁合金、碳素电极、烧碱、黄磷、合成氨、电石、平板玻璃、水泥、陶瓷、铝冶炼、铜冶炼、锌冶炼、镁冶炼、镍冶炼、锑冶炼、铅冶炼、锡冶炼、铜管材、铝及铝合金挤压产品和常规火力发电机组等 22 个产品；41 项主要终端用能产品强制性能效标准（涉及六大类产品，包括家用电器类 12 种，照明器具类 8 种，商用设备类 4 种，工业设备类 9 种，办公设备类 2 种，交通工具类 6 种）和 24 项污染物排放标准。组织开展节能法执法检查、节能减排专项督查和环保专项行动。

八是加强能力建设。完善能源计量、统计制度，改进核算方法。推动各地区建立节能监察机构、污染源监控中心。国务院印发开展节能全民行动的通知。中央 17 个部门组织开展"节能减排全民行动"。每年组织全国节能宣传周、世界环境日等活动，开展形式多样的节能减排宣传。

（二）中国环境保护政策及其主要特征

中国环境保护可以追溯到 1972 年。1972 年，中国政府派团参加了在瑞典斯德哥尔摩召开的联合国人类环境会议，1973 年召开了第一次全国环境保护会议。从那时开始，我国从环境保护理念、政策到污染治理，走出了一条受国际环保潮流影响的、政府主导的、自上而下的、有计划解决环境问题的中国特色之路。

1. 1979～1991 年，中国环境保护进入发展时期

1978 年 12 月十一届三中全会，确立了全党全国的工作重点转到社会主义现代化建设上。环境保护法规和政策等制度建设开始进入发展阶段。主要标志有：环境保护被确立为我国的一项基本国策；《中华人民共和国环境保护法》（试行）历经 10 年正式出台；形成环境保护的三大政策和八大制度；环境保护进入政府工作报告，纳入国民经济和社会发展计划。

环境保护被确定为一项基本国策。1983 年 12 月 31 日至 1984 年 1 月 7 日，在北京召开了第二次全国环境保护会议。会上，时任副总理的李鹏代表国务院宣布：环境保护是中国现代化建设中的一项战略任务，是一项基本国策。1989 年 4 月底至 5 月初，在北京召开第三次全国环境保护会议，确立了环境保护的三大政策（预防为主、防治结合，谁污染、谁治理，强化环境管理）和八大制度（环境影响评价、"三同时"、排污收费、限期治理、排污许可证、污染物集中控制、环境保护目标责任制、城市环境综合整治定量考核）；提出"经济建设、城乡建设和环境建设同步规划、同步实施、同步发展"，实现"经济效益、社会效益与环境效益的统一"的环保目标和"努力开拓有中国特色的环境保护道路"。

1982 年，国民经济计划改为国民经济和社会发展计划，环境保护成为"六五"

计划的一个独立篇章。1982 年，建设部改名为城乡建设环境保护部，下设环境保护局。1984 年成立国务院环境保护委员会。1984 年年底，城乡建设环境保护部的环境保护局改为国家环境保护局，归建设部管理。1988 年国家环境保护局从城乡建设环境保护部中分出，作为国务院直属机构，以加强全国环境保护的规划和监督管理。

这一阶段环境污染状况开始恶化，以城市河流水质变差、发臭最为典型。例如，上海苏州河、辽宁本溪太子河、江苏徐州奎河等，在夏季出现"黑臭"现象；二氧化硫等污染物也开始超过大气环境容量。

2. 1992～2002 年，环境保护进入加快发展阶段

1992 年以后，我国环境保护进入加快发展阶段。主要标志有：发布了《中国关于环境与发展问题的十大对策》；环境保护纳入中央人口资源环境座谈会议题；国务院批准出台《中国 21 世纪议程》；第二次工业污染防治工作会议提出"三个转变"等。

环境保护成为中央人口工作座谈会的主要议题。1999 年 3 月江泽民同志在座谈会上指出：必须从战略的高度深刻认识处理好经济建设同人口、资源、环境关系的重要性。在 2000 年中央人口资源环境工作座谈会上江泽民同志又提出：必须始终把经济发展与人口资源环境工作紧密结合起来，统筹安排，协调推进。牢固树立"打持久战"的思想，坚持不懈地抓下去。

环境立法进程加快。1993 年全国人大设立环境保护委员会，后又改名为环境与资源保护委员会。先后制定出台了《中华人民共和国清洁生产促进法》、《中华人民共和国环境影响评价法》等 5 部新法律；修改了《中华人民共和国大气污染防治法》、《中华人民共和国水污染防治法》等 3 部法律；制定和修改环境标准 200 多项，为环境与发展的科学决策、加强环境执法发挥了重要作用。各省、自治区、直辖市也分别制定和颁布了环境保护的地方性行政法规或行政规章。

环境保护战略逐步转变。1992 年联合国环境与发展大会后，中国率先提出《中国关于环境与发展问题的十大对策》。1993 年 10 月全国第二次工业污染防治工作会议提出了环境保护战略的三个转变，即由末端治理向生产全过程控制转变，由浓度控制向浓度与总量控制相结合转变，由分散治理向分散与集中控制相结合转变，这标志着工业污染防治工作的指导方针发生变化。1994 年国务院批准出台《中国 21 世纪议程》，提出可持续发展战略的行动计划和措施，将环境纳入发展统筹考虑。1996 年，可持续发展正式上升为国家战略，环境保护作为其主要内容得以进一步拓展深化。

提出总量控制和跨世纪绿色工程。1996 年 7 月第四次全国环境保护会议及国务院《关于加强环境保护工作的决定》，提出到 2000 年，12 种主要污染物排放总量控

制在国家规定的指标内，环境污染和生态破坏的趋势得到基本控制；各直辖市及省会城市、经济特区城市、沿海开放城市和重点旅游城市空气、地面水环境质量，按功能区达到国家规定的有关标准（一控双达标）；环境治理的重点工程是"三湖"（太湖、巢湖、滇池）、"三河"（淮河、海河、辽河）和"两控区"（酸雨和二氧化硫污染控制区）。

利用经济手段保护环境得到重视。这一时期的一系列环境保护文献均提出了利用经济手段保护环境的要求。通过产业政策、投资政策、财税政策、价格政策、进出口政策等使节约和综合利用资源、保护环境的企业从中受益，违反规定的企业受到惩罚，成为宏观政策导向。

排污许可制度试点。1992 年，国家环境保护局下发《关于进一步推动排放大气污染物许可证制度试点工作的几点意见》、《确定排放大气污染物许可证排污指标的原则和方法》和《排放大气污染物许可证管理办法》（框架稿），选择太原、柳州、贵阳、平顶山、开远和包头 6 个城市开展大气排污交易政策试点工作。1993 年开始在全国 21 个省、市、自治区试点建立环保投资公司；《全国环境保护工作纲要（1993～1998）》要求继续试行排污交易政策。

大力推进清洁生产，积极发展环保产业。1993 年，我国开始探索清洁生产。1997 年《关于推行清洁生产的若干意见》要求企业"节能、降耗、减污、增效"，把清洁生产作为污染物达标排放和总量控制的手段。1990 年，国务院办公厅印发了《关于积极发展环境保护产业的若干意见》。此后的一系列文件，为环保产业的发展提供了减免税收的政策优惠。

改革环境影响评价制度，企业环境目标责任制不再执行。对建设项目环境影响评价制度进行改革，试行招标制，颁布《开发区区域环境影响评价管理办法》。从1992 年起，国务院决定不再推行企业升级考核评比制度，企业升级的环境保护考核相应取消。1998 年 5 月 20 日，国家环境保护局下发《关于 1998 年取缔关闭和停产15 种污染严重小企业工作意见的通知》，要求一般地区取缔、关停率达到 100%，经国务院批准的特殊困难地区达到 85%；死灰复燃查处率达到 100%。

推行环境标志制度。1994 年，《全国环境保护工作纲要（1993～1998）》要求建立和推行环境标志制度，将环境标准从生产拓展到产品消费这一"从摇篮到坟墓"的全过程。1994 年 5 月 17 日，中国环境标志产品认证委员会成立。1996 年 1 月 10日，国家环境保护局环境管理体系审核中心成立，推行国际标准化组织（ISO）制定的 ISO14000 环境管理系列标准。

国家环境保护局升格。国务院环境保护委员会从 1984 年成立至 1997 年，研究审议了 80 多项涉及国家和地方重大环境问题的规划、政策、规定、条例、决定等。

1998 年国务院机构改革时，将国家环境保护局升格为国家环境保护总局，并以环境执法监督为其基本职能，加强了环境污染防治和自然生态保护两大管理职能，同时撤销国务院环境保护委员会（简称环委会），其有关组织协调的职能转由国家环境保护总局承担。

这一阶段，环境保护公报中经常出现的一句话是：全国环境质量呈现局部改善、整体恶化的态势。一方面，北京等一些城市的空气环境质量有所好转，上海苏州河等一些城市河流的黑臭问题基本得到解决。另一方面，环境污染迅速蔓延，从城市向农村扩散、从东部向西部转移；污染事件发生频率加快，成为群众投诉的热点。1995 年中华环境保护基金会开展了"全民环境意识调查"，研究得出的结论是：环境知识水平较低，城乡居民的环境行为失当（中华环境保护基金会，1998）。这一结果被广泛引用。

3. 2003 年以来，环境保护的深化发展阶段

进入新世纪新阶段，针对我国资源环境压力加大的特点，党中央国务院主动调整发展战略，提出以人为本、全面协调可持续的科学发展观，要求转变发展思路，创新发展模式，实现人与自然和谐发展。这一阶段，环境保护进入深化发展阶段，主要标志是：生态文明成为全面小康社会的建设目标；成立中华人民共和国环境保护部（简称环境保护部或环保部）；循环经济成为转变发展方式的重要途径等。

到 2005 年为止的中央人口资源环境座谈会，将环境保护作为改善民生的主要目标。胡锦涛总书记在 2003 年中央人口资源环境工作座谈会上强调，环保工作要着眼于让人民喝上干净的水，呼吸清洁的空气和吃上放心的食物，在良好的环境中生产生活。

加大执法力度。国家环境保护总局和中华人民共和国监察部（简称监察部）2006 年 2 月发布《环境保护违法违纪行为处分暂行规定》，强化国家各级行政机关和相关企业的环境责任，极大震慑了环保违法违纪者。2005 年 1 月 18 日，国家环境保护总局叫停 30 个违法建设项目，掀起首轮"环保风暴"。2007 年 1 月国家环境保护总局通报 82 个违反环评和"三同时"制度的违规建设项目，启动"区域限批"措施。

出台产业政策，贯彻落实节约资源和保护环境基本国策（姜伟新等，2006）。这一期间，国家发展和改革委员会（简称国家发改委）出台了电石和铁合金，焦炭，钢铁、水泥、电解铝等行业产业政策，促进产业结构调整和优化升级。2005 年国家控制部分高耗能、高污染和资源性（两高一资）产品出口，停止部分产品出口退税，对抑制"两高一资"产品出口起到了积极作用。

国家将资源节约、循环经济、环境保护等列为国债投资的重点之一，支持节能、节水、资源综合利用和循环经济试点项目；安排了农村沼气建设、灌区续建配套与节水改造工程等国债投资；支持一批节约和替代技术、能量梯级利用技术、可回收材料和处理技术、循环利用技术、"零排放"技术等重大技术开发和产业化示范项目。

规划环评全面实施，公众参与环境影响评价进入到加速阶段。2005 年 4 月 13 日，国家环境保护总局举行《环境影响评价法》实施后的首次听证会，各界代表就圆明园环境整治工程的环境影响各抒己见。2006 年 3 月，国家环境保护总局颁布中国环保领域第一部公众参与的规范性文件——《环境影响评价公众参与暂行办法》，将环境影响听证会的做法制度化。

环境保护能力得到加强。为加大环境执法监督力度，2006 年国家环境保护总局组建 11 个地方派出执法监督机构（人民网环保频道，2006），"国家监察、地方监管、单位负责"的环境监管体制进入实施阶段。生态环境监察试点在全国 107 个地区展开。对地方干部的政绩考核增加了环保内容。在 2008 年的机构改革中，国家环境保护总局升格为环境保护部，进入国务院组成部门，对国家发展与保护的综合决策将起到重要作用。

近几年来，我国的环境保护从思路到投入，从制度建设到污染物减排成效等，更是发生了许多重大变化。这些变化，李克强副总理在第七次全国环境保护大会的报告作了系统概括（新华网，2011）：

一是从认识到实践发生重要变化。环境保护在经济社会全面协调可持续发展中的作用显著增强。经全国人大批准，组建了环境保护部，为更好地发挥环保在服务民生、宏观调控等方面的功能提供了组织保障。制定了《循环经济促进法》、《规划环境影响评价条例》等法律法规，修订了水污染防治法，环保的法律支撑更加有力。出台了一些有利于环境保护的价格、财税等经济政策，以及绿色信贷、绿色证券、生态补偿等举措，市场机制在环境保护中的作用更加显现。

二是从投入到能力建设力度明显加大。"十一五"期间，从中央到地方都加大了财政资金支持，带动全社会环保投入 2.1 万亿元，加快了环保设施建设。中央安排专项资金 70 多亿元，完成了全国一半以上的县区级环境监测站标准化建设，初步建成了环境监测和污染源自动监控网络，改变了过去一些环保基层单位"废气靠闻、污水靠看、噪声靠听"的局面。执法能力有了很大提高。完成了第一次全国污染源普查，开展了中国环境宏观战略研究，加强了科技攻关、人才培养、国际合作，为做好环保工作提供了基础支撑。

三是环境保护优化经济发展的作用逐步显现。大力推动环境保护的"三个转变"，促进保护环境与经济增长并重、环境保护和经济发展同步。在结构调整中，严把节能环保关，采取综合措施淘汰落后产能，严格项目环评，实行必要的区域限批，国家层面拒批的"两高一资"建设项目总投资达3万多亿元。加强重点行业环保核查，积极推行清洁生产，大力发展循环经济，为转变经济发展方式作出了贡献。

四是污染防治和主要污染物减排成效明显。持续推进重点流域、区域污染防控，着力解决突出污染问题，部分地区环境质量有所改善。加大饮用水水源保护力度，解决了2.15亿农村人口饮水不安全问题。支持6600多个村镇开展农村环境综合整治和生态示范建设，2400多万农村人口直接受益。"十一五"期间，主要污染物减排预定任务超额完成，城市污水处理率由52%提高到77%，火电厂脱硫比例从14%提高到86%，七大水系好于Ⅲ类水质的比例提高幅度超过14个百分点，北京奥运会、上海世博会期间环境质量得到有效保障。

四　"十二五"及中长期节能减排前景

高度认识人口数量、人口结构、人口消费模式、人口素质等因素的现状和发展趋势对于全面实现建设小康社会新要求，建设生态文明，形成节约能源资源和保护生态环境的产业结构、增长方式、消费模式有着重要意义。对影响中国未来能源需求的关键因素进行系统、全面分析，选择合适的分析工具，探讨未来可能的能源消费情景和绿色低碳发展模式，对制定相应的节能减排战略、政策、法规及管理措施有着重要意义。

预测是一件难度较大的事情，经济结构变化、增长模式选择、技术进步、优质能源的可获得性、环境保护等都会产生影响。开展我国中长期研究大多采用情景分析方法，大致思路是：在充分考虑我国经济社会发展的内外部条件变化及其对能源需求影响的前提下，设置不同的能源消费和碳排放情景；借助相应的模型工具，采用定量计算与定性分析相结合的方法，研究在实现既定目标的前提下，不同的政策选择对能源需求的影响，进而推测可能的碳排放情景。根据中国环境与发展国际合作委员会课题组、国家发改委能源研究所课题组、中国科学院可持续发展战略研究组等的研究，我们可以归纳出许多有益结论，本章将对其中的发展战略和思路予以介绍和讨论；由于预测数据的不确定性，对能源消耗和温室气体排放预测结果不做过多分析。

（一）"十二五"期间我国能耗强度和碳排放强度的变化

未来 5 年，中国无疑仍将继续拓展和深化"十一五"期间开展的节能行动，预计重点耗能行业的能耗强度仍会有一定程度的降低；考虑到相关节能行动在未来 5 年的边际收益有可能会递减的因素，重点耗能行业能耗强度下降的速度将有所放缓。根据能源结构和能耗强度的变化，可以推算未来我国碳排放强度的变化趋势。如果能源结构能够实现"十二五"规划的要求（即非化石能源比重上升到 11.4%），"十二五"期间二氧化碳排放强度将会下降 5.1%。而未来 5 年产业结构的变化反而会使得碳排放强度上升 1.2%；如果只考虑各部门能耗强度的变化，"十二五"期间二氧化碳强度会下降 16.9%。综合以上各种效应来看，"十二五"期间二氧化碳排放强度会下降 20.3%（表 2.4 和图 2.5）。

相对而言，"十二五"规划纲要中 3 个与节能相关的约束性指标中，"非化石能源比重上升到 11.4%"和"能耗强度下降 16%"的实现具有相当大的难度，尤其是非化石能源比重的上升。在能源消费快速增长、核电发展遭遇安全挑战和质疑、可再生能源比重基数又很低的条件下，要达到预期目标绝非易事。与此同时，工业部门尤其是重点耗能企业能耗强度的继续下降将是实现全国能耗强度目标的关键。

表 2.4 "十二五"时期二氧化碳排放强度预测 （单位：吨/万元）

年份	不同情景[1]				
	实现承诺情景	能源结构变化效应	产业结构变化效应	部门能耗强度变化效应	综合效应
2010	2.64	2.56	2.59	2.49	2.51
2012	2.45	2.51	2.60	2.31	2.29
2014	2.27	2.46	2.62	2.15	2.09
2015	2.17	2.43	2.62	2.07	2.00
二氧化碳排放强度变化/%	-17.8	-5.1	1.2	-16.9	-20.3

注：1 "实现承诺情景"为将 2005~2020 年二氧化碳排放强度降低 45% 的目标平均分解到每年，则年均二氧化碳排放强度需要下降 3 个百分点，由此可以得到需要实现承诺的未来二氧化碳排放强度数值。而"能源结构变化"、"产业结构变化"、"部门能耗强度变化"分别只考虑各单个因素变化所造成二氧化碳排放强度的变化，"综合效应"则综合以上效应所产生的二氧化碳排放强度的变化

资料来源：宣晓伟，2011

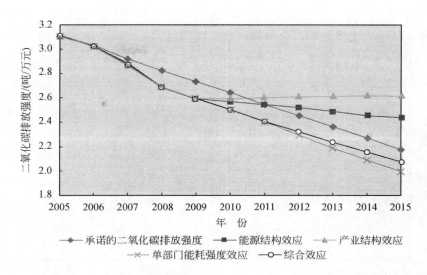

图 2.5　"十二五"时期不同政策对降低二氧化碳排放强度的影响

未来 5 年仍是中国工业化、城镇化继续推进的阶段，保持各个部门能耗强度明显下降的态势，难度也将明显增加。如果"非化石能源比重"和"能耗强度"两个指标都能达到规划的目标，"碳排放强度下降17%"的目标实现将较为容易；事实上，在前两个指标完成的情况下，"十二五"期间二氧化碳排放强度可能将下降20%左右。

　　总体看，"十二五"时期中国有条件也有可能实现节能减排的承诺目标，然而目标的实现绝非轻而易举，充满着众多的困难和极大的挑战。未来 5 年，中国需要在节能减排的体制机制上加大创新力度，为实现更长期的节能减排目标打下基础。

（二）到 2050 年的节能减排情景

　　消费是生产的目的，是生产的驱动力。城市化水平的攀升、城市基础设施的完善、人民生活条件的改善、居民住房面积和汽车保有量的不断提高，都离不开高耗能产品的累积和能源消费的支撑。无论采取什么样的发展路径，在未来三五十年内完成工业化和城市化，实现既定的经济社会发展目标时，中国能源需求总量成倍增长将是不争的事实（表2.5）。近年来，居民住宅和汽车业不仅推动着全国或地区的经济增长，还推动着与住、行相关的其他产业的快速发展，如钢铁、机械、船舶、化工等重化工业。以这些重化工业所形成的产业结构对资源的消耗和环境容量的需求极大。随着人口的增长与人民生活水平的提高，我国将同时面临着来自耕地、粮食、淡水和能源等主要资源的供给和环境质量保障方面的巨大挑战。

表 2.5   中国 2050 年经济社会发展情景目标与日本、美国当前水平对照

指标	中国 （2005 年）	日本 （2005 年）	美国 （2005 年）	中国 2050 年 节能情景	中国 2050 年 低碳情景
人均 GDP/万美元（2000 年价）	0.1445	3.7	3.9	2.2	2.2
城市化率/%	43	66	81	79	79
峰值时钢铁产量/亿吨	5	1.2	1.4	7	6
电炉钢比重/%	12.9	25.6	55	~20	~60
城镇人均住房面积/（平方米/人）	22	30	63	34	30
城镇家用空调普及率/（台/百户）	81	255.3	—	210	210
千人汽车保有量/（辆/千人）	24	581	808	420	388
私家车年均行驶距离/（千米/年）	20 000	8 000	30 000	8 500	5 000
私家车中混合动力汽车的比重/%	0	很低	很低	~30	~70
人均电力装机容量/（千瓦/人）	0.3	1.9	3.2	1.79	1.7
人均能源消费量/（吨标准煤/人）	1.72	5.9	11.3	4.58	3.81
人均 CO_2 排放量/（吨/人）	3.88	9.50	19.61	8.33	5.98
人均累积 CO_2 排放量（1850 年至当年）/吨	71	335	1 110	382.9	310

资料来源：中国环境与发展国际合作委员会课题组，2009

　　根据中国环境与发展国际合作委员会低碳经济课题组的研究（2009），在节能情景下，2050 年我国能源需求总量将达 67 亿吨标准煤，是 2008 年能源消费总量的 2.3 倍，人均能源消费从 2008 年的 2.1 吨标准煤提高到 2050 年的 4.6 吨标准煤。在强化低碳情景下，2050 年人均能源消费量为 3.4 吨标煤，这一数值比目前世界能源效率水平最高国家——日本的人均能耗还低 40% 左右。即使如此，2050 年时中国能源消费总量也将高达 50.2 亿吨标准煤，是 2008 年的 1.8 倍。

　　我国实现工业化过程中的二氧化碳累积排放量要低于多数发达国家。当 2035 年

左右我国全面完成工业化时，人均累积二氧化碳排放量可控制在 220 吨以内甚至更低。需要指出的是，作为一个国土面积广、人口基数大、发展基础差、为全世界提供大量产品的国家而言，以如此低的人均累积排放水平基本完成工业化和城市化必须付出艰苦卓绝的努力。

（三）关于我国碳排放峰值的讨论

实证研究发现，一个国家或地区碳排放大致存在 3 个"倒 U 型"曲线，或需要先后跨越 3 个"倒 U 型"曲线峰值，即碳排放强度"倒 U 型"曲线峰值、人均排放"倒 U 型"曲线峰值以及排放总量"倒 U 型"曲线峰值（图 2.6）。跨越三个峰值代表了碳排放强度从不断上升向逐步下降、人均排放量从不断上升向逐步下降、碳排放总量从不断上升向逐步下降的三大转变。从已经跨越碳排放峰值的国家或地区来看，从碳排放强度峰值到人均排放峰值经历的时间较长，从人均排放峰值到排放总量峰值经历的时间较短，有的国家或地区跨越两者的时间接近甚至重合。如果跨越了从碳排放强度峰值到人均排放峰值，那么再到排放总量峰值的跨越就将容易得多。

一般地，从碳排放强度峰值到人均排放峰值所需时间较长，从人均排放峰值到排放总量峰值的时间较短。主要发达经济体从碳排放强度峰值到人均排放峰值的时间在 24~91 年之间，平均为 55 年。其中，英国 88 年、德国 62 年、美国 56 年、荷兰 66 年、新西兰 91 年、加拿大 58 年、比利时 44 年、丹麦 53 年、法国 43 年、中国香港和新加坡均为 24 年、瑞典 33 年、瑞士 60 年。一般而言，后发地区跨越不同峰值的时间较短。如果不考虑香港和新加坡这两个新兴经济体，其他国家或地区跨越这两个峰值的时间平均为 61 年。澳大利亚、爱尔兰、以色列出现多个碳排放强度峰值。比利时、丹麦、德国、荷兰、新西兰、新加坡、瑞典、瑞士、英国 9 个经济体同时越过了人均排放峰值和排放总量峰值。

一些研究认为，只要满足一定条件中国有可能在 2030 年达到碳排放峰值（中国环境与发展国际合作委员会课题组，2009；国家发展改革委能源所课题组，2009；中国科学可持续发展战略研究组，2009）。《中国 2050 年低碳发展之路：能源需求暨碳排放情景分析》报告的结论是：在基准情景下，中国碳排放总量于 2040 年达到峰值；低碳情景下，中国碳排放总量会明显低于基准情景；在强化低碳情景下，中国碳排放则有望于 2030 年达到峰值。

如何使中国在 2030 年达到碳排放峰值？对策措施包括：普遍使用现有的和下一代的先进节能技术，充分利用发展可再生能源和核能能力较强的优势，普及清洁能

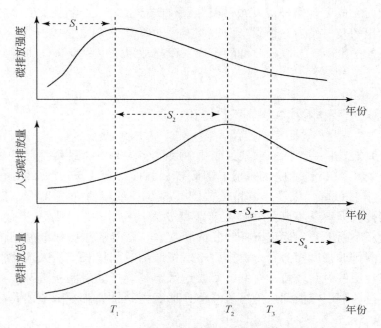

图 2.6　三个碳排放"倒 U 型"曲线及其相互关系示意图
资料来源：中国科学院可持续发展战略研究组，2009

源技术，发展与推广碳捕集和封存技术。中国还需要制定明确的低碳技术发展路线图及其配套政策，并获得充足的国际合作与技术转让支持。需要注意的是，中国的碳排放达到峰值，并不意味着能源消耗也达到峰值，中国的发展仍然要消耗大量能源，只不过届时绿色能源的比重将显著上升。

五　中国推进节能减排的经验与启示

　　纵观世界发展史，迄今为止还没有一个国家能在经济高速增长的同时大幅度控制能源增长与温室气体排放。从现实看，发达国家人均能源消费和排放量是发展中国家平均水平的几倍到十几倍，虽然他们具备资金和技术优势，却以种种借口不承诺减排目标或承诺了也不兑现。实现高发达、低排放的可持续发展，没有现成模式可以照搬。发展中国家在追求高速经济增长和人均财富增加过程中，以节能减排作为抓手调结构、转方式，是一种有益的探索，对其他发展中国家经济发展与环境保护的协调具有参考意义。以下，总结中国推进节能减排的几点经验和启示。

（一）自上而下的推进机制，问责和考核制是重要保证

在市场经济条件下，政府的职能是纠正或消除市场缺陷和市场障碍。由于节能减排的外部性特征，特别是资源的稀缺性、环境成本没有计入资源价格，因此采取政府主导的自上而下的形式对推进节能减排工作有着十分重要的作用。

改革开放后，我国建立了国务院节能工作办公会议制度，研究和审查节能的方针、政策、法规、计划和改革措施，部署和协调节能工作；各省、直辖市、自治区和国务院有关部门建立了相应的节能工作会议制度和节能管理机构，负责节能工作的实施；重点耗能企业（年耗能1万吨标准煤以上的企业）成立了相应机构，负责贯彻国家节能的方针、政策、法规、标准，以及地方、部门发布的有关节能规定，制定并实施本企业的节能技改措施，完善节能科学管理。各省、市专业节能技术服务队伍得到巩固和加强，企业节能管理机构开始加强，部分重点用能企业建立了能源管理体系，形成国家、地方、企业"三位一体"的自上而下的节能减排管理和服务体系。

政府督促各地区建立节能监察机构，为开展节能执法监察奠定了坚实基础。截至2008年11月底，全国已有23个省（直辖市、自治区）成立了省级节能监察机构，还有一些地区建立了地级市的节能监察机构。通过政府干预，有效减少信息不对称和"市场失效"的影响。

为推进气候变化的应对工作，中国政府建立了比较完善的管理体制和工作机制。建立并完善由国家应对气候变化领导小组统一领导、国家发展改革委归口管理、各有关部门分工负责、各地方各行业广泛参与的应对气候变化的管理体制和工作机制。2007年，中国成立了国家应对气候变化领导小组，国务院总理温家宝任组长，相关20个部门的部长为成员。国家发改委承担领导小组的具体工作。2008年国家发改委内设应对气候变化司，负责统筹协调和归口管理应对气候变化工作（中华人民共和国国务院新闻办公室，2011）。2010年，在国家应对气候变化领导小组框架内设立协调联络办公室，加强了部门间的协调配合；调整充实国家气候变化专家委员会，提高了应对气候变化决策的科学性。中国各省（直辖市、自治区）都建立了应对气候变化工作领导小组和专门工作机构，一些副省级城市和地级市也建立了应对气候变化的相关工作机构。

将节能减排作为考核地方政府领导班子政绩和国有企业负责人业绩的重点内容，实行节能减排"一票否决"的问责制。国家将节能减排指标分解落实到各地方和重点企业，并与各省级政府和部分中央企业签订了目标责任书，形成倒逼机制。各地

区、有关部门也分别制定本地区、本部门的节能减排工作方案或实施意见，逐级分解和落实"十一五"节能目标，将节能降耗纳入政府政绩和干部实绩的考核范围，制定了具体实施方案。问责制和考核制是中国特色行政体制下完成节能减排目标的有效保证。

（二）不断调整环保战略，目标导向经济转型

由我国的发展阶段所决定，我国始终将工业节能和污染防治放在重要位置。工业在创造巨大财富、满足人民生活水平不断提高的同时，也消耗了大量的资源、排放了大量的污染物。工业污染从"三废"治理开始，污染防治战略不断向深度和广度拓展。政策从单纯重视"末端治理"向"末端治理"与源头、全过程控制相结合转变。其标志性行动是推行清洁生产和发展循环经济。国务院宏观经济主管部门发布了《国家重点行业清洁生产技术导向目标》，在北京、天津、太原等城市和化工、轻工等行业开展了清洁生产试点和示范。循环经济在江苏、山东、广西等省、自治区和冶金、化工、建材、食品等行业蓬勃发展。ISO14000 环境管理体系认证在企业、行政机关和研究机构等单位逐步实行。政策从单纯重视点源治理向点源治理与流域区域综合治理相结合转变。其标志性举措是 20 世纪 90 年代中期开始实施的《跨世纪绿色工程规划》，按照突出重点、技术经济可行和发挥综合效益的原则，对流域性水污染、区域性大气污染实施分期综合治理。结合城市环境综合整治和区域改建，关闭、搬迁和治理了一批污染重的企业，使部分地区的污染趋势得到缓解。从单纯重视常规环境管理向常规环境管理与防范突发环境事件相结合的转变。国家制定和完善了《重点流域敏感水域水环境应急预案》、《大气环境应急预案》、《危险化学品（废弃化学品）应急预案》、《核与辐射应急预案》等 9 个相关环境应急预案，以及《黄河流域敏感河段水环境应急预案》、《处置化学恐怖袭击事件应急预案》、《处置核与辐射恐怖袭击事件应急预案》、《农业环境污染突发事件应急预案》、《农业重大有害生物及外来生物入侵突发事件应急预案》等突发环境事件应急预案。

从约束性指标被"十一五"规划纲要初步采用起，节能减排就成为了国民经济和社会发展规划中的约束性指标。与此同时，国家下发了《单位 GDP 能耗统计指标体系实施方案》、《单位 GDP 能耗监测体系实施方案》、《单位 GDP 能耗考核体系实施方案》、《主要污染物总量减排统计办法》、《主要污染物总量减排监测办法》和《主要污染物总量减排考核办法》，对地方和企业实行问责制和"一票否决"制。我国的节能减排工作是在工业化尚未完成的情况下实施

的，从经济发展的源头抓起，在一定程度上避免了发达国家所走过的"先污染后治理"的老路。

（三）加大技术创新，缩短制度创新和学习时间

节能减排既要制度的保证，更要技术支撑。《国家中长期科学和技术发展规划纲要（2006—2020 年）》提出了建设创新型国家的目标：到 2020 年，研究与试验发展（R&D）投入强度达到 GDP 的 2.5%，技术的对外依存度低于 30%，公民发明专利和科技论文国际引用数达到世界前 5 位，全国平均技术进步贡献率达到 60%。从实施的进展情况看，我国可以提前实现大部分指标。

OECD 在中国创新政策的综合报告中，将中国的创新政策分为酝酿阶段（1975～1978）、试验阶段（1978～1985）、改革阶段（1985～1995）、改革深化阶段（1995～2005）和以企业为主体的创新系统阶段，并概括为一条学习曲线，如图 2.7 所示（详见《2008 年中国可持续发展战略报告》中的讨论）。

我国以前所未有的规模和速度配置资源支持科技发展，并成为世界上主要的研发参与者之一。2008 年，全国研究与试验发展经费总支出为 4570 亿元（中华人民共和国科学技术部，2009），比 2007 年增加 860 亿元，增长了 23%，研究与试验发展经费投入强度（与国内生产总值之比）为 1.52%。

将节能减排的技术研发、推广使用纳入国家和地方的科技计划，加大支持力度。加快建立与中国国情相适应的节能减排、清洁生产和循环经济发展的技术支撑体系。始终把发展能源节约、水资源和环境保护等领域的技术研发放在优先位置，研发重点行业的绿色制造、再制造、清洁生产、节能减排的技术，特别是研究开发一批具有带动性的重大替代性技术，以淘汰落后生产力，削减生态与环境的压力；研究开发不同企业、不同产品之间的链接技术以及生态产业园区的优化设计技术，以建立企业共生网络和生态工业集成系统，以取得最高的资源和能源利用率；建立区域、流域的污染预防、控制、生态修复与环境监控技术体系，保障区域经济社会可持续发展；开展节能减排的系统性、综合性研究，着重解决生产系统与消费系统生态化转型的关键技术，以建立经济、社会、环境相协调的综合体系，确立人与自然相协调的区域发展模式。支持建立节能减排的信息系统和技术咨询服务体系，及时向社会发布有关技术、管理和政策等方面的信息，开展信息咨询、技术推广、宣传培训等，提高技术创新能力和水平，支撑节能减排目标的实现和经济社会的可持续发展。

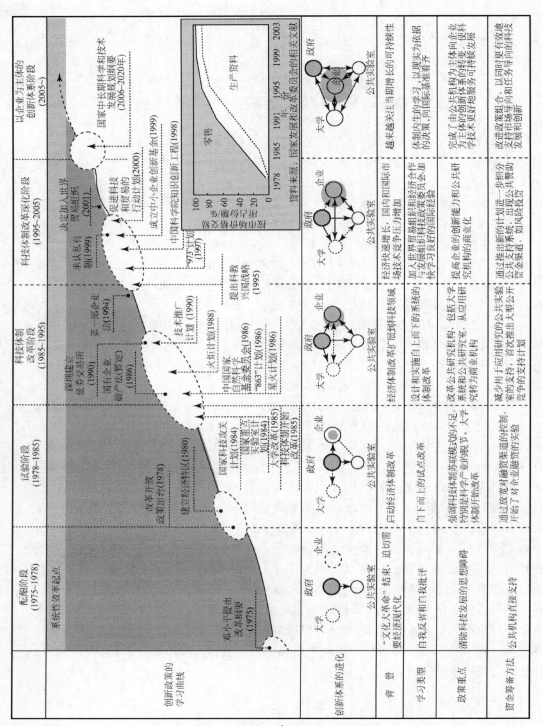

图2.7 中国创新政策的学习曲线
资料来源：OECD, 2008

（四）节能减排的政策措施由单一走向综合

采用法律的、经济的和必要的行政手段，推进节能减排工作的深入开展，保证规划确定的节能减排目标完成。纳入国民经济和社会发展规划，优化资源配置促进节能减排，是中国的一大特色。从 1981 年起，我国第一次将节能计划纳入到国民经济和社会发展计划和年度计划，有计划、有步骤地开展节能工作。从"六五"计划起，国民经济计划更名为国民经济和社会发展计划，环境保护成为其中的重要内容。

为推进节能工作的开展，国家在不同时期均出台激励或约束性政策，一方面通过税收优惠、财政投入、节能改造奖励资金使用等，促进企业节能技术水平的提高；另一方面，国家出台相关法规、标准或部门规章，采用政策"组合拳"，保证节能减排目标的实现。

在环境保护上，完善法规政策标准，以环境成本优化资源配置。我国制定和修订相关法律法规，积极推进环境税费改革，研究制定有利于节能减排的财税、金融、价格政策。加快建设环境标准体系，完善环境质量标准、污染源监控标准和清洁生产标准。对不同阶段出现的环境事件与国家出台的环境保护政策进行了归纳，并汇总于表 2.6。该表尽可能地列出了一些标志性事件，以便形成一个大致轮廓。

表 2.6　1978 年以来我国环境保护事件与政策的演变

开创阶段 （1978 年以前）	初步建设阶段 （1979～1992 年）	加快建设阶段 （1992～2002 年）	趋于完善阶段 （2003 年以来）
1972 年发生三次环境污染事件； 第一次全国环境保护会议召开； 32 字环境保护工作方针； 群众运动是特色； "三同时"制度提出； 1973 年提出限期治理； 1974 年成立国务院环境保护领导小组； 开展环境保护基础性调查研究工作； 1978 年《宪法》中增加资源环境内容	1983 年环境保护定为基本国策，《环境保护法》出台； 三大政策（预防为主、防治结合，谁污染谁治理，强化环境管理），八项制度（"三同时"，排污水费，环境影响评价，环境目标责任制，定量考核，排污许可证，机制控制，限期治理）纳入国民经济和社会发展计划； 1982 年建设部改名为城乡建设环境保护部，设环境保护局；1984 年改名为国家环境保护局，成立国务院环委会，1988 年成为国务院直属机构； 开展环境保护教育	1992 年环境与发展十大对策纳入中央人口资源环境座谈会议题； 1993 年全国人大设环境与资源委员会，发起"中华世纪环保行"； 第二次工业污染防治会议提出三个转变： 总量控制和跨世纪工程； 利用经济手段，包括产业政策、财税、征收污染税等保护环境； 设立环保专项资金； 排污收费、许可证试点； 企业环保目标不再执行，关停污染型小企业成为重点； 推行环境标志	民生回归为环保目标； 《清洁生产促进法》施行区域限批、流域限批； 节能减排成为约束性指标； 财税、产业、价格、进出口等政策； 绿色 GDP 核算研究； 绿色信贷； 推进生态工业园和循环经济发展； 成立区域环境监督中心； 公众参与、听证会； 环境保护部成立； 探索环保新道路

资料来源：周宏春等，2009

（五）利用市场机制，大力发展节能环保产业

将节能减排的"外部性"成本内在化，是发挥市场机制在配置资源方面基础性作用的有效途径。在推进节能减排方面，我国较好地利用了市场机制，取得了预期效果。

利用市场机制，发展节能环保产业。1998 年 12 月，我国政府与世界银行、全球环境基金（GEF）共同支持的节能国际合作项目"世界银行/全球环境基金中国节能促进项目"实施。该项目的目标是把在发达国家已成功运作的"合同能源管理"这一基于市场的节能机制引入中国，进而在全国推广，形成节能服务产业。类似的还有，加强需求侧管理（demand-side management，DSM）和资源综合规划。从 20 世纪 90 年代初"电力需求侧管理"机制介绍到我国以来，政府有关主管部门和学术界非常关注它的应用前景和应采取的对策，积累了很多有益的经验。

调动企业节能减排的积极性和主动性。节能减排是企业社会责任的重要组成部分。"高投入、高消耗、高污染、难循环、低效益"的发展方式，已经成为我国经济社会可持续发展和企业发展壮大的制约因素。因此，实施节能减排战略是企业社会责任的重要任务。减排关系到企业形象，而企业形象是企业生存之基石。在目前技术经济条件下，企业大多依赖新上污染治理设备来减少污染物排放。由于新上设备、特别是治污设备的运营势必增加成本，少数企业试图将治理污染费用外部化，把治污成本转嫁给社会，导致"老板发财、政府买单、群众受害"的结果，从而影响到企业的社会形象。随着人们环保意识的觉醒，越来越多的人已经认识到，"废弃物是放错地方的资源"，不少企业按照循环经济的发展思路，将传统的"资源—产品—废弃物"的线性生产模式，转变为"资源—产品—废弃物—再生资源"的可持续发展模式，变废为宝，化害为利，不仅节约成本，也减少污染物排放。从这个角度看，减排不再是生产成本，而是一项投资，并成为企业形象的重要标志，减排也因此成为企业改变生产经营方式，实现社会、经济、环境有机统一的必然要求。

节能减排可以成为企业赢利的重要来源，成为企业形象的重要方面。节能可以降低生产成本，因而可以提高企业竞争力。节能有两个途径，一是改善管理以节能，如减少"跑冒滴漏"、"随手关灯"、设定房间空调器温度、降低汽车排量，以及中水再用、废物回收利用等，这些措施不用花钱或花钱很少就能增加利润；二是技术改造，通过技术改造、使用新设备等方式，提高资源效率，减少污染物排放。这短期可看做是投资，长期可看做是降低成本、提高竞争力的必要措施，因为新技术、新设备、新工艺可以提高自动化程度，生产中的消耗少了，成本也就节约了。另外，

自动化程度的提高还可以节约人工成本。国家出台税收抵扣、贴息等优惠政策，正是鼓励技术改造与技术创新，使之成为企业的增利因素。

建设资源节约型、环境友好型社会，提高生态文明水平，就应当加大资金投入，研制新产品、新工艺、新技术，形成自主知识产权，从粗放加工向集约化经营转变；大力发展循环经济，尽可能提高资源效率，减少废弃物排放；建设学习型组织，进行流程再造与管理创新，降低生产成本，提高经济效益；构建节约型的企业文化，树立企业社会责任意识；建立绿色营销理念，使用无公害工艺与技术，为消费者提供绿色产品，促进全社会节约资源；承担生产者责任及延伸责任，对产品生命周期负责，对产品设计、生产、包装、回收再利用负责，提高企业核心竞争力，实现可持续发展。

（六）不断完善融资机制，持续增加投入

集中力量办大事，是中国行政体制的特色之一，也可以形成相应的制度安排。20 世纪 80 年代以来，中央和地方政府先后制定了多项鼓励节能的政策和措施，在资金的筹集和管理等方面进行了有益的探索，收到了很大成效。从 1981 年开始，国家开始设立节能专项资金用于节能减排基建和节能减排技改项目。1998 年，国家取消了节能基建和节能技改两个专项资金，由国债资金、地方政府和企业自筹资金来投资节能项目。

在拉动内需、支持工业结构调整和产业升级的背景下，1999 年下半年党中央、国务院做出了增发国债支持企业技术改造的重大决策。2000 年和 2001 年又继续分别安排了 105 亿元和 70.4 亿元国债专项资金用于技改。国债资金有效引导了银行贷款投向，带动了其他社会资金的投入。初步统计，国家每 1 元国债资金可带动 10 元社会投资、6 元银行贷款。这些在推动企业节能技术改造方面发挥了积极作用。

技改支持力度加大，利用国债资金带动地方、银行、企业投资节能项目。2006 年用于支持节能的中央国债资金共 44 970 万元，地方政府专项资金为 8947 万元，银行贷款 324 617 万元，企业自有资金 304 432 万元，节能技改投资达到 682 966 万元。从节能投资类型看，各类投资逐年提高，中央国债资金逐年增加，占节能总投资的 6% ~ 10%，带动了占总投资 90% 以上的银行贷款资金和企业自有资金，2004 ~ 2005 年银行贷款资金占总投资的比重达到 60% 以上，2005 年以后企业自有资金逐步提高，由占总投资的 26% 左右提高到 40% 以上。1998 年以来污染治理投资见图 2.8。

为实现"十一五"期间节能减排工作设定的约束性指标，从 2007 年 8 月起，

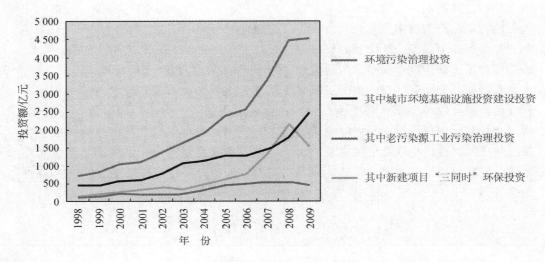

图 2.8　全国环境保护投资变化（1998～2009）

中央财政开始对十大重点节能技术改造工程实行"以奖代补"政策，每节约 1 吨标准煤中央财政将给予企业 200 元到 250 元的奖励。2008 年十大重点节能工程奖励资金约 75 亿元，形成约 3500 万吨标准煤的节能能力。2002 年以来火电厂装机容量和脱硫机组容量见图 2.9。

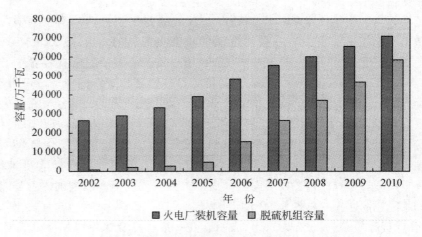

图 2.9　火电厂装机容量和脱硫机组容量变化（2002～2010）

（七）积极宣传，鼓励公众参与

公众环境意识不断提高，参与环境保护的积极性明显高涨。推动公众参与环境保护的根本动力来源于两个方面：一是观念上的转变，即具有深层次的环境意识——环境价值观；另一方面是作为利益上的维护与追求。从 20 世纪 70 年代开始，我国就开展了大规模的环境教育活动，30 多年来，公众的环境意识不断提高，参与环境保护的积极性日益增强。按照由易到难的顺序，目前公众参与环境保护的主要形式有 4 种：一是参与环境宣传教育，如参与"六·五"世界环境日活动；二是自身环境友善行为，如节能节水、参与绿色社区、绿色学校的创建；三是发挥参政议政和民主监督作用，如通过来信、来访以及人大、政协的议案或提案来参政议政，参与环境保护的立法和环境影响评价，举报环境违法行为等；四是维护自身环境权益，向污染者提起行政或民事诉讼等。

环保民间组织在环境保护中发挥积极作用。截至 2005 年年底，我国的环保民间组织约 2768 家，总人数 22.4 万人。这些环保民间组织在宣传与倡导环境保护、提高全社会的环境意识，开展民主监督、为环境事业建言献策，扶贫解困、推动发展绿色经济，维护社会和公众的环境权益，保护珍稀濒危野生动物等方面发挥了积极作用。环保民间组织已经成为推动中国和世界环境保护事业发展不可缺少、不可替代和不可忽视的重要力量。

企业社会意识不断提高，自觉加强环境管理。随着我国环境执法力度的加大和对外贸易的增长，企业环境保护意识不断提高，遵守环保法律、健全环保制度、开展清洁生产、实践节能减排等活动成为许多企业的重要工作。更加可喜的是，截至 2007 年 6 月底，全国共有 23 197 家企业通过了 ISO14001 认证，实行了与国际接轨的环境管理体系，提高了企业在国际市场上竞争力的同时，也带来了良好的环境效益。

新闻媒体的舆论监督作用不断加强。社会舆论监督是公众参与环境政策实施过程的另一个重要途径。为充分发挥新闻宣传的舆论监督作用，推动公众环境意识的提高，自 1993 年起，全国人大环境和资源保护委员会（简称环资委）、中共中央宣传部（简称中宣部）、国家环境保护总局等部门共同组织开展了"中华环保世纪行"活动，有中央和 40 多个省（市）的 750 多家新闻单位参加。该活动每年根据全国的环境形势确定主题，如"保护生命之水"、"向大气污染宣战"等。通过新闻媒介的报导，一些环境问题引起了政府的重视，直接促进了晋陕蒙能源黑三角生态破坏、小秦岭采金等一大批环境难题的解决。现在，新闻"曝光"的信息披露手段甚至产生不亚于行政命令的管制效果，而且这种作用的力度正在日益增强。同时，它对提高全社会的环境意识也有很大帮助。

应当指出，尽管中国在节能减排上取得令人兴奋的成就，但从严格意义上，并没有完全避免"路径依赖"，表现在环境保护上，仍然存在"先污染后治理"的问题，南方一些城市的河流"有水必污"就是例证；节能减排因其专业性，且又是作为全社会关注和加以推进的工作，引起部分地方或行业的领导人无所适从，使他们"好心办坏事"，在工作推进中存在"节能不环保、环保不节能"现象，"拉闸限电"是其例之一。节能环保资金利用效益有待提高。例如，我国电厂脱硫采用了一条"昂贵"的技术路线，一些上了脱硫设施的电厂因成本原因运行不起；如果更多地用低硫煤发电或通过"洗煤"洗掉其中的硫铁矿等前端措施，可以节省全社会的总支出。一些脱硫设施质量经不起运转的考验，则是"最低价中标"政策逆导向和企业"竞相压价"的综合结果。城市建设和交通运输发展也没有完全摆脱"高碳锁定"，一些高能耗建筑改造起来将花费大量投资，不改造将长期浪费能源。从制度角度看，市场经济本身就是"纠错"的机制，只有不断发现问题，克服存在的问题，才能不断完善，使我国的资源节约和环境保护工作上一个新台阶，在生态文明建设中发挥越来越重要的作用。

参 考 文 献

国家发展和改革委员会能源研究所课题组.2009.中国2050年低碳发展之路：能源需求暨碳排放情景分析.北京：科学出版社

姜伟新.2006.建设节约型社会（政策篇）.北京：中国发展出版社

曲格平.2007.回顾与思考（代总序）//曲格平.曲格平文集.北京：中国环境科学出版社

人民网环保频道.2006-7-31.环保总局组建11个派出执法监督机构.http：//env.people.com.cn/GB/1072/4651006.html

孙方明.2000.环境教育简明教程.北京：中国环境科学出版社

王金南等.2004.能源与环境：中国2020.北京：中国环境科学出版社

新华网.2011.李克强出席第七次全国环境保护大会并讲话.http：//news.xinhuanet.com/politics/2011-12/20c_122455168.htm［2011-12-21］

宣晓伟.2011-09-13."十二五"期间节能形势展望.http：//www.drcnet.com.cn/DRCnet.common.web/DocViewSummary.aspx

赵家荣.2010-12-06."十一五"节能减排成效及"十二五"节能思路的初步考虑——在2010中国节能与低碳发展论坛上的讲话.http：//www.sdpc.gov.cn/zjgx/t20101206_384457.htm

中国工程院，环境保护部.2011.中国环境宏观战略研究.北京：中国环境科学出版社

中国环境与发展国际合作委员会课题组.2009.中国发展低碳经济途径研究（国合会政策研究报告2009）.中国环境与发展国际合作委员会2009年年会，2009.11.11~13

中国节能协会节能服务产业委员会 . 2010. 节能减排政策文件汇编 . http://www. emca. cn/

中国科学院可持续发展战略研究组 . 2008. 2008 中国可持续发展战略报告——政策回顾与展望 . 北京：科学出版社

中国科学院可持续发展战略研究组 . 2009. 2009 中国可持续发展战略报告——探索中国特色的低碳道路 . 北京：科学出版社

中华环境保护基金会 . 1998. 中国公众环境意识初探 . 北京：中国环境科学出版社

中华人民共和国国家统计局 . 2010. 中国统计年鉴 2010. 北京：中国统计出版社

中华人民共和国国务院新闻办公室 . 2011. 中国应对气候变化的政策与行动（2011）（白皮书）

中华人民共和国科学技术部 . 2009. 中国科学技术发展报告（2008）. 北京：科学技术文献出版社

周宏春，季曦 . 2009. 改革开放三十年中国环境保护政策演变 . 南京大学学报（哲学·人文科学·社会科学版），46（1）：31～40

周宏春等 . 2004. 市场经济条件下的政府节能管理模式研究 . 北京：经济科学出版社

OECD. 2008. OECD reviews of innovative policy：China. OECD

UNEP. 2011. Decoupling natural resource use and environmental impacts from economic growth，a report of the working group on decoupling to the international resource panel. UNEP

中国的资源安全与全球战略*

一 未来中国资源的供需态势

（一）水土资源供需结构性紧张

1. 水土资源禀赋

从总量上说中国是一个资源大国，但按人均占有水平看又是一个资源相对贫乏的国家，而且部分资源在结构等方面也存在许多不足，与我国社会经济发展对资源的需求还有一定的差距。

中国陆地面积约为 960 万平方千米，居世界第 3 位，但人均土地面积不及世界平均水平的 1/3。根据全国土地详查的数据，中国耕地占世界耕地面积的 9%，居世界第 4 位，但人均耕地面积 0.094 公顷，只相当于世界人均耕地面积的 40% 左右，

---

* 本章由沈镭、高天明、高丽执笔，作者单位为中国科学院地理科学与资源研究所

远低于世界平均水平。森林面积1.75亿公顷，森林覆盖率也低于世界平均水平，人均森林面积只有世界平均水平的约1/5。草地面积4.0亿公顷，居世界第二位，但人均占有草地仅为世界平均水平的一半（表3.1）。

表3.1　中国与世界一些国家土地资源的比较

	类型	世界	中国	俄罗斯	美国	印度	加拿大	法国
土地	总量/10^4 平方千米	13 048.00	960.00	1 688.85	915.91	297.32	922.10	55.01
	人均/（公顷/人）	2.200	0.740	11.400	3.350	0.310	30.540	0.937
耕地	总量/10^4 平方千米	1 465.81	122.08	133.07	187.78	169.57	45.50	19.39
	人均/（公顷/人）	0.247	0.094	0.898	0.686	0.174	1.507	0.330
森林	总量/10^4 平方千米	3 454.38	175.00	763.50	212.52	65.01	244.57	15.03
	人均/（公顷/人）	0.583	0.132	5.154	0.776	0.067	8.100	0.256
草地	总量/10^4 平方千米	3 410.20	400.00	86.86	239.17	11.42	27.90	10.83
	人均/（公顷/人）	0.575	0.330	0.586	0.874	0.012	0.924	0.184
人口	密度/（人/10^3 公顷）	442	1321	88	294	3 177	32	1 060

资料来源：根据《世界资源报告1998～1999》、《2005年中国国土资源公报》、第五次全国人口普查（2000）及第六次全国森林资源清查（1999～2003）数据整理

中国水资源总量为2.8万亿立方米，占世界总量的6%左右，居世界第4位。人均淡水资源不足2300立方米，仅为世界平均水平的1/4，位列世界121位，是全球人均水资源最贫乏的国家之一。耕地上的径流量平均占有水平为28 320立方米/公顷，仅为世界平均数的80%（中国工程院，2000；陈志恺，2000）。

如果以秦岭－淮河－昆仑山－祁连山为界，我国南方水资源占全国总量的4/5，耕地不到全国总耕地面积的2/5，水田面积占全国水田面积的90%以上；而北方水资源、耕地资源分别占同类资源全国总量的1/5和3/5，耕地以旱地居多，占全国总面积的70%以上，且水热条件差，大部分依赖灌溉。耕地资源分布的不均衡和水土资源的不匹配，形成了我国粮食生产的区域性特征。

2. 水土资源供需情况

中国政府采取了一系列有效措施，基本保障了人民生活和经济社会发展的用水用地需求。用水方面，全国现供水设施年供水能力6459亿立方米，是1949年的5倍，其中地表水供水设施年供水能力5331亿立方米，占总供水能力的83%，地下水供水设施年供水能力1128亿立方米，占17%。从用水情况的变化看，1949年全

国总用水量仅为 1031 亿立方米，人均用水量 187 立方米；2000 年为 5498 亿立方米，人均 435 立方米；2009 年为 5965 亿立方米，人均 448 立方米。中国总用水量仍处于增长态势，2009 年用水量比 2000 年量增加了 467.5 亿立方米，人均用水量接近 450 立方米。但从总用水量变化趋势来看，年均用水量呈缓慢增长态势。在用水量增长中，生活、工业用水增长迅速，近 10 年来年增长率分别为 3.35% 和 2.45%；农业用水量逐渐减少，由 2000 年的 3783.5 亿立方米减少到 2009 年的 3723 亿立方米，年均减少 0.18%。万元 GDP 用水量由 2000 年的 579 立方米，下降到 2009 年的 178 立方米，下降了 69.3%。

3. 未来水土资源供需紧张

随着社会的不断发展，以及工业化、城市化的加快，未来我国将会利用更多的水土资源（表 3.2）。根据预测，2030 年左右我国人口达到峰值 15 亿，城市化水平达到 70%，生活用水比例将进一步提高，预计城乡生活用水量约 1000 亿立方米；工业重心逐渐由南向北，由东向中、西部转移，考虑未来产业结构调整和节水因素，中国工业用水将适度增长，预计 2030 年工业需水量达到 2000 亿立方米左右；在粮食自给自足的政策下，按人均占有粮食 450 千克计算，人口高峰时的粮食产量要达到 6.75 亿吨。通过节水措施提高农业水的有效利用率，力争农业灌溉用水维持在现状水平，每年需水 4000 亿立方米左右；随着社会的进步和人民生活水平的不断提高，迫切需要改善和恢复生态环境，估计全国生态环境用水量为 800 亿~1000 亿立方米。

表 3.2　中国各年需水情况（单位：亿立方米）

年份	总用水量	农业	工业	生活	生态
2000	5 497.6	3 783.5	1 139.1	574.9	
2001	5 567.4	3 825.7	1 141.8	599.9	
2002	5 497.3	3 736.2	1 142.4	618.7	
2003	5 320.4	3 432.8	1 177.2	630.9	79.5
2004	5 547.8	3 585.7	1 228.9	651.2	82.0
2005	5 633.0	3 580.0	1 285.2	675.1	92.7
2006	5 795.0	3 664.4	1 343.8	693.8	93.0
2007	5 818.7	3 599.5	1 403.0	710.4	105.7
2008	5 910.0	3 663.5	1 397.1	729.3	120.2
2009	5 965.2	3 723.1	1 390.9	748.2	103.0
2020e	6 962.0	3 488.0	1 974.0	900.0	600.0

资料来源：中华人民共和国国家统计局，2010；周少华，2008

　　综上所述，在充分考虑节水的情况下，估计用水总量约为 7000 亿立方米。未来中国水资源供应将面临总量和结构性挑战，北方水资源供需矛盾更加突出。在考虑生态环境需水不断增加的境况下，我国将加大水资源开采力度。由于水资源开发和配置难度增加，水资源的过度开发和不合理使用无疑会导致生态环境的进一步恶化。如果不采取有力措施，加上水污染等其他水问题，我国有可能在未来出现严重的综合性水安全问题。

　　基于粮食安全等因素的考虑，中国政府采取严格措施维持 18 亿亩耕地的"红线"。2005 年，我国耕地面积 1.22 亿公顷，比 1996 年普查数 1.30 亿公顷减少了约 800 万公顷，人均耕地面积也由 1949 年的 0.19 公顷减少到 2005 年的 0.093 公顷，减少了 51%。北京、广东、福建、浙江等省（市）以及相当一部分（县）市人均占有耕地在 0.093 公顷以下。如果根据《中国的粮食问题》（1996）提出的不低于 95% 的自给率目标，则需要耕地保持在 18.24 亿亩。目前国内对后备耕地资源的估算约为 670 万~800 万公顷，大约是现有耕地资源的 5.4%~6.6%，人均不到 0.1 亩，后备耕地资源十分有限，且大部分位于北方和西部干旱地区，这些地区普遍存在水资源短缺、生态环境脆弱的特点，耕地资源开发利用制约因素多，开发利用难度大。因此，在未来很长一段时期内，中国人均耕地持续减少的势头难以逆转，由此导致的国家耕地与粮食安全问题应给予足够重视。

（二）中国能源供需长期紧张

1. 能源资源禀赋

　　中国传统化石能源资源丰富。总探明可采储量约为 1000 亿吨，居世界第三位。其中查明煤炭资源 1.3 万亿吨，预测总资源量 5.57 万亿吨。石油远景储量 1086 亿吨，其中陆地 658 亿吨，近海 107 亿吨。天然气探明地质储量 63.36 亿立方米，可采储量为 38.69 亿立方米。

　　中国能源赋存分布不均衡，90% 以上的煤炭分布在秦岭–大别山以北地区，太行山–雪峰山以西的储量为 8750 亿吨。陆上石油资源主要分布在松辽、渤海湾、塔里木、准噶尔和鄂尔多斯五大盆地。天然气分布相对集中，主要分布在陆上西部的塔里木、鄂尔多斯、四川、柴达木、准噶尔，东部的松辽、渤海湾盆地，以及东部近海海域的渤海、东海和莺–琼盆地；中、西部地区天然气分别占陆上资源量的 43.2% 和 39.0%。

　　中国人均能源资源占有量少，煤炭、石油、天然气人均占有量分别为世界的 2/3，1/6 和 1/15。

2. 能源资源供需现状

改革开放以后，中国能源总量还保持在较低水平，1980 年中国一次能源生产、消费总量分别为 6.37 亿吨标准煤和 6.03 亿吨标准煤（图 3.1）。但 2009 年，中国一次能源生产和消费总量已经是 1980 年的 4.31 倍和 5.09 倍。且一次能源消费增长明显快于生产增长，能源消费总量超过产量主要发生在 20 世纪 90 年代前期，但快速的增长过程主要发生在进入 21 世纪以来，年均增长 12.3%。

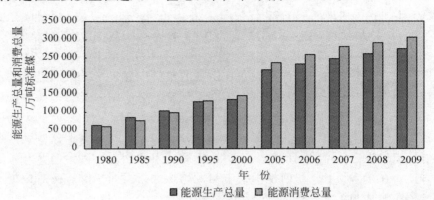

图 3.1　中国能源生产、消费量（1980~2009）
资料来源：中华人民共和国国家统计局，2010

由于能源禀赋和立足国内的政策导向，煤炭在中国能源消费格局中一直占主导地位。煤炭生产量占能源生产总量的 70% 以上，而煤炭消费基本占能源消费总量的 2/3 以上（表 3.3）。国内石油生产占能源生产总量比重不断下降，由 1980 年的 23.8%，下降到 2009 年的 9.8%，但石油消费量却不断增加，由 1980 年的 1.05 亿吨，增长到 2009 年的 1.89 亿吨，并在 1993 年由石油净出口国变为净进口国，近 10 年成为世界石油进口增长最快的国家；到 2004 年，中国石油进口规模突破 1 亿吨大关，达到 1.227 亿吨；2009 年，中国石油进口量 2.56 亿吨，石油对外依存度超过 56.6%。近年来，全球石油进口增长量中的 40% 来自中国，中国已经成为世界第二大石油消费国。石油供需安全无疑是中国能源安全的核心问题，并在一定程度上影响全球的石油供需走势。

表 3.3　我国一次能源生产和消费结构变化（1980~2009）

年份	1980	1990	2000	2005	2009
能源生产总量/万吨标准煤	63 735	103 922	128 978	205 876	296 916
煤炭/%	69.4	74.2	75.3	76.49	77.3

续表

年份	1980	1990	2000	2005	2009
石油/%	23.8	19.0	16.6	12.6	9.8
天然气/%	3.0	2.0	1.9	3.2	4.3
水电、核电等/%	3.8	4.8	6.3	7.7	9.4
能源消费总量/万吨标准煤	60 275	98 703	138 553	224 682	306 647
煤炭/%	72.2	76.2	67.8	69.1	70.4
石油/%	20.7	16.6	23.2	21.0	17.9
天然气/%	3.2	2.1	2.4	2.8	3.9
水电、核电等/%	3.4	5.1	6.7	7.1	7.8

资料来源：中华人民共和国国家统计局，2010

3. 未来能源资源供需态势

在我国工业化、城镇化加速进程中，中国能源的需求增长将对能源供给构成越来越大的压力。国际能源署（IEA，2007）预测，中国的能源消费需求在2020年和2030年大致分别为32亿吨石油当量（1吨石油当量＝1.4286吨标准煤）和46亿吨石油当量（表3.4）；也有学者预测到2020年，中国能源供需差额绝对值将上升到5亿～6亿吨标准煤，届时能源自给率将下降到85%左右。

表3.4　2020年和2030年中国一次能源需求规模及结构预测

项目	2020 年		2030 年	
	规模/亿吨石油当量	比重/%	规模/亿吨石油当量	比重/%
总需求	32.00	100.00	35.92	100.00
煤炭	21.34	68.9	23.99	66.7
石油	6.75	21.7	8.08	22.5
天然气	1.54	4.9	1.99	5.5
核电	0.49	1.6	0.67	1.9
水电	0.74	2.4	0.86	2.4
可再生能源	0.22	0.7	0.33	0.9

资料来源：IEA，2007

未来10～20年，受能源禀赋及国外能源供给因素的约束，中国能源生产和消费只能以煤炭消费为主。到 2020 和 2030 年，煤炭产量达到 35 亿吨和 38 亿吨，年进口量保持 1 亿吨水平。中国油气资源供给能力有限，石油对外依存度将越来越高。中国石油供应在 2010～2020 年不超过 2 亿吨，而 2020 年中国石油进口量将接近 4 亿吨。预计 2020 年和 2030 年，天然气供应有望分别达到 2000 亿立方米和 2500 亿立方米，年输入量 1000 亿立方米。即使中国石油消费依然控制在 20% 左右的消费比重，到 2020 年石油对外依存度可能会超过 60%，天然气进口将达 40%。预计在 2010～2020 年，中国将成为全球最大的石油进口国家。中国油气资源短缺，将对世界油气市场的供需平衡和世界地缘政治产生重要影响。

（三）中国大宗矿产资源出现全面短缺

1. 中国矿产资源禀赋

中国是世界上探明矿产种类最多的国家，已成为世界上矿种齐全、总量丰富的少数几个矿产资源大国之一。截至 2004 年，全国已发现的矿种为 171 种。有查明资源储量的矿种共计 158 种，其中，能源矿产 10 种，金属矿产 54 种，非金属矿产 91 种，水气矿产 3 种（赵传卿，2006）。我国探明储量居世界前五位的矿种有铁、锰、铅、锌、钴、钨、锡、铝、铋、锑、汞、钛、钒、钽、钾、稀土、煤、菱镁矿、萤石、磷、硫、砷、重晶石、石棉、石膏、石墨等，其中钨、铋、锑、钛、钽、稀土、重晶石、石墨等居世界第一位（李祥仪，2011）（表 3.5）。已查明矿产资源总量约占世界的 12%，居世界第三位（赵传卿，2006），但人均占有量只有世界人均水平的约 58%，居世界第 53 位（张文驹，2007）。

我国矿产品品种齐全，但结构存在严重缺陷。铁、锰、铜、铝等大宗矿产后备储量不足，铬、钾盐短缺严重，供需矛盾尖锐；钨、锑、锡、稀土等优势矿产，富矿多，质量好，储量丰富，但资源消耗快，利用率不高。就能源结构而言，煤炭消费比例大，油气资源可采储量少，且后备资源不足，长期短缺已成定局。中国一些重要矿产品位偏低，如铁矿平均品位只有 33%，比世界铁矿平均品位低 11 个百分点，富铁矿资源仅占全国铁矿资源储量的 2.7%；锰矿平均品位 22%，不到世界商品矿石工业标准的 48% 的一半，且多为难选的碳酸锰矿；铜矿平均品位仅为 0.87%，品位大于 1% 的资源储量占 35%；硫矿以硫铁矿为主，贫矿多，富矿少，一级富矿只占全国硫矿资源储量的 2.5%。组分复杂的共伴生矿产多，有 80 多种矿产含共伴生资源。

表3.5 中国主要资源储量分布情况

	资源	单位	中国	世界	主要分布国家及储量
矿产	铁	金属，亿吨	72	870	巴西（160）澳大利亚（150）俄罗斯（140）乌克兰（90）
	铜	金属，百万吨	30	630	以色列（150）秘鲁（90）澳大利亚（80）俄罗斯（30）
	铝	金属，亿吨	7.5	270	
	铅	金属，百万吨	13	80	澳大利亚（27）中国（13）俄罗斯（9.2）美国（7）
	锌	金属，百万吨	42	250	澳大利亚（53）中国（42）秘鲁（23）哈萨克斯坦（16）
	钾	K_2O，百万吨	210	9 500	加拿大（4400）俄罗斯（3300）白俄罗斯（750）巴西（300）
	锰	金属，百万吨	44	630	乌克兰（140）南非（120）澳大利亚（110）美国（93）
	钨	金属，万吨	190	290	中国（190）俄罗斯（25）美国（14）加拿大（12）
	稀土	REO，百万吨	55	110	中国（55）独联体（19）美国（13）印度（3.1）
	镁	矿石，百万吨	55	240	俄罗斯（65）中国（55）朝鲜（45）澳大利亚（9.5）
	磷	矿石，亿吨	3.7	65	摩洛哥及西撒哈拉（50）中国（3.7）阿尔及利亚（2.2）叙利亚（1.8）
能源	煤	亿吨	1 262.1	9 480	美国（2605.5）俄罗斯（1730.7）中国（1 262.1）澳大利亚（842.2）
	石油	十亿桶	16	1 341.5	沙特（266.7）加拿大（178.1）伊朗（136.2）伊拉克（115）
	天然气	万亿立方米	80	6 289.1	俄罗斯（1680）伊朗（991.6）卡塔尔（891.9）美国（272.5）

资料来源：EIA，2010；USDOI & USGS，2011；WSA，2011

中国在世界上占有优势的矿产有煤、钨、锡、锑、钼、钛、稀土、菱镁矿、芒硝、石膏等16种（图3.2），由此可以看出，除煤外，中国在世界上具有一定优势的矿产大多是一些用量较小的稀有金属矿产和一些非金属矿产。

2. 中国矿产资源供需状况

现阶段中国经济的高速发展，对钢铁需求不断增长。2000年中国生铁产量是1.31亿吨，约占世界生铁产量的22.4%，2009年中国生铁产量5.44亿吨，约占世界生铁产量的60.5%。2009年中国粗钢产量达到5.68亿吨，占世界产量的47.4%。由于钢铁产品市场需求旺盛，国内铁矿石生产和质量不能满足钢铁需求的增长，因此需要大量进口。自2000年以来，世界铁矿石贸易增量的85%都流向中国，中国

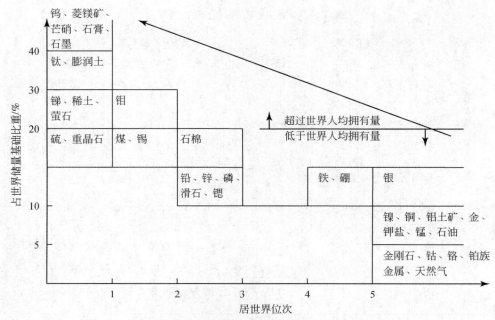

图 3.2　中国主要矿产资源基础储量在世界上的优劣势示意图

注：石油、天然气是中国剩余可采储量与世界上石油、天然气的储量进行的对比；
煤是我国套改后的储量与世界煤的储量进行的对比
资料来源：中华人民共和国国土资源部，2004

铁矿石对外依存度 2003 年为 54%，2009 年已经超过 60%。2009 年中国共进口铁矿石 6.28 亿吨，比 2008 年增长了 63.8%。

中国铜金属市场一直供不应求，长期依赖进口。目前，中国已经成为世界头号铜消费国，2009 年中国精炼铜消费量占世界消费总量的 38.93%。供需缺口为 303.46 万吨。中国是国际铜市场的第一大进口国，2005 年中国进口铜占世界总需求量的 21.6%，之后铜矿石进口量仍逐渐攀升，2008 年进口铜矿砂及精矿 519.1 万吨，主要来自于智利、秘鲁、澳大利亚、蒙古国 4 国。

近几年，由于中国原铝工业迅猛发展，强劲的需求推动氧化铝工业快速发展。2007 年中国首次超过澳大利亚成为世界最大的氧化铝生产国，2008 年中国氧化铝产量达到 2537 万吨。2008 年中国氧化铝进口 458.6 万吨，出口 4.4 万吨。进口主要来自澳大利亚，占进口量的 84.8%。同时，中国从 2001 年就超过俄罗斯成为全球最大的电解铝生产国，2008 年中国电解铝产量已经占全球产量的 1/3。

2000 年以来，中国铅产量和消费量占全球的比重逐年提高。2003 年，中国超过美国成为全球第一大精铅生产国。2008 年，中国铅产量达到 345.2 万吨，占全球产量38.9%。2004年，中国超过美国成为全球第一大精铅消费国。2000~2006年全球精铅消费量增加了150万吨，中国同期就增加了140万吨。2006年，全球精炼铅消费量为799万吨，其中中国铅消费量达到222万吨，占全球产量27.8%；2008年中国铅消费量增长到345.6万吨，占世界消费量的38.7%。

随着中国经济建设的不断深入，对锌的需求量逐步增加，现在已成为世界主要锌消费国。2000年，中国超过美国成为世界最大的锌消费国。2008年，中国锌消费量为414.5万吨，占全球消费量的35.8%。

中国也是世界第一大钨消费国。2008年世界钨精矿消费量12.53万吨，中国消费量为5.05万吨；世界钨消费量为6万吨，中国消费量超过2.6万吨。中国还是世界钨产品的贸易大国，可满足国际市场钨产品需求的80%。

中国稀土产能超过全球需求。目前中国供应了全球90%的稀土需求，2008年稀土产量约为12.5万吨（表3.6）。全球稀土消费主要集中在中国、美国、日本、欧洲等国家和地区，其中，中国的消费量最大，稀土消费比例已经达到全球消费量的50%左右。2006年国内消费量为6.28万吨，而冶炼产品的产量为11.9万吨。我国稀土产品主要销往日本、荷兰、比利时等国。日本是最大的稀土进口国，其进口量占2008年中国稀土出口量的85.4%。

表3.6　中国及世界稀土 REO 产量（2004~2008）（单位：吨）

年份	2004	2005	2006	2007	2008e
中国	98 000	119 000	119 000	120 000	125 000
世界	116 316	128 655	129 279	130 580	135 430

资料来源：USGS，2010

2009年中国 K_2O 的产量约为363万吨，已经成为第四大钾盐生产国。受国内资源量的限制，中国每年进口大量钾肥，2003年中国国内生产钾肥164.5万吨，进口371.6万吨，进口部分占国内消费量的71.8%。自2005年，中国钾肥消费量超过美国成为世界第一消费大国。2008年中国钾肥消费量为588.2万吨，2009年上升到666.7万吨。

10多年来，我国铬铁矿矿山产量一直在20万吨的水平上下徘徊，而且近几年的产量还呈现下降趋势。但2008年铬铁合金产量达到140万吨，位居世界第二。2009铬铁矿进口量675.6万吨，进口来源主要是南非（290万吨）、土耳其（128.7万吨）、阿曼（68.7万吨）等7国。2009进口铬铁合金218.7万吨，出口23.7万吨，净进口195万吨。中国对铬铁矿和铬铁合金的需求急剧增长，对国外铬铁矿的依赖程度超过了 90% 。

3. 中国矿产资源需求展望

近 20 多年间，中国矿产品消费的增长迅速，矿产资源被透支严重，对国民经济的保障程度逐步下降。未来 10~20 年，由于中国仍将处于快速工业化和城市化的过程中，经济增长速度较快，对矿产资源需求量将继续增长，一些关键矿产资源的需求预测如表 3.7 所示，这些矿产的供需预计将进入全面紧张状态。

表 3.7　中国主要矿产资源需求量的预测结果

矿产	单位	2015 年	2020 年
钢	亿吨	2.10~2.66	2.66~2.73
铁	矿石，亿吨	4.5~5.01	4.11~5.63
锰	矿石，万吨	700~1 100	700~1 100
铬铁矿	矿石，万吨	210~357	225~440
铜	金属，万吨	210~300	245~320
铝	金属，万吨	400~790	915~110
铅	金属，万吨	90~95	100~110
锌	金属，万吨	140~205	200~215
钾	KCl，万吨	1 000~1 562	1 717

注：本表系根据国内不同机构所预测的结果而编制的预测范围

大宗性矿产资源开采量过大，保障程度很低。由于资源国内供应不足导致大量进口稀缺矿产资源，不仅进口份额不断增长，而且进口集中度较高，市场风险扩大，使中国在世界矿产资源的贸易中占据越来越重要的地位。一些优势矿产资源丰富，但开采过度，浪费严重，优势逐步减弱。总之，中国矿产资源未来供需形势不容乐观，保证战略资源的供应安全成为重要的国家利益。

二 全球资源博弈

经济全球化所带来的益处是能够实现资源在世界范围内优化配置，但同时也使得国际社会对资源的争夺更加激烈。进入 21 世纪，全球石油价格大幅度攀升，铁、钨、铜、铝、铅、锌、镍、金等重要矿产品价格一路走高，使资源问题成为举世关注的焦点。

（一）全球资源形势

1. 矿产资源赋存丰富

全球矿产资源较为丰富，可以保障21世纪上半叶的发展需求。从全球来看，不存在资源短缺的问题，大部分矿产资源非常丰富，静态矿产保障能力都维持在20～40年，部分矿产如煤炭、铁矿、铝土矿、钾盐等，它们的静态保障能力都大于60年（表3.8）。更为突出的是，主要矿产储量都仍在不断增长。例如铜，20世纪80年代中期储量为3.4亿吨，到2010年增至6.3亿吨，黄金储量则从3.98万吨增长到4.1万吨。

表3.8　世界主要资源储量及分布情况

矿种	单位	储量	矿山储量	可采年限	产量前几位国家
石油	十亿桶	1 376.6	29.8	46.2	俄罗斯、沙特阿拉伯、美国、伊朗、中国、加拿大、墨西哥
煤炭	亿吨	8 609.4	72.9	118	中国、美国、澳大利亚、印度、印度尼西亚、俄罗斯、南非
天然气	万亿立方米	187.7	3.2	58.6	美国、俄罗斯、加拿大、伊朗、挪威、中国、沙特阿拉伯
铁矿石	亿吨	1 800	24	75	中国、澳大利亚、巴西、印度、俄罗斯
锰	百万吨	630	13	48.6	中国、美国、南非、加蓬、印度、澳大利亚
钴	万吨	730	8.8	82.9	刚果（金）、赞比亚、中国、俄罗斯、美国、古巴
铬	百万吨	>350	22	>15.9	南非、哈萨克斯坦、美国、印度
镍	万吨	7 600	155	49	俄罗斯、印度尼西亚、菲律宾、美国、新喀里多尼亚、中国
铜	百万吨	630	16.2	38.9	智利、秘鲁、中国、美国、澳大利亚、印度尼西亚
铝土矿	亿吨	270	2	132	中国、俄罗斯、加拿大、澳大利亚、美国、巴西、印度
锌	百万吨	250	12	20.8	中国、秘鲁、澳大利亚、印度、美国、加拿大
铅	万吨	8 000	410	19.5	中国、澳大利亚、美国、秘鲁、墨西哥、俄罗斯
金	吨	51 000	2 500	20.4	中国、澳大利亚、美国、俄罗斯、南非、秘鲁
钨	万吨	290	6.1	47.5	中国、俄罗斯、奥地利、美国、葡萄牙
稀土	万吨	11 000	13	846.2	中国、印度、巴西、马来西亚
钾盐	百万吨	950	3.3	287.8	加拿大、俄罗斯、白俄罗斯、中国、德国、以色列

资料来源：USDOI & USGS，2011

2. 全球资源分布不均衡

矿产资源形成于不同的地质作用，使得化石能源和其他重要矿产资源地理上的分布不均衡，进而造成国家间资源分布的不均衡，以及不同国家资源拥有量的巨大差异。全球矿产资源分布不均衡，大多数重要矿产集中在少数国家（表 3.8）。如世界石油剩余可采储量为 13 766 亿桶，主要分布在俄罗斯、沙特、美国、伊朗、中国、加拿大、墨西哥等国，其中中东、中南美洲分别占 54.4% 和 17.3%。北美、欧洲、亚洲等石油资源消费地区储量分布较少，如亚洲仅占剩余可采储量的 3.3%，且主要分布在中国、印度、马来西亚等国（图 3.3）。铁矿主要分布在乌克兰、俄罗斯、中国、印度、澳大利亚、巴西等国；铜矿主要分布在智利、秘鲁、美国、墨西哥、印度尼西亚、中国、澳大利亚等国家。据美国地质调查局估计，世界铝土矿资源量可达 550 亿 ~ 750 亿吨，主要分布在南美洲（33%）、非洲（27%）、亚洲（17%）、大洋洲（13%）和其他地区（10%），主要分布国家有几内亚、澳大利亚、牙买加、巴西、印度、中国、圭亚那。锰矿主要分布在乌克兰、中国、澳大利亚、巴西、南非、加蓬、印度等国家。

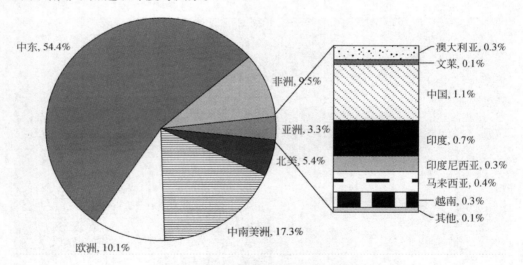

图 3.3　世界石油储量分布状况（2010）
资料来源：BP，2011

矿产资源在地域分布上的差异决定了任何一个国家都不可能仅依靠自身的资源满足经济发展的需要，必须在全球范围内通过广泛的国际合作和贸易等方式实现资源的优化配置与互补。

3. 跨国矿业公司控制全球资源市场

大矿业公司的大规模联合和兼并，使得全球矿业的产业集中度进一步提高。特别是发达国家的跨国矿业公司凭借其雄厚的资金、先进的技术和管理经验，在新一轮的并购浪潮中扩大了规模，增强了实力，对国际矿业市场的控制力和影响力进一步扩大。淡水河谷是世界第一大铁矿石生产和出口商，也是美洲大陆最大的采矿业公司，在全球 15 个国家和地区有业务经营和矿产开采活动。淡水河谷拥有的铁矿石保有储量约 40 亿吨，产量占巴西全国总产量的 80%。其 2006 年矿产品产量创历史纪录，其中铁矿石和球团矿达到 2.76 亿吨，氧化铝 320 万吨，原铝 48.5 万吨，铜 16.9 万吨，钾 73.3 万吨，高岭土 130 万吨。经营收入达到 204 亿美元，纯利润达到 65 亿美元。据 Raw Materials Group 的数据，淡水河谷矿业经营收入占世界矿业收入的 6.7%，为世界第一大矿业公司（表 3.9）。

表 3.9　世界十大矿业公司

名次	公司名称	所在国家	世界份额/%	累计份额/%	主要金属
1	淡水河谷（Vale）	巴西	6.7	6.7	多金属
2	必和必拓（BHP Billiton）	澳大利亚	5.5	12.3	多金属
3	力拓（Rio Tinto）	英国	4.2	16.5	多金属
4	英美资源（Anglo American）	英国	3.6	20.1	多金属
5	自由港迈克墨伦（Freeport McMoran）	美国	3.3	23.4	铜、金
6	斯特拉塔（Xstrata）	瑞士	3.2	26.6	多金属
7	智利国家铜公司（Codelco）	智利	2.6	19.1	铜
8	诺里尔斯克（Norilsk Nickel）	俄罗斯	2.4	31.6	多金属
9	巴力克（Barrick Gold）	加拿大	1.9	33.4	金
10	墨西哥集团（Group Mexico）	墨西哥	1.5	34.9	多金属

资料来源：Raw Materials Group，2009

对能源、重要原材料的需求量继续增加，加之跨国矿业公司的大规模扩张，进一步控制全球资源市场，矿产品价格的波动可能更加明显。矿业的并购与整合直接提高了行业的集中度，增加了企业定价权。在本行业中居前 10 位的矿业公司控制了西方国家 70.2% 的铁矿石，79.3% 的锡矿产量，74.6% 的铜矿产量，57.4% 的金产量和 57.1% 的锌产量，占西方国家矿业产值的 26.7%（张文驹，2007）。垄断企业必然会利用垄断地位操纵产品价格，从而获得高额利润。国际原油价格节节攀升，钢铁产能与消费均创历史新高，铝、铅、锡、镍等有色金属和黄金的国际市场价格普遍上涨。目前，淡水河谷、力拓和必和必拓三大公司控制全球铁矿的出口市场，三者在铁矿石价格谈判中具有强悍的话语权，促使铁矿石由 2000 年的 27.35 美元/吨，增长到 2008 年的 133 美元/吨（王申强，2009）。

（二）主要国家/地区资源形势及战略

1. 美国

（1）美国的资源供需状况

美国自然资源丰富，主要矿藏有铜、钼、铅、锌、金、银、磷矿、煤炭、石油、天然气、铁等，是世界第一矿产资源大国。其主要矿产资源资源状况为：截至 2010 年年底，石油剩余储量占全球总量的 2.2%；原油产量，居世界第三位（表 3.10）；探明天然气占世界总储量的 4.1%，居世界第六位；铜基础储量占全球总量的 5.5%，居世界第五位；钼储量占全球总量的 27.5%，居世界第二位；铅基础储量占全球总量的 8.75%，居世界第四位；锌基础储量占全球总量的 4.8%，居世界第六位；磷矿基础储量居世界第七位；铁矿石储量折算成铁金属量，占世界总量的 2.4%。

表 3.10　世界主要国家资源生产情况

资源	美国	加拿大	巴西	智利	俄罗斯	中东	南非	澳大利亚	印度	中国
石油/亿吨	3.39	1.62	1.05	—	5.05	11.84	—	0.23	0.38	2.03
煤炭/亿石油当量	5.52	0.34	0.02		—		1.43	2.35	2.16	18
天然气/十亿立方米	611	159.8	14.4		588.9	460.7	—	50.4	50.9	96.8
铁矿石/百万吨	27	32	300		92	—	55	394	245	880
锰/万吨*	—		73				190	214	98	240
钴/吨*	—	2 500	1 200		6 100		—	4 600	—	6 000
铬/万吨*	—						687		376	—
镍/万吨*	16.5	13.7		5.41	26.2		3.46	16.5		—
铜/万吨*	118	49.1		539	72.5			85.4		99.5
铝土矿/万吨	172.7	303	154	—	382	101	80.9	194	140	1290
锌/万吨*	73.6	69.9		—				129	69.5	310
铅/万吨*	40.6	6.9		—	7		4.9	56.6	9.2	160

资源	美国	加拿大	巴西	智利	俄罗斯	中东	南非	澳大利亚	印度	中国
金/吨 *	223	97	60	41	191	—	198	222	—	320
钨/吨 *	—	2 000	—	—	2 500	—	—	900	—	51 000
稀土/万吨 *（REO）	—	—	0.05	—	—	—	—	—	0.27	12.9
钾盐/万吨 *（KO_2）	70	432	38.5	69.2	373	—	—	—	—	300

＊矿山产量

资料来源：BP，2011；USDOI & USGS，2011

美国同时也是最大的矿产品消费国和贸易国。美国的人口不足世界人口的 6%，但石油、铅、镁、铬铁矿、稀土、铝、铜、镍等矿产品的年消费量分别占世界总消费量的 28%、35%、13%、17%、50%、29%、21% 和 14%，石油、天然气、煤炭、铜、铅、锌、铝、镍、钼、磷矿石和钾盐这 11 种主要矿产品，美国的人均消费量是世界平均水平的 3.4～6.6 倍。6 种主要金属矿产（铜、铅、锌、铝、镍、钼）的消费量，美国是中国的 5.9～32.4 倍（郑秉文，2009）。

2010 年美国进口原油 5.77 亿吨，占世界贸易总量的 21.9%，主要来源于加拿大、中南美、中东、西非等国家和地区。锰表观消费量为 72 万吨，进口锰矿石 49 万吨、锰铁 32 万吨、硅锰合金 31 万吨，对外依存度为 100%，主要来自南非、加蓬、中国等国家。镍表观消费量 8300 吨，其中进口 8500 吨，主要来自巴西，出口 170 吨。钴的对外依存度也高达 81%，进口 1.1 万吨，主要来自于挪威、俄罗斯、中国，出口 0.28 万吨。钨、铬等矿产主要的对外依存度也超过 50%。随着经济的发展，美国对世界资源和资源性产品市场的依赖程度越来越高，离开世界丰富、低廉的矿产原材料的供应，美国的经济就有可能会陷入瘫痪。

（2）美国资源战略

第二次世界大战后，美国已成为资本主义的超级强国。1947～1948 年间美国的工业产值已占资本主义世界的 54.69%，其主要矿产消费量占全世界的 40%（郑秉文，2009）。这时，矿产资源的大量消耗，已超出其资源基础。美国矿物原料委员会于 1952 年提交了著名的佩利报告，要求加紧对战略矿产的争夺和控制，增加在海外的战略控制，扩大储备。

从 20 世纪 70 年代前期开始，美国就设立了各种专门委员会进行资源战略研究，并将资源保证看做是国家的战略安全问题。因此，美国的外交核心就是要确保在全球范围内拥有持续、稳定和价格合理的资源供应。凭借其强大的经济、军事实力，实行"全球开放式"资源战略。为了持久、稳定、经济地获得资源供应，美国已建立起面向全球的多层次、多渠道的供应保障体系。美国全球资源战略的显著特点是：大量购买和使用全球廉价资源；通过经济援助和投资，控制他国战略资源；建立庞大的战略资源储备（宋建军，2005）。美国在其矿业发展中，更注意从全球角度考虑可持续性，实施全球矿产资源战略。它着眼于对全球矿产资源的勘查、开发和占有，以保证其本国矿产资源的供应以及发展和保护美国矿业公司集团的利益。

美国矿业海外扩张的第一步是控制澳大利亚矿业。20 世纪 60 年代中期，美国对澳大利亚矿业的投资额占该时期国外投资总额的 80% 左右。因此，美国牢牢掌握了澳大利亚丰富的铁矿石、锰矿石、铜、铀等资源的控制权。同时，美国也大举进入中、近东和北非。到 20 世纪 60 年代末 70 年代初，美国不仅控制了西方国家石油储备的一半左右，而且其资本在非洲控制了利比亚 87% 的石油产量；操纵了扎伊尔 100% 的钴、90% 的铀、81% 的工业用金刚石和 50% 的锂的开采量；在委内瑞拉控制了 100% 的铁矿石生产和 70% 的石油生产，还控制了拉丁美洲 64% 的铝土矿、62% 的铁矿石，45% 的锰和锌，40% 铅的开采量。20 世纪 70 年代世界石油危机和第三世界国家国有化和民族主义运动的兴起，使美国经济受到沉重打击。这一时期，美国资源战略采用了经济援助的方式，通过大量投资或贷款控制资源国矿产的开采和生产，立足拉美、加拿大，稳定从澳大利亚的铁矿石、铜、铝、铅等资源进口。冷战后，美国充分利用世界经济和矿业全球化的趋势，以及发展中国家矿业投资环境的不断改善的机遇，其国外矿业投资迅速增长，积极控制中北美资源，拓展非洲、中亚等。北美自由贸易协定加强了美国对加拿大和墨西哥资源的利用，从加拿大进口铀、镍、钛、铁矿石、铂族金属和钾盐等，从墨西哥进口石油、银、铜等矿产，并与加拿大公司携手重建拉美矿产资源供应基地。随着苏联解体，美国积极渗透俄罗斯、中亚（特别是哈萨克斯坦）及其他新独立的前苏联加盟共和国，以及越南、蒙古、东欧等转轨国家和地区，抢占资源控制权。这一时期，跨国公司成为美国获取全球资源的主要途径。

在矿种方面，美国坚持将石油排在第一位，将金、铜、金刚石及贱金属列为重点。20 世纪 90 年代后，美国各石油公司在海外的投资几乎都高于国内投资。1991 年海外勘探开发投资总额就达到 367 亿美元，是国内投资的两倍。美国埃克森公司是世界最大的石油公司，1996 年在 30 个国家开展勘探、开发和生产活动，在 76 个国家从事石油炼制和销售业务；美国莫比尔公司的勘探开发活动遍布五大洲的 34 个国家；雪佛龙公司涉足 20 多个国家的油气勘探开发。美国公司对海外金矿勘查由 1996 年的不足 30%，增长到 1998 年的 75%。美国纽蒙特矿业公司在墨西哥、印度尼西亚、智利、秘鲁、厄瓜多尔、泰国和老挝勘查金矿和铜矿，对原苏联的十多个金矿开展了研究，以确定合资企业的可能性。美国铝公司在澳大利亚、巴西、几内亚、苏里南和牙买加从事铝土矿开采；菲尔普斯道奇公司的勘查费用主要用于博茨瓦纳、加拿大、哥斯达黎加、智利、墨西哥和南非等国贵金属和贱金属勘查（郑秉文，2009）。

经过数十年政治、经济、军事手段的综合运用，美国的全球战略得以落实，其矿业公司的活动遍及世界各地，以此来保障其资源的需求。石油，立足拉美，争夺中东，渗透非洲和中亚；铝土矿来自几内亚、牙买加、苏里南、委内瑞拉、巴西；铜从智利、墨西哥、秘鲁、加拿大等国，铁矿石从巴西、墨西哥、委内瑞拉、智利，铅从墨西哥和秘鲁，镍从加拿大和多米尼加，银从墨西哥、秘鲁和智利，锌从秘鲁和墨西哥进口。这样从全球角度解决了美国矿产资源安全供应问题。

2. 日本

（1）日本的资源供需状况

日本作为一个岛国，国土狭小，资源贫乏。据日本通产省资源厅数据，日本有储量的矿种只有 12 种。除石灰岩、叶蜡石、硅砂这 3 种极普通矿产的储量较大外，其他重要矿产的储量均极少。日本是典型的依靠本国发达的工业和先进技术，以进口矿产资源和其他工业原料，生产、加工和制造高附加值产品出口，从而发展本国经济的国家。矿山采掘业产值占国民生产总值的不足 0.5%，而矿产品加工和冶炼业产值却占国民生产总值的 8% 左右（于又华，2004）。

作为一个经济大国，日本每年需要进口大量的矿产资源以供国内所需，大多数矿产品的需求量均居世界前几位。石油需求量位居世界第三位，日本铜、铅、锌、铝、镍等主要金属的需求量占全球的比例分别为 12.7%、7.9%、12%、13.1% 和 19.8%（郑秉文，2009）。目前，在能源矿产品消费量中几乎 100% 的石油、99% 的天然气、97% 的煤，在金属矿产品消费量中 100% 的铁矿石、锰矿石、铬、钛、钒、镍、钨、锡、锑、镁和铂族，97% 的钼、91% 的锌、87% 的银、83% 的金、49% 的铜、48% 的铝、34% 的铅和 33% 的铋，稀散金属和稀土矿产品消费量中的 100%，非金属矿产品中的大多数原料都需从其他国家或地区进口（于又华，2004）。

（2）日本资源战略

对于日本这样的一个经济发达、资源极端贫乏的岛国来说，资源过度依赖进口，其供应是相当脆弱的，一方面进口矿产的价格较高，另一方面也容易受制于人。为了保证日本经济发展对矿物原料的需求，日本政府早就制定了完善的全球资源战略，对利用国外资源进行长期规划。

第二次世界大战后，日本反思战前以领土扩张来控制全球资源再分配的方式，一方面，通过"经济/技术援助"等措施改善与资源国的关系；另一方面，组建

"石油公团"、"金属矿业事业团"等促进性机构，制定和执行鼓励政策，全力支持日本公司的跨国矿业经营，并通过财团参股矿产资源勘查开发的战略，重新挤进各资源国；同时建立战略矿产储备，以备不时之需。日本以这种方式，建立起了多条渠道、多种方式的保障矿产资源长期稳定供应的机制和体制，促进市场机制与海外矿产勘查开发工作结构的完善和优化，实现有效获取海外矿产原料的目标（黄频捷，2006）。经过政府、企业、事业的共同努力，充分发挥各自的作用以及三者之间的良性互动，建立矿产资源全球供应系统，培育具国际竞争力的矿业跨国经营队伍，形成一大批海外矿产资源基地，确保其矿产的稳定、长期和安全供应。

日本积极推行"海外投资合作"的矿产资源全球战略。为了促进日本利用海外矿产资源，保障矿产资源的安全，从政治、外交上支持和促进在海外建立矿产资源供应基地，并通过财政、金融、税收等多种手段全方位鼓励矿业跨国经营。政治上对所发生的事件采取低姿态，经济上加强对发展中国家特别是资源国的经济援助，在其他方面与美国共同进退，为美国的相应行动出钱、出力。加强与资源国、主要资源消费国和跨国矿业公司的联系与协作，为企业的矿业跨国经营扫清障碍。日本政府为本国公司提供50%的海外矿产资源风险勘查补助金，对矿业的跨国经营给予优惠贷款和贷款担保，以及其他融资便利条件和税收优惠政策。

日本政府从资源信息收集共享、政府援助、减低投资风险等方面为企业的矿业跨国经营提供全方位支持。日本组建专门机构，收集资源国潜力和矿业投资环境、重要勘查开发项目、国际矿业走势追踪、跨国矿业公司动态分析、矿业权市场状况和矿产品市场等方面的信息。通过技术合作和经济援助/合作，降低企业在海外勘查开发的风险。据不完全统计，迄今日本金属矿业事业团已在40多个国家开展了140个以上的矿产资源调查评价、勘查等方面的技术和经济援助项目（黄频捷，2006）。这些项目的进行，改善了与资源国的关系，为日本企业下一步的勘查开发铺平了道路。承担海外基础地质调查前期风险，使得日本企业可优先申请取得矿业权。注意加强与国际性金融机构、有欧美背景的跨国矿业公司及资源国公司合作，对海外有前景的矿产地，以股本参与方式直接投资，签订长期稳定的资源供应合同。大力推进跨国矿业公司以不同方式广泛地参与全球矿产资源勘察开发。

此外，日本也长期、大量进口国外的原材料及资源初级产品，并进行有计划的资源储备。日本的资源战略储备始于1983年，储备的矿产有石油、煤炭等能源矿产，镍、钼、铬等金属矿产，稀有金属和稀土原料矿产等。已建成国家石油储备基地10座，石油的储备目标为5~6个月的国内消费量；稀有金属的储备目标为60天的消费量，国家储备和民间储备分别占70%和30%（宋建军，2005）。通过向资源国输出技术、资本以及人力资源，积极参与海外矿产资源的开发，实施国家储备和民间储备，基本保证了国家经济发展所必需的矿产资源的稳定供应。

3. 俄罗斯

（1）俄罗斯资源状况

俄罗斯自然资源极为丰富，自然资源拥有量占全球的 22% ～28%。俄罗斯的主要矿藏有：天然气、钾盐、铁矿石、铬铁矿、煤炭、石油、锰、铜、铅、锌、镍、钛、金、石棉，等等。主要矿产资源状况为：截至 2010 年年底，俄罗斯天然气储量占全球总量的 23.6%，居世界第一位；石油储量占全球总量的 5.6%，居世界第六位；铜储量占全球总量的 4.7%，居世界第八位；镍储量占全球总量的 7.89%，居世界第四位；钾盐储量占全球总量的 2%，居世界第八位；铁矿石储量占全球总量的 13.89%，居世界第三位。

（2）俄罗斯的资源战略

苏联资源储量丰富，品种也很齐全。在解体前，苏联很长一段时期遭到资本主义国家的资源、贸易封锁，自身的资源特点和国际环境都促使前苏联走自给自足的发展道路。资源贸易量少，且主要贸易对象是经济互助委员会（简称经互会）的其他成员国和中国。自 20 个世纪 60 年代以来，苏联的石油出口量一般都维持在石油总产量的 1/4 左右，而出口到经互会各国的量占其出口总量的一半多（金挥，1979）。其向东欧提供的石油也低于国际石油市场价格。由此可见，苏联时期的能源政策带有明显的与美国争霸的色彩。在矿产开发和投资上，政治和外交目标也占主导地位，为了不依赖进口，矿产资源往往不考虑成本，并常以指令性计划形式予以保证（王礼茂，1994）。矿产贸易是俄罗斯国家发展计划和政策的重要组成部分，矿物的进出口甚至影响到经济发展计划和政策的制定。

苏联解体后，俄罗斯联邦面临的是与原苏联截然不同的地缘政治经济形势与国际环境。俄罗斯能源政策主要包括采取一系列具有法律规范、财政经济和组织纲领性的措施，保证本国消费者获得可靠的能源供应，有效利用自身丰富的自然资源，做到合理开发各类能源的出口潜力。随着俄罗斯正日益融入世界经济体系，其能源战略的制定受外部因素影响的程度也不断加深。新世纪的俄罗斯能源政策奉行开放的国际化战略，鼓励本国公司在双边和多边的基础上广泛开展国际能源合作，努力提高自身在国际能源市场上的作用。为了巩固俄罗斯在国际能源市场上的地位和有效实现燃料动力综合体的出口潜力，俄罗斯能源战略预先制定了一系列相应措施：实现进出口结构多样化和销售市场多元化。出口亚太地区的石油在其石油出口总量中所占的份额将从 3% 提高到 30%，天然气的份额将达到 15%，并开始开拓北美能源市场，同时继续保持在独联体和欧洲市场上的影响力（陈小沁，2006）。

俄罗斯能源战略充分考虑俄罗斯的经济和地缘政治利益，以及国家的能源安全，并把能源外交视为调整国际关系的有效手段，它以保障国家的能源安全为基本出发点，在世界各个地区捍卫俄罗斯能源的战略利益。俄罗斯在大力拓展能源外交的过程中，一方面与欧盟、美国、中国和日本等国家和地区分别发展双边能源外交，并在一定程度上取得了进展；另一方面，与欧盟、美国、中国和日本也形成了一个错综复杂的多边能源关系结构，俄罗斯欲获得最大利益，必须表现出高超的战略协调能力，否则，将对其能源外交的施展形成制约。

（三）资源战略博弈

1. 俄罗斯能源趋势及其出口格局

俄罗斯能源资源极其丰富，占据全球的重要位置。但因其油气主要分布在西西伯利亚、东西伯利亚和远东地区，俄罗斯能源工业的未来发展及出口将面临管道等运输基础设施不足的挑战，以及石油的开采和运输成本较高，油气工业投资数额巨大等问题。油气的开采和勘探严重失衡，缺乏开发新油气田投资、能源运输基础设施不足等都将使俄罗斯油气产量增长受到严重影响。

俄罗斯油气的生产量都明显大于消费量，产量和出口量都在不断上升。2010 年其生产石油 505.1 百万吨，消费 147.6 百万吨，生产天然气 588.9 百万立方米，消费 414.1 百万立方米（图 3.4）。俄罗斯原油出口量已由 2000 年的 1149.7 百万桶，

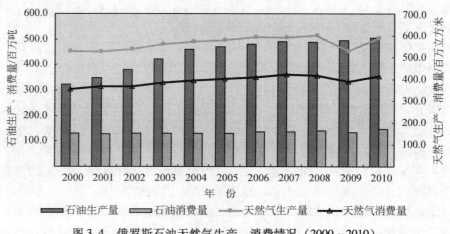

图 3.4　俄罗斯石油天然气生产、消费情况（2000 ~ 2010）

资料来源：BP，2011

增加到 2009 年的 1982 百万桶，2010 年天然气出口量为 1998.5 亿立方米。这使得俄罗斯成为目前世界上第二大石油生产和出口国，第一大天然气生产和出口国。俄罗斯庞大的油气资源储量及其生产、出口能力不仅是其经济复兴的重要支撑点，而且使其在 21 世纪的国际能源格局中占据了独一无二的地位。

当前世界石油供需之间存在着很大差距，导致了全球范围内的油气供应紧张和激烈争夺。由于俄罗斯丰富的油气资源、出口量的稳步增长、稳定的政治局势，使其成为各资源需求大国/地区争夺的焦点。欧盟是俄罗斯能源出口的主要市场，也是俄罗斯传统的能源合作伙伴。目前，欧盟市场上约 30% 的石油和 40% 的天然气依靠俄罗斯的输送（孙晓青，2006）。随着欧盟东扩，未来欧盟能源供需差距将进一步拉大，对外依存度不断增大，俄罗斯能源在欧盟市场的份额会相应增加。欧盟目前的能源需求状况以及未来需求潜力，决定了欧盟必须加强与俄罗斯的能源合作。加强从俄罗斯的能源进口，还有利于欧盟能源进口的多元化和规避能源风险。美国作为世界上最大的能源消耗国，其消耗的能源相当于世界能源的 1/4，其中 50% 的石油需要进口，如何稳定油源成为美国政府所面临的最具不确定性的难题之一。由于中东局势的动荡，俄罗斯的油气资源成为美国认真考虑的重要进口渠道之一。中、日、韩三国均为能源进口国，而且需求量大，能源进口都严重依赖中东地区，各国都积极与油气丰裕的国家展开能源合作，寻求油气来源的多元化，油气资源丰富的俄罗斯便成了他们共同的目标。随着东北亚地区经济的迅速增长，能源需求量将稳步上升，加上俄罗斯能源战略向东转移，中、日、韩将是俄罗斯能源出口的新增长点。无论如何，各能源消耗大国/地区对俄罗斯出口油气资源的争夺及博弈结果，将对世界能源体系产生重大影响。

2. 俄欧能源合作与分歧

欧洲是世界上主要的能源消费地区之一，自给水平低。2010 年一次能源消耗量 29.7 亿吨石油当量，占全球消费量的 24.8%。煤炭、石油、天然气的消费所占比重分别为 30.06%、34.44% 和 16.38%。在欧盟东扩之前，原欧盟 15 国 50% 的能源需要进口，预计到 2020 年欧盟对一次能源进口的依赖将扩大到 65%，其中进口石油的比例可能上升到 90%，进口天然气约为 65%（斯·日兹宁，2005）。

对欧盟及其成员国而言，实现社会经济可持续发展，其重要前提就是保证能源的供应安全。欧盟目前的能源需求状况以及未来能源需求潜力，决定了它必须加强与俄罗斯的能源合作。目前，欧盟大约 22% 的能源进口来自形势复杂的中东地区，而这一地区的政治局势一直充满变数，对欧盟能源的供应安全构成了较大的威胁。因此，拥有丰富能源资源的俄罗斯也是缓解欧盟过度依赖海湾能源供应的重要选择。

加强从俄罗斯的能源进口，还有利于欧盟能源进口的多元化和规避能源风险。

欧盟未来能源消费结构中，天然气的消费量将会增加，石油消费量相对减少，这与俄罗斯的油气资源状况不谋而合。在欧盟长远的能源规划中，天然气被列为今后重点开发和利用的能源，欧盟计划将其在整个能源消费中的比重从 2000 年的近 40% 提升到 2030 年的 60% 以上。而俄罗斯拥有世界上将近 1/3 的天然气储量，并与欧盟有着传统的输气管道，因此俄罗斯的天然气对欧盟的能源安全有特别重要的意义。

俄罗斯同样需要欧盟这个稳定的能源消费市场，以及其对能源基础设施建设的支持。能源出口是拉动俄罗斯经济增长的主要因素。20 世纪末期至今，能源出口收入一直占俄罗斯 GDP 的 20% 以上和外汇收入的 50%~60%。欧盟是俄罗斯能源出口创汇最重要的来源地。俄罗斯油气设备和基础设施老化，能源浪费极其严重，俄罗斯每年大约有 2000 万吨石油渗流丢失，15 490 千米的天然气管道网络有 14% 在"超期服役"，80% 急需维修保养（王高峰，2007）。俄罗斯希望能够依靠欧盟的资金实现自己燃料动力综合体的现代化。

俄欧能源合作是世界能源合作中的成功案例。俄欧能源合作，加快了俄罗斯的国际化进程，也增加了俄罗斯与美国和欧佩克在能源问题上讨价还价的筹码。当然俄欧能源合作也存在一些分歧，欧盟担心俄罗斯能源东移对能源供给的影响，也忧虑俄罗斯把能源供应当做外交的工具，俄罗斯则顾虑里海地区国家，他们对欧盟的能源供给对俄罗斯在欧盟的能源地位构成挑战。尽管俄欧合作面临着一些矛盾和挑战，但在可预见的将来，欧洲仍然是俄罗斯能源出口的核心市场。

3. 俄美能源合作与竞争

美国是世界上第二大的能源消耗国。2010 年能源消费量为 22.85 亿吨石油当量，其中石油消费占 8.5 亿吨石油当量，占世界石油消费总量的 21.1%，石油进口 5.77 亿石吨油当量，主要来自加拿大、中南美洲和中东地区，而来自前苏联地区的石油进口量仅为 0.36 亿吨。五次中东战争及引起的石油危机给美国的警示是：如何避免中东局势对其能源供应的影响，形成稳定的石油供给源。过分依赖中东能源，将可能增加美国同与能源有关的恐怖主义冲突、局势动荡乃至文化冲突的风险。随着俄罗斯成为世界上第二大石油生产和出口国、第一大天然气生产和出口国，稳定而充足的俄罗斯能源供应，为美国能源进口多元化提供了有利条件，也加快了美俄的能源合作。

"9·11"事件后俄美关系得以改善，为两国能源合作提供了稳定的政治环境。2002 年俄美总统发表了《关于俄美新的能源对话的联合声明》，揭开了俄美能源战略合作的序幕。在 2003 年的美国《能源法》中，将俄罗斯列为美国重要的能源战略伙伴。如果从摩尔曼斯克港通往西西伯利亚的输油管道建成，俄罗斯原油在美国石油进口中的比例将从 2000 年的 1% 跃升到 10%。美国能源进口渠道的多元化要求和美国石油公司的利益驱使，共同推动了俄美能源合作进程的加快。拓宽与俄罗斯能源公司的合作，加强对俄罗斯能源的开发，可以为美国能源企业提供巨大的发展空间。埃克森美孚石油公司现已成为俄罗斯撒哈林 1 号油气开发项目的最大投资商。俄罗斯亟须美国对其能源领域进行投资，希望美国扩大在东西伯利亚、远东和沿海大陆架地区石油和天然气的开采，希望为油气出口管道和港口等基础设施提供技术设备和资金支持。

虽然俄美两国合作不断加强，但是由于两国各自的国家利益和发展战略不同，能源合作上还存在着诸多矛盾和冲突。双方矛盾的焦点主要集中在里海地区。美国对世界第三大油气资源富集区——里海地区油气资源窥觎已久，支持该地区的独立，积极呼吁里海各国能源出口多元化，鼓励西方国家参与里海的开发和出口，使西方更多地获得来自里海地区的石油资源。巴库—第比利斯—杰伊汉石油管道的运营，大大抵消了俄罗斯在里海的影响力。而这与俄罗斯的目标不同，两者矛盾难以调和。

由于两国能源上存在互补关系，以及两者在里海地区目标的差异，可以预见，俄美能源领域的合作和竞争都将会继续。

4. 俄罗斯与中日能源合作的复杂性

随着近些年来东北亚地区的经济发展和俄罗斯东部地区的开发，俄罗斯与东北亚国家的能源合作将会扩大，东北亚将是俄罗斯能源出口的新增长点。

俄罗斯东西伯利亚和远东地区的石油和天然气储量丰富，分别为 349.29 亿吨和 110.49 万亿立方米，占到世界油气资源储量的 13.46% 和 39.96%（徐海燕，2003）。且远东地区近些年来经济增长缓慢，远远落后于俄罗斯整体经济发展的速度。对于依靠能源经济的俄罗斯而言，加强东西伯利亚和远东地区的能源出口将是振兴和发展其东部经济的有利条件。这两地区毗邻中日韩，运输成本相对低廉，运输渠道广泛，风险较小，增加了亚太国家对俄罗斯能源需求增长的可能性。加强与东亚国家的能源合作，有利于俄罗斯制约欧洲国家，平衡欧美的议价能力，可以增加俄罗斯与欧盟能源外交的筹码。

中国和日本是世界第一和第四大能源消费国，2010 年能源消费量分别为 24.3 亿吨石油当量和 5 亿吨石油当量，占全球能源消费总量的 20.3% 和 4.2%。日本石油几乎完全依靠进口，其中来自中东地区的占 79.7%，而来自原苏联地区的仅为 6.4%。中国石油消费绝对量大，2010 年石油消费 4.29 亿吨石油当量，其中进口

2.94 亿吨石油当量，出口 0.31 亿吨石油当量，对外依存度为 61.3%，来自中东的石油占进口总量的 40.2%，来自原苏联地区的占 11.31%。

随着东北亚地区经济的快速增长，必然带动能源需求的大量增加。主要依赖中东石油的中日两国均将能源多元化的目标瞄准俄罗斯，以保证自己的能源安全。这同时也增加了两国间的竞争和产生摩擦的概率。2003 年，日本中途介入中俄远东石油管道项目谈判就是最好的证明。

从俄罗斯安加尔斯克油田至中国大庆的石油运输管线，即"安大线"，从经济方面分析，主要来自中俄双方的需求。日本 2003 年向俄罗斯提交了修建"安纳线"建议。俄罗斯方面在"安大线"和"安纳线"选择上的犹豫，实际上是在选择适当的能源出口战略，协调各个利益集团的关系，以达到自身利益的最大化。日本加入俄罗斯石油出口的竞争，使俄罗斯提高了对其石油价值的估计，保证其能源出口的利益。铺设到大庆支线的"安纳线"，俄罗斯可以从东西伯利亚向亚洲各国甚至美国在内的多个国家出口石油，可以保证俄罗斯石油出口渠道的安全。

俄罗斯利用在远东石油管道问题上的主导权，通过"安大线"和"安纳线"之争，在中国与日本之间搞平衡外交，提高与石油进口方讨价还价的能力，达到协调各个利益集团的利益关系的目的，最大限度地实现了国家利益。由此折射出俄罗斯、中国、日本能源关系上的复杂性和敏感性，也反映了与俄罗斯的能源合作是关系到中国和日本长期能源可持续发展的战略性问题。

三 中国关键战略资源供给冲突与战略

（一）影响资源安全的因素

影响资源安全的因素是多方面的、可变的、复杂的，主要包括资源因素、经济因素、政治因素、运输因素、军事因素等。

1. 资源因素

资源因素是影响资源安全的最基本和最重要的因素之一。一个国家或地区的自然资源禀赋，在一定程度上决定该国或地区的资源安全状态及其发展潜力。自然资源的数量多寡、质量优劣、种类齐缺、位置远近等，直接关系到该国家或地区的资源安全及其保障水平。一个国家自身的资源越丰富，对经济发展的保障程度越高，资源供应的安全性就越高。

2. 经济因素

经济因素对资源安全的影响是间接因素。一个国家或一个地区的产业结构、特别是资源型产业的规模和比重，直接关系到该国家或地区的资源占用、消耗的水平，进而关系到该国家或地区的资源安全保障能力。经济增长方式决定了资源的消耗水平。粗放式的经济增长方式，消耗了过多的自然资源，将增加资源安全风险。经济增长方式的转变和升级，是一个国家或地区加强资源安全保障能力建设的重要途径之一。市场和价格也影响资源的安全。市场化程度低，资源价格不合理，造成资源浪费、资源破坏和资源过度消耗，从而不利于国家和地区的资源安全保障。加强资源市场一体化建设，是提高资源利用效率，减少资源浪费，保障资源安全水平的必由之路。当然，强有力的经济实力也意味着具有更大的控制资源开发利用主导权的能力。

3. 政治因素

政治因素对资源安全的影响主要有：资源进口国与资源出口国之间政治关系恶化，资源生产国国内的政治因素等。近几十年的石油危机、石油供应中断、石油价格的大幅度波动等无不与政治因素有关。20世纪70年代两次石油危机都与上述因素有关。

4. 运输因素

资源供给地与资源需求地之间的实际运输距离，直接关系到国家或地区资源安全保障的运输和经济成本，也关系到运输的风险性与不确定性，从而关系到国家或地区的资源安全及其保障水平。运输的安全程度与运输的距离、运输线的安全状况、运输方式以及运输国对资源运输线的保卫能力的强弱有关。运输线路安全状况，途经海峡受控制、封锁的可能性大小等也是影响资源运输安全的重要因素。

5. 军事因素

军事因素对资源安全的作用是多方面的。军事保障能力可以保障海路、陆路资源运输通道的安全；运用特定的或综合的军事实力，可以对某个国家、某个集团或某个运输通道，进行军事威慑；此时，军事干涉能力的大小对资源安全影响很大。一般来讲，一国对资源产地的军事干预能力越强，资源就越有保障。

6. 其他因素

影响资源安全的因素应该还有技术进步和资源替代方面的因素。新能源和可再生能源的利用, 包括页岩气、天然气水合物的开发利用技术的推广, 都将减少对常规化石能源的依赖。生态环境因素也是资源安全的考量指标之一, 如以资源消耗和生态破坏为由来限制资源的开发和利用, 否定中俄"安大线"建设就是以破坏生态的名义。同时, 资源政策的取向、资源法律的健全与否, 直接关系到自然资源的开发秩序、利用效率、分配格局、保护力度, 从而对国家或地区的资源安全状况及其走势产生影响。

（二）中国关键战略资源冲突分析

1. 石油

（1）中国石油供需现状及态势

中国石油储量占全球比重低, 石油消费量占能源消费总量比重较低, 但消费绝对量大, 增长迅速, 对外依存度不断提高。石油消费量由 2000 年的 2.25 亿吨, 增长到 2009 年的 3.84 亿吨, 其中进口量为 2.56 亿吨, 对外依存度也上升到 56.6%（图 3.5）。近年来, 随着俄罗斯等国石油出口的增长, 中国进口石油来源地也呈现多元化。2009 年, 进口来源地主要有沙特阿拉伯、安哥拉、伊朗、阿曼、俄罗斯、苏丹、委内瑞拉等国, 这些国家占中国 2009 年石油进口总量的 73.1%。根据美国能源信息署（EIA）测算, 中国新增石油消费量占世界新增能源消费的 37%（EIA, 2010）。中国的石油进口规模, 已经在较大程度上影响到世界油气市场。

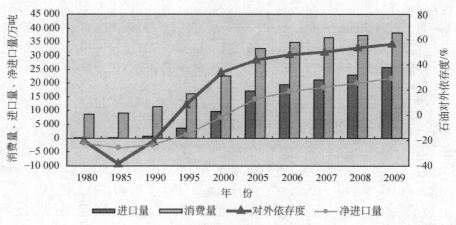

图 3.5 中国石油消费进口量及对外依存度（1980~2009）

资料来源:《中国能源统计年鉴 2010》

　　中国石油海外投资的扩张，在一定程度上保障了中国进口石油需求的供给，解决或缓解了国内能源发展需要和国际油价持续上涨的压力。根据全球能源信息调查机构 FACTS Global Energy（FGE）数据显示，2000～2008 年，中国海外石油投资开采量从 14 万桶/日上升到 90 万桶/日，2008 年已占到中国石油总产量的 23% 左右（刘中伟，2011）。

　　（2）中国石油资源进口的主要冲突

　　中国进口石油来源地虽然越来越多元化，但主要来源地仍集中在中东、西非地区，两者占 2010 年中国石油进口量的 55%。在中东主要富油国中，沙特阿拉伯、伊朗和阿曼是中国主要进口国，伊拉克、科威特、阿联酋等石油蕴藏丰富的国家均在美国垄断控制下；在非洲，安哥拉和苏丹是中国的主要进口国，中国对尼日利亚、阿尔及利亚等国的影响力有限；在其他地区，俄罗斯、哈萨克斯坦和委内瑞拉已逐渐上升为中国石油进口国。近期，随着中东北非局势恶化，利比亚战火不断，伊朗核危机形势严峻，使得中国在国际石油市场上获得稳定供给的前景不容乐观。

　　作为全球最大的两个经济体和石油消费国，中美两国在保障海外石油进口的竞争策略有所不同。中国采取海外石油设施建设等方式进入产油国，通过国有石油公司获得开采权或炼油权，开采或加工石油直接运回国内，确保石油供应（何帆，2006）。美国则在石油主要进口地均有驻军，通过其大型石油公司进入产油国开采石油后，供给世界市场，并通过市场控制保证其石油供应，军事影响因素明显。这两种战略的差异必导致双方在寻求世界主要产油国的能源安全供应方面存在一定的差异，如果把意识形态或政治因素牵扯其中，更容易产生摩擦。从近期中美双方处理利比亚问题的方式上，就体现出两者对保障本国石油安全的不同手段。同样，中非能源合作也引来了西方国家的各种猜忌，一些欧美媒体更是污蔑中国在非洲攫取石油，推行"新殖民主义"。

　　在卡扎菲政权被推翻后，新政府是否会修改原有石油协议成了如今外国投资者们的最大忧虑。有专家认为，利比亚新政府可能会由于俄罗斯与中国并未支持反对派起义而对这两国公司实施惩罚。在伊拉克战争之后，美国的势力范围迅速扩大，对其他石油进口国产生了极大的压力。

　　总之，由于中东、北非地区的能源问题涉及政治、经济、军事、文化等的错综复杂的因素，该地区政治上的不稳定、伊朗核问题、各国之间的民族矛盾、宗教冲突等，给未来全球能源安全增添了更复杂多样的变数。

　　毫无疑问，中国石油的巨大需求增长，导致了中国与主要石油进口大国之间的竞争加剧，也使得对石油运输通道的控制日趋重要。中国虽然极力降低对中东地区的石油进口依赖度，增加从中东以外国家和地区的进口量，但目前依然有 4/5 的原油运输经过马六甲海峡。日本、韩国的石油进口大部分也需要通过马六甲海峡。因此，中、日、韩、美、印等国都加强对马六甲海峡的军事影响力，以保障不会遭到封锁以及海上运输通道的安全。虽然中国政府于2008年派遣护航舰队前往亚丁湾、索马里海域执行护航任务，取得驶出领海保护国家利益的重大突破，但在南中国海，保护属于中国的岛屿和岛礁的能力仍显不足，对运输线的保护能力更是薄弱。一旦马六甲海峡受到封锁，中国的石油运输就陷于瘫痪的风险。

当中东动荡或马六甲海峡及相关的石油运输通道受到威胁时，经由陆地运输的中亚和俄罗斯油气通道建设变得更加具有战略意义。因此，我国利用中东、东南亚石油的同时，高度重视开辟东北、西北、西南石油运输通道，实现石油、天然气进口渠道的多元化（图3.6）。东北石油运输通道增加对俄罗斯远东地区石油的需求；西北通道获取中亚、里海地区各国的油气资源；如果中亚石油没有达到期望的产量，中亚石油管线可以延伸到伊朗、伊拉克，从而建立将中东石油运输到中国的陆地通道，减弱对马六甲海峡的依赖，通过建造中亚输油管线以及中东到中亚的石油管线，中国可能从陆地通道取得中东石油，增强了石油供给的稳定性；西南通道可将油气

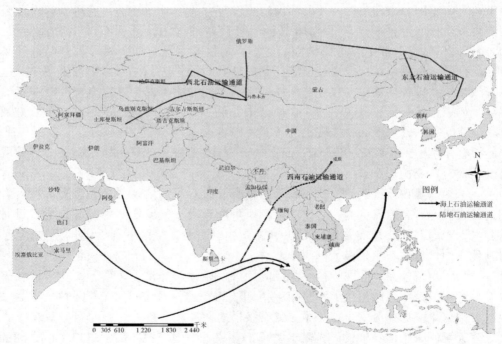

图 3.6　中国石油运输通道示意图

资料来源：Jiang et al.，2011

经缅甸直接进入云南，以供给西南地区的需求。

因此，中国应与各石油需求大国或地区就石油获取展开对话和协调，避免对双方都有较大危害的举动或行为；扩大与周边国家（如俄罗斯、缅甸）和地区（如中亚、东南亚）的能源合作，加强石油陆地运输通道的建设，增加石油战略储备和商业储备，优化国内能源消费结构，推进能源技术研发和非化石能源的使用，以保障中国未来的石油供给安全。

2. 铁矿石

（1）中国铁矿石供需状况

在重化工业阶段，中国城镇化和工业化加速发展，对钢铁需求不断增长。中国粗钢产量由 2000 年的 15 163 万吨，增加到 2010 年的 62 665 万吨（WSA，2011），占世界总产量的比重也由 17.82% 增长到 44.22%。由于国内铁矿石贫矿所占比重较大，其产量及品质不能满足需求，需要大规模进口。铁矿石进口量已由 2000 年的 0.7 亿吨增长到 2010 年的 6.19 亿吨（图 3.7）。自 2000 年以来，世界铁矿石贸易增量的 85% 都流向中国，铁矿石对外依存度 2009 年达到 68%（王宏剑，2010）。中国对铁矿石需求的增加，使得国际市场铁矿石的价格急剧增长。

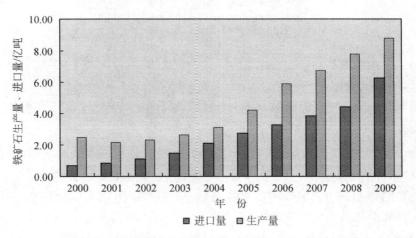

图 3.7 中国铁矿石生产及进口情况（2000~2009）

资料来源：魏建新，2011

在世界铁矿石贸易市场上，巴西和澳大利亚仍然是世界上最大的铁矿石生产国（中国除外）和出口国（表 3.11），其 2009 年生产量占世界总产量的 30.5%，出口量占世界总出口量的 69.9%。

表 3.11　世界主要国家铁矿石生产、出口量

项目	巴西	澳大利亚	印度	南非	俄罗斯	中国
生产量/万吨	30 500	39 390	25 740	5 540	9 205	88 121.3
出口量/万吨	26 604	38 052.3	9 074.7	4 455.9	1 796.8	-62 817.5

资料来源：WSA，2011

　　澳大利亚、印度、巴西、南非是世界铁矿石主要出口国，也是中国铁矿石的主要进口国。2008 年从澳大利亚进口铁矿石数量为 18 340 万吨，占进口总量的 41.33%；从巴西进口、印度、南非进口的铁矿石分别占进口总量的 22.68%、20.51% 和 3.23%（图 3.8）。因资源分布状况，10 年来中国铁矿石进口来源地未发生太大变化，从俄罗斯进口的铁矿石量不断增加，2008 年共从俄罗斯进口 579 万吨。

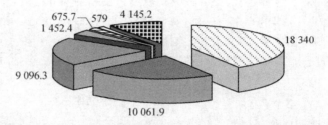

图 3.8　中国铁矿石进口来源地（2008）（单位：万吨）
资料来源：中华人民共和国国土资源部，2009

（2）中国铁矿石进口面临的主要冲突

　　中国铁矿石进口面临的主要问题是铁矿石定价。铁矿石价格由 2000 年的 26.55 美元/干吨攀升到 2011 年 2 月份的 168 美元/干吨。铁矿石协议价的逐年上涨，一方面是因为中国等发展中国家经济发展的需要，更重要的原因是国际铁矿石供应商淡水河谷、必和必拓等公司的铁矿石贸易量占世界铁矿石贸易总量的 74%（王申强，2009），在他们的垄断操作下，铁矿石价格猛涨。淡水河谷是世界上最大的铁矿石生产和出口商，其产量占巴西全国总产量的 80%；必和必拓和力拓是澳大利亚铁矿石市场的双寡头。在世界铁矿石出口贸易中，上述三家公司分别占 29%、16% 和 22%，总出口量为 12.2 亿吨。

　　铁矿石的主要买家分为"四大阵营"，即以新日铁为代表的日本五大钢铁巨头组成的日本阵营、以宝钢为代表的中国大陆 16 家大型钢厂组成的中国阵营、以浦项

制铁为代表的韩国阵营和以德国钢厂蒂森克房伯为代表的欧洲阵营（王申强，2009）。

欧洲和中国的大型钢铁厂各自为政，日本出于自身的考虑并倚仗持有上述矿业公司股份，可以做到堤内损失堤外补，同时又通过涨价打击竞争对手。铁矿石供应方正是抓住这个致命的弱点，最终各个击破，以获得巨额垄断利润。2010 年力拓利润达 147 亿美元（为三大铁矿石供应商赢利最少者），而同期中国 77 家大中型钢铁企业共计实现利润 897 亿元（王方妮，2011），力拓的盈利水平接近中国钢铁业利润总和。

目前，中国已经成为世界上最大的铁矿石进口国，淡水河谷产量的 30%、力拓 50% 以上、必和必拓 50% 的铁矿石都销往中国，日本和韩国进口的铁矿石相加，还不足中国需求的一半。然而，中国钢铁企业并没有获得与世界第一大进口商相对等的话语权，虽然宝钢代表中国企业参加了前几次价格谈判，但最后都被迫接受价格暴涨。

同为铁矿石需求大国，且国内矿产资源匮乏、需求量近乎全部依赖进口的日本，2009 年进口铁矿石 10547.1 万吨。通过 30 年来控制上游资源的海外扩张和战略储备，使其钢铁企业在面临国际竞争时拥有控制权和主动权。日本政府利用经济/技术援助等方式改善与资源国的关系，并通过财政、金融、税收、技术、信息服务等手段方面支持跨国企业经营。日本钢铁企业通过各种方式，直接或间接地参股了巴西、澳大利亚、加拿大、智利乃至印度的铁矿。控制了上游资源产品走势，从而为挟制中国及其他亚洲国家钢铁企业创造了先决条件。

中国钢铁产业集中度低，且各自为政，难以形成买方势力。2009 年中国钢铁前十大生产企业，粗钢产量占总量的 44.49%，低于日本、韩国等国。中国钢铁企业"走出去"也起步较晚，难以再参股三大矿业巨头。中铝注资力拓失败就是最好的例证。

因此，要保障中国铁矿石的安全，实现钢铁工业的可持续发展，我们要有效控制铁矿石需求，加快钢铁行业整合和行业结构调整，大力发展循环经济，限制钢铁低端产品出口。加大境外铁矿石资源开采的力度，积极发展与近邻俄罗斯、印度、哈萨克斯坦、伊朗、越南等铁矿石资源丰富的国家的外交和经贸关系，确保在政治局势发生变化时，中国能从不同国家获得稳定的铁矿石供应，实现进口来源的多元化。同时，规范进口行为，建立采购联盟，提高铁矿石价格谈判中的买方势力。另一方面，由于世界经济恢复缓慢以及中国在今后若干年内达到钢铁需求峰值，对铁矿石进口增长的变化将有利于中国获得更多定价的话语权。

3. 稀土

（1）中国稀土供需状况及问题

世界稀土资源主要集中在中国、澳大利亚、俄罗斯、美国、巴西、加拿大等国。中国稀土资源储量达到 5500 万吨（USDOI & USGS, 2011），占全球总量的 48.34%。

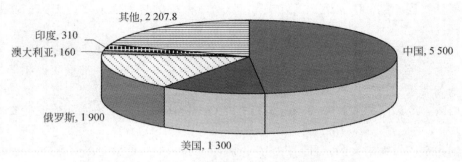

图 3.9　全球稀土资源分布情况（单位：万吨）
资料来源：USDOI & USGS, 2011

1994～2009 年，中国稀土生产量从 3 万吨增加到 12 万吨，占世界稀土产量的比重由 47.6% 上升至 2009 年的 96.8%，出口量占国际市场的 50% 以上。2006 年稀土出口量达到历史最高的 5.74 万吨，2009 年则降至 3.61 万吨。世界稀土进口大国——美国和日本的稀土进口中 90% 以上均来自中国。目前，中国稀土精矿产量占到世界总产量的 95.6%，商品供应量达到世界总量的 85%～90%，稀土磁性材料等新材料供应量基本上都占到世界的一半以上（汪福伟，2010；王薇，2010）。

稀土资源的大量开发使得中国稀土储量比重不断减低，已由 20 世纪 70 年代占全球的 74%，下降到 80 年代的 69%，到 2010 年，中国稀土储量占全球比重为 48.34%。稀土出口量的不断增加，产品出口价格却不断降低，产业过度竞争，产地生态环境受到严重影响。

中国目前合法登记的从事稀土矿山开采的生产企业共有 100 多家，开采许可证共有 123 个，稀土冶炼分离能力已超过 20 万吨，存在着总体的产能过剩和产品的结构性过剩，造成巨大浪费（陶春，2011）。如北方稀土资源开发中，由于技术、设备等原因，稀土回收所占比例低于矿山开采用量的 10%，另外 90% 以上的稀土资源进入尾矿坝，利用率极低，仅 6% 左右，远远低于国际水平（闰包成，2011）。

产业集中度低，产品趋同率高。稀土的应用主要集中于传统领域，多头出口，互相压价竞销。中国稀土产品的出口价格长期低于国际市场价格，出口贸易出现

"贱卖"的现象。为了进一步保护资源，推动稀土行业健康发展，中国稀土战略近年开始进行调整，控制稀土开采总量，采取取消出口退税、征收关税、制定准入标准、执行冶炼分离指令性指标、出口配额等一系列措施。

（2）中国与美、日稀土冲突

中国稀土主要出口到日本、美国、欧盟等发达国家和地区，这些地区占中国稀土出口的80％以上。2009年，日本和美国从中国进口的稀土占中国稀土出口量的78％。随着近年来可再生能源和新能源的快速发展，稀土资源的应用越来越重要。中国政府从2006年开始采取稀土出口配额管理，并于2011年出台了《国务院关于促进稀土行业持续健康发展的若干意见》。面对中国对稀土出口进行限制和削减稀土出口配额，长期以极其低廉的价格购买中国稀土的美国和日本感到不安，并做出越来越强烈的反应。

2010年，中国暂停对欧美发运稀土之后，美国国内就稀土议题对中国的指责甚嚣尘上，甚至将其上升到国家安全的高度，指责中国是在垄断资源并将稀土作为政治施压的工具，严重违反世贸组织有关规则。稀土供应链的畅通对美国产品制造、军事能力、就业机会乃至于国际影响力有重要影响，中国稀土贸易政策的变化，即使是从经济和商业角度出发进行的政策调整，也会强烈牵动美国政商界的神经。为应对中国的稀土出口限额等措施，确保供应链安全，自2010年以来，美国国会启动了多项涉及稀土问题的立法（孙海泳，2011）。同时采取了以下措施，试图降低对中国稀土的依赖性，确保美国稀土供应链的安全：一是重启稀土矿物开采、强化战略储备、提高原料利用效率等措施；二是在双边或多边国际经济、政治领域向中国政府施压；三是加强与欧日等西方大国协调，拓展稀土供应渠道，加强技术合作。

日本政府为了保障资源的持续供给，一直鼓励本国企业进行海外矿产资源投资开发。与中国企业在包头、赣州等地成立合资企业，对稀土资源进行简单加工后出口，变相使我国稀土资源超出配额出口。同时与有稀土资源蕴藏潜力的国家合作，进行联合勘探。日本丰田集团与越南共同开发其北部矿山的稀土资源，日本还在澳大利亚、南非、博茨瓦纳等国进行稀土资源的开发，加强稀土金属替代材料应用研究。2007年，日本发起了《元素战略计划》和《稀有金属替代材料开发计划》，以减少对国外稀土资源的需求。

虽然目前稀土贸易问题牵动了美国政府和相关产业界的神经，但是世界稀土贸易正在恢复到一个相对均衡的格局。中国在节能减排和可持续发展战略的指引下，必须全力解决好稀土产业存在的资源利用率低、产品单一、环境污染严重等问题。我们需要严格控制稀土开发总量，重点提高资源利用率、产品回收率和降低消耗；

大力开发和推广高效环保新技术、新工艺以及二次资源利用技术；深化产品结构的调整；重点开拓稀土应用新领域，扩大稀土市场，等等。

（三）中国的资源安全战略

中国资源领域尚存在诸多问题，在日益依赖全球资源的背景下，中国的资源安全战略不能适应复杂多变的国际资源形势和世界经济格局变化的要求。第一，资源安全保障不足。人均资源少，大宗、支柱性矿产不足，优势矿产资源浪费严重。第二，资源利用率低，资源开发造成生态破坏。矿业企业集中度低、技术落后、资源开采利用率低；资源使用企业生产粗放，资源浪费现象普遍；资源节约型、环境友好型社会难以在短期内建设完成，资源回收再利用体系发展落后。第三，资源领域的对外依存度不断上升，缺乏国际贸易定价权，致使国内各相关产业损失惨重。第四，国际产业资本通过产业转移或参股控股，不断加大对我国国内矿产资源的掠夺，资源流失严重。第五，资源价格形成机制不合理，初级资源价格市场化与产成品价格管制存在矛盾（常清，2010）。有关中国的全球资源战略在国内外有着不同的议论，从注释专栏3.1，我们可以看到来自不同方面人士的观点。

注 释 专 栏 3.1

中国的全球资源战略——评论与建议

中国正在成为世界第一大经济体，而且其对全球事务的影响力也在增加。作为一个全球事务的参与者不仅要承担全球的责任，同样的也必须行动。中国与其他高资源消耗国家应该采取一切可能的方式，去证明获取全球资源不是一种竞争，而是一种合作。

——欧盟驻中国大使　马库斯·埃德雷尔

近几年来，中国"走出去"参与战略资源全球配置的实践取得了骄人的业绩，但总体来看，中国企业的国际配置水平还比较低。主要问题在于：国内，中国缺乏科学的海外资源战略部署和对企业提供有效外部服务的保障体系；国外，企业在实行资源全球配置过程中，面临来自资源国从政府、企业、民众到媒体的各种压力，面临实力雄厚的日本、印度等资源需求国企业强烈的竞争威胁。

——联发集团董事长　高泉庆

中国似乎是这世界上最能意识到资源竞争的国家之一。至少我不认为有其他像中国这样具有领导力的国家在获取资源上如此具有战略性的眼光，比如其在非洲和拉美实施的行动。从国家利益的视角来看，这的确是正当且合法的，而且在短期内，这些国家可以从与中国的合作中获得一些利益。可是从更长的时期的角度来看，我有些怀疑，这种行为是否能够为全球的可持续发展做出贡献。

——挪威弗里德约夫·南森研究所教授　斯泰纳尔·安德烈森

中国的资源战略为国家利益所驱动，这是可以理解的，因为中国有权利像其他国家一样在国际市场上获取资源。但国际社会对于中国快速增长的资源需求及购买力表现出很强烈的疑虑，从而导致他们指责中国在这个资源有限的世界中保障资源安全的行为颇具侵犯性。中国政府可以通过一些措施在国际社会建立信心并缓解顾虑，例如，对资源开发及项目的环境管理采用国际标准；承诺创造工作，包括管理上的职位；与国际机构合作，保证资源开采所产生的利润使当地百姓而不是强权者受益。这些措施可以使中国建立起更加积极的形象和软实力。

——中电控股有限公司首席执行官　包立贤

经过过去 60 多年的努力，中国在现有资源条件下取得了举世瞩目的增长成绩，并在此基础上不断开拓利用国际资源。这一过程中有很多经验值得总结，也有不少教训需要吸取。因此，未来中国的全球资源安全战略必须认真考虑如下选择。

1. 坚持资源开发与节约并举，节约优先，努力建立节约型社会

中国既是资源生产大国、消费大国，又是资源浪费大国。使用无度、任意挥霍造成资源浪费。我们要坚持开源与节流并重，把节约放在首位，在全社会树立节约资源的意识，建设节约型社会。要调整产业结构和产品结构，淘汰能耗高、污染重、效益低的企业和产品。转变经济增长方式和优化发展模式，提高国内各产业部门对资源的综合利用效率，全面缓解资源供求矛盾，减轻经济发展日渐面临的资源约束。

2. 统筹利用国内国外两个市场和两种资源

中国自然资源丰富，一些重要资源储量位居世界前列，为满足国内需求提供了可靠的物质基础。我们要坚持立足国内、全球开拓的方针。首先，加强国土资源调查评价工作，继续开展全国能源矿产、地下水和土地资源潜力调查评价，调查勘探程度低的海洋资源。其次，有效地利用国外资源，开拓全球市场。我国应充分利用政治、经济、外交手段，加强与世界资源生产国、消费国、国际能源组织和跨国石

油公司之间的交流与合作,建立稳定的协作关系和利益纽带,特别是协调好资源大国和地区间关系,在加强双边合作的基础上,寻求多边的保障资源和能源安全的解决机制;在政策、财政、税收等方面,支持有条件的企业集团跨国经营,积极面向和开拓国际市场,参与国际资源开发;将矿产资源投资逐步从产业化转向商业化、金融化,通过商业企业或金融企业的资本运作迂回进入国外资源领域。

3. 依靠科技进步和创新,提高资源利用效率,建立资源的科技支撑体系

依靠科技进步和创新是提高资源利用率,解决资源对经济发展制约难题的根本途径。根据中华人民共和国科学技术部(简称科技部)发布的《可持续发展科技纲要》,我国需在油气与战略矿产资源安全、水资源利用与水灾害防治、土地资源利用等领域,突破关键技术,加速科技成果转化。还需充分利用新型工业化实践不断取得的科技成果,努力发展新能源、新材料,将其作为新的经济增长点,从多角度、多渠道和可持续性方面丰富国内资源供给。

4. 理顺体制与加强管理

我国应针对资源市场管理混乱的弊端,理顺政府和市场、中央和地方的关系,加快完善资源流通体制和价格形成机制,确立良好的资源制度环境。加快建立资源开发利用的统一决策管理体制,对战略性资源和稀缺性资源开采进行严格的资格审查和总量控制,加强进出口资源的集中管理,防止初级资源大量流失。借鉴发达国家储备运作经验,建立科学的国家资源储备体系和运作机制。

参 考 文 献

常清,安毅,付文阁. 2010. 全球资源价格的变化趋势与我国资源战略研究. 经济纵横,(6):13~16

陈小沁. 2006. 俄罗斯能源战略演进的历史脉络. 教学与研究,(10):39~44

陈志恺. 2000. 中国水资源的可持续利用问题. 中国水利,(8):38~40

何帆,覃东海. 2006. 面向未来的中国能源政策:寻找内外平衡的发展战略. 上海:上海财经大学出版社

黄频捷. 2006. 日本的全球矿产资源战略. 世界有色金属,(2):39~42

金挥,张础. 1979. 苏联能源的发展及其前景. 世界经济,(4):116~119

李祥仪,李仲学. 2011. 矿业经济学. 北京:冶金工业出版社

刘中伟. 2011. 国际局势对中国石油安全的影响及相关战略分析. 国际关系学院学报,(5):79~88

世界资源研究所. 1999. 世界资源报告1998~1999. 国家环保总局国际司译. 北京:中国环境科学

出版社

[俄] 斯·日兹宁. 2005. 国际能源：政治与外交. 强晓云等译. 上海：华东师范大学出版社

宋建军. 2005. 世界资源形势和资源战略. 前线，（11）：28~30

宋魁. 2005. 新世纪俄罗斯能源战略的地缘趋取向. 俄罗斯中亚东欧市场，（4）：15，16

孙海泳，李庆四. 2011. 中美稀土贸易争议的原因及影响分析. 现代国际关系，（5）：41~46

孙晓青. 2006. 当前欧盟对俄关系中的能源因素. 现代国际关系，（2）：36~41

陶春. 2011. 中日稀土资源战略比较研究. 中共中央党校学报，15（1）：37~40

汪福伟. 2010. 关于中国稀土出口定价权的问题探讨. 中国集体经济，（3）：130，131

王方妮. 2011. 如何破解中国铁矿石需求困局. 中国外资，（4）：42，43

王高峰. 2006. 普京说安全另有玄机. 中国石油石化，（6）：34，35

王高峰. 2007. 20 世纪末期以来的俄罗斯能源外交. 上海：上海国际问题研究所

王宏剑，刘义生. 2010. 基于垄断竞争视角的中国进口铁矿石市场分析及对策研究. 冶金经济与管理，（4）：43~45

王礼茂，郎一环. 1994. 不同类型国家资源战略实施的启示及我国资源战略的选择. 自然资源学报，9（4）：304~312

王礼茂. 2002. 资源安全的影响因素与评估指标. 自然资源学报，17（2）：401~408

王申强，王建国. 2009. 全球铁矿石资源态势与中国铁矿石资源战略分析. 资源与产业，11（2）：12~17

王薇. 2010. 我国稀土生产、出口现状及对策建议. 中国金属通报，33：40，41

魏建新. 2011. 钢铁工业铁矿石资源战略研究. 冶金经济与管理，（2）：25~28

徐海燕. 2003. 俄罗斯油气战略东移与中俄油气合作. 俄罗斯中亚东欧市场，（12）：4~7

闫包成，安忠梅，郝戊. 2011. 我国稀土产业可持续发展的战略思考. 开发研究，（2）：43~46

于又华. 2004. 发达国家的矿产资源战略. 黄金科学技术，12（6）：1~10

张光政. 2007-10-23. 世界粮食总量足够 为何还有 8 亿多人挨饿？. 人民日报，4

张文驹. 2007. 中国矿产资源与可持续发展. 北京：科学出版社

赵传卿. 2006. 中国矿产资源战略分析. 中国矿石过程，35（2）：37~41

郑秉文. 2009. 纵观美日两国全球矿产资源战略. 新远见，（2）：42~53

中国工程院"21 世纪中国可持续发展水资源战略研究"项目组. 2000. 中国可持续发展水资源战略研究综合报告. 中国工程科学，2（8）：1~17

中华人民共和国国家统计局. 2010. 中国统计年鉴 2010. 北京：中国统计出版社

中华人民共和国国土资源部. 2004. 中国矿产资源可供性总报告

中华人民共和国国土资源部. 2006. 2005 年中国国土资源公报. http：//www. mlr. gov. cn/zwgk/tjxx/200710/t20071025_659743. htm［2006-04-14］

中华人民共和国国土资源部. 2009. 中国国土资源统计年鉴 2009. 北京：地质出版社

中华人民共和国国务院新闻办公室. 1996. 中国的粮食问题. http：//www. gov. cn/zwgk/2005-05/25/content_972. htm［1996-10-01］

周少华. 2008. 中国水资源安全现状及发展态势. 广西经济管理干部学院学报, 20 (4)：10～17

BP. 2011. BP statistical review of world energy 2011. http：//www. bp. com/sectionbodycopy. do? catego-ryId = 7500&contentId = 7068481

EIA. 2010. International energy statistics：Countries . http：//www. eia. doe. gov/countries/

EIA. 2011. China energy data, statistics and analysis：Oil, gas, electricity, coal. http：//www. eia. gov/cabs/China/Full. html ［2011-05-30］

IEA. 2007. World energy outlook 2007. Pairs：International Energy Agency

Jiang J, Sinton J. 2011. Information paper：Overseas investments by China's national oil companies. http：//www. iea. org/papers/2011/overseas_ china. pdf ［2011-02-17］

Row Materials Group. 2009. The World's biggest mining companies. http：//www. rmg. se/ ［2011-12-10］

USDOI & USGS. 2011. Mineral commodity summaries 2011. USGS

USGS. 2010. Minerals yearbook 2008. USGS

World Bureau of Metal Statistics. 2011. World metal statistics yearbook 2011. London：World Bureau of Metal Statistics

WSA. 2011. Steel statistical yearbook 2011. WSA

第四章

中国与全球环境安全[*]

中国与全球的环境安全紧密相连。这不仅体现在污染物及碳的直接排放，还在于许多排放是缘于贸易，中国大约20%～30%的污染物及碳排放都是由外贸所拉动的。也就是说，原本应该在消费国产生的排放，由于贸易的原因转移到了生产国，从而减少了产品进口国的排放。贸易与全球环境相关联的本质在于全球化时代污染产业转移所形成的转移排放格局。这使得中国在成为全球加工厂的同时，也成了全球最大的货物贸易大国及全球最大的污染避风港。

事实上，这并不仅仅是中国一个国家所面临的困境，所反映的是全球大时空尺度的污染产业转移与国际制度缺失问题。这也是西方发达国家已经走过的道路。全球的污染产业转移路径正是从西方国家到东亚及中国等发展中国家和地区。在当今的全球化时代，污染产业的转移发生在国家层面与企业层面。在国家层面，发达国家借经济结构调整政策，将污染产业转移出去；在企业层面，通过跨国公司的污染外包（pollution outsourcing），以及中小企业的整体搬迁，转移污染排放。

改革开放以来，特别是加入世界贸易组织（WTO）后，中国在"与狼共舞"的

---

* 本章由胡涛、钱翌、袁山林执笔，作者工作单位分别为环保部环境与经济政策研究中心、青岛科技大学环境与安全学院、浙江财经学院

同时，也几乎是"引污入室"。中国力图走可持续发展的道路，实现科学发展观，减少隐含污染物的出口，以便今后逐步摆脱污染避风港的地位。但是中国的努力却与现行的国际贸易与环境法规存在潜在冲突。这是由目前的国际贸易与环境制度存在缺失所造成的。要解决全球污染产业转移所带来环境问题，中国必须一方面与其他国家一起共建国际环境与贸易协调制度，另一方面实施绿色贸易战略，加快改善自身的经济结构、生产方式与消费模式。

一 中国环境污染及碳排放的全球意义

我们正处在一个全新的全球化时代，中国与全球的环境安全紧密相连。中国的环境污染与资源消耗不仅对中国自身，而且对全球及其他国家产生复杂而深远的影响。同时，中国的外贸生产还减少了全球其他国家的污染物及碳排放，改变了世界的污染格局。

（一）中国污染物及碳排放有 20% ~ 30% 是外贸拉动的[①]

在过去的 30 多年里，中国 GDP 以年均 9.9% 的速度增长的同时，中国的对外贸易则以 16.3% 的年增速在增长，远远快于 GDP 的增长速度（林毅夫，2012）。自 2009 年，中国已经超越了美国与德国，成为世界第一大货物贸易国。

从 2010 年基础工业数据看，中国粗钢产量 6.27 亿吨，占世界总产量的 44.3%，超过前 20 名（除中国以外）的总和；水泥产量 18.68 亿吨，占世界总产量 60%；电解铝产量 1565 万吨，占世界总量 65%；精炼铜产量占世界 24%，而消费量占世界一半；煤炭产量 32.4 亿吨，占世界总产量的 45%；化肥产量占世界 35%；化纤产量占世界 42.6%；玻璃产量占世界 50%。在具体产品上，2010 年中国汽车产量 1826.47 万辆，超过美国，占世界总产量的 25%；船舶产量占世界 41.9%；工程机械产量占世界 43%。中国还为世界生产了 68% 的计算机、50% 的彩电、65% 的冰箱、80% 的空调、70% 的手机、44% 的洗衣机、70% 的微波炉和 65% 的数码相机……

这些世界"第一"，为中国带来了每年超 2000 亿的贸易顺差与累计 3.3 万亿美元的外汇储备。但是，如果我们换一个尺度——从环境的角度——来衡量一下国际贸易的平衡，看到的则是另外一幅图景。

[①] 目前中国还没有把二氧化碳规定为污染物，但按照"十二五"规划，二氧化碳属于需要控制排放的气体

在成为世界第一大货物贸易国的同时，中国也是第一大污染物和碳排放国。其中，每年 CO_2 排放大约 68 亿吨，SO_2 大约 2300 万吨、NO_x 2100 万吨。正如《2011中国可持续发展战略报告》中所指出的，外贸在过去 10 年中对 SO_2、COD 等污染物排放的贡献都在 20% 以上，对 CO_2 排放的贡献在 30% 以上。这意味着，中国 20%的 SO_2、COD 和 30% 的 CO_2 排放是由净出口到国外产品中的隐含污染物排放所致，这些污染物排放留在了中国，而产品却输出到了国外。如果按照欧洲碳交易市场平均交易价格 10 欧元/吨二氧化碳当量（tCO_2e）计，2007 年净出口所产生的碳排放相当于中国损失了约 63 亿欧元，即我们替其他国家生产产品释放了碳却没有获得应有的收益。在贸易价值量顺差的同时，大量出口所产生的巨额环境逆差日益凸显，形成"产品输出国外、污染留在国内"的尴尬局面。

（二）外贸导致环境逆差的原因分析

外贸导致环境逆差的直接原因在于结构不合理、效率低下、贸易总量增速快和环境监管不力，而深层原因则在于全球产业分工及供应链格局。

1. 不合理的进出口结构

中国对外贸易结构不尽合理体现为"四多四少"，即资源消耗高、环境污染强度大的产品出口多，资源消耗低、环境污染强度小的产品出口少；产业链低端产品出口多，产业链高端产品出口少；传统产业出口多，高新产业出口少；货物贸易出口多，服务贸易出口少。

具体来说，在中国出口贸易结构中，传统出口优势产业中高污染、资源密集型产业占有相当比重，如纺织、皮革及制品、化工、食品和农产品、水泥建材、焦炭、钢铁等。在国际产业分工体系中，中国位于产业供应链的低端，中国出口贸易额的55% 以上来自加工贸易，90% 的高新技术产品以加工贸易形式出口，其中，位于高新技术产品出口前列的大宗商品，如笔记本电脑、等离子彩电、DVD 等商品 95% 以上也是以加工贸易形式出口。而中国进口的产品多以技术含量高的产品、服务类产品为主，如金融保险等无污染的服务业产品。中国服务贸易出口明显低于货物贸易，1997~2003 年中国服务贸易出口年均增长 11.3%，同期，货物贸易出口年均增长30.2%。2009 年，中国货物贸易出口位居世界第一位。近年来，随着国家不断加大宏观调控力度，贸易结构得到了一定的调整和优化，但不合理的进出口结构没有得到根本性的改观。

2. 出口产品的环境效率低下

中国出口产品（包括货物与服务产品）的平均资源消耗和污染强度大，而中国进口产品的平均资源消耗和污染强度小。目前中国贸易中的绝大多数产品，其单位出口产品的物耗和污染强度均比发达国家高。以纺织行业为例，中国每生产 100 米棉布大约要消耗 3.5 吨水和 55 千克煤，同时要排放 3.3 吨废水，产生 2 千克 COD和 0.6 千克生化需氧量（BOD）。在 40 个工业行业中，纺织行业废水排放量达 15.3亿吨，在中国各工业中列居第五位，废水 COD 排放量居第四位。

3. 出口总量增速依旧较快

自改革开放以来，中国的对外贸易增速远远快于 GDP 增速。这种高速增长大大拉动了相关产业的快速发展，特别是高污染、高耗能产业的发展。

外贸结构不合理、效率低下、贸易总量增速快，实际上是中国产业结构的不合理、经济效率低下及经济总量快速增长造成的，其深层的原因在于中国在全球化背景下形成的经济体系。

中国经济一个非常明显的特点，就是大量地接收海外直接投资和对接全球化产业化大转移，使中国成为了"世界工厂"，并承接了大量的高耗能、高污染产业。特别是入世之后的 10 年，也正是中国资源消耗和污染物产生量增长最快的 10 年。《纽约时报》2007 年 12 月 21 日给我们描绘一个生动形象的德国鲁尔工业区向中国邯钢的产业转移的真实故事（见注释专栏 4.1）。

注 释 专 栏 4.1

德国鲁尔工业区向中国邯钢的产业转移

中国邯郸的孟杵村是中国北方的一个村庄，村民们去屋外晾衣服时，附近邯郸钢铁厂排放的黑色烟尘常使他们不得不回到屋里将衣服再洗一遍。与邯郸相距半个地球之遥的德国多特蒙德，那里的居民也曾有同样的烦恼，因为他们的邻居是德国工业巨头——蒂森克虏伯（ThyssenKrupp）集团旗下的钢厂。每逢星期天，男士们穿着白衬衫去教堂作礼拜，可回家后却发现白衬衫都已变成了灰色。尽管这两个镇相距 5 千英里，经济发展的起步时间也相差 10 年，但一条特殊的纽带却将他们连接起来——它们都先后使用了同一座排烟量巨大的炼铁高炉。20 世纪 90 年代，这座高炉被一块块拆卸后，从德国用轮船运到河北省——中国的"鲁尔谷"。

从 20 世纪 90 年代后期起，大批二手炼铁炼钢设备从发达国家卖到中国。现在，中国的钢铁产量已经超过德国、日本和美国钢铁产量的总和，而同时中国的二氧化硫和二氧化碳排放量也在急剧上升。与此同时，德国人却换来了蓝天白云，并领导世界一起打响了应对全球变暖的战役。中国在复制着曾引领西方国家走向富强的工业革命的同时，也向曾使西方饱受污染之苦的大部分工业敞开了大门。受益于强有力的政府支持，中国企业已成为世界钢铁、焦炭、铝、水泥、化学制品、皮革制品、纸制品和其他产品的主要制造商。而在其他国家，这些产品的生产成本往往是极其高昂的，其中包括更严格的环保规定带来的成本。中国在成为"世界工厂"的同时，也变成了替世界各国排放污染物的烟囱。这种污染型工业的大规模转移使中国的经济增长奇迹蒙上了一层阴影。一些经济学家认为，如果算上经济发展对空气、土地、饮水以及人体健康带来的危害，两位数的经济增长率并未给中国人民的生活带来多少改善。若要减少污染，中国必须花费巨资替换或者更新已经过时的生产设备。

资料来源：Kahn et al. , 2007

（三）全球化下的对外贸易格局改变了世界污染格局

全球化下的世界对外贸易格局正在发生着巨大变化。特别是中国加入 WTO 后，世界贸易组织不仅改变了中国，中国也改变了世界的贸易格局及其相对应的污染格局。

中国的对外贸易客观地减少了其贸易伙伴国的污染物排放，在为全球及其他国家作贡献。如果不是中国承担，那必定是某些国家来担当，这是因为无论哪个国家每产生一件产品的背后都隐含着污染物排放的环境代价。据英国新经济基金会估算：如果英国不是从中国进口产品，那么英国的碳排放将增加至少 1/3。换句话说，中国以及其他非《联合国气候变化框架公约》（UNFCCC）附件一国家在帮助英国完成《京都议定书》的减排义务，这同时也产生所谓的碳泄漏（carbon leakage）。

在中国的污染物大幅度增加的同时，历史上曾经的污染大国——欧、美、日等工业化国家或地区已越过了常规污染排放的拐点，环境质量明显改善。关于经济发展与污染排放的关系，无论是理论上还是发达国家环境与发展的经验都表明：大致存在人均 GDP 与污染物排放的"倒 U 型"曲线，但并不存在一个统一的跨越峰值的拐点；污染排放不仅与人均 GDP 相关，而且与产业结构与资源环境效率也有很强的关联性；一个国家中第二产业所占的比例及资源环境效率与 SO_2、颗粒物、COD 等污染排放量最相关；第二产业比例越高、资源环境效率越低，污染物排放越多；

反之亦然。

对不同的污染物可能有不同的拐点，对不同的国家也有不同的拐点。在欧美国家，SO_2 排放主要是以煤炭为主的能源工业、重化工业造成的，因此当发达国家加强治理和实现经济转型后，其排放量出现拐点并逐步减少。欧美的酸雨最严重时大致出现于 20 世纪 70 年代末期。CO_2 排放主要是由于能源工业、交通运输业以及生活用能造成的，所以即使在经济转型后，仍然需要国际协定的约束才能达到峰值，因此一些欧洲国家的碳排放拐点才刚刚出现，而美国到现在还没有出现拐点。

对于今后发达国家的环境与发展趋势，经济合作与发展组织（OECD）在其《环境展望 2030》报告中对环境指标的未来趋势进行了定量预测，结果表明：除了温室气体排放问题及与农业相关的生物多样性问题之外，OECD 国家主要环境污染指标都基本得到了控制（OECD，2007）。中国目前最关注的 SO_2、NO_x、颗粒物、COD 等污染物排放，OECD 国家都已基本改善，不再是其预测对象。其与能源有关的人均 CO_2 略有下降，其能源使用量、温室气体排放总量仍将上升，但上升趋势在减缓。由于农业生产，这些国家的生物多样性在继续走低。具体数据如表 4.1、表 4.2 所示。

表 4.1 OECD 北美国家的关键环境指标

项目		各年数据			变化率/%	
		1980	2005	2030	1980~2005	2005~2030
人口/亿		3.22	4.29	5.22	33	22
人均 GDP/美元		17 741	27 582	43 510	55	58
服务业人均 GDP/美元		11 116	20 479	33 393	84	63
一次能源消费	总量（占世界）/%	27	25	21	38	24
	其中石油（占世界）/%	32	27	25	4	20
终端能源消费	总量（占世界）/%	27	24	22	31	29
	其中轻质石油（占世界）/%	40	35	28	13	10
	其中天然气（占世界）/%	47	36	29	37	12
气候变化	一揽子温室气体（占世界）/%	22	21	18	36	19
与能源相关的 CO_2 排放	总量/百万吨碳	1.44	1.95	2.28	35	17
	其中交通（占总量）/%	27	32	34	56	26
	与能源相关的 CO_2 人均排放/吨碳	4.49	4.66	4.50	4	−3

资料来源：OECD，2007

表 4.2　OECD 欧洲国家的关键环境指标

项目		各年数据			变化率/%	
		1980	2005	2030	1980～2005	2005～2030
人口/亿		5.37	5.98	6.21	11	4
人均 GDP/美元		12 433	18 898	31 817	52	68
气候变化	一揽子温室气体（占世界）/%	20	13	11	−6	15
	与能源有关的 CO_2 排放/百万吨碳	1.30	1.33	1.48	2	11
	与能源相关的 CO_2 人均排放/吨碳	2.42	2.24	2.43	−8	9

资料来源：OECD，2007

　　发达国家的常规污染之所以基本得到控制，究其原因，主要是 OECD 国家的经济结构转向以服务业为主，高能耗、高污染产业都基本转走了，剩下了不好转移的能源行业、交通运输业与农业。而按照预测，OECD 国家的服务业增长快于人均GDP 增长。北美国家在 2005～2030 年期间，人均 GDP 将增长 58%，而服务业将增长 63%。一个以服务业为主的经济结构的污染产生量非常有限，所以历史上曾经出现的那些常规污染，在 OECD 国家已基本解决。

二 全球化与污染产业转移

　　上述情况并不仅仅是中国一个国家所面临的困境，西方发达国家已经走出了这个阶段，它所反映的实际是全球大时空尺度的污染产业转移与国际制度缺失问题。

（一）全球污染产业的时空转换

　　回顾近现代人类环境与发展史，工业化是最重要的历程，也是现代环境问题的根源。在人类早期的发展史上及各国的发展历程中，除了战争与自然灾害外，很少有大规模破坏环境的人类活动。

　　人类对生态环境的破坏主要始于工业革命以来的人类经济活动。工业革命启动了人类经济发展的飞跃历程，但同时也引发了大规模生态破坏与环境污染。英国工业革命的爆发是以蒸汽机的广泛应用为标志的，而蒸汽机的广泛应用却需要大量的煤炭能源，煤炭的开采又不断地推动了钢铁等工业部门的革命式发展。随着工业经济的发展和科学技术的进步，石油、天然气等大量化石能源从地下被转移至地表加以利用，以推动日益扩张的经济活动。这些化石能源的使用造成了空气污染、温室气体排放、水体污染、固体废物等。工业革命带来的飞速发展对人类自身的生存环境带来了灾难性的影响。在这期间出现了许多典型的生态环境灾难性事件：

——1948 年 10 月 26~31 日，在美国宾夕法尼亚州多诺拉镇因二氧化硫烟雾污染而导致 43% 的人病倒，17 人死亡。

——1952 年 12 月 5~8 日，伦敦烟雾事件，造成 4000 人死亡，8000 多人得病。

——1946、1948 年在美国洛杉矶两次发生光化学烟雾事件，1955 年 8、9 月，又在洛杉矶发生光化学烟雾事件，造成 400 位老人死亡。该地的 250 万辆汽车，日排放 1000 多吨碳氢化合物、一氧化碳、氮氧化物和铅等，这些污染物进入大气并产生光化学反应，形成浅蓝色烟雾，由于地势低洼使之长期滞留造成污染。

——1970 年 7 月 8 日，日本东京发生光化学烟雾和二氧化硫废气使万人受害。

——1955 年起的富山县神通川流域的骨痛病事件，因铅、锌冶炼厂排放含镉废水污染，居民因食用含镉稻米和含镉水而中毒。

——1956 年起的日本熊本县水俣市的"水俣病事件"，因汞污染使鱼类中毒引起。先后有 2265 人被确诊（其中有 1573 人病故），另外有 11 540 人虽然未能获得医学认定，但水俣病给日本民众生命和身心健康造成的损失至今难以弥合，而排污企业以及政府背上了沉重的经济和道义负担。

——1964 年日本四日市发生哮喘病流行事件，因炼油厂排出的废水中毒引起。

——1968 年日本九州四国等地发生米糠油事件，引起几十万只鸡突然死亡，多人得病，原因是工业有毒气体或过量废气、废水污染致病致害。

——1986 年 4 月 26 日，苏联切尔诺贝利核电站的四号机组发生严重核事故，总计现场死亡人数为 31 人；截至 2002 年，白俄罗斯、俄罗斯和乌克兰 3 国的居民中儿童和青少年报告的甲状腺癌人数约 4000 例。

从 20 世纪 50~60 年代开始，人类才开始彻底检讨工业化带来的环境污染问题。例如，卡逊的《寂静的春天》，罗马俱乐部的《增长的极限》，特别是 1972 年联合国首次召开了全球范围内的"联合国人类环境会议"。从此，发达国家的环境与发展才开始真正转型，并逐步向好的方向转变。

1987 年，联合国秘书长委托挪威前首相布伦特兰夫人为联合国环境与发展大会准备的报告《我们共同的未来》，首次提出了"可持续发展"的环境与发展新理念。至此，人类环境与发展才开始重新走向协调的方向。

回顾发达国家环保与发展历程，实际上是一条"先污染、后治理"的道路。发达国家在工业化发展初期污染比较严重，出现了严重的污染事件，之后通过严格的环保措施与产业转型，基本完成了常规污染物的治理。

概括起来，人类文明经历了托夫勒所说的三次浪潮：第一次浪潮，农业经济社会；第二次浪潮，工业经济社会；第三次浪潮，信息经济社会。而环境问题对应于经济发展也是从无到有，经历了环境产生期、多发期、严峻期和协调期，说到底环境污染是工业化的副产品。形象地说，经济发展就像一个燃烧机，烧掉的是能源和原材料，剩下的是污染，产出的是 GDP。世界主流经济的发展与环境关系以及不同时期的特征。

发达国家环境与经济的发展历程表明：环境问题与经济发展存在高度的一致性，主要的环境破坏都源于人类开始工业化后的经济活动。经济活动的强度决定了对环境的影响与压力程度。

经济活动强度的大小又取决于经济总量、产业结构与资源环境效率。经济总量越大，对环境的压力也越大，即所谓的总量效应。产业结构中的污染行业多，产业的万元产值能耗物耗高，对资源环境的压力就大，反之则小，即所谓的结构效应。资源利用效率越高，则环境压力越低；资源利用效率越低，则环境压力越高，即所谓的技术效应。

对于总量效应、结构效应与技术效应而言，在总量持续增长的情况下，结构效应对环境的贡献远大于技术效应。

事实上，从工业革命以来，伴随着工业化进程和产业升级，世界的制造业中心连同污染物排放中心就先后从英国转到了欧洲大陆，之后转到了美国，再到日本，最后转向"亚洲四小龙"及新兴经济体。目前的以资本及信息与通信技术助推的全球化只是进一步加快了这一历史进程。图 4.1 就示意了世界主要污染行业在全球的

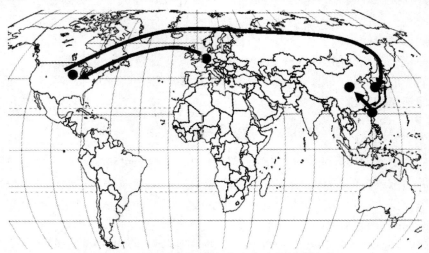

图 4.1　世界主要污染行业在全球的转移轨迹

转移轨迹。当一个经济体处于重化工业化阶段时，其产业的资源和污染密集度必然是高的。因此，当重化工业从英国转移到欧洲大陆的德国，再到北美大陆，然后到日韩，污染也是沿着同样的轨迹在迁移。污染之都，也逐步地从西欧到北美再到东亚。

（二）全球污染产业转移的新趋势

虽然直接的污染物贸易对环境的危害很大，但是毕竟其贸易量不大，并且受到《巴塞尔公约》及其他多边环境协议的限制。真正对环境有巨大影响的是隐含于普通产品中的污染物通过污染密集型产业的转移在产品的产地所造成的排放。而这些污染排放又是全球化时代污染产业转移与国际制度缺失的结果。

按照所谓区域经济发展梯度转移理论，产业可能由于一国的政策调整、劳动力价格升高、内部交易成本增加、市场因素、环境标准加严等因素，通过外国直接投资的方式从一国转移到其他国家。在全球化时代，这种产业转移越来越普遍，频率也越来越快。

在产业转移的过程中，如果环境标准不一的话，那么就可能导致高污染产业从环境标准较严的国家向环境标准相对宽松的国家转移，导致污染避风港（pollution haven）效应。也就是说，污染密集产业的企业为追求利益最大化，倾向于转向环境标准相对较低或环境管理较为宽松的国家或地区。在完全贸易自由化条件下，产品价格与产地无关。当然，在现实世界里，由于存在运输成本与贸易壁垒，贸易自由化通过套利机制使产品价格趋于一致。当产品有统一的价格时，生产成本决定生产区位。如果各个国家除了环境标准外，其他方面的条件都相同，那么污染企业就会选择在环境标准较低的国家进行生产，这些国家就成为污染的避风港。

在当今的全球化时代，污染产业的转移主要发生在国家层面与企业层面。而这两个层面又是相互影响的。

1. 国家层面：通过经济结构调整政策转移污染产业

发达国家在经济结构、产业结构调整过程中，将污染较大的劳动密集型产业转移至发展中国家，而欠发达国家则以资源环境为代价承接这些污染产业，以发展其经济。当今世界，污染产业的主要转出国为欧、美、日等发达国家，亚洲以及拉美的发展中国家（包括中国）则为转入国。

自 20 世纪 70~80 年代，随着全球的经济格局发生转变，西方发达国家由于重点发展高新技术，能源密集型和劳动密集型的大宗传统化工产品及其加工制成品的生产,开始转向发展中国家。随后,快速发展的新兴工业国家或地区,如韩国、中国台湾等,也开始致力于发展技术密集型化工产品,而将劳动密集型的加工产品逐步向中国内地、印度等相对落后的国家和地区转移。中国内地已成为目前国外化工企业转移传统生产能力的重要地区。同时美国、日本等发达国家将化工、冶金、印染等严重污染企业,相继转移到中国的珠三角和长三角地区。

如果把按每单位产出污染排放量大的产业定义为高污染产业,钢铁业、有色金属业、化工业、纸浆造纸业和非金属矿业是污染最严重的5个产业。近年来,在日本、美国以及欧洲等地区的一些发达国家里,高污染产业的比重逐年下降,而高污染产业产品的消费比重却有上升,高污染产品的进口比例升幅也较大。而在同一时期,发展中国家的高污染产品的生产却不断上升,消费和产出比例基本上平稳下降。由此可以看出,高污染产业正在通过自由贸易逐渐从发达国家向发展中国家转移。

世界银行的研究表明:在过去的几十年内,全球大气和水中的污染物主要来自7个污染行业。这7个行业对污染的贡献率随时间变化不大,主要变化的是空间分布,即污染物随着污染产业从一个地方转移到另外一个地方。具体数据如表4.3所示。

表4.3　全球7个主要污染行业的贡献（单位:%）

行业\年份	钢铁	炼油	食品	工业化学品	纸及纸制品	有色金属	水泥	总计
大气污染（PM10）								
1960	29.0	1.4	8.5	1.6	2.2	0.7	52.5	96.0
1970	27.6	1.4	8.5	1.8	2.0	0.7	53.9	96.0
1980	25.5	1.5	8.6	2.0	1.9	0.7	55.8	96.0
1990	21.8	1.0	7.9	1.8	2.0	0.7	60.3	95.4
大气污染（SO_2）								
1960	18.4	25.2	3.2	10.2	6.9	13.0	11.4	88.4
1970	17.6	25.2	3.2	11.2	6.4	12.9	11.8	88.3
1980	15.8	25.3	3.1	12.7	5.8	13.3	11.9	88.0
1990	15.3	19.5	3.2	12.3	6.0	15.0	14.5	86.6
大气污染（有毒化学物质）								
1960	5.8	6.8	0.7	36.6	7.3	5.7	1.5	64.4
1970	5.3	6.6	0.7	38.9	6.5	5.4	1.5	65.0
1980	4.6	6.4	0.7	42.7	5.7	5.4	1.5	67.0

续表

行业\钢铁	钢铁	炼油	食品	工业化学品	纸及纸制品	有色金属	水泥	总计
1990	4.3	4.8	0.7	40.1	6.5	5.9	1.7	64.1
水污染（BOD）								
1960	0.1	2.4	32.7	21.7	28.2	7.5	0.1	92.7
1970	0.1	2.4	32.9	23.8	25.8	7.4	0.1	92.5
1980	0.1	2.4	32.1	26.9	23.2	7.6	0.1	92.4
1990	0.1	1.7	31.2	24.5	25.9	8.1	0.1	91.6
水污染（有毒化学物质）								
1960	10.8	2.7	1.1	67.5	9.7	1.2	0.1	93.1
1970	9.8	2.6	1.0	70.5	8.5	1.1	0.1	93.6
1980	8.2	2.4	0.9	74.5	7.1	1.1	0.1	94.4
1990	8.0	1.9	1.0	73.0	8.6	1.2	0.1	93.8

资料来源：Dasgupta et al.，2004

2. 企业层面：通过跨国公司污染外包及中小企业搬迁实现转移

鉴于发达国家的经济结构调整政策，企业通过跨国公司的污染外包以及污染密集型中小企业的整体搬迁来具体落实宏观政策。

跨国公司已成为国际间贸易、投资和产业转移的主要承担者。跨国公司的跨国经营推动了世界各国产业结构的调整，使原有国家之间的生产分工国际化，也使传统的贸易形式发生了根本性转变。跨国公司的直接投资，将原有产品的国际贸易替代为包括资本、技术、人才和管理等众多生产要素及生产过程的国际转移；同时，国际贸易转变为跨国公司内部的交易，使得产品的交换过程变成一种生产过程。跨国公司的跨国经营，导致生产要素的国际化和生产组织的全球化，并直接推动世界产业结构的调整，从而使发展和利用跨国公司的能力成为各国提高国际竞争力的重要手段，这也成为发展中国家接纳国际产业转移、实现产业结构转型和升级的重要契机。

在全球化时代，交通与信息通信技术的进步大大减少了生产者、消费者与贸易者之间的交易成本。因此，跨国公司将其供应链从母国延伸到投资国，不仅是产品的制造与服务可以外包，污染物也出现外包现象。这是全球化过程中以跨国公司为主的全球市场力量推动的污染物外包。在全球资源配置过程中，环境是发达国家的主要关切，但并非发展中国家的主要关切。这导致了全球化过程中的污染外包。

作为世界加工厂的中国，目前是主要的污染外包国。从 1979 年第一家外商进入中国至 2005 年，已有外企 51 万家，带来投资 5700 亿美元。但与此同时，外国企业亦将难以在本国立足的重污染产业也投资在中国。

污染行业转移由于蒙着"投资"这层面纱，使得这种活动所造成的污染后果也似乎变得正当。但是从对环境的损害后果来分析，这种污染行业转移（通过投资转嫁污染）比危险废物转移（通过国际贸易等形式）对国际投资的东道国的环境资源造成的损害更大。

全球污染产业的转移带来了不同的环境影响。这种全球污染行业转移对转出国的环境改善无疑是非常有效的，而对转入国的环境则造成了极大的影响。例如，1984 年 12 月 3 日，美国联合碳化物公司在印度博帕开办的农药厂发生剧毒化学物泄漏，仅几天就导致 6000～20 000 人死亡，3000 人处于濒临死亡的边缘，12.5 万人不同程度受到毒害，10 万人终身残疾，大量家禽和动植物死亡，生态环境造成严重破坏。而造成这场灾难性事故的原因是工厂没有采取严格的环境和安全标准，工人缺乏安全知识培训，许多管理人员和工人对生产过程中的潜在危险了解很少。该制造厂不仅利润低，而且在整个跨国公司业务中所占的比例也很少，母公司高层管理人员对该厂的关心也不够，所提供的资源和技术不能适应环保的需要，对环境污染问题的疏忽和安全意识的缺乏最终造成了灾难性事故的发生。再如，虽然日本的森林覆盖率高，但许多跨国公司却在东南亚设立子公司，在当地从事木材砍伐和加工业务，以满足日本国内对木材制品的需要，这种投资行为破坏了当地的森林资源，并导致其生态资源遭到严重的破坏。

造成这一现象的原因，并不仅仅在于是否将环境成本内部化。即便是一国的环境成本完全内部化了，与其他国家相比依然可能有产业的"比较优势"。

第二次世界大战之前，西方国家主要是通过殖民方式去掠夺他国的自然资源。现在，如果把环境容量也作为一种自然资源，那么西方国家就是掠夺发展中国家的环境容量"资源"。

上述现象只是全球化时代污染外包的一个缩影，却具有普遍意义，如果国际规则没有改变，在今后相当长时间内都将影响到世界环境与经济发展的格局。

（三）欧、美、日发达国家或地区污染产业转移的具体过程

欧、美、日发达国家或地区污染产业转移的具体路径虽然各不相同，但其过程大同小异，都是贸易顺差逐步减少甚至变为贸易逆差国，靠进口低端产品和高污染、

高能耗产品来减少国内高污染产业的生产。

1. 德国的污染产业转移

德国曾经历快速的经济增长和庞大的贸易顺差。在高额顺差的刺激和推动下，德国马克出现资产的重估和升值。

1981～1989 年，在美元走强的背景下，德国的贸易顺差一直稳定在较高的位置，顺差额占 GDP 的比重在不断上升，最高达到 6%。在巨额贸易顺差的压力下，德国并未对马克进行持续时间较长的大规模连续干预，德国马克总体上自由浮动，因此德国没有积累起巨额的外汇储备。同时德国央行对货币信贷进行比较严格的控制，基础货币的投放量并没有大幅提高。随着经济增长和贸易顺差的增长，德国资产价格伴随着马克汇率的上涨而上涨，资产重估和升值的幅度较小，对实体经济没有造成大的损害。

德国马克逐步升值的过程也是污染产业不断转移出境、重化工产品出口不断减少的过程，以至于现在作为传统的重化工产品基地的德国已开始大量进口重化工产品。例如，从中国进口焦炭、生铁、化工原材料。其直接的环境效果是德国的生态大幅度改善，原来被污染几百年的莱茵河、易北河现在重新恢复了生机。德国是少数几个 UNFCCC 附件一缔约方之一，已接近完成《京都议定书》规定的温室气体减排目标。

在污染产业转移的过程中，德国政府的有效政策手段之一就是补贴。例如，德国和欧盟已经承诺投入近 220 亿美元将鲁尔区改造成一个教育、科技和旅游中心；蒂森克虏伯钢厂也正在被改造成叠层式的山地社区，社区内还将修建人工湖，湖的周围林立着商店、餐馆，还有独门独院的别墅。

2. 美国的污染产业转移

美国的经济转型主要是通过市场手段鼓励发展新经济，提升服务业在经济中的比例。近年来，美国信息产业、生物技术、新能源技术取得了长足进展。与此同时，逐步缩小乃至淘汰传统的重工业等经济部门。例如，在美国西部硅谷只需要 1 美元的注册费及若干小时就可注册一家新公司。同时，其周边的斯坦福大学、加州大学伯克利分校等也都形成了产、学、研一体化的机制，大大方便了将科研转化为生产力，迅速激励了信息产业的大发展。

但美国也有值得吸取的教训。在民众不愿提高能源价格的政治压力下，以及考虑到石油公司能源寡头的经济利益情况下，美国多年来维持低能源价格政策。美国政府在采取低价能源政策的同时，采取了 SO_2 排污权交易制度，技术上侧重脱硫的末端处理设施。因此，一方面居民和企业都不太在乎能源价格，另一方面又需要耗能上脱硫设施，因而没有达到综合节能减排的目的，不仅没有获得相应的协同效益，反而承担着更高的协同成本。所以，美国成功地控制住了 SO_2，但 CO_2 还在继续增加，远没有实现同步减少的协同控制。

美国的宏观经济政策鼓励进口大量他国廉价产品、鼓励超前消费，导致了贸易赤字与财政赤字。进口他国制造业产品是隐含的污染外包，使得美国本土避免了太多的污染。如果这些进口产品在美国本土生产，根据卡内基梅隆大学的估算美国至少要增加 1/3 以上的碳排放。

3. 日本的污染产业转移

相较于欧美，日本是后发的工业化国家，因此其污染产业转移也相对较晚。日本当年的污染产业转移战略很明确，其特定的用词是"公害输出"。

促成日本经济转型最成功的经验是 20 世纪 70 年代的能源危机与 80 年代开始的日元升值。1973 年，第一次石油危机爆发。石油从 1972 年的每桶 2.6 美元一直飙升至 1974 年的 11.5 美元。1973 年 11 月 16 日，日本内阁做出《石油紧急对策纲要》决议，要求全国降低石油电力消费的 10%。至今，日本电视还常播放那个时期的纪录片，日本的官员与工薪族都气喘吁吁爬楼梯，而霓虹灯与政府大楼的照明逐渐变暗乃至消失。当时日本政府测算，只要贯彻这些规定，日本可以节约 25% 的石油消费。为了应付石油危机带来的原材料、人工成本上升，当时日本社会推行"减量经营"法，企业大量裁员、员工无薪加班，而工会组织与企业当局"共赴国难"，日本出现"官民一致、劳资协调"的状况。石油危机促使全日本向节能型社会转变。此后，日本钢铁业普及了连续铸钢法，大量节省了能源。1973 年第一次石油危机时，以川崎制铁一家工厂为例，其能源的 20% 来自重油，到 1978 年降至 13%，1983 年更降至 2%。

能源危机之后，日本采取了一系列的防范措施。其中，最主要的手段就是对能源征收高税，以达到节能与提高能效的目的。目前，日本的能源价格几乎是世界最高的，但能效也是世界最高的。

此外，1980 年代美国迫使日元升值的《广场协议》也对日本经济的转型起到了非常积极的作用。由于日元兑换美元从 400∶1 上升为 88∶1，日元升值几乎 4 倍多。同时，日本的出口急剧下降，特别是那些高能耗、高污染、低效率的产品几乎一夜之间就不生产、不出口了。随之而来的是环境污染的大幅度改善。重化工业要么大幅度提高经济效率，要么将制造业转移出日本本土而留下研发与市场销售部门。中国、东南亚成为日本污染产业转移的主要对象国。根据日本通产省的统计，目前中日之间的贸易额大幅度上升，而其中很大一部分是日本大公司内部之间的跨国贸易（intra-corporate trading），即从同一家公司的位于中国的制造业部门出口到日本的销售部门。

日本经济的大规模海外扩张促进了其重化工污染产业向他国的转移，而日本的循环型社会建设也促进了本国生产部门环境经济效率的提高，这两项措施带来了日本环境的极大改善。

三 中国的外贸转型和重建国际贸易与环境制度

（一）全球化背景下的中国外贸正处于转型期

经过改革开放 30 多年的发展，中国的对外贸易正处于新的转型期，主要体现在以下几方面。

1. 国际金融危机已经形成中国外贸转型的倒逼机制

2008 年国际金融危机之前，全球存在以中国为主的东亚出口模式、欧美高消费模式，以及资源供给国的经济模式，形成三角循环，世界经济处于黄金组合期。但金融危机基本打破了这种循环模式，使国际市场总需求发生了重大变化：中国产品总供给能力越来越强，但全球总需求水平在金融危机后大大下降，欧美发达国家市场有可能持续低迷。那么未来全球市场在哪里？是否依然可以依赖全球市场为中国"十二五"、"十三五"经济发展提供足够的增长动力？可以说，此次国际金融危机已经形成了促使中国外贸转型的外部倒逼机制，今后不能继续依赖外部市场支撑中国经济发展，而必须考虑扩大内需。

2. 支撑出口导向型贸易政策的比较优势正在迅速变化

按世界银行标准，中国已经进入中等收入国家行列，2011 年人均 GDP 将超过4000 美元。"刘易斯拐点"已经来临，劳动力价格上升迅速，有技能的劳动力明显短缺。与此同时，改革开放之初形成的廉价自然资源时代已经逐步被进口自然资源模式所替代。2010 年中国进口了约 2.4 亿吨石油，其对外依存度超过 50%。中国同时也是世界木材、铁矿石等的主要进口大国。

支撑中国出口导向型贸易政策的低成本劳动力、资源、环境等要素的比较优势正在迅速变化，加工贸易的出口产品在逐步萎缩。以生产低附加值、低技术含量的劳动密集型工业制成品为主的"世界加工厂"，在国际市场上正面临着严峻挑战。随着资源、环境和劳动密集型产业比较优势的迅速丧失，传统的出口导向型经济增长模式必须发生根本转变。

3. 粗放式出口导致国际贸易摩擦加剧

作为世界第一大货物贸易国，近年来中国出口产品在海外市场频频遭遇到反倾销、反补贴、保障措施、特殊保障措施、产品召回或通报等各种形式的贸易限制。中国已连续 15 年成为全球反倾销调查的重点，每年涉案损失 300 多亿美元。2009 年中国出口占全球 9.6%，而遭遇的反倾销案件却占全球 40% 左右。反倾销和反补贴的"双反"调查成为个别国家对华调查的主要形式，涉华保障措施和特别保障措施案件也在增多。

中华人民共和国商务部（简称商务部）副部长钟山在 2011 年全国贸促工作会议上提到，2010 年全年中国遭遇贸易摩擦 64 起，涉案金额约 70 亿美元（王希，2011）。贸易摩擦不仅来自美欧等发达经济体，也来自于巴西、阿根廷以及印度等发展中国家，其中既有针对中国传统优势产业的，也有针对高新技术产业的。

2011 年 7 月 5 日，世界贸易组织宣布，中国的九项原材料出口限制政策违背了国际贸易规则，驳回中国方面的有必要为保护环境而限制出口的主张（王真，2011）。此次原材料争端案虽然不涉及稀土产品，但是，欧美国家"投石问路"的举动得到世界贸易组织支持后，很有可能将下一个目标锁定稀土。

而且，据商务部国际贸易谈判首席代表介绍（高虎城，2011），后金融危机时期，贸易摩擦形势依然严峻，贸易摩擦的政治化倾向有可能进一步加大，这将对国际贸易活动构成障碍。

4. 人民币升值压力不断增大

外贸大幅顺差造成外汇储备持续增长，截至 2011 年 12 月末，中国外汇储备已突破 3.3 万亿美元。巨额外汇储备已成为众矢之的，不仅美欧压迫人民币升值，连巴西、墨西哥这样的发展中国家也敦促人民币升值。国际货币基金组织、世界银行等国际机构也不断暗示人民币汇率需要更灵活的调整。

由此可见，随着对外贸易经济规模的不断扩大，中国的环境、资源与劳动力等面临较大压力，同时严峻的国际外部环境，也使中国的对外贸易面临转型的临界点，绿色贸易转型势在必行。

随着中国对外发展经济规模的不断扩大，环境、资源越来越难以支撑粗放式的经济增长方式与外贸增长方式。中国在为世界的消费者生产和出口廉价产品的同时，还为他们担负超额排放污染物的"黑锅"。

随着中国传统比较优势逐步缩小、国际贸易摩擦的加剧、人民币升值和资源环境安全压力不断增大，转变出口导向型的外贸政策势在必行，必须朝着绿色贸易转型。

（二）中国为保护环境的绿色贸易与现行国际贸易规则的可能冲突

近两年，中国采取了一系列措施落实科学发展观，包括加快推进对外经济发展方式转变，试图实现绿色贸易，以促进经济发展方式的整体转变。例如，中国先后出台了征收"两高一资"产品出口关税政策，为保护环境而采取出口配额限制政策等。然而，改变这种状况的努力受到西方国家的反对。他们以 WTO 自由贸易为理由，反对中国试图改变现状的举措。

焦炭案例（胡涛等，2008）可以说明目前中国的绿色贸易与国际贸易规则存在的可能冲突。发达国家为保护自身环境而逐步关闭其焦炭生产企业，而中国却迅速成为世界焦炭的生产和出口大国。中国焦炭产量和出口量均占世界的 50% 以上。欧盟、美国等发达国家，迫切需要中国开放焦炭出口市场，并希望以稳定的价格来供给，以满足其钢铁等行业需要。为此，中国承受了巨大的资源环境代价。

中国政府为确保国内稳定需求，以及保护资源与环境的要求，尤其自 2006 年以来，连续采用焦炭出口限制措施，为此引发与欧盟、美国等焦炭贸易摩擦。欧盟指责中国不适当地使用了出口配额，对欧盟企业有所歧视，违反了 WTO 非歧视原则。后经中欧多次紧急磋商达成了妥协协议。美国在《2007 年度就中国履行 WTO 义务情况向国会提交的报告》（《USTR2007 年报告》）中明确指出，对我锑、焦炭、氟石、铟、碳酸镁、钼、稀土、硅、云母（滑石）、锡、钨和锌 12 种原材料出口限制措施表示强烈关注，焦炭也被列在 12 种原材料中。美国关注我国对焦炭实施的出口配额许可证管理措施，以及提高焦炭出口关税措施。焦炭没有涵盖在我国入世承诺附件 6 中（即我国承诺取消附件 6 之外的适用于出口产品的全部税费），因而美认为对焦炭征收出口关税是违反我国的入世承诺。美国表示将在 2008 年继续采取措施确保中国遵守 WTO 承诺，包括诉诸 WTO 争端解决机制。

世界钢铁工业持续快速发展拉动了焦炭的强劲需求。焦炭是钢铁行业的主要燃料，通常吨钢消耗焦炭 0.4～0.5 吨。继 2004 年世界粗钢、生铁、焦炭产量首次突破 10 亿吨、7 亿吨和 4 亿吨后，2007 年世界粗钢、生铁、焦炭产量达到 13.44 亿吨、9.4 亿吨和 5.61 亿吨，同比分别增长 7.5%、8.4% 和 8.6%。同期，世界焦炭贸易更为活跃，世界焦炭年贸易量保持在 3000 万吨以上，2007 年世界焦炭贸易量约为 3580 万吨左右，同比增长 9.6%。

国际钢铁协会（WSA）公布的数据显示，2007 年全球消费钢材 11.97 亿吨，比 2006 年增长 6.8%；2008 年达到 12.78 亿吨，增幅预计 6.8%。全球钢材消费增长主要来于巴西、俄罗斯、印度和中国。其中，中国是全球最大的钢铁生产、消费和净出口国。中国钢铁协会报告，2008 年中国粗钢产量 5.2 亿~5.4 亿吨，比 2007 年增长 10% 以上；2008 年国内市场粗钢表观消费需求比 2007 年的 4.34 亿吨增长 11% 左右。

国内外钢铁产量和需求的迅速扩张，导致焦炭市场需求强劲。中国是世界上焦炭的生产和出口大国，其生产量和出口量均占全球焦炭生产总量和贸易总量的 50% 以上。2007 年中国焦炭产量 3.29 亿吨，比 2006 增长 16.3%；同时 2007 年焦炭出口量 1530 万吨，同期增长 5.56%。

中国为焦炭生产与出口付出了巨大的资源环境代价。焦炭产生的环境污染贯穿其生产链的各个环节。首先炼焦煤的生产造成巨大生态破坏，如地表塌陷、煤矸石堆积等；其次焦炭自身生产过程中产生大量污染物。其中，结焦中泄漏的粗煤气含有苯并芘、酚、氰、硫氧化物、氯、烃等；焦炉煤气燃烧中产生二氧化碳、二氧化硫、氮氧化物等；出焦过程中排放一氧化碳、二氧化碳、二氧化硫、氮氧化物等；粗煤气冷却过程中还产生含有各种复杂有机和无机化合物的物质，如氨水、酚、氰、苯等。中国目前焦炭生产工艺水平落后，尚存在一些土法炼焦。因此，焦炭生产会产生巨大的资源环境代价。

山西省是中国焦炭的主产区，其生产量和出口量占全国 60% 甚至 80% 以上，其大气环境污染也在全国名列前茅。全国环境污染最严重的 30 个城市中，山西省就有 13 个，而且包揽前 5 名。目前山西省焦化生产规模已大大超过其区域的环境容量。

中国炼焦行业协会数据显示，根据目前平均生产水平计算，每生产 1 吨焦炭以消耗 2 吨煤、7.5 吨水，产生 400 立方米左右煤气计算（以 2004 年数据进行比较），全年因出口焦炭消耗的煤就相当于当年河北和新疆全年生活用煤量的总和，而消耗的水相当于合肥市全年的新鲜水用量，排放的氰化物相当于全国电气行业排放的总量。

山西省社会科学院能源所、经济所以太原钢铁（集团）有限公司为例，估算了焦炭生产造成的大气污染和水污染环境损失（该估算只计算最基本的环境防护成本，尚不包括环境污染带来的健康损失、植被损失、建筑物损失、造成酸雨的损失等），估算结果表明：如按吨焦排污环境成本 76 元推算，2003 年、2004 年和 2005 年全国焦炭生产环境损失竟分别高达 135.28 亿元、156.56 亿元和 184.68 亿元，均约占各年度工业增加值的 0.3% 左右。其中，山西省焦炭生产环境损失占该省工业增加值的比例则高达 5% 左右。

以上数据的环境与贸易含义是：中国每出口 1 吨焦炭，同时隐含着输出了约 76 元的环境防护费用的损失。如计算健康损失、植被损失、建筑物损失、造成酸雨的损失等，中国出口焦炭的实际环境损失成本要高得多。中国 2007 年出口 1530 万吨焦炭，对中国的环境意味着 11.68 亿元的环境损失，也同时意味着中国用 11.68 亿元的环境成本来补贴欧盟、美国等西方国家。

然而，中国对世界的这种"贡献"，不仅没有得到西方国家的理解与认可，而且还遭遇到他们的非议与责难。此外，WTO 已经审理的有关中国的"原材料案"以及即将审理的"稀土案"都说明中国的绿色贸易与目前的国际贸易体系存在严重的冲突。

（三）国际贸易与环境制度缺失

事实上，上述中国所面临的冲突并非中国独有的，而是目前的国际贸易与环境制度缺失的结果。不仅中国，也有其他一些国家存在类似贸易与环境的冲突，如经典的海龟/海虾案、金枪鱼案等。2011 年日本诉加拿大安大略省对风力发电的当地含量要求（local contents requirement），欧盟 2012 年 1 月 1 日起正式实施的将航空业碳排放纳入欧盟排放贸易体系（EU ETS）等案例都说明，目前国际贸易与环境制度缺失，主要体现在国际贸易法体系与环境法体系之间存在冲突，并且没有恰当的机构去仲裁、调停这些冲突。

1. 国际贸易法体系与环境法体系存在冲突与矛盾

国际贸易法体系主要是 WTO 的法律体系。国家环境法体系主要是多边环境协议（MEAs）的法律体系。但是，WTO 与 MEAs 不协调的关系表现为存在冲突地带、灰色地带与空白地带。WTO 成员就此议题进行了若干年的讨论与谈判。

1995 年 WTO 成立后，在总理事会下成立了贸易与环境委员会（CTE）。CTE 近几年的工作主要围绕 10 个议题展开讨论，其中包括 MEAs 中的贸易条款与 WTO 的关系，环境措施对市场准入的影响，与环境相关的税费、产品标准、技术规定、标签与 WTO 的关系，《与贸易相关的知识产权协定》（TRIPS）以及服务贸易领域与环境相关的问题，等等。自 WTO 成立以来，争端解决机构受理的由绿色壁垒引发的贸易争端达 100 多起。而发展中国家由于环保和技术方面较落后，成为绿色壁垒的最大受害者。原因在于《GATT1994》、《技术性贸易壁垒协议》（TBT）、《实施动植物卫生检疫措施的协议》（SPS）等"例外"条款本身为绿色壁垒提供了借口；现有的绿色壁垒标准和法规对发展中国家构成歧视；发达国家给予发展中国家的差别和优惠待遇的承诺并未兑现。

在过去的讨论中，以欧盟为代表的一些发达成员一方面出于国内对环保的要求，另一方面试图通过建立 WTO 新规则，一直积极推动贸易与环境议题的谈判。而绝大多数发展中国家成员由于经济发展水平和环保意识较弱，难以彻底执行国际环保法规，尤其是担心发达成员过高的环保标准会影响到发展中国家成员的市场准入，因此反对和抵制在 WTO 中讨论环境问题。"乌拉圭回合"结束后，发达成员曾酝酿启动"绿色回合"。1999 年 WTO 第三届部长级会议（西雅图会议）在启动环境与劳工标准问题上，因发达国家成员和发展中国家成员分歧过大而导致会议失败。2001 年在多哈召开的第四届部长会议上，欧盟同意取消对农产品的补贴，作为交换和一揽子交易的结果，发展中国家成员同意将贸易与环境列入新一轮多边谈判日程中。

2001 年 11 月，WTO 第四届部长级会议（即"多哈会议"）通过《部长宣言》，授权 CTE 特别委员会（简称特会）开始贸易与环境议题的谈判，并应于 2005 年 1 月 1 日前结束。谈判结果和建议将提交 WTO 第五届部长级会议审议。有关贸易与环境议题的授权具体体现在《多哈部长级宣言》的第 31、32、33 和 51 段中。其中谈判针对第 31 段的内容展开，在 CTE 的特会上进行。第 32、33 和 51 段的内容在 CTE 常会上进行重点讨论，同时 CTE 还将对以前讨论的 10 个议题继续进行讨论。谈判的内容主要有以下几方面：

- WTO 规则和多边环境协议中具体贸易义务条款之间的关系；
- 多边环境协议秘书处和 WTO 相关委员会之间的信息交流和授予观察员地位的标准问题；
- 削减或消除对环境产品和服务的关税和非关税壁垒问题。

谈判重点讨论的议题有：

- 环境措施对市场准入，尤其是对发展中成员和最不发达成员市场准入的影响问题；
- 《与贸易有关的知识产权协定》与《生物多样性公约》的关系问题；
- 生态标签问题；
- 加强对发展中成员的技术援助和能力建设问题；
- CTE 同贸易与发展委员会（CTD）就实现可持续发展如何发挥各自作用的问题。

《多哈宣言》的第 31（i）、（ii）段，描述了 WTO 与 MEAs 的相互关系。该段的具体内容如下：

31. 为加强贸易和相互支持，我们同意在不事先判断结果的前提下，就以下方面进行谈判：

（i）现存 WTO 规则和多边环境协议（MEAs）中阐述的特殊贸易义务（STOs）之间的关系。谈判在范围上应限于 WTO 规则在讨论中的多边环境协议（MEAs）成员间的适用性。谈判不应歧视不是成员的 WTO 权利。

（ii）在 MEA 秘书处和相关 WTO 委员会之间例行的信息交换，以及给予观察员地位的标准。

随着全球化及经济的迅速发展，环境保护已经成为各国政府持续关注的问题。在国际环境法规的发展中，与贸易相关的措施已纳入到环境法律体系中，这对促进多边环境协议目标的实现发挥了重要作用。多边贸易体系与保护及可持续利用生态系统和自然资源所承担的共同义务和责任之间的相互作用是极为复杂的。随着多边环境协议与贸易相关措施越来越多地被使用，WTO 与贸易相关的措施将会与 MEAs 出现冲突或潜在的冲突。在过去 10 年中，WTO 与 MEAs 之间的关系已经引起国内外专家们的关注。新一轮谈判将要探索 WTO 与 MEAs 的关系。

由于促进贸易与保护全球环境是两种体制下的不同基点，因此在一些原则和规则上就会发生冲突，出现如何履行义务和如何解决争端的问题。WTO 对一些国家利用国家政策来保护环境的做法是认可的，它允许采取贸易措施，只要这些措施不对国际贸易构成严重限制和造成扭曲，从这种意义上讲，WTO 是尊重国家主权的。多边环境协议的规定并不考虑国家主权问题，许多多边环境协议都允许贸易强制和贸易歧视的措施，这就造成了 WTO 与多边环境协议间的冲突。为处理和解决这些冲突，这些问题已经提到了 WTO 的议事日程上并将在多哈回合中讨论和处理。

2. 国际环境管理体制的缺失

国际环境管理体制自身存在严重的问题，特别是碎片化（fragmentation）现象非常严重。

联合国有专门负责环境事务的联合国环境规划署（UNEP），同时还有与环境相关的联合国开发计划署（UNDP）、联合国经济与社会理事会（UNDESA）、联合国可持续发展委员会（UNCSD）以及联合国的各个区域机构，如联合国亚太经济与社会理事会（UNESCAP）、联合国欧洲经济委员会（UNECE）等。此外，还有超过 100 个多边环境协议（MEAs）的秘书处，如联合国气候变化框架公约秘书处、生物多样性公约秘书处等。他们之间相互掣肘、制约、竞争，无法协调一致、相互合作地开展工作。

事实上，这些国际机构的背后都是联合国的各个成员国。由这些相同的联合国成员国组成了不同的各种联合国机构的治理委员会（governing council）及其执行机构，在面临着贸易与环境的冲突时，这些机构根本无法协调，使得国际社会对于贸易与环境的冲突解决难成大事。

（四）全球化背景下中国外贸转型的可行途径

要解决污染产业转移给中国带来的环境问题，就必须进行外贸转型、实施绿色贸易，但同时又不能与现行的国际贸易与环境法体系相互冲突。其可行的途径是既要与其他国家共建国际环境与贸易协调制度，又要在国内继续绿色贸易战略，加快经济结构的调整。

1. 共建国际环境与贸易协调制度

全球污染产业的生产不可能永远都留在中国。因此，中国要创造良好的国际法律制度，避免在污染产业转出时陷入被动。

从长远战略高度来看，作为负责任的大国，中国还是应当积极主动地与其他成员国一道共建国际环境与贸易协调制度，改革联合国及世界贸易组织等相关机构及其法律体系。在当今国际社会中，没有哪个国家像处于工业化阶段的中国这样面临如此多的贸易与环境的冲突。中国应当是国际社会解决贸易与环境问题最主要的推动者。

2. 促进国内的绿色贸易战略，加快经济结构的调整

从短期权宜之计来看，中国依然应当促进国内的绿色贸易与投资战略，以保护自己的环境为目标，平衡经贸利益与环境利益。这还是应当优先在国际法的灰色与空白地带采取行动，尽量避免与现行国际法的冲突。

应当建立并严格执行产业准入制度，不能再接受国际的污染产业转移，不能再"引污入室"。国际经验表明，国际分工带来的结构性污染也应靠国际产业结构调整来解决。在中国产业走出去的同时，我们应积极开展国际环境合作，在树立我良好国际形象的同时，帮助形成有利于中国企业的多边环境标准，并促进对外投资的环境法律体系的建立。

参 考 文 献

高虎城 . 2011. 反对贸易保护主义，推进经济全球化进程 . 求是，（2）：60～62

胡涛，等 . 2007. 贸易顺差背后的环资逆差 . WTO 经济导刊，（8）：10～12

胡涛，等 . 2008. 抑制焦炭出口的可行绿色贸易方案 . 环境经济，（11）：12～16

胡涛，等.2011a.实现绿色贸易转型//中国科学院可持续发展战略研究组.2011 中国可持续发展战略报告.北京：科学出版社：246~277

胡涛.2011b.发达国家环保发展历程及经验教训//中国工程院，环境保护部.中国环境宏观战略研究：综合报告卷.北京：中国环境科学出版社

林毅夫.2012.解密中国经济.http://www.zaobao.com/special/china/cnpol/pages6/cnpol120105.shtml［2012-01-05］

王希.2011.商务部副部长钟山：2010 年我国遭遇贸易摩擦 64 起，案值约 70 亿美元.http://news.xinhuanet.com/fortune/2011-01/26/c_121028177.htm［2011-07-26］

王真.2011.WTO 裁定中国限制原材料出口违规.http://www.caijing.com.cn/2011-07-06/110766384.html［2011-07-06］

竹村真一.2007.日本《呼声》月刊：是全世界在污染中国.http://news.xinhuanet.com/world/2007-11/08/content_7032004.htm［2007-11-08］

Dasgupta, et al. 2004. Air pollution during growth: Accounting for governance and vulnerability. Policy Research Working Paper 3383. Washington: The World Bank

Kahn J, Landler M. 2007. China grabs west's smoke-spewing factories. http://www.nytimes.com/2007/12/21/world/asia/21transfer.html?_r=1&oref=slogin［2007-12-21］

OECD. 2007. OECD environmental outlook to 2030. OECD

USTR. 2010. United States requests WTO dispute settlement Consultations on China's subsidies for wind power equipment manufacturers. http://www.ustr.gov/about-us/press-office/press-releases/2010/december/united-states-requests-wto-dispute-settlement-con［2010-12-22］

WTO. 2001. Doha WTO ministerial 2001: Ministerial declaration. http://www.wto.org［2011-12-28］

第五章

中国绿色低碳产业的
发展模式*

　　日益严峻的气候变化挑战和 2008 年以来的金融危机为世界提供了反思的机会和
动力，绿色低碳经济有望成为世界经济发展的新引擎。在政府大力推动节能减排和
发展战略性新兴产业的背景下，中国的绿色低碳产业也面临着空前的发展机遇。中
国发展绿色低碳产业是战略性的选择，其动力可以从应对资源环境压力、推动经济
可持续增长、构建未来国际竞争优势，以及提升国家形象和国际影响力 4 个方面来
理解。

　　1）应对资源环境压力。中国传统的高投入、高消耗、高污染、低效益的增长
模式使得中国面临着日益严峻的能源和环境压力，发展绿色低碳产业并推动产品的
应用是减轻环境污染、降低对传统化石能源的依赖、保障能源安全的重要路径。相
比西方发达国家，我国发展低碳绿色产业的需求更为迫切。

　　2）推动经济可持续增长。"十二五"时期，转变经济发展方式是经济发展的重
要任务，绿色低碳产业可能成为推动这一转变、调整产业结构和促进经济增长的新
制高点。2010 年，国务院正式确定了在国家层面发展七大战略性新兴产业，这将是

---

　　* 本章由刘颖、吴昌华、任姗执笔，作者单位为气候组织

今后 10 年中国产业结构调整和产业升级的主要抓手。其中节能环保、新能源和电动汽车 3 个产业与绿色低碳直接相关，新一代信息技术、新材料、高端装备制造 3 个产业也与实现绿色低碳的发展目标有密切的联系。绿色低碳技术涉及的产业链往往较长，对上下游产业的发展有显著的带动作用。

3）构建未来国际竞争优势。对于中国来说，发展绿色低碳产业不仅是调整产业结构、推动可持续发展的有效举措，同时也是在未来新的国际竞争格局中掌握发展主动权的迫切需要。从这个层面来说，培育本土的绿色低碳产业发展、塑造中国企业的绿色环保竞争力（尤其是技术实力），是实现绿色经济转型和绿色崛起的必然选择。

4）国家形象和国际影响力。中国的能源需求和环境问题对世界将会产生重大的影响。随着中国成为国际能源和环境问题的重要参与者，积极地应对气候变化、推动节能减排、发展绿色低碳产业，将能够使中国的国际影响力和国家形象得到进一步的提升。自 1992 年在里约热内卢召开的联合国环境和发展大会开始，世界主要国家就对环境问题的角色和责任进行激烈讨论。近年来随着一系列国家战略的提出，在诸多与节能环保相关的领域中，中国已经在国际舞台上以实际行动扮演了引领的角色。

在绿色低碳产业发展的初期，政府需要通过不同的政策组合来满足不同产业发展的需求。其中，推动在技术和资本层面的国际合作是促进绿色技术创新和绿色低碳产业发展的重要路径之一。

一 中国绿色低碳产业概况

一般来说，绿色低碳产业泛指生产过程或产品能够显著降低能源和资源消耗、减少污染物排放或消除其环境影响的产业。绿色低碳产业涵盖了清洁能源供应、能源和资源高效利用、生态保护和污染治理等多个领域（表 5.1），且关键的绿色低碳技术能够对上下游产业链的发展起到显著的带动作用（图 5.1）。本章重点探讨生产低碳和环保产品的产业。

表 5.1　典型的绿色低碳产业

领域		具体技术举例
清洁能源供应	化石能源的清洁高效利用	清洁煤（例如整体煤气化联合循环）、清洁油、清洁天然气、碳捕集与封存等
	新能源	可再生能源（水电、太阳能、风能、生物质能、地热能、潮汐能等）、核能
	电力基础设施	高效输配电、储能、需求侧管理等

续表

领域		具体技术举例
能源/资源高效利用	绿色建筑	建筑保温隔热材料、地源热泵、热能存储、绿色照明、节能电器、高效的采暖、制冷和通风系统等
	清洁交通	高速铁路、节能与新能源汽车、生物乙醇等替代燃料
	清洁工业	高效电动机系统、工业热电联产、重点生产工艺节能、工业余热、余压、余能利用系统
环境保护	生态保护	生态环境监测、生态修复、生态保护与建设
	污染治理	污水处理、大气污染治理、废物管理

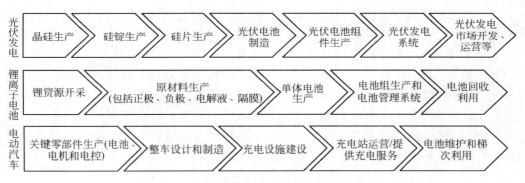

图 5.1　典型绿色低碳技术的产业链举例

（一）产业发展现状概述

从 2006 年执行"十一五"规划开始，在经济高速发展和节能减排政策的双重推动下，中国的绿色低碳产业正在经历着快速的发展。其主要特点如下。

1. 发展市场广阔

中国绿色低碳产业的发展拥有广阔的市场空间。据能源基金会估计，2005 ～ 2020 年中国能源环保投资需求将达 180 000 亿元，其中可再生能源 20 000 亿元，节能环保 50 000 亿～60 000 亿元（胡敏等，2008）。另据估算，2020 年中国可再生能源市场规模可以达到 2300 亿美元（约 15 000 亿人民币）（HSBC，2010），2015 年节能环保产业的产值将达到 45 000 亿人民币（王颖春，2011），新能源汽车和 LED 照明产业的产值或将分别达到 1000 亿元和 5000 亿元（科技部，2011）。在工业、建筑、交通和居民生活领域实现节能改造的市场也很广阔，HSBC估计到2020年，建筑能效、工业能效和交通能效市场的规模将分别达580亿美元（3770亿人民币），460亿美元（2990亿人民币）和1730亿美元（11 000亿人民币）（HSBC，2010）。据中华人民共和国住房和城乡建设部（简称住房和城乡建设部）估测，到2020年仅既有建筑改造就要投入资金至少15 000亿元（仇保兴，2008）。2011年底发布的《国家环境保护"十二五"规划》则提出，"十二五"期间为积极实施各项环境保护工程，全社会环保投资需求约34 000亿元；其中，优先实施的8项环境保护重点工程的投资需求约15 000亿元。

2. 政策导向明确

目前的绿色低碳产业多包含在战略性新兴产业的范围之内，国家为表示推动战略性新兴产业发展的决心，释放了强烈的政策信号，明确了未来的政策导向。事实上，为了推动绿色低碳产业的发展，政府综合运用多种政策工具，已经逐步形成了预算、税收、贴息、转移支付、出口退税等工具协调配合的政策体系。最新公布的《产业结构调整指导目录（2011年本）》也将绿色低碳产业相关的技术和项目列为支持类，这间接地影响到中央各部门和地方政府对项目的审批和对资金的分配。同时，《鼓励进口技术和产品目录（2009年版）》中，低碳产品的设计制造技术也被列为鼓励类。

3. 全方位投资热点

在国家将发展战略性新兴产业作为产业结构调整重点的大背景下，地方也纷纷规划自己的战略性新兴产业，绿色低碳产业逐渐成为极具吸引力的社会投资热点和商机。2010年，中国清洁能源（包括可再生能源和能效）投资比2009年增长了39%，达到544亿美元（3536亿人民币），居世界第一（The Pew Charitable Trusts，2010）。"十一五"期间，整个社会节能减排的投资达到20 000亿元（解振华等，2010）。

绿色低碳产业已经逐渐成为创业投资和私募股权投资（VC/PE）机构追逐的热点。在创投市场方面，2010年中国创投市场共发生817起投资，其中清洁技术行业共发生84起投资，涉及投资金额共计5.08亿美元；2010~2011年，清洁技术连续两年位于23个一级行业投资的第二位（清科研究中心，2011a；清科研究中心，2012）。

在股权投资市场方面，2010年中国的股权投资市场共发生投资案例363起，其中清洁技术行业以31起投资交易成为第二大热门行业，交易总额以3.3亿美元位列第十（清科研究中心，2011b）。热门的领域包括环保节能、电池与储能技术、太阳能和风能，占投资案例的 80% 以上（China Venture，2011）。

对 2006～2010 年清洁技术市场 VC/PE 投资总量以及其占比的分析可以看出，尽管受到金融危机的影响，2009 年清洁技术行业 VC/PE 投资总量有所下降，但清洁技术的投资比重稳步增加，对清洁技术市场的投资热度整体来说处于上升的趋势（图 5.2）。

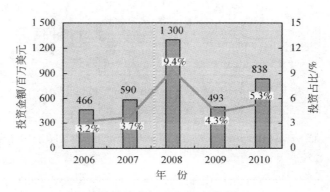

图 5.2　中国清洁技术市场 VC/PE 投资额（2006～2010）

资料来源：气候组织，2011

在中国的创业板设立两年、风险投资市场高速发展的背景下，2010 年中国清洁能源企业上市融资规模也呈现大幅增长趋势（图 5.3）。在中国企业海外和境内首次公开募股（IPO）的行业分布中，清洁技术行业海外和境内 IPO 的融资额在 2010 年分别位居第三位和第七位（清科研究中心，2011c）。随着国内低碳领域企业在国内外上市不断增多，出现了反映中国低碳产业发展现状和趋势的指数——中国低碳指数。中国低碳指数（China low carbon index）是北京环境交易所与清洁技术投资基金 Vantage Point Partner 于 2010 年 6 月共同推出的。该指数以尚德电力、金风科技、比亚迪等 35 家涉及低碳行业的上市公司作为成分公司，覆盖清洁能源发电、能源转换及存储、清洁生产及消费、废物处理四大主题下的 9 个部门，是全球首个中国低碳指数，也是第一个以人民币计价的低碳指数。在债务融资方面，截至 2010 年年底，中国银行业金融机构节能环保项目贷款余额达到 101 000 亿元，比"十一五"增加了 4 倍以上（中国银行业协会，2010；中国银行业协会，2011）。

4. 产业规模迅速扩大

在政策的推动和投资的拉动下，近年来中国绿色低碳产业的规模得到了快速扩张。例如，"十一五"期间，节能环保产业的年均增长率达到 15%～20%；在示范

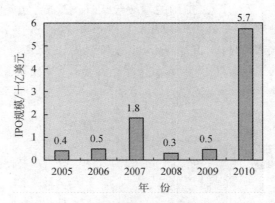

图 5.3 中国清洁能源企业 IPO 规模（2005～2010）
数据来源：China Venture, 2011

政策的带动下，LED 路灯市场规模从 20 万～30 万盏增加到 2010 年的 120 万～130 万盏；部分产业规模已居世界首位，如风电并网新增容量在 2006～2009 年连续 4 年实现翻番，"十一五"期间并网风电装机年均增长 94.75%，2010 年底，全国并网风电装机容量 29.58 吉瓦（1 吉瓦 = 100 万千瓦，英文缩写为 GW）（国家电力监管委员会，2011），累计风电装机规模 44.73 吉瓦，超过美国跃居世界第一位（中国可再生能源学会风能专业委员会，2011）。

5. 生产成本不断下降

在产业规模迅速发展的同时，一部分绿色低碳行业出现了快速的技术进步和成本下降，并逐渐从示范阶段向商业化应用过渡。例如，中国已经初步掌握了光伏产业链各个环节的关键技术，并在不断地创新和发展，包括电池技术、多晶硅制造技术等，多晶硅电池的平均出厂效率提高到 16%，我国的企业已经在产品质量和制造成本上领先世界。尚德的冥王星技术将单晶硅太阳能电池的有效面积转化效率提高到了 18.8%，多晶硅则达到 17.2%。同时，光伏发电的成本也出现了迅速的下降。

（二）部分绿色低碳产业发展现状

1. 节能产业

节能环保产业在"十一五"期间高速发展，年均增长率在 15%～20% 之间。2009 年节能环保产业总产值为 19 000 亿元，其中节能、环保和资源综合利用产业分别占14%、26%和60%。据预测，到2015年，我国节能环保产业总产值将达到45 000亿元，其中污水、固废与脱硫脱硝三大环保产业的投资分别可达5000亿元（中国科学院可持续发展战略研究组，2011）。

节能产业包括节能装备、节能产品和节能服务3个部分。"十一五"期间，随着重点工业行业节能的积极推进，节能产业规模不断扩大，与此相关的节能技术与产品已经形成一个巨大的市场。目前，已有大量的节能装备投入使用，节能电器得到了普及，一些新型的节能产品如LED户外道路照明也进入了示范阶段；通过推行合同能源管理模式，节能服务产业获得了快速发展（图5.4），"十一五"期间合同能源管理项目投资额增长迅速，累计达到683.95亿元（图5.5）；形成了一批具有代表性的企业，拉动了行业的专业化节能服务工作。

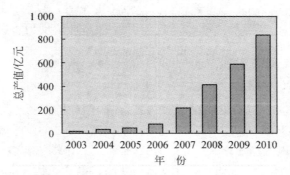

图5.4　节能服务产业总产值快速增长（2003～2010）
资料来源：中国节能协会，2011

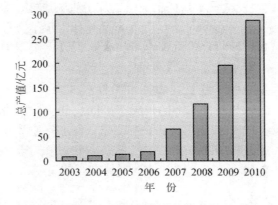

图5.5　合同能源管理项目投资变化情况（2003～2010）
资料来源：中国节能协会，2011

环保产业主要包括污水处理、固废处理、脱硫脱硝 3 个部分。在城市污水处理方面，截至 2009 年 11 月，全国投运和正在建设的污水处理厂市场化程度至少达到 44%，其中"建设—营运—移交"（build-operate-transfer，BOT）模式成为市场化的主流模式，占比至少达到 30%。固废处理行业中，生活垃圾处理产业进入全面市场化发展期，生活垃圾焚烧发电成为新的热点。燃煤电厂脱硫行业加速发展，2009 年烟气脱硫装机容量已超过 4.7 亿千瓦，占整个火电装机容量的 73%。其中，国家出台的 1.5 分/千瓦时的脱硫电价政策在很大程度上刺激了脱硫产业的加速发展。

虽然我国节能环保产业发展很快，但是与发达国家相比，在产业总值、企业规模，以及市场总量方面仍显较小，存在的问题包括产业集中度低、创新能力不强、市场不够规范、政策机制不够完善、服务体系不健全等。目前，正在制定的《节能环保产业发展规划》中将考虑通过部分政府投入，来拉动更多社会资本进入这个产业。

2. 可再生能源产业

可再生能源产业一方面可以缓解我国能源需求压力，并实现能源结构的优化，另一方面，也能减少能源使用对环境所造成的污染，发展前景十分广阔。

中国的可再生能源产业增长迅速，2010 年年底，中国水电装机容量达到 213 吉瓦，全年发电量 6863 亿千瓦时；"十一五"期间风电和光伏发电产业的实际发展速度也远高于规划。根据正在制定的《可再生能源法发展规划》，2015 年风力发电将达到 1 亿千瓦（其中海上风电 500 万千瓦），年发电量 1900 亿千瓦时；太阳能发电将达到 1500 万千瓦，年发电量 200 亿千瓦时；加上生物质能、太阳能热利用以及核电等，2015 年非化石能源开发总量将达到 4.8 亿吨标准煤。在设立明确发展目标的同时，国家出台了财政、税收、价格等方面的政策，以克服制度、市场、技术等方面的障碍。

从中国目前可再生能源资源状况和技术发展水平看，发展较快的主要是风能、太阳能和生物质能。国家目前针对不同种类、不同发展阶段的可再生能源，采取了不同的电价政策，以促进可再生能源应用并鼓励技术进步（图 5.6）。但是，可再生能源产业发展也面临着各种问题，包括市场成熟度低、缺乏市场监管机制、技术研发投入不足、产业配套能力不强、资源评估不够深入等问题。

3. 新能源汽车

在过去的几年中，中国汽车市场保持了年均 20% 以上的增长速度。受购置税优

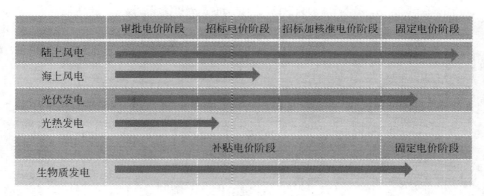

图 5.6　可再生能源电价政策进程

惠、以旧换新、汽车下乡、节能产品惠民工程等多种鼓励消费政策的影响，2010 年中国汽车产销量创历史新高，同比增长 32%。旺盛的国内汽车需求为新能源汽车产业提供了潜在的市场发展空间。但是，由于新能源汽车发展仍在技术、经济性和充电基础设施等方面存在障碍，其大规模推广仍需时日。截至 2010 年年底，"十城千辆"示范项目已发放补贴 22 亿元，推动了 1 万辆节能与新能源汽车的使用；2011 年中央财政继续安排了 10 亿元用以支持示范工作。

对中国新能源汽车市场前景，已有多家国内外机构做出了预测（表5.2）。参考不同机构的预测结果可以发现，中央政府所提出的发展目标相对较为乐观，这也体现了政府大力发展新能源汽车的决心。由于新能源汽车是地方政府新的增长点和产业升级的抓手，地方政府对本地产业提出的产能和产值的目标则显得更加激进。据不完全统计，各地对 2015 年的规划目标值之和已经远远超过了国家部委制定的发展目标。例如，武汉市提出 2015 年新能源汽车产销达量到 20 万辆，产值达 400 亿元规模；深圳市将在未来 5 年内打造国家级新能源汽车产业基地，形成整车产能 30 万辆，规划总投资 500 亿 ~ 600 亿元，年总产值预计超过 800 亿元；上海市预计到 2012 年新能源汽车产能可达到 10 万辆（其中乘用车产能 6 万辆），产值达到 300 亿元。但是，许多地区的产业规划将会引起同质化竞争，在未来可能导致重复建设和产能过剩；而且，产业规划往往更注重产能、保有量等指标，对提升自主创新能力、获取核心技术和市场开拓等方面的重视程度不够。

中国发展新能源汽车的优势主要在于资源优势（尤其是锂和稀土）、市场规模优势、制造业的成本优势，部分技术的实验室指标也已达到国际先进水平。但同时，技术创新能力、核心技术、汽车工业基础、制造业基础以及城市基础设施等，都在很大程度上制约了产业的发展。

表 5.2　对新能源汽车市场的预测和发展目标

	机构	结果/目标
市场预测	CSM	到 2015 年，中国 HEV，PHEV 和 BEV 乘用车销售量将超过 10 万辆（占乘用车市场的 1% 左右）
	JD Power	中国 HEV 和 PHEV 乘用车的年销售量到 2020 年将达 8 万辆（占当年乘用车销售总量的 5%）；BEV 乘用车的年销售量到 2015 年将达 12.8 万辆，到 2020 年将达 33.2 万辆（占当年乘用车销售总量的 1.9%）
	罗兰贝格	在保守情景下，中国 BEV 和 PHEV 的市场渗透率到 2015 年将达到 0.2%，到 2020 年将达到 1.8%；在乐观的情景下，2015 年和 2020 年将分别达到 3.8% 和 15.8%；2025 年，中国 HEV，BEV，和 PHEV 的市场渗透率将达 33%
发展目标	国务院发展研究中心等	2015 年 HEV 产量达 100 万辆，PHEV 达 2 万辆，BEV 达 30 万辆
	科技部	2015 年，新能源汽车保有量达到 100 万辆，产值预期超过 1000 亿元
	工业和信息化部	2015 年和 2020 年新能源汽车保有量分别达到 50 万辆和 500 万辆

资料来源：宦璐，2009；J. D. Power and Associates，2010；Rolandberger，2009；Rolandberger，2011；科技部，2010

在经历了"八五"至"十一五"4 个阶段的发展后，中国企业和科研机构在新能源汽车相关技术领域取得了诸多成就，但在电池、电机、电控方面的某些环节仍面临着瓶颈。虽然充电基础设施的技术门槛不高，但适合新能源汽车换电模式的自动电池更换系统也需要不断研发和改进。技术和产业化瓶颈的突破需要依赖企业和科研机构的创新和投入。目前我国虽然已有二百余款新能源汽车进入汽车新产品公告，但大部分都是处于示范实验阶段，性能质量仍需改进。

与国际领先汽车企业的新能源汽车研发投入相比，国内汽车企业的投入水平仍显不足。与此同时，由于今年国内传统汽车领域的竞争愈发激烈，企业扩大产能、兼并重组导致资金紧张，在新能源汽车投入周期长、见效慢的情况下，部分汽车企业仍在观望该如何平衡传统汽车业务投入和新能源汽车的研发投入。近期完成融资的几个汽车企业，在资金投放领域中也未提及新能源汽车。例如，上汽集团通过非公开发行融资的 100 亿元将主要用于传统汽车项目的技术研发，通过 A 股市场 IPO 募资的长城汽车和通过债券融资 10 亿元的吉利集团，其资金投向中也都未提及新能源汽车项目。

在研发和生产线的投资成本很高的锂离子动力电池领域，一部分资金实力雄厚的大型国有集团通过战略性投资进入该产业，完成了战略布局。同时，在资本市场上，也已有多家上市公司宣布进入锂电池领域或追加在这一领域的投资。一些锂离子电池产业链上的企业也通过在创业板上市完成了融资。但这些投资的结果如何还有待观察。

对于新能源汽车产业链上的创新型公司，很多风险投资机构也表示非常关注，尤其是在材料、电池管理系统等技术含量高的领域。但是，目前公开的实际投资案例仍不多，这也与新能源汽车这个产业整体的技术路线和发展前景尚未完全明朗有关。

4. 碳捕集、利用与封存

中国政府将碳捕集、利用与封存技术（carbon capture, utilization, and storage, CCUS）视为一种潜在的重要战略减排技术，尤其关注其对煤的清洁化利用的贡献和 CO_2 的再利用途径。与提高能效、可再生能源等减排方案相比，由于 CCUS 在技术和经济上的不确定性，政府对其采取了更为审慎的态度。

中国政府早在 2003 年就开始关注 CCUS 技术。2005 年碳捕集与封存（carbon capture and storage, CCS）技术被编入了《国家中长期科学和技术发展规划纲要（2006—2020 年）》。目前，中国开展的 CCUS 工作主要集中在技术研发、项目示范和国际合作领域，参与 CCUS 工作的主要是科技部、国家发改委和国家能源局、工业和信息化部（简称工信部）和国土资源部。由于 CCUS 技术还处于研发和示范阶段，科技部牵头了目前大部分 CCUS 相关工作，一方面是通过"863"、"973"等国家科研计划支持研发示范，一方面是协调国际合作。CCUS 领域开展的大型国际合作项目包括"中欧碳捕集与封存项目"（Cooperation Action within CCS China-EU, COACH）、"中英近零燃煤排放合作项目"（Near Zero Emissions Coal, NZEC）、"中澳二氧化碳地质封存合作项目"（China Australia Geological Storage, CAGS）和"中意碳捕集与封存合作项目"等。2009 年，国家发改委与亚洲开发银行（Asia Development Bank, ADB）合作开展了"碳捕集与封存技术——战略研究与能力建设"技术支援项目。

由于还未进入商业化应用阶段，欧洲私营部门投资者对 CCUS 技术普遍采取审慎态度（The Climate Group et al., 2010），而国内私营部门投资者对 CCUS 的认识还有待提高。在中国，支持 CCUS 技术研发的资金主要来自国家公共科研经费；CCUS 项目示范的资金主要来自实施项目的企业，主要是华能集团、神华集团、中国电力投资集团公司（简称中电投）、中国石油天然气集团公司（简称中石油）和中国石油化工集团公司（简称中石化）等国有大型企业。截至 2010 年 7 月，国内在运行、在建和筹建的 CCUS 示范项目数量已经达到了 14 项（科学技术部社会发展科技司，2010）（表 5.3）。但是，CCUS 项目大多在现阶段是无法赢利的。事实上，由于中国政府还没有出台明确的 CCUS 技术路线图和项目建设时间表，中国在近期和远期将建设的 CCUS 项目类型、规模和数量都还是未知数。

表 5.3　国内 CCUS 示范项目列表

项目	捕集	封存/利用	规模	现状	工程投资
华能北京热电厂捕集试验	燃烧后捕集	食品行业利用/工业利用	3 000 吨/年	已投运	3 000 万
华能上海石洞口捕集示范	燃烧后捕集	食品行业利用/工业利用	12 万吨/年	已投运	1.59 亿
中电投双槐电厂碳捕集示范	燃烧后捕集	N/A	1 万吨/年	已投运	1 235 万
中石油吉林油田提高石油采收率（EOR）示范	天然气、CO_2 分离	EOR	80 万~100 万吨/年	二期已投运	N/A
中海油 CO_2 制可降解塑料	天然气分离	制可降解塑料	2100 吨/年	已投运	1.52 亿
中联煤层气利用 CO_2 强化煤层气开采项目	购买	提高煤层气采收率	40 吨/天	投运试验项目已暂停	1 000 万
中科金龙以 CO_2 制备化工新材料示范	酒精厂捕集 CO_2	化工材料制备	8 000 吨/年	已投运	N/A
华能绿色煤电天津 IGCC 电厂示范工程	一期 250 兆瓦 IGCC 机组配合燃烧前捕集	EOR	N/A	一期在建	N/A
连云港清洁能源科技示范	IGCC 配合燃烧前捕集	盐水层封存	100 万吨/年	前期筹备	N/A
湖北应城中盐 35MWt 富氧燃烧小型示范	富氧燃烧	盐矿封存	10 万吨/年	前期筹备	N/A
国电集团二氧化碳捕集和利用示范工程	燃烧后捕集	食品行业利用	2 万吨/年	前期筹备	N/A
新奥集团微藻固碳生物能源示范项目	煤化工烟气捕集	生物封存	32 万吨/年	在建	N/A
神华集团 CCS 工程项目	煤液化厂捕集	盐水层封存	10 万吨/年	已投运	2.1 亿
中石化胜利油田 CO_2 捕集和封存驱油示范工程	燃烧后捕集	EOR	3 万吨/年 100 万吨/年	已投运/前期筹备	N/A

注：N/A 表示公开数据不可得

资料来源：气候组织，2011

二 中国绿色低碳产业规模化发展的模式

（一）中国发展绿色低碳产业的优势

中国的绿色低碳产业在"十一五"期间获得的快速发展，得益于中国在若干领域中的优势。

1. 政府的主导作用

中国的政治体制决定了政府可以自上而下地调动社会资源、集中力量推动关键领域的发展。众所周知，由于绿色低碳产业具有较强的正外部性（社会效益），在技术和商业模式尚未成熟的情况下，难以单纯通过市场的力量发展起来，需要政府的战略性引导来矫正市场失灵和市场扭曲。目前，政府在工业节能与淘汰落后产能、建筑节能、低碳交通、绿色消费、资源/能源价格和税收5个领域都出台了具体的政策措施，初步形成了推动节能环保的政策体系，这可以有效地拉动绿色低碳产业的发展；与此同时，政府通过产业政策、财税政策和金融政策等推动节能、新能源、新能源汽车等产业的快速发展。

随着节能减排和创新型国家建设上升为国家目标，中央财政近年来在节能环保和科技创新方面的投入保持着稳步增长，2007~2011年中央预算用于环保和科技投入的年均增长率分别达到29%和19%，均大于GDP的平均增速。在节能减排和可再生能源发展等具体方向上，"十一五"中央财政共投入超过2200亿元的资金（图5.7），从而大规模带动了各级政府和企业超过16 000亿的节能环保投入。

2. 巨大的市场规模和潜力

中国庞大的经济规模和能源需求使得中国具有绿色低碳技术和产品的巨大市场潜力，这将为产业的高速发展和成本的快速下降提供支撑。正如前边的分析中提到的，中国在环境保护、能源供应、可再生能源生产、工业、建筑、交通和居民生活领域的能效改造等方面都面临巨大的市场机遇。与此同时，由于中国地域广阔，气候、资源、环境、文化和消费习惯的不同也制造了更多细分市场的发展空间。

事实上，中国一些绿色低碳产业的快速发展，正是得益于庞大市场需求的支撑。太阳能热水器、电动自行车等产业都是其中的典型代表。以太阳能热水器产业为例，中国拥有世界上最大的太阳能光热市场，中国太阳能热水器保有量占世界的70%左

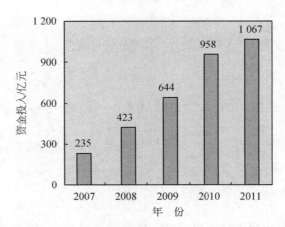

图 5.7　2007～2011 年中央财政在节能减排和可再生能源领域的资金投入
注：2007～2010 年为中央财政决算数据；2011 年为预算数据
数据来源：财政部网站 2009 年关于中央财政收支决算情况的报告

右，近年来市场规模仍以 20%～30% 的速度递增；与此同时，也造就了中国成为最大的太阳能集热器制造中心。作为发展最早的一个可再生能源产业，中国太阳能热水器产业目前已经形成规模化生产和商业化运作模式，2009 年太阳能热水器年产量和运行保有量分别达到 4200 万平方米和 14 500 万平方米，年增长率分别为 35.5% 和 16%。

3. 资源优势

中国拥有丰富的新能源储量，同时富含一些绿色低碳产业发展所需要的矿产资源（包括铁、钒、磷和稀土等）。例如，2003 年全国水能资源复查结果显示，全国水能资源技术可开发装机容量为 5.42 亿千瓦，经济可开发装机容量为 4 亿千瓦，具有集中开发和规模外送的良好条件（中国可再生能源发展战略项目组，2008）。在风能方面，根据 2007～2009 年国家第三次全国风能资源普查结果，我国技术可开发（风能功率密度在 150 瓦/平方米以上）的陆地面积约为 20 万平方米，陆上技术可开发量约为 600～1000 吉瓦，中国气象局初步估计，海上风电可开发量为 400～500 吉瓦，陆上加海上的总的风能可开发量约有 1000～1500 吉瓦，风电资源与美国接近，远远高于印度、德国、西班牙，属于风能资源较丰富的国家（李俊峰等，2011）。

4. 制造业基础

中国拥有庞大的制造业规模和低成本优势，是全球重要的制造中心，这使得中国有成为全球绿色低碳技术产业化生产基地的潜力。得益于此，目前中国一些绿色低碳产业的生产规模已经达到世界领先水平，例如，2007～2010年中国光伏电池的年产量均位居世界之首，2010年中国光伏电池产业占世界光伏总产量的份额达到47.7%。但值得注意的是，中国制造业的成本优势是部分建立在能源、资源、环境和劳动力成本低廉的基础上的，远期来看还需要寻找到新的、可持续的发展路径。

5. 后发优势

尽管正在积极地追赶绿色经济的浪潮，鉴于整体科研和技术水平的限制，中国在某些绿色低碳技术方面的起步仍然晚于发达国家。全球技术突破和扩散的模式往往是在发达国家进行研发，继而转移到发展中国家完成技术的商业化和大规模生产。在这个意义上，对于发展水平与国际领先水平差距很大的部分绿色低碳产业，中国具有后发优势，可以通过模仿发达国家的技术和产业升级路线而以较低的成本和较快的速度实现技术进步。未来这种趋势还将持续，技术的"引进—消化—吸收"以及在此基础上的再研发也将继续成为中国绿色低碳产业发展的重要动力之一。

值得注意的是，相比于传统产业，中国在绿色低碳产业中的后发优势并不明显。尤其是一部分新兴的、代表国际科技前沿的技术和产业，中国并无成熟的国际经验可以借鉴，应当积极地进行战略部署并进行研发，从而抓住发展的先机。

（二）产业发展面临的障碍

绿色低碳产业快速发展的同时，在诸多方面也面临着发展的瓶颈，比较普遍的障碍体现在技术创新、产业组织、协调、中小企业融资、市场化机制等方面。

1. 技术创新

中国发展绿色低碳产业的战略，应当不仅强调产业对经济增长的贡献，更要鼓励制造企业走向价值链的高端，向全球技术前沿靠近，并在一些领域占领技术制高点。但目前在部分绿色低碳产业里，中国企业在国际分工中尚处于价值链的低端，很多高附加值的、关键的原材料、零部件和装备都要依赖进口，这也是中国经济向绿色低碳方向发展的过程中所面临的很大的制约。虽然近年来我国研发投入占GDP的比重在不断增加，但2010年全国研发投入仅相当于GDP的1.8%，这与世界领先国家3%左右的比例有较大差距。在研发投入匮乏的情况下，我国产业的创新能力与国际先进水平的差距有可能进一步扩大。此外，部分产业标准体系的完整性和实用性也与发达国家有所差距。

　　企业是技术创新的主体，但目前中国的企业往往更注重规模的扩张，却忽视研发的投入，技术进步缓慢，核心技术对外依存度较高。以 LED 照明产业为例，目前全国 3000 多家从事半导体照明相关业务的企业有 70% ~80% 仅从事下游应用开发。这导致很多绿色低碳产业都存在着低附加值产品的供应过剩、市场同质化问题较为突出等现象。

　　企业创新能力不足的实质在于创新动力的缺失。一是技术创新的周期长、风险大，企业如果缺乏长期战略的指导，则没有动力进行创新；二是目前生产要素的低价政策、地方政府追求 GDP 的偏好，都使得企业倾向于"资源依赖型"的发展路径；第三但不是最不重要的，就是知识产品保护不利和对知识产业引领战略的认识不足，有可能导致我国一些绿色低碳产业和产品重蹈当年"DVD 专利费"的覆辙。

　　此外，技术创新成果的市场转化也面临着一定的障碍。在中国，科研机构和国有企业承担了大部分的研发工作，但许多研究成果难以得到产业化。虽然中国拥有的专利数和论文发表数量正在迅速增长，但能产生商业效益、能转化为新产品的并不多。从注释专栏 5.1 中的评论我们不难看出，国内外各界人士对绿色产业发展中的技术创新所给予的高度重视。

注 释 专 栏 5.1

中国引领绿色低碳产业发展的关键在于技术创新

　　中国的清洁能源技术发展仅仅处在从完全复制到创新的初级阶段。现在是中国通过对清洁技术的投资和创新，实现跨越发达国家跃升价值链顶端的难得机遇。这将需要中国维持其在清洁技术产业领域的领导力，并且为社会创造真正的价值。

　　　　　　　　　　　　　　——碳披露项目首席执行官　保尔·辛普森

　　最重要的投资应该给予清洁技术和能源的研究和创新上，这不是意味着对现有的技术的简单改进，而是创造能够实现真正转变的新方法。

　　　　——世界经济论坛前首席运营官及施耐德咨询公司前首席执行官　安德烈·施耐德

　　中国不应该被认为是清洁技术发展方面的领导者。中国只是重复了其他一些处于产业链底端的经济体基于廉价劳动力和能源的发展模式。中国想要发展清洁技术，必须在创新方面做得更好。

　　　　　　　　——英国皇家国际事务研究所能源环境与发展项目总监　伯尼斯·李

我不认为中国的清洁技术产业已经位居世界前列。以半导体照明产业举例来说，产量也许在全球位居前列，但是核心技术依然没有掌握在中国手中。中国申请的专利大多是在实用新型方面（如 LED 产业），而非核心技术。中国要建设成为创新型国家，不可能一蹴而就，中国应该具备全球观，通过培养和引进国际一流人才，给予更大投入到基础创新和原始创新上。

——科锐香港有限公司中国区市场部总经理　唐国庆

中国的清洁技术产业生产加工能力位居世界前列，但是缺乏核心的技术。核心技术的缺乏，使得整体产业只能被动应对国际市场的变化，却无法引领整体产业的发展。若要把中国在该产业上的加工生产优势转化为产业优势，国家应该支持建立战略性的研发实体，从材料、技术、装备等方面，培育基础研究能力，减少政府对具体项目的行政审批，鼓励更多的民营企业进入能源装备行业。

——亚洲开发银行高级项目官员　牛志明

我国在清洁技术、可再生能源领域的核心技术、关键设备方面与发达国家仍存在不小的差距，历史的经验证明：市场不可能换到核心技术，中国要想在未来保持产业优势，就一定要处理好技术与市场的关系，通过技术的研发创新，引进、吸收再创新，掌握技术的制高点，从而引领产业投资与发展。

——中国节能环保集团公司董事长　王小康

2. 产业组织

从整体来看，绿色低碳市场还处在初期发展阶段，市场集中度低，规模效应不明显。尤其是在国际化的背景下，中国的企业要与国外发展相对成熟的跨国企业展开竞争，而国外企业会凭借先进的技术、丰富的管理经验和完善的规模体系给我国绿色低碳企业造成压力，使得国内企业在市场占有率上不具有竞争优势。

中国绿色低碳产业中缺少具有整合集成能力的系统解决方案提供商，难以满足工程化的要求。例如，我国节能环保产业中，资产超过 1 亿元的企业不到 10 家，其中大多数企业只能提供单一技术的节能改造服务，与国际大公司提供总体解决方案的服务模式相比处于劣势；新能源汽车产业中，虽然大部分国内自主品牌汽车企业都已宣布了新能源汽车战略，但是在生产规模与销售规模上都落后于国际企业。

3. 统筹协调

绿色低碳产业的发展涉及多种技术、多个部门和多个地区的分工协作，存在着相对于传统产业更为复杂的协调问题。在行业主管部门层面，由于绿色低碳产业兴起的时间并不长，某些产业并无明确的监管部门，或接受多头监管。在地方政府层面，很多地方政府对发展包括绿色低碳产业在内的战略性新兴产业表现出了极大的热情，圈定了众多的产业领域，这一方面是由于希望通过产业来促进地方 GDP 增长，另一方面也是由于这些产业可以获得中央政府在资金和政策方面的倾斜。但是，由于地方经济指标位次和地方级干部的晋升主要依赖上级政府，而政策考评体系又多集中于 GDP 总量和引进外商投资总额等方面，所以当中央政府出台一项政策的时候，各地方政府之间往往以相互模仿、过度开发等方式追求绩效，导致规划失当和错误引导，在市场发育不充分的情况下造成产能过剩、重复建设、技术累积缺失、投资效率下降和地方保护主义等问题的产生。

目前不同地区齐头并进地进入绿色低碳产业的各个领域，展开同质化的竞争和资源争夺，将可能影响到产业发展的效率（肖兴志等，2011）。此外，还有一些地方政府实质上是在借战略性新兴产业之名发展"低端制造业"。地方政府之间、不同行业主管部门和监管机构之间的协调失灵迫切需要政府统筹规划，进行长效的体制机制创新。

在绿色低碳产业中，往往也存在着政府目标与企业目标不一致的问题。绿色低碳产业中的高端技术通常具有高投资、高风险、成本回收期长等问题，由于企业衡量其投资优劣的指标是获利水平和价值增长的大小，所以企业往往逃避发展高端技术而选择低端技术，这与政府通过推动绿色低碳产业发展来占领未来技术制高点的目标并不一致。

绿色低碳产业的发展也需要协调国有资本和民营资本的关系，鼓励民营企业和民间资本的参与。2011 年 7 月国家发改委发布了《关于鼓励和引导民营企业发展战略性新兴产业的实施意见》，提出将通过清理民营企业准入条件、确保公共资源对民营企业同等对待、鼓励发展新型业态、引导民间资本设立创业投资和产业投资基金等方式，鼓励民营资本在战略性新兴产业中的投资，预期未来能有更多配套政策出台。

4. 融资障碍

目前中国企业融资渠道仍以信贷为主。虽然政府在促进节能减排、支持科技型中小企业、产业结构调整和升级相关领域发布了一系列指导文件，推动银行的绿色信贷，但银监会关于支持绿色低碳增长方面的政策多为"指导意见"，需要配套更多可操作性强的措施和激励/约束机制。目前绿色信贷相关的技术性政策、配套的评价标准的缺乏，导致银行在环境风险评估和信贷管理中缺乏具体的政策指导工具；同时由于缺乏监督、评估和制约体制，各银行在绿色信贷政策贯彻执行上也存在差异。虽然指导性文件也提出了一些授信管理和监督方面的创新性机制，但是在实践中仍面临监管成本和监管能力所带来的限制。

从实践的角度来看，中国商业银行绿色信贷的开展仍处于初级阶段。风险和收益是银行在开展信贷业务过程中的重点考虑因素。但目前很多绿色低碳企业由于发展规模较小，常常存在着借款公司资质不够、难以提供足额抵押等问题，这增大了银行贷款的风险，因此银行往往不敢为节能项目提供贷款。即使商业银行开展绿色信贷业务，也往往是出于政策要求和社会责任等方面考虑，而且多以大型客户（尤其是国有企业）为主，银行基于项目盈利性所产生的动力非常缺乏。

长期来看，中国需要推动建立银行业投资绿色低碳产业的可持续商业模式。在国际上，已经有一部分商业银行将其业务范围渗透到碳市场的各个交易环节中：初始碳排放权分配中，向项目开发企业提供贷款，并提供咨询服务；在二级市场上充当做市商，为碳交易提供必要的流动性；开发各种创新性金融产品，为碳排放的最终使用者提供风险管理工具，或为投资者提供新的金融投资工具等。这样的模式可以增强银行开展低碳项目业务的利润水平，值得国内银行借鉴。银行在参与低碳项目的时候，也可以从项目开发、咨询服务、融资到碳资产管理全过程介入。这种以融资为先导、以二级碳排放权开发为补偿的模式可以增加银行参与低碳项目的收益，从而使银行产生动力。

债券市场已成为我国直接融资的主要渠道之一，市场的主体也在不断丰富，但是目前中小企业通过发行债券的途径进行融资仍非常困难，融资成本也相对较高。中小企业集合债券以捆绑发债的方式，打破了只有大企业才能发债的惯例，但是审批复杂、周期长，对绿色低碳产业链上中小企业发展的支持力度有限。

创业投资和私募股权投资（VC/PE）是中小企业发展初期重要的直接融资途径之一，也是新兴的绿色低碳产业发展不可或缺的资金来源。虽然近年来，政府逐步放宽了一些法律、法规的限制以拓宽风险投资的资金来源，并通过产业基金、政府创业投资引导基金来引导更多民间资本投向绿色低碳产业和战略性新兴产业，但整体来说，目前的 VC/PE 多倾向于投资上市前企业的项目，对处于发展早期的企业支持有限。

5. 市场化机制的作用有待加强

公私合作伙伴关系（public-private partnership，PPP）模式在中国已有 20 余年的实践，已被不同程度地应用在交通、教育、医疗环境等领域，并在绿色低碳发展的多个领域（如污水处理、垃圾处理、可再生能源、电动汽车基础设施、城市公交等领域）都具有广泛的应用前景。但是，PPP 模式（尤其是在纯民间资本作为私营机构的情况下）在应用方面仍面临很多障碍（如项目审批复杂、政府运作机构不明确、优惠政策在地方缺少可操作性等问题）。此外，中国节能环保领域的基础设施PPP 模式集中在污水处理、垃圾处理（焚烧发电）和发电设施等方面，应用模式比较集中，以传统的建设—运营—移交和转让—运营—移交（transfer-operate-transfer，TOT）最常见。相比之下，英国、澳大利亚、法国、美国等国家基础设施领域 PPP开始得较早，私营资本能够投资的领域广泛，且有丰富的模式（图 5.8）；PPP 模式除了能够实现资金融通的目的，已发展到能够降低项目整体投资、建设、运营成本（全生命周期的成本），提高项目整体效益的阶段。

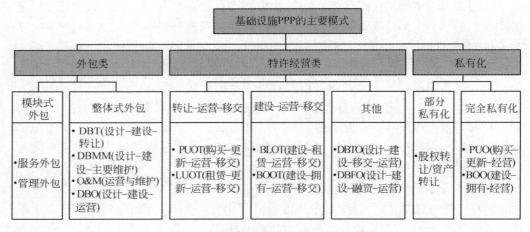

图 5.8　发达国家基础设施 PPP 的主要模式

碳交易是推动低碳产业发展的重要的市场化机制之一，但目前中国碳市场尚无法有效推动绿色低碳产业发展。目前，由于清洁发展机制（clean development mechanism，CDM）存在着一定的局限和风险，CDM 激励企业投资开发新技术的效果有限（图 5.9）；而自愿碳市场由于基于企业的自愿减排行为，其交易规模和交易量都相对较小。虽然中国目前正在积极地探索建立碳排放交易市场，并规划了"十二五"期间的初步路线图（即在部分省市开展碳排放权交易试点，制定相应法规和管理办法，研究提出温室气体排放权分配方案，逐步形成区域碳排放权交易体系），但目前中国碳市场的发展还处于非常早期的阶段，对于绿色低碳产业发展的支持作用需要很长时间才能够显现。

在绿色低碳产品推广的初期，由于产品应用面临众多不确定性风险，为绿色低碳技术量身定制的商业化保险能够促进其技术和产品应用。目前，国际上知名的保险公司已创新性地推出了针对低碳技术的产品性能、低碳项目运营过程中的自然条

项目的热门领域较少	开发项目的风险	碳排放权价格问题
• 项目的热门领域主要集中在方法学简单、监测容易、额外性高的可再生能源发电(主要是小水电、风电和生物质)、HFC-23分解和N_2O消除等领域，拥有巨大潜力和社会效益的能效项目却处在申请项目少、减排规模小的尴尬境地 • 没有具有指导意义的国内碳价，也导致企业难以衡量应用不同低碳技术收益与获得温室气体减排收益之间的关系	• 除了注册风险、减排效果风险(截至2011年7月1日注册项目的实际签发率约为94%)之外，未来CDM市场的不确定性无疑是最大的风险	• 当前国内CDM项目大量集中申请，也存在着企业恶性竞争的可能性 • 由于CDM项目的评估权和定价权主要由发达国家掌握，国内企业在没有获得充足信息的条件下，经常相互压低基于项目产生的碳排放权价格，而基于降低成本的考虑则进一步降低了开发新能源和能效等高质量减排项目的意愿

图 5.9　中国 CDM 实践的局限

件保证等领域的商业化保险产品，但中国的保险市场尚缺乏此类产品。

（三）中国推动绿色低碳产业发展的模式

绿色低碳产业与一般产业不同之处在于，其在创造经济价值的同时，还能带来广泛的社会效益，具有公共物品的特征。而且在现阶段，很大一部分绿色低碳技术的技术和商业模式都尚未完全成熟，在市场化的初期需要跨越"死亡谷"。因此，绿色低碳产业的发展需要政府正确发挥其相关职能，对产业发展进行适当的干预。上述对于中国绿色低碳产业发展的优势和障碍的分析表明，推动绿色低碳产业的发展，充分发挥中国的优势，需要不断地对政策进行优化和调整。

中国扶持产业发展的思路主要是由各级政府制定发展规划，以及制定并实施各类支持性政策。整体来说，政府主要的职能应当体现在提供公共产品（包括制度、规则和服务）方面，如形成促进创新行为的制度、出台知识产权的法律保障、制定有利于技术进步和产业化应用的标准等。对于绿色低碳产业来说，由于其涵盖处于不同发展阶段的技术和解决方案，政府需要通过不同的政策组合来满足不同产业发展的需求（中国科学院可持续发展战略研究组，2010）。这其中非常重要的一点是，不同发展阶段的低碳技术和产业所适用的融资途径是有所差异的，政府需要通过相应的财政金融政策组合来满足不同技术和产业发展的资金需求（图 5.10）（气候组织，2011）。

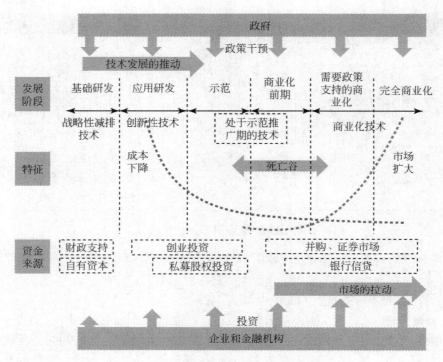

图 5.10　技术发展阶段与主要融资途径

1. 商业化技术

　　商业化技术指技术成熟、具备经济性且已经实现商业化，但其大规模应用仍可能面临其他障碍的技术。一般来说，市场缺陷所形成的障碍是导致这些"成本有效"技术得不到大规模应用的原因，如初期成本过高所带来的融资问题、信息不对称的问题、意识问题等。为了推动商业化技术相关的绿色低碳产业的发展，可以采取如下策略：

　　1）探索新的商业模式和融资机制。虽然一部分绿色低碳技术和产品可以降低终端用户的总拥有成本，但往往需要较高的一次性投入，终端用户（尤其是中小用户）可能会面临融资障碍，这些问题需要通过新的商业模式和融资机制来解决。

　　例如，合同能源管理是新兴的第三方融资模式，这种模式一方面使得企业无需支付进行节能改造的初始费用，另一方面合同能源管理公司专业化的设计、建设和运行维护能使能源实现最大程度的节约。目前，国家已经通过财税政策对合同能源管理产业的发展进行支持，未来应当继续推动合同能源管理模式在不同领域的实践和探索（如污染减排服务领域），在经验积累的基础上总结出各个领域适合中国特色的合同节能减排管理模式并加以推广。

在国际经验方面，国际金融总公司中国能效项目对通过损失分担机制撬动商业银行开展能效贷款活动进行的探索，取得了良好的效益，值得借鉴和推广。德国复兴信贷银行集团的能效贷款项目为政策性银行支持能效改造提供了很好的经验（气候组织，2011）。

2）完善第三方标识系统。消费者在大多数情况下无法简单地辨识出两个同类产品在能效上的差异，且通常对于生产商自行标识的能效和性能持有怀疑态度。政府推动建立简单、明确和更加严格的第三方能效标识系统，能够为消费者选购高能效产品搭建桥梁，从而解决消费者信息不对称的问题。例如，现在已经在电冰箱和空调等电器上得到应用的家电能效标识系统将电器能效等级分为五级甚至更高级别，对节能电器的推广可以起到一定作用。

3）加大舆论宣传和信息传播的力度。一方面，加强对消费者环境意识的教育。有的绿色低碳技术推广的困难是由于消费者不愿意改变自身的生活习惯而懒于使用所导致的，还有的新技术由于不被消费者所信任而没有市场。另一方面，对企业进行绿色低碳战略的培训，引导企业和公民行使其社会责任，积极提供或采用绿色低碳产品以抵消其碳足迹。

4）鼓励具有整合集成能力的整体解决方案提供商的发展。

2. 处于示范推广期的技术

处于示范推广期的技术如 LED 道路照明、部分可再生能源技术（如陆上风电和多晶硅太阳能光伏发电），大多已经基本成熟，但面临着成本过高、产品可靠性有待观察等问题，此类技术往往已经具备了一定的产业规模，且市场参与者非常丰富，但易与传统的（高能耗或高污染）技术或产品预期形成竞争关系。此类技术主要通过市场竞争的方式逐渐取得市场份额，最终由市场选择出合适的技术解决方案，并实现成本的下降。但是，对于一些近期不具备市场竞争力，但出于节能减排考虑而应用比较迫切的技术，政府同样需要对其进行扶持，可以采取以下策略。

1）对于引进的技术，应重视培养企业的消化、吸收和再创新能力，快速促进技术和产品的本土化。对于国外已经成熟的创新性技术，政策应鼓励采用"技术引进—消化—吸收—再创新"的发展策略。对"再创新"环节可以采用约束和鼓励相结合的机制，一方面要求企业承担相应的国产化率责任或配套充足的消化吸收资金，另一方面给予企业创新资金的专项支持。例如，通过三峡工程建设，我国已实现了70 万千瓦大型水轮机组设备制造的国产化，培育出两家掌握核心技术和具备大型设备制造能力的水电装备企业，并迅速跻身世界大型机电设备制造先进国家的行列。

2）对于已经掌握核心技术的、或中国自主研发的技术，应当采取适当的财政补贴以促进技术的推广。在补贴方式上，应在充分考虑符合国际规则的基础上，除了对生产端进行补贴外，也应当注重对消费的补贴。同时可以考虑利用政府采购为技术创造市场。

3）利用约束性和鼓励性政策，解决绿色低碳技术与传统技术互补性所造成的推广障碍。在很多领域，绿色低碳技术与传统技术的互补性十分显著。降低绿色低碳技术互补性的一个途径是提高自然资本的价格，另一个途径是政府限制互补性高碳技术的发展。例如，可以针对高碳技术，出台一些约束性政策，限制其发展，包括对新建和扩建工业产能的能效要求、对五大发电集团可再生能源发电比例的要求等。约束性政策可以与鼓励性政策（财政补贴、税收减免、低息贷款）相结合使用。

4）为技术或产品推广提供基础设施条件的支持。政府需要对基础设施建设进行合理规划，并进行利益相关方之间的协调，保证基础设施能够为大规模绿色低碳技术提供服务。例如，对于可再生能源并网发电来说，必须增强电网基础设施的安全性和调度能力，同时解决可再生能源并网的制度和经济性问题。

5）制定和完善行业绿色标准体系。标准的缺乏会导致行业的无序竞争，对于已经开始市场化的技术，政府应当建立健全标准体系，以达到规范市场的作用。

6）探索适合技术未来大规模推广的融资模式。由于处于示范期的技术在现阶段往往不具备经济效益，因此应当注重通过示范的方式来探索可持续的融资模式（如改良的合同能源管理）。由于示范项目多为地方政府参与，融资模式的设计应当以不伤害技术提供方（企业）正常运营和产业的发展为前提，同时兼顾地方政府节能减排、减少能源环保支出的目标。

7）完善多层次的资本市场。股票市场融资为处于示范推广期的低碳产业中的企业提供了重要的资金融通渠道。对于一些规模较大的企业来说，IPO 或股票增发可以满足其长期发展的资金需求。但是对于众多中小型企业来说，目前虽然已经设置了创业板和中小企业板，但我国资本市场层次少、上市门槛高等问题使股票市场对技术创新的支持能力有限。因此，政府应当进一步完善多层次的资本市场，为企业大规模的融资和风险投资的退出提供通畅的渠道。为了鼓励低碳、环保企业上市，可以将企业的环境绩效作为上市审批的指标之一；对于已经上市的企业，应加强环境监管，要求企业必须出具企业社会责任报告。

8）协调区域的产业发展。随着绿色低碳产业成为新的热门产业，如果不加以引导和规划，任由地方发展产业，则可能会出现地方产业高度同构化，导致地区间的恶性竞争。应当根据不同地区的资源、产业基础、人才基础等因素，对绿色低碳产业进行合理的区域布局。

3. 创新性技术

创新性技术往往具有研发周期长、投资规模大等特征，并以形成工艺、产品的最终商业化为目标，如电动汽车技术、海上风电技术等。技术创新与产业转化是此类产业发展的关键点，推动产业发展的策略包括以下几个方面。

1）政府需要对技术的适用性和发展前景进行谨慎判断和引导，但应当避免干预具体的技术路线。示范项目是测试技术应用、项目运行、融资和市场推广等方面问题的有效措施，由于中国地域广阔，在不同地区进行试点将使得示范项目的结果更具有参考价值。如果某项技术在中国未来的发展中可能面临重大瓶颈，在政策资源有限的情况下，应优先考虑替代性技术。

但是，最终技术路线的选择应当是企业的商业化决策，市场会选择最合适的技术和产品，政府试图主导具体技术路线的选择反而有可能降低产业发展的效率并带来潜在风险。技术创新是一个需要不断探索的过程，进行这种探索的主体越多，技术创新行为越活跃，则技术突破和发现商业可行的产业领域的几率也就越高。

2）搭建技术创新平台。有效的技术创新平台是保障创新性技术取得突破的基础，政府的主要政策包括推动产学研联合、重视基础技术与共性技术研发。

政府可以利用合作研究的组织模式推动技术研发，即政府、产业、大学间以合资、技术联盟或研发联合体等形式开展合作研究。但是，目前大多数产学研联盟由于缺乏合理的工作机制、利益共享或利益分配机制、风险共担机制、知识产权及融资等而流于松散，形不成合力。在推动产学研联盟的具体方式上，政府可以直接参与合作，也可以采用税收补贴和资助等手段以强化对产学研合作的激励。

2004 年成立的国家半导体照明工程研发及产业联盟是政府背景产业联盟的成功案例，该联盟除了推动产业内的产学研合作外，还担当了协调政府不同部门研发资源投入、协助进行研发项目筛选等角色，对推动中国 LED 产业的发展起到了重要作用。2008 年科技部、财政部等六大部委发布了《关于推动产业技术创新战略联盟构建的指导意见》，希望发挥科技计划配置资源的引导作用，鼓励各地方围绕区域支柱产业积极构建联盟。在节能与清洁能源领域，已经涌现出包括新一代煤（能源）化工产业技术创新战略联盟、煤层气产业技术创新战略联盟、钢铁可循环流程技术创新战略联盟在内的一系列技术创新战略联盟。

在推动产学研合作的同时，要重视与技术发展相关的基础技术和共性技术的研发。要重视包括测量和测试方法、质量控制方法、科学和工程数据库、行业标准等有形或无形技术工具的发展，也可以利用财政资金引导产业联盟对共性技术的联合攻关。

3）推动企业掌握自主技术。创新的方式是多样的，包括原始创新、集成创新和"引进—消化—吸收—再创新"等。在很多产业中，企业的经验是通过引进外资在国内合资建厂来学习外资企业的先进技术（即"市场换技术"），或通过购买国外先进成套设备和引进国外高端人才来提高生产技术水平。但随着经验的积累和资金实力的不断增强，政府应当推动企业通过自主研发投入或海外技术收购等途径获得具有自主知识产权的自主技术，这样才能在未来的国际竞争中处于优势地位。

4）通过财税和金融政策支持企业创新。在创新性绿色低碳技术尚未启动的情况下，国家对企业自主创新的引导和支持显得尤为重要。在财政政策方面，可以通过继续增加科技投入、消费补贴、政府采购、基础设施建设投入等方式来直接支持自主创新，并需要加强财政支出的绩效评价（评价的方面可以包括财政投入是否满足经济性要求、过程是否合规合理、产出与投入相比是否有效率、财政投入的作用是否达到目标以及产生的影响等）。

在税收激励方面，目前国家已有诸多推动技术创新的普适性税收优惠政策，可以在此基础上继续细化、完善或出台适合特定绿色低碳产业的税收优惠政策，并考虑适当简化政策的审批程序。目前中国对研发费用进行税前150%扣除，而其他国家有同时对研发的增长部分再次给予抵扣的政策。例如，澳大利亚在对企业实行研发投入125%税前抵扣的基础上，对企业研发投入的增长部分给予175%的税前抵扣。中国也可以考虑对研发投入增长部分再进行税前抵扣，这样有助于激励企业不断加大研发投入。对于尚未盈利的中小企业，应可以允许预先申报税收减免，提前获得研发支出的税收返还，减少中小企业的现金流压力。

5）拓宽企业（尤其是中小企业）技术研发的融资渠道。研究表明，中小企业在推动技术创新和进步中可以起到重要作用，应重视培养中小企业的创新能力。目前我国企业研发的融资渠道比较单一，以内源融资和银行贷款为主，这意味着创新型中小企业所面临的融资障碍非常严峻。除了增大研发补贴的投入外，政府尤其需要注重为科技型中小企业的发展量身定制适合不同发展阶段的融资工具。除了要通过政府的资助带动社会投入外，还需要充分发挥风险投资、创业板和中小企业板等的作用，并支持科技园区、创新企业孵化器等创新服务体系的建设。

值得强调的一点是，风险投资市场的发展对于解决创新型中小企业的融资问题至关重要。而且，风险投资不仅能够为企业带来资金，也能够对所投资的项目提供专业化的咨询和辅导，甚至能够带来更多的资源。这对企业的发展和技术创新是非常有利的。我国的风险投资市场仍处于发展的初期，在资金规模和监管方面仍显不足，且风险投资企业扶持初创期、种子期项目的比例不高。因此，未来应进一步推动风险投资在中国的发展。第一，应当继续加大对风险投资企业的所得税优惠力度，不断提高享受税收优惠政策企业的比例。第二，风险投资发展应该建立国家多部委参与并集体议事的协调机制，形成全国性的、国家级的风险投资监管体系，在此基础上开展风险投资基金管理资格的认证和管理，强化风险投资基金的透明度和监管力度。第三，应当通过建立政府引导基金等方式，鼓励和引导风险投资企业投向发展初期的企业。

6）推动国际合作，鼓励企业积极在全球范围内投资以获取创新资源。政府应提供专项资金搭建国际合作平台，优先支持合作研发和实践项目，鼓励和支持企业和科研机构开展与国际经验和最佳实践的对接工作。同时，应当鼓励企业积极利用国际创新资源来提升自主创新能力，具体的模式可以包括合资建厂、国际并购、委托国外研发并获取知识产权、国际联合研发，以及引进国外优秀人才资源。

7）引导企业合理处理短期盈利和长期发展战略的关系。企业（尤其是规模较大的企业）在制定发展战略和安排资金投向的时候，需要处理好长期发展与短期盈利的关系，才能保证可持续的发展。具体来说，一方面企业需要为技术创新及产业化制定长期的、合理的投资计划；另一方面，在企业面临资金压力或遇到挫折而需要对技术创新的战略进行调整的时候，应当保持技术创新的动力，谨记技术创新投入是决定企业在未来竞争力的重要因素。这种引导依托于政府所发出的政策信号，以及一系列具体的产业政策和财税政策。

4. 战略减排技术

战略减排技术虽尚处于基础研究期，却是未来有巨大应用潜力的、代表世界科学发展趋势的减排技术，如核聚变、海洋能、天然气水合物和 CCUS 等技术。此类技术在国际上尚处于探索阶段。对于中国来说，国内对此类技术的主要策略是紧密跟踪国际前沿并进行战略性自主研发。对于未来发展潜力巨大的领域，更应当大力支持原始创新，争取未来能够引领世界。具体的策略可以包括如下几个方面。

1）将技术研发提升到国家科技战略层面，建立保障技术战略性研发的制度安排。可以成立专门的研究领导小组或国家研究机构，担负起制定国家长期研发计划和统筹各方资源的职责。建立有效的组织机构对于形成国家科技发展路线图、组织及协调国内各层面研究资源、避免研究力量分散和重复性研究具有重要意义。

2）为研究提供充裕的资金支持。在多数战略减排技术方面，中国与发达国家在研发水平上没有明显差距。在这种情况下，国家财政对先进技术的研发投入力度将直接影响国家在此类技术上的竞争力。政府应当主动承担技术研发过程中的风险，向大学、国家科研机构等提供充足的研究经费资助，以期未来在国际上占领制高点。

3）积极开展国际合作。国际合作不仅能够有利于中国的科研机构和企业学习其他国家的研发成果，也能够为技术研发和产业发展带来一部分资金。成立国家级研究机构也有利于为中国争取到更多的国际合作机会。

除了根据绿色低碳产业的技术发展阶段制定推动产业发展的政策外，建立完善的管理体制和政策框架、加强知识产业保护和引导、充分利用市场经济手段至关重要。例如，建立全国或区域范围碳市场也对未来绿色低碳产业的发展有重要的意义。从现阶段来看，对于碳市场的建立和发展，顶层的制度设计是最重要的基础，国家应当尽快研究制定建立碳市场过程中的协调机制和碳市场的管理规则，有计划、按步骤地稳步推进。国家发改委作为负责应对气候变化的主要部门，在碳市场建立的前期具有重要的作用，目前国家发改委正在积极组织开展碳交易区域试点；但是，碳市场的发展还涉及证券、期货、期权等产品的设计和监管，因此中国银行业监督管理委员会（简称银监会）和中国证券监督管理委员会（简称证监会）在碳市场发展后期将起到重要作用。从目前中央和地方实践的经验看，国务院需要尽早牵头建立协调机制和管理规则，明确国家发改委、证监会、银监会等部门的职责和协调机制。另外，碳市场的建立需要充分发挥金融机构等中介组织的作用，国家应当鼓励这些机构提供更多获取利益和规避风险的工具，以促进市场交易的活跃性。

三 绿色低碳产业发展的国际合作

从上述分析可以看到，对于处于示范阶段和技术研发阶段的绿色低碳产业，政府都应当积极通过增强国际合作来推动绿色创新和产业发展。事实上，新兴的绿色低碳技术的发展需要依托于全球科技前沿领域的创新成果，需要全球各个国家和地区加强分工与合作，针对相关绿色低碳产业进行共同投资（资本）、联合研究与开发（智力）、协力推动技术应用（市场）。

近年来中国对外开放和"走出去"战略的不断深化，既为中国带来了资金、先进的技术和管理经验，也为中国的企业打开了国际市场。但目前，中国企业在利用全球创新资源方面，常常面临很多障碍，包括来自某些国家的限制性甚至歧视性政策，以及自身组织能力的局限性。

2008 年以来的金融危机为中国绿色低碳产业的国际合作提供了更加有利的契机。一方面，由于国外市场萧条，不少大型国际企业都开始增加对中国的投资，并积极加强与中国的合作；另一方面，这种发达国家经济普遍不景气的国际环境正是中国引进先进技术和优秀人才的难得机遇。中国与发达国家的国际合作包括技术、资本、市场和资源等多个方面，其中，推动绿色创新和绿色产业发展的国际合作主要体现在技术和资本两个方面。

1. 技术

虽然中国在部分绿色低碳产业中具有后发优势，但在一些新兴的、战略性的产业中，中国需要依靠自身的力量探索技术和产业升级的方向。目前，推动绿色低碳产业技术创新和产业化的国际合作方式包括高层次的国际合作机制、国家部委推动的大型国际项目、科研机构的国际合作，以及企业之间的国际合作等。

利用国际合作的机制推动先进技术的研发在国际上已有很多案例。以核能的研发为例，阿根廷、巴西、加拿大、欧洲原子能共同体、法国、日本、韩国、南非、瑞士、英国和美国等，共同组织了第四代反应堆国际论坛，推动第四代核电技术的研发。美国于 2006 年发起了"全球核能伙伴计划"（Global Nuclear Energy Partnership，GNEP），并就此在 2007 财政年度为能源部拨款 2.5 亿美元。中国的核技术研发也已参与了多项国际合作项目，包括"创新型反应堆和燃料循环国际计划"（the International Project on Innovative Nuclear Reactors and Fuel Cycles，INPRO）、"国际热核聚变试验堆计划"（International Thermonuclear Experimental Reactor，ITER）等，将自主开发与国际合作相结合作为核技术发展的战略。

相比之下，国家部委推动的大型国际项目以及科研机构和企业开展的国际合作则更为普遍，可以推动绿色低碳技术的创新与示范。例如，在 CCUS 领域中，中国就展开了各种层次的国际合作。但是，在推进绿色低碳技术国际合作的进程中需要对知识产权、项目资金利用模式等方面做出合理有效的安排。

对于企业来说，在绿色技术创新过程中积极利用国际创新资源来提升自主创新能力也是非常重要的。从目前已有的实践来看，三种典型的利用国际创新资源的途径包括：第一，通过并购方式收购、兼并经营困难但有核心技术的国外企业，并在获取创新资源的同时将其转化为企业自身创新的原动力。由于目前国内大部分企业在跨国并购中的经验相对较少，企业需要注重选择合适的并购时机，并聘请专业的服务机构组成国际水准的收购专业团队。第二，与国际领先企业联合进行技术研发和产品开发。在互利互信的基础上加强与跨国公司的合作并建立伙伴关系，将有助于企业的联合研发。第三，积极布局全球研发体系，通过设立海外研发基地来充分地利用全球的人才和技术等创新资源。

在国际金融危机之后，由于市场与资金同时集中在中国，不少国外小型绿色低碳技术公司，带着研发成果来到中国建厂投产，并把产品推出市场；目前许多高技术类跨国公司也已经在中国投资设立了研发机构。国际企业的这些行为都能够产生显著的溢出效应，同时也有助于产业升级，值得鼓励。但是，在把新技术带入中国的同时，许多国外企业对内地的知识产权保护措施欠缺信心。

2. 资金

（1）外国直接投资

外国直接投资（foreign direct investment，FDI）是绿色低碳产业的一个潜在资金来源，对中国绿色低碳产业的发展起到了很大的促进作用。联合国贸易和发展会议（United Nations Conference on Trade and Development，UNCTAD）估计，2009 年间共有 900 亿美元的 FDI 流入可再生能源、回收再造和低碳技术制造业等低碳领域。UNCTAD 最近对投资促进机构的调查指出了吸引低碳 FDI 的障碍和有效激励措施，其中低碳投资最常遇到的阻力是缺乏扶持法规框架。通过税务优惠、制订上网电价、开放电网等手段开拓可再生能源市场，则被认为是最有效的助长绿色低碳投资的政策。另外，技术转移、加强与本地投资者的联系、制订排放标准或产品表现的法规，也被列为吸引低碳 FDI 的重要措施。此外，UNCTAD 的分析还指出，建设绿色低碳技术产业园区，为从事可再生能源和高效运用资源技术的研究、创新和商业化等业务的企业提供支持，是吸引外国低碳投资者的途径之一。

（2）国际开发性金融机构和国际资金

世界银行、亚洲开发银行等国际开发性金融机构，以及在双边合作框架下的国际援助性资金，也推动了中国的绿色低碳产业的发展。国际资金的使用方式主要包括赠款、中间信贷、损失分担和提供信贷担保等。国际开发性金融机构的合作项目不仅是绿色低碳产业发展的资金来源之一，更重要的是这些合作项目和资金的使用往往为中国的地方政府、绿色低碳企业和金融机构带来了国际化的管理和操作经验，伴随着资金的技术援助也提高了城市在节能技术和低碳产业方面的知识和业务能力。

3. 发挥香港作为国际合作平台的作用

作为国家经济及社会发展最自由开放的城市，香港能够在推动资金流动、协助国际企业进入中国、促进中国企业接触国际市场和投资者方面扮演重要角色。

（1）推动资金流动

香港汇聚了超过 800 家资产管理公司，是亚洲主要的基金管理中心之一，香港在引导资金投入国内方面具有战略性地位。随着香港发展成主要人民币离岸中心并提供更多相关金融产品，这个角色在未来将进一步加强。另一方面，内地资金也通过香港寻求投资国际市场的机会。此外，香港在推动资本流动方面的贡献也可以通过其 FDI 活动体现，截至 2010 年年底，香港是内地最大的 FDI 来源，显现香港在推动资金进出中国领域的特殊地位。

香港有很多 PE 投资公司，也是 PE 基金设立地区总部的热点，47 个基金中有 45% 把亚洲地区总部设在香港（香港特别行政区政府投资推广署，2010）。根据 AVCJ Research 的数据，大部分投资在中国绿色低碳产业的 PE 资金，都是通过香港投资公司或外地投资公司的香港办事处进入内地市场（在 2009 年和 2010 年分别达到 74% 和 81%），可见香港是 PE 和 VC 资本进入内地的重要渠道。香港在引导 PE 和 VC 资金投向内地绿色低碳产业方面，发挥着战略性的作用。根据《内地和香港特别行政区关于对所得避免双重征税和防止偷漏税的安排》，香港投资者如拥有所投内地企业 25% 或以上的股权，则所持内地企业的股息所得税可以从 10% 降低至 5%。部分国外投资者因这项税务优惠，舍其他离岸金融中心而选择通过香港投资内地市场。

（2）国际企业进入中国的门户

香港既拥有成熟的营商环境和高质素的基础设施，同时又与内地及国际市场紧密联系，因此成为外国公司进入中国的理想跳板。尽管香港本地市场规模有限，但不少外商皆选择在香港成立分公司。在 2010 年，共有 1285 个地区总部和 2353 个地区办事处设于香港。香港通过为内地和国际市场构筑桥梁，推动国际技术和经验转移至内地，助益当地绿色低碳产业健康发展。

（3）中国企业"走出去"的平台

香港是中国企业走向世界的自然首站。中国企业在走向东南亚、欧洲或北美之前，往往先在香港设立地区或国际办公室。香港同时也能够帮助将中国的资金引向国际清洁技术项目。目前中国绿色低碳产业的产能远大于国内需求，然而欧洲和北美却由于缺少资金而无法满足对清洁能源的强大需求。这种资源错配使一些在国内领先的太阳能和风电企业跃跃欲试，想进入国际市场，但国有企业在国外发展往往由于政治因素而不时地遇到阻力。国内私营绿色低碳企业通过香港作为踏板走出中国，可提升国际化形象，从而避免上述窘局。

香港是国家唯一全面向国际投资者开放的交易平台，加上容易接触国际基金、后续融资活动灵活，使香港成为国内企业进入国际金融市场的起点站。截至 2010 年年底，香港股票市场共有 592 家内地企业上市，占香港 27 020 亿美元资本市场总额的 57%，和年度成交金额的 66%（香港交易及结算所有限公司，2011）。在 2011 年上半年上市的中国企业当中，62% 在内地上市，而选址香港和美国上市的分别占 34% 和 4%。

香港股票市场的投资者组合，也与深圳和上海等以散户为主的股票市场有所分别。2009 至 2010 年度，海外投资者活动占香港股票交易市场总成交量的 46%，当中超过 90% 是机构投资者。而整体来说，机构投资者活动则占市场总成交量的 64%。由于香港股票市场的信息披露以英文发表，且会计准则亦更易于理解，因此与其他中国股票市场相比，国际投资者倾向选择在香港股票市场投资。国际投资者和机构投资者对绿色低碳产业投资经验较丰富且兴趣较大，因此香港股票市场对于内地的清洁技术公司来说，是个非常有吸引力的融资市场。

事实上，希望迈向国际的中国清洁技术公司往往选择在海外股票交易所上市。在 2010 年，中国 20 个纯清洁技术企业的 IPO 当中，有 6 个在香港挂牌，另有 5 个在纽约挂牌。香港股票市场流动性大，为中国清洁技术企业提供获取资本的重要平台，有助企业发展成为业内龙头。2010 年间，全球十大清洁技术 IPO 中，有 7 个是中国企业 IPO，其中 4 个在香港挂牌，2 个在深圳，1 个在纽约。上述 4 个在香港上市的 IPO 共集资 24 亿美元，占十大清洁技术 IPO 集资总额的 34%。另外，全球十大市值的清洁技术公司当中，有 4 家是中国企业，其中 3 家以香港作为融资平台（Ernst & Young，2011）。

尽管大多是无心插柳，香港通过推动资本流动、增强内地与国际市场的交流、提供商业发展所需服务和人才，已经在中国绿色低碳产业发展的过程中发挥了重要的作用。中国政府和企业应当充分发挥香港平台作用的优势，并通过政策鼓励科研机构和企业的国际合作行动，从而促进绿色低碳技术的创新和产业的发展。

参 考 文 献

陈工孟等 . 2010. 2009 年中国风险投资行业调研报告（研究报告）

国家电力监管委员会 . 2011. 2010 年度发电业务情况通报 . www. serc. gov. cn/ywdd/201109/W020110901610165944272. doc［2011-10-01］

国务院发展研究中心产业经济研究部，中国汽车工程学会，大众汽车集团（中国）. 2011. 中国汽车产业发展报告（2010）. 北京：社会科学文献出版社

胡敏，杨富强 . 2008. 发挥金融和资本市场促进节能减排的重要作用 . 能源政策研究，（2）：7～11

宦璐 . 2009. 汽车市场预测公司 CSM：新能源车过渡时间会较长 . www. cnstock. com/paper_new/html/2009-04/03/content_68002209. htm［2011-04-10］

科技部 . 2011. 国家"十二五"科学和技术发展规划 . www. most. gov. cn/mostinfo/xinxifenlei/gjkjgh/201107/t20110713_88230. htm［2011-08-01］

科学技术部社会发展科技司，中国 21 世纪议程管理中心 . 2010. 碳捕集、利用与封存技术在中国 . http：//toronto. china-consulate. org/chn/gdtp/P020101013127677434056. pdf［2011-12-01］

李俊峰等 . 2011. 风光无限：中国风电发展报告 2011. 北京：中国环境科学出版社

联合国贸易和发展会议 . 2010. 2010 年世界投资报告：低碳经济投资 . www. unctad. org/ch/docs/wir2010overview_ch. pdf［2011-08-01］

气候组织 . 2011. 中国的清洁革命 4：财金战略 . http：//www. theclimategroup. org. cn/publications/
　　2011-11-Chinas_ Clean_ Revolution4-cn ［2011-12-01］

清科研究中心 . 2011a. 2010 年中国创业投资年度研究报告 . www. zero2ipogroup. com/research/report-
　　details. aspx？ r = 5045f16c-05b2-4de4-82b9-059beb237b76 ［2011-06-08］

清科研究中心 . 2011b. 2010 年中国私募股权投资年度研究报告 . www. zero2ipogroup. com/research/
　　reportdetails. aspx？ r = a751b9cb-80b7-4a2d-a229-658d704a43b1 ［2011-06-08］

清科研究中心 . 2011c. 2010 年中国企业上市年度研究报告 . www. zero2ipogroup. com/research/report-
　　details. aspx？ r = b2574d0f-c2a3-4055-8376-30f570e303b6 ［2011-06-08］

清科研究中心 . 2012. 2011 年 VC 募资逾 282 亿美元　IPO 反之缩水 . http：//research. pedaily. cn/
　　201201/20120104289427. shtml ［2012-01-04］

仇保兴 . 2008. （中华人民共和国建设部副部长仇保兴在国务院新闻办新闻发布会上）答记者问 .
　　www. scio. gov. cn/xwfbh/xwbfbh/wqfbh/2007/0118/200905/t309127. htm ［2011-08-10］

王颖春 . 2010. 节能环保十二五末产值将达 4.5 万亿元 . business. sohu. com/20101213/
　　n278254057. shtml ［2011-08-09］

香港交易及结算所有限公司 . 2011. 香港交易所市场数据 2010. www. hkex. com. hk/chi/stat/statrpt/
　　factbook/factbook2010/Documents/FB_ 2010_ c. pdf ［2011-09-10］

香港特别行政区政府投资推广署 . 2010. 亚洲基金行政管理服务需求殷切 International Administra-
　　tion Group 在港成立地区总部 . www. investhk. gov. hk/static/posts/press-release-international-adminis-
　　tration-group-sets-up-regional- headquarters-in-hong-kong-as-fund-administration- business-booms-tc. html
　　［2011-09-11］

解振华等 . 2010. 国新办就中国应对气候变化的政策与行动和联合国气候变化坎昆会议情况举行发
　　布会 . www. china. com. cn/zhibo/2010-11/23/content_ 21379072. htm？ show = t ［2011-06-25］

中国节能协会 . 2010. "十一五"中国节能服务产业发展报告（内部报告）

中国科学院可持续发展战略研究组 . 2011. 2011 中国可持续法发展战略报告——实现绿色的经济转
　　型 . 北京：科学出版社

中国可再生能源发展战略项目组 . 2008. 中国可再生能源发展战略研究丛书：水能卷 . 北京：中国
　　电力出版社

中国可再生能源学会风能专业委员会 . 2011. 2010 年中国风电装机容量统计 . www. windss. cn/Arti-
　　cleList. aspx？ ClassID = 27 ［2011-03-19］

中国银行业协会 . 2016. 2010 年度中国银行业社会责任报告 . www. china- cba. net/bencandy. php？ fid
　　= 65&id = 7611 ［2011-08-11］

China Venture. 2011. 投中观点：清洁能源企业上市热度不减　环保节能领域融资升温 . http：//re-
　　port. chinaventure. com. cn/r/f/346. aspx ［2011-06-10］

Ernst & Young. 2011. Cleantech matters：Seizing transformational opportunities. www. ey. com/Publication/
　　vwLUAssets/Cleantech-matters_ FW0009/ $ FILE/Cleantech-matters_ FW0009. pdf ［2011-08-20］

HSBC. 2010. Sizing the climate economy. research. hsbc. com/midas/Res/RDV？ ao = 20&key =

wU4BbdyRmz&n = 276049. PDF〔2011-08-21〕

IEA. 2009. Technology roadmap：Carbon capture and storage. www. iea. org/papers/2009/CCS _ Road-map. pdf〔2011-04-11〕

J D Power and Associates. 2010. Drive clean 2020：More hope than reality. Los Angeles：J. D. Power and Associates

Rrolandberger. 2009. Powertrain 2020：The future drives electric. www. rolandberger. ch/media/pdf/Roland _ Berger_ Powertrain_ 2020_ 20091001. pdf〔2011-04-12〕

Rrolandberger. 2011. Automotive landscape 2025：Opportunities and challenges ahead. www. rolandberg-er. com/media/pdf/Roland_ Berger_ Automotive_ Landscape_ 2025_ 20110228. pdf〔2011-04-12〕

The Climate Group, Ecofin Research Foundation, GCCSI. 2010. Carbon capture and storage：Mobilising private sector finance

The Pew Charitable Trusts. 2010. Who is winning the clean energy race. www. pewtrusts. org/uploadedFiles/ wwwpewtrustsorg/Reports/Global_ warming/G-20% 20Report. pdf〔2011-08-10〕

United Nations Conference on Trade and Development. 2011. Investing in a low-carbon economy：A survey of investment promotion agencies. www. unctad. org/en/docs/webdiaepcb2011d2_ en. pdf〔2011-09-12〕

第六章
中国"走出去"战略与企业环境社会责任*

　　2011年是中国入世10周年，也是中国实施"走出去"战略的10周年。回顾中国融入世界的10年历程，及时总结经验和教训，客观分析我们面临的各种挑战，科学判断未来的可能情景，对我们更好地实行"走出去"战略、树立中国良好大国"形象"、实现全球以及中国可持续发展是十分必要和紧迫的。

　　10年来，中国通过"引进来"和"走出去"，国家得到了快速发展。GDP从2001年的11万亿元人民币增至2010年的近40万亿元人民币，年均增长超过10%。人均GDP由2000年的800多美元增至2010年的4000多美元。经济总量（按汇率计算）相继赶超德国、日本，仅次于美国位居世界第二，占世界经济总量的比重超过9%。自2001年"走出去"战略写入"十五"计划纲要以来，中国年度对外直接投资从2001年的69亿美元迅速增长到2010年的688亿美元，居发展中国家及地区的首位和世界第五位，遍布178个国家和地区。中国已成为名副其实的资本输出大国。

　　中国企业在海外投资的迅速扩大，特别是资源性开发项目，近年来引起国际社会极大的关注，与开发项目相关的各类冲突也不断增多。在对中国企业的绿地投资、

---

*　本章由金嘉满、任鹏、朱蓉、孔令红执笔，作者单位为全球环境研究所

 159

海外兼并等活动的各方关注中，既有对中国投资的欢迎和支持，也有"中国威胁论"甚至"新殖民主义"的论调。无论如何，我们必须看到，少数中国企业的海外投资行为与项目忽视了当地的劳工权益、破坏当地环境、考虑社区原住民替代生计不足，损害了中方企业乃至中国的国家形象，从而引发了国际社会的广泛议论和争议。

在经济全球化迅速发展的今天，国际上越来越关注开发过程中对环境和当地原住民的影响。随着自身融入全球化进程的加快，我们在总结中国 10 年"走出去"战略取得的成绩和给所在国做出的贡献的同时，必须从全球视角和新的国际发展环境全面反思国家及企业的海外发展战略。在区域和全球环境危机突出，部分投资地存在地区冲突、法制环境和治理能力仍待完善的情况下，从一个大国的地位和作用出发，重新评价投资战略及其政治、经济、社会与环境风险，探索如何减小企业活动的负面影响，使企业投资得到投资目的国政府和民众的欢迎。实现企业的可持续发展，已经成为企业进行海外投资最为重要的功课。在绿色浪潮席卷全球的今天，企业的创新能力、包容性文化价值观的引领能力和回馈社会的能力已经成为企业核心竞争力的重要组成部分。

一 全球化背景下的中国"走出去"战略

国际贸易和交流已有数千年的历史。早在公元前 100 年，繁华的丝绸之路就已经成为亚洲和地中海各国经济、文化和技术交流的通道。自 17 世纪工业革命以来，现代交通和通讯技术的发明和应用使国际交流活动的速度和地理范围迅速增加，信息通信技术的革命进一步缩短了世界各地之间的距离。"全球化"一词在 20 世纪后期出现，被用来描述全球范围内国家、企业、公民社会和个人之间互动日益增加，联系愈加紧密的过程。在全球化进程中，时间和空间被同时压缩，地理距离在国际交往中的重要性逐渐降低，各国、各民族和各区域在经济、政治、文化、科技、军事、安全、意识形态、生活方式、价值观念等多领域的相互联系和影响日益增强。

在各领域的全球化进程中，经济全球化的进展最为迅速。国际贸易额占全球国内生产总值的比例从 20 世纪早期的 3.5% 增至 1960 年的 25%，随后又从 1970 年的 28% 增至 2001 的 58%（Clapp et al.，2005）；国际对外投资流入总量也从 1970 年的 133 亿美元增长到 2010 年的 12 437 亿美元（UNCTAD Database，2011）。经济全球化是新自由主义思想下世界经济自由化和技术发展相结合的产物，通过全球范围内的资本、技术、自然资源等生产要素的加速流动，国家界限和当地资源对生产和消费的限制显著降低。经济全球化促进了世界市场的扩大和区域统一，进一步深化了国际分工，同时加速了科学技术和产业制度的创新和传播。

自 1978 年改革开放以来，中国利用经济全球化深入发展的机遇积极引进外资和先进技术，改造提升国内产业，开始从计划经济向市场经济转型。2001 年，中国加入世界贸易组织，在建立社会主义市场经济体制框架下进一步开放国内市场、开展国际贸易，积极融入经济全球化进程。中国的货物进出口总额从 1978 年的 206 亿美元迅速增长为 2010 年的 29 740 亿美元，并在 2009 和 2010 连续两年成为世界货物贸易第一出口大国和第二进口大国（中华人民共和国国务院新闻办公室，2011）。吸引外国直接投资也从 1978 年的不足 10 亿美元增至 2010 年的 1057.4 亿美元，成为仅次于美国的全球第二大引资国（中国投资指南网，2011）。

通过实施改革开放和"引进来"战略，中国在过去 30 多年中成长为一个开放的经济体，经济和社会全面发展，实现了国家技术进步和产业升级，企业管理水平和市场竞争力也不断提高。与此同时，中国经济仍然存在产业结构不合理、地区发展不协调、国际竞争力不强、自主创新能力弱、人才资源不足、自然资源短缺、生态和环境严重破坏等突出问题。在对外贸易领域，外贸发展与资源能源供给和环境承载力的矛盾日益突出，企业研发、设计、营销和服务等方面的竞争力不足，自有知识产权和自有品牌出口产品所占比重较小，外贸增长的质量和效益也有待提高（中华人民共和国国务院新闻办公室，2011）。

为进一步促进产业结构调整，提高我国的国际经济竞争能力，实现经济的可持续发展，"走出去"战略在 2001 年 3 月写入《中华人民共和国国民经济和社会发展第十个五年计划纲要》（简称《"十五"计划纲要》）。自此，中国不仅打开国门引进外资和先进技术，还积极推动中国企业走出国门，进行海外投资和经济合作，开展跨国经营，全面利用经济全球化所带来的机遇。

（一）"走出去"战略的提出

"走出去"的思想萌芽出现于 20 世纪 90 年代初期。经过 10 多年的改革开放，我国对外贸易和利用外资的规模不断扩大，市场经济体制也初步建立，但对外投资和经济合作仍然处于起步阶段。在 1993 年底召开的十四届三中全会上，中共中央做出了深化对外经济体制改革，进一步扩大对外开放的决定，把"充分利用国际国内两个市场、两种资源，优化资源配置。积极参与国际竞争与国际经济合作，发挥我国经济的比较优势，发展开放型经济，使国内经济与国际经济实现互接互补"列为深化对外经济体制改革，进一步扩大对外开放的 4 项重要措施之一。

在随后的几年中，"走出去"的内容逐步丰富，对发展中国家的经济合作和投资发展成为"走出去"战略的重要举措之一。前国家主席江泽民在 1996 年访问埃塞俄比亚等非洲六国时提出，非洲国家有广阔的市场和丰富的资源，要推动有实力的中国企业到非洲开展领域广泛、形式多样的互利合作。1997 年底召开的全国外资工作会议提出，"走出去"和"引进来"是中国对外开放基本国策两个紧密联系、相互促进的方面，缺一不可；并要求在积极引导和组织有实力的中国企业走出去，利用欧美市场和资源的同时，要看到发展中国家的广阔市场和丰富资源，"走出去"被赋予和"引进来"同样重要的战略地位。

2001 年 3 月，实施"走出去"战略作为扩大对外开放、发展开放型经济的重要措施写入《"十五"计划纲要》。《"十五"计划纲要》指出，要"鼓励能够发挥我国比较优势的对外投资，扩大国际经济技术合作的领域、途径和方式。继续发展对外承包工程和劳务合作，鼓励有竞争优势的企业开展境外加工贸易，带动产品、服务和技术出口。支持到境外合作开发国内短缺资源，促进国内产业结构调整和资源置换。鼓励企业利用国外智力资源，在境外设立研究开发机构和设计中心。支持有实力的企业跨国经营，实现国际化发展"。随着《"十五"计划纲要》的发布和实施，中国对外投资服务体系逐步完善，"走出去"战略的相关政策也进一步落实。

纵观"走出去"战略提出的背景和历程，可以看到"走出去"战略意在鼓励中国企业进行海外投资和经济合作、开展跨国经营，从而促进中国产业结构调整，提高中国的国际经济竞争能力，实现中国经济的长远发展。自"走出去"战略提出以来，我国步入了对外投资和经济合作快速增长的 10 年。

（二）中国对外直接投资总量及地区、产业分布

我国对外直接投资年度流量在 20 世纪 90 年代期间一直在 10 亿~45 亿美元的低位徘徊（图 6.1）。2001 年"走出去"战略写入《"十五"计划纲要》后，对外直接投资进入了持续快速增长期，2002~2005 年的对外直接投资流量的年均增长率高达 65.6%。"十一五"期间，对外投资流量由 2006 年的 176 亿美元增至 2010 年的 688 亿美元，年增长率为 34.3%。截至 2010 年，我国对外直接投资名列全球第五，仅次于美国、法国、德国和香港，分布在 178 个国家（地区），占当年世界对外投资流量总量的 5.2%；我国投资者设立境外企业共 1.6 万家，对外投资累计净额（简称存量）达 3172 亿美元。

根据商务部的统计，亚洲和拉丁美洲是我国对外投资的主要目的地，分别占对外投资存量总量的 72% 和 14%。流向大洋洲、非洲和欧洲的投资所占比重较小，但

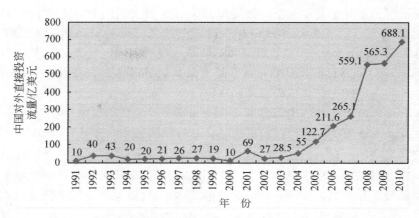

图 6.1　中国对外直接投资流量（1991～2010）

数据来源：《2010 年度中国对外直接投资统计公报》

注：2002～2005 年数据为中国非金融类对外直接投资数据，2006～2010 年为全行业对外直接投资数据。

在近几年内呈现出快速增长的态势。投资存量增长速度最快的地区为大洋洲，2007～2010 年年均增长率为 47.3%，欧洲和非洲分别以 37% 和 30.8% 的年均增长率位居第二和第三位。拉丁美洲是位于亚洲之后的第二大对外直接投资目的地，但在 2007～2010 年，其对外投资存量年均增长率却仅为 15.4%，明显低于其他地区（图 6.2）。

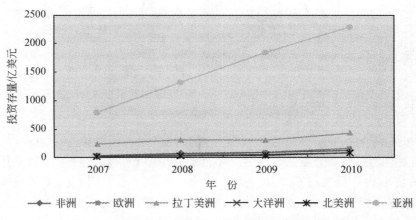

图 6.2　2007～2010 年中国对外直接投资存量区域分布

数据来源：《2010 年度中国对外直接投资统计公报》

在各国家和地区中，香港、开曼群岛和英属维尔京群岛等离岸金融中心因为税率低、注册便利、便于规避外汇管制等原因，成为吸引我国对外直接投资的热点地区。截至2010年，香港的对外投资存量占亚洲地区对外投资存量的87.2%，占对外投资存量总量的62.8%；开曼群岛和英属维尔京群岛的对外投资存量占拉丁美洲对外投资存量的92.3%；占对外投资存量总量的12.8%。流向这些地区的绝大部分投资只是在当地中转，最终流向其他地区。

为了分析中国对外投资最终目的地的分布情况，美国传统基金会专门对2005年以来单笔超过100万美元的中国对外投资的最终目的地进行了统计（图6.3）。虽然美国传统基金会的统计不包括小额投资，却能在一定程度上反映中国对外投资的最终流向。其数据显示，截至2011年6月，亚洲仍然是单笔100万美元及以上的中国对外投资的最大目的地，占投资存量总量的34%，但其所占份额远低于占初次投资的比例（72%）。最终流向非洲的投资占单笔超过100万美元的中国对外投资存量总额的22%，远超过初次投资4%的份额。由此可见，非洲已经超过欧洲、北美洲、拉丁美洲和大洋洲，成为吸引我国大额对外直接投资的热点地区。

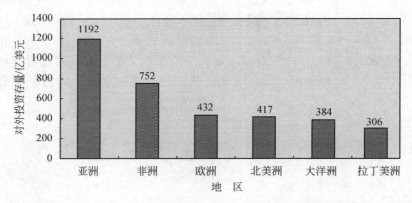

图6.3 2011年中国单笔超过100万美元对外投资存量分布情况

数据来源：The Heritage Foundation，2011

在产业分布上，我国对外直接投资呈现日趋多元、相对集中的格局。近10年来，我国对外直接投资开始从早期的单一行业和单一经营向多种行业和多种经营方式转变（表6.1）。目前我国对外投资遍布第一、二、三次产业的各个领域，包括农、林、牧、渔业、制造业、采矿业、建筑业、金融业、通信业、软件业等多个产业。在各行业中，商业服务业、金融业、采矿业、批发和零售业是对外投资的重点领域。截至2010年，商业服务业、金融业、采矿业、批发和零售业四大行业吸引的对外直接投资存量总量为2391.7亿美元，占我国对外直接投资存量总量的75.40%。

表 6.1　2010 年末中国对外直接投资存量行业分布

行业	比重/%	行业	比重/%
商业服务业	30.7	房地产业	2.3
金融业	17.4	建筑业	1.9
采矿业	14.1	科学研究、技术服务和地质勘查业	1.3
批发和零售业	13.2	电力、煤气和水的生产和供应业	1.1
交通运输、仓储和邮政业	7.3	居民服务和其他服务业	1.0
制造业	5.6	农、林、牧、渔业	0.8
信息传输、计算机服务和软件业	2.7	其他	0.6

数据来源：《2010 年度中国对外直接投资统计公报》

（三）落实"走出去"战略的制度建设

商务部、国家发改委等相关政府部门在"走出去"战略提出后出台了一系列政策和措施，开始搭建并逐步完善我国对外直接投资的法规体系、服务体系和金融环境，为我国对外直接投资的快速增长提供了制度基础和激励机制。鼓励企业"走出去"的政策和制度建设主要有以下 3 个方面。

1. 简化审批程序，规范监督管理

"走出去"战略提出以来，对外投资的管理完成了由审批制到核准制的转变，地方相关部门的核准权限大幅提高，核准程序也大为简化，管理办法逐步完善。

长期以来我国对海外投资一直采取限制型政策。直到"走出去"战略提出以后，对外投资的相关政策才开始逐步放松。2003 年，北京等 12 个省或直辖市进行了下放境外投资审批权限、简化审批手续的改革试点，地方的审批权限由 100 万美元提高到 300 万美元。2004 年 10 月，商务部公布了《关于境外投资开办企业核准事项的规定》，明确指出"国家支持和鼓励有比较优势的各种所有制企业赴境外投资开办企业"；国家发改委发布《境外投资项目核准暂行管理办法》，将境外投资由审批制改成核准制，把地方的审批权限提高为中方投资额 3000 万美元以下的资源开发类和中方投资用汇额 1000 万美元以下的其他项目，由各省、自治区等省级发展改革部门核准。同年 11 月，商务部境外投资批准证书网上发放系统启动，极大地简化了企业办理投资核准的申请流程。2006 年，国务院常务会议通过《关于鼓励和规范我国企业对外投资合作的意见》，对我国的境外投资工作进行全面引导和规范。

2009 年，商务部发布《境外投资管理办法》，进一步下放核准权限，简化核准程序。1 亿美元以下的境外投资则由省级商务部门核准，1 亿美元以上的境外投资根据其投资额度，分别由国家发改委或国务院核准。中方投资额 1000 万美元及以下的非能源、矿产类境外投资，只需按要求填写并向商务主管部门提交《境外投资申请表》，即可在 3 日内获得《企业境外投资证书》。

2. 完善服务体系

对东道国投资环境的了解和判断是海外投资能否顺利进行的关键因素之一。为了落实"走出去"战略，商务部等相关政府部门积极搭建完善对外投资信息服务体系，引导企业开展对外投资活动。

商务部在 2003～2008 年发布年度《国别贸易投资环境报告》，并自 2009 年起每年发布年度《对外投资合作国别（地区）指南》，介绍各国的社会经济状况和与海外投资相关的法律政策，以帮助企业了解投资环境，规避投资风险，提高对外投资合作的经济和社会效益。商务部还联合中华人民共和国外交部（简称外交部）、国家发改委等部门于 2004 年、2005 年和 2007 年分 3 次发布《对外投资国别产业导向目录（一）》、《对外投资国别产业导向目录（二）》、《对外投资国别产业导向目录（三）》，为我国企业海外投资提供产业指导。商务部对外投资和经济合作司建立了中国对外投资和经济合作网，通过网站公布政策法规、合作信息、统计资料、国别环境等多方面信息，为有意向或正在进行对外投资的企业提供一站式服务。

除积极完善对外投资信息服务体系之外，商务部还在 2004 年建立了"国别投资经营障碍报告制度"，以便在了解中国企业境外开展投资经营活动中遇到的问题、障碍、风险和壁垒后，通过高层互访和商务磋商等渠道，帮助企业解决在投资过程中遇到的问题。2006 年，商务部颁布《中国企业境外商务投诉服务暂行办法》，并在北京成立商务部中国企业境外商务投诉服务中心，使企业在境外投资过程中遭遇商业纠纷、歧视性待遇时的申诉渠道得到进一步完善。

3. 建设有利于企业"走出去"的金融环境

自"走出去"战略提出以来，我国用于对外投资的外汇管制渐趋宽松，支持性的信贷、保险和税收政策也陆续出台，有利于企业"走出去"的金融环境正逐步建立。

支持企业"走出去"的外汇管理制度改革于 2003 年启动。2003～2011 年，国家外汇管理局取消了境外投资外汇风险审查和境外投资汇回利润保证金制度两项行政审批和购汇额度限制。地方外汇管理部门对用于对外投资的外汇资金来源审查权限在 2003 年提高到 300 万美元，在 2005 年再次升至 1000 万美元，企业开展对外投资的融资环境逐步放宽。中国人民银行发布的《2007 年国际金融市场报告》进一步提出，我国将取消境外投资外汇资金来源审查和资金汇出核准，以积极支持境内企业和个人境外直接投资。

在信贷支持方面，国家发改委和中国进出口银行在 2003 年共同建立了境外投资信贷支持机制。中国进出口银行在每年的出口信贷计划中安排一定规模的信贷资金作为境外投资专项贷款。资源开发、生产和基础设施建设、设立境外研发中心、海外企业并购等国家支持的对外投资重点项目可以申请境外投资专项贷款，享受中国进出口银行出口信贷优惠利率。境外投资专项贷款的审查流程更为迅速，中国进出口银行还提供与项目相关的投标保函、履约保函、预付款保函、质量保函以及国际结算等方面的金融服务，并根据境内投资主体和项目情况在反担保和保证金方面给予一定优惠。

2005 年，国家发改委和中国出口信用保险公司共同建立境外投资重点项目风险保障机制。中国出口信用保险公司向国家鼓励的境外投资重点项目提供投资咨询、风险评估、风险控制以及投资保险等境外投资风险保障服务，并对国家鼓励的境外投资重点项目给予一定的费率优惠，简化承保手续，加快承保速度。

在税收方面，财政部和国家税务总局在 1997 年明确规定了境外投资的减免税政策。纳税人在与中国缔结避免双重征税协定的国家，按所在国税法及政府规定获得的所得税减免税，视同已交所得税进行抵免。纳税人在境外因自然灾害遭受损失，继续维持投资、经营活动确有困难的，在取得中国政府驻当地使、领馆等驻外机构的证明后，获得境外所得 1 年减征或免征所得税的扶助。2005 年，国家税务总局推出税收争端处理服务，若缔约国的征税政策或行为不符合两国签订的避免双重征税协定规定，我国企业可向国家税务总局提出申请，由国家税务总局与缔约国主管税务当局协商解决。截至 2011 年 5 月，我国已和 96 个国家正式签署了避免双重征税协定，明确了我国和东道国之间税收管辖权划分的方式和标准。

（四）"走出去"战略"十二五"规划展望

继"走出去"战略写入《"十五"计划纲要》以来，《中华人民共和国国民经济与社会发展第十一个五年规划纲要》（简称《"十一五"规划纲要》）和《中华人民共和国国民经济与社会发展第十二个五年规划纲要》（简称《"十二五"规划纲要》）再次纳入"走出去"战略的相关内容。

《"十二五"规划纲要》在"十一五"期间对外投资持续高速增长的基础上，

提出统筹"引进来"和"走出去",加快实施"走出去"战略。《"十二五"规划纲要》指出,在"十二五"期间,我国鼓励发展国际能源资源开发和加工、开展境外技术研发投资合作、创建国际化营销网络和知名品牌、农业国际合作、有利于改善当地民生,以及海外工程承包和劳务合作类的海外投资项目,逐步发展我国大型跨国公司和跨国金融机构。在鼓励支持企业走出去的同时,《"十二五"规划纲要》还在大力发展文化产业的部分,首次提出要积极开拓国际文化市场,创新文化"走出去"模式,增强中华文化国际竞争力和影响力,提升国家软实力。

在支持"走出去"战略的政策方面,《"十二五"规划纲要》要求相关政府部门提高综合统筹能力,完善跨部门协调机制,加强实施"走出去"战略的宏观指导和服务;加快完善对外投资法律法规制度,积极商签投资保护、避免双重征税等多双边协定;健全境外投资促进体系,提高企业对外投资便利化程度,维护我国海外权益,防范各类风险。国家发改委、国家税务总局和国家外汇管理局等部委官员在2011年4月的第五届中国企业跨国投资研讨会上表示,"十二五"期间将支持企业在境外利用混合贷款、银团贷款、资产证券化等多种手段,采用境内外发行股票、债券以及项目融资等多种方式筹集资金;继续深化境外投资的外汇管理改革;完善支持企业境外投资的风险保障机制,等等,以加快实施"走出去"战略。

《"十二五"规划纲要》为2011~2015年中国企业对外投资的国内政策、服务和金融环境勾勒出明朗的前景。虽然金融危机对国际对外直接投资环境带来冲击,全球对外投资流量于2008、2009年出现负增长,在国内经济快速增长,保有巨额外汇储备的宏观经济形势下,我国对外直接投资流量仍然保持增势,并在经历2009年的低谷后迅速回升。在国内政策的支持和金融危机后世界经济增长极向新兴经济体和发展中国家的转移的有利的国内外环境下,"十二五"期间中国企业"走出去"的步伐有望进一步加快,绿色低碳经济等新型发展模式的兴起也为我国调整经济结构、提升企业国际竞争力提供了契机。

二 中国企业"走出去"的社会和环境问题

"走出去"战略提出后,我国对外投资快速增长,越来越多的企业走出国门参与国际市场竞争。中国投资者为东道国带来的新的就业机会,推动了当地经济增长。但另一方面,中国投资者对东道国带来的负面环境和社会影响也引发了国际社会的广泛关注和争议。尤其是近年来中国在东南亚、非洲、南美和澳大利亚等地区资源能源领域的投资和贸易甚至被指为在全球范围内掠夺资源的"新殖民主义",对其他国家的利益和安全造成威胁,我国的国家形象也因此受损。虽然此类批评通常从单一视角出发片面强调中方责任，一些报道甚至混淆事实，张冠李戴，但也在一定程度上也反映了某些现实存在的问题，并引发了部分国家对中国"走出去"战略的质疑。面对中国对外投资过程中产生的环境和社会问题，《"十二五"规划纲要》中明确提出"走出去"的企业和境外合作项目应当履行社会责任，造福当地人民。

为了全面分析中国对外投资在环境和社会领域遇到的问题和挑战，我们特别选取苏丹麦洛维大坝、缅甸密松水电站、赞比亚中国铜矿企业、塞拉利昂伐木禁令4个典型案例展开研究。这几个事件都发生在发展中国家，涵盖水电、矿业和伐木等社会环境影响显著的行业，其重大的环境与社会影响引发了大量的争议和国际社会的关注与评论。本节首先介绍通过案例分析总结得出的中国对外投资引发社会和环境问题的主要原因，随后对4个案例展开分析，为提出中国对外"走出去"可持续发展战略的理念和相关政策的制定提供享实依据。

（一）中国对外投资引发社会和环境问题的主要原因

根据近年来中国对外投资中引发的社会和环境问题，我们初步分析原因有以下几个方面。

1. 企业社会和环境责任意识薄弱

短期逐利行为使部分中国海外企业忽视或回避其社会和环境责任。某些能源和资源开采行业的企业甚至对东道国矿产、森林等自然资源进行掠夺式开发，严重破坏当地资源环境和人民生计，引发当地居民的强烈不满和反华情绪。这些企业没有认识到只有有利于东道国经济、社会和环境全面发展的投资项目，才能在东道国站稳脚跟，具备可持续的赢利和发展能力。当然，这些企业海外开发行为的不规范甚至违法也与国内企业对社会责任认识不到位，以及法规不完善、环境监管和执法不力有关。

2. 投资方和主要利益相关方沟通不足，不能及时有效地解决出现的问题

由于缺乏畅通的交流渠道或投诉机制，在项目出现劳资纠纷，或因社会和环境影响遭到当地居民、相关组织机构的反对和抗议时，中方投资者常常保持沉默，和主要利益相关方之间缺乏沟通交流，从而导致问题进一步扩大和激化，最终危害双方财产和人身安全。

3. 中国政府对海外企业的社会和环境行为的监管体系尚不完善

目前，我国要求中国企业在进行对外投资和开展经济合作时遵守东道国的法律

法规、中国和东道国签署的双边协定，以及有关国际公约，并自 2007 年以来陆续出台《中国企业境外可持续森林培育指南》等规范海外企业环境和社会行为的政策，但却没有明确规定对企业违反上述法律规章时的相关处罚措施。总体看来，现有政策中对中国海外企业减少其社会和环境影响、积极履行企业社会责任的监督、激励和引导措施仍有待加强。

4. 东道国环境标准薄弱，政府监管能力不足

东道国是外国投资和外国企业的监管主体，其法制环境直接影响投资者的环境和社会行为。一些发展中国家的环境法律法规薄弱，甚至仍待制定。这些国家相关法律的缺失和监管能力的不足也为某些外国企业无视其环境和社会影响、推脱企业社会责任打开了方便之门。由于历史和现实原因，中国企业对外投资竞争力主要集中在这些发展中国家，从而增大了中国企业对外投资的风险，其行为也容易引发争议。

（二）中国对外投资的主要社会和环境问题案例研究

1. 案例一：苏丹麦洛维水坝威胁当地环境和居民的政治、公民权利

全长 9.7 公里的麦洛维大坝建成于 2010 年，坐落在苏丹首都喀土穆以北约 350 公里处。大坝由中国水利水电建设集团公司（简称中水电）和中国水利电力对外公司组建的 CCMDJV 七五联营体承建，是中国海外承建的最大水电项目，也是世界上最长的大坝和非洲最大的水利枢纽工程。中国进出口银行是麦洛维大坝的最大贷款方，为项目提供资金 6.08 亿美元。

在尼罗河第四瀑布上建设大型水电站是苏丹政府数十年来的构想，苏丹总统哈迈德·巴希尔甚至表示，麦洛维大坝项目将改变苏丹的贫困状态。大坝建成后，苏丹的电力供应状况确实得到了显著改善，全国发电总量比 2002 年提高了两倍多，电价下调25% ~30%。在修建麦洛维大坝之前，苏丹人均年耗电量仅为 58 千瓦时，不及 OECD 国家平均水平的 1%，大部分乡村地区只能靠小型柴油发电机供电。与此同时，大坝还具有调整能源结构、灌溉防洪的作用。但在带来经济效益的同时，大坝的建设和运营也付出了巨大的环境代价和社会代价。

瑞士联邦水生物科技研究所（EAWAG）和联合国环境规划署（UNEP）在 2006 年分别对麦洛维大坝的环境影响进行了评估。EAWAG 和 UNEP 一致认为，麦洛维大坝带来的淤泥损失、河岸侵蚀和生物多样性丧失等问题将对苏丹北部的尼罗河河

谷地区造成重大的环境和生态影响，但麦洛维大坝的环境影响评价报告书却忽略了淤泥损失、河岸侵蚀、流域地下水补给减少、鱼类洄游阻断等重要问题，更没有为解决这些问题提供方案。为此，EAWAG 和 UNEP 不仅对麦洛维大坝持批评态度，还对大坝环评结论的正确性表示质疑。

在移民问题的处理上，苏丹政府对持反对态度的移民进行镇压和迫害，公然侵犯移民的社会和公民权利。数万名农民因大坝的修建而被迫离开家园和传统的生活方式，从富饶的尼罗河谷迁至沙漠中的不毛之地。政府对移民缺乏妥善安置，许多民众在迁移过程中缺乏食物和住地，贫瘠的移民安置区也无法产出足够的作物支持移民的生活。部分对移民安置条件不满的农民因此拒绝前往移民安置点，要求迁往土地相对富饶的库区周边地区。对移民的反对和抗议，苏丹政府采用向手无寸铁的请愿者开枪、逮捕意见人士、压制媒体报道等暴力手段进行镇压。2006 年 4 月，50 多名反对迫迁的群众被驻守麦洛维大坝的军人打伤，其中 3 名当场死亡。

麦洛维大坝的环境和社会问题引发了国际社会的广泛关注和批评。环保组织国际河网呼吁参与项目开发的企业在大坝的环境问题得到解决之前暂停工程建设；联合国特别报告员米隆·科塔里特别就麦洛维大坝的人权问题发表声明，要求苏丹政府和为麦洛维水电项目提供资金的各国政府确保当地居民社会和公民权利不会受到侵犯，以及参与大坝建设的各国企业在问题得到妥善处理之前停止施工和其他相关活动。

作为洛维大坝的主要贷款方和承建者的中国进出口银行和两家中国公司也因为大坝的环境和社会问题饱受批评。以国际河网政策主任彼得·博萨德为代表的言论认为，麦洛维大坝因其重大的环境社会影响以及苏丹政府的不良人权记录而难以获得欧洲出口信贷机构的支持，一些阿拉伯国家虽然愿意提供财政支持，却没有修建大型水坝所需要的技术，如果没有中国进出口银行和另外两家中国公司的支持，麦洛维大坝项目的实施将遥遥无期。另一部分批评则把项目贷款方之一的中国进出口银行误作为项目投资人，把由苏丹政府负责开发的麦洛维大坝项目误称为中国在非洲投资的水电项目，并把大坝的环境和社会影响一概归咎于中方。此类报道在国内外广为流传，不仅为中国进出口银行和中国企业扣上莫须有的责任和批评，中国的国家形象也因此受损。

麦洛维大坝引发的问题是，中国的银行和企业因为对有争议的海外大型水电项目提供资金和技术支持而受到国际社会批评的典型事件。实际情况是中国进出口银行和企业在贷款和项目建设过程中并没有触犯任何中苏两国的相关法律，中水电也按照拉美尔公司的要求如期完成工程建设。但由于苏丹本国相关法律法规的缺失、项目环境影响评价报告存在重大疏漏，以及苏丹独裁军政府对大坝移民权利的侵犯，使该项目产生了重大的负面社会和环境影响，中方也因此难脱干系，连带承担了项目的环境和社会风险，甚至背负了原本是项目开发主体苏丹政府和负责大坝设计、咨询和监理工作的德国拉美尔公司的责任。

通过分析中国企业因为麦洛维大坝而遭到相关人士和国际社会误解的缘由，我们建议中国企业在向海外项目提供贷款、竞标工程承包时应关注以下几点：

1）审慎参与有重大环境和社会影响的项目。在向有重大环境和社会影响的项目发放贷款或竞标工程时，应采取不低于同行业国际环境保护和社会政策的标准的原则，全面评价项目的环境和社会风险，审慎承担有重大环境和社会影响的项目。在向法制薄弱的东道国，甚至存在人权问题的大型工程项目提供贷款、竞标工程承包时应尤其注意项目可能产生的环境和社会问题。

2）制定应对项目出现重大环境和社会问题的相关措施。在贷款项目或承包工程项目出现重大环境和社会问题时，贷款方应停止发放贷款，要求项目业主及时采取补救措施；承包方应在项目执行过程中尽可能减少工程的环境和社会影响，并及时向工程监理和项目业主反映在施工过程中发现的各类问题。

3）增加项目透明度，遭遇误解时主动澄清事实。中国信贷机构和企业在因海外项目受到批评时通常采取沉默或回避的应对方式，不仅无助于问题的解决，反而招致更多的猜疑和指责。通过建立信息公开制度，公开项目的环境和社会影响评估；设立投诉机制，及时处理当地居民和非政府机构的疑虑，才是解决问题的有效途径。面对国际社会和当地国民众对中国海外信贷或海外承包工程的客观批评，中国企业应该认真听取、善加利用，不断改进和提高自身的业务水平；而对来自媒体或相关机构的误读，中国企业则应在当地和国际媒体上积极发出自己的声音，澄清事实，辨明责任。

2. 案例二：中缅合作密松水电项目被叫停

密松水电站由中国电力投资集团公司（简称中电投）、缅甸第一电力部、缅甸亚洲世界公司共同投资，以 BOT（建设—运营—移交）方式开发，电站规划总投资 36 亿美元，装机容量 600 万千瓦，居全缅第一。密松水电项目在 2009 年正式启动，预计首台机组将于 2017 年运行。2011 年 9 月 30 日，密松水电站被缅甸单方面叫停。缅甸总统吴登盛宣布，由于密松水电站项目将"破坏密松的自然景观，破坏当地人民的生计，破坏民间资本栽培的橡胶种植园和庄稼"，因此在其任期内搁置密松水电站项目。

密松水电站是中电投开发的伊洛瓦底江上游 7 座梯级电站中的第一座。伊洛瓦底江上游梯级电站开发项目装机总量为 2000 万千瓦，预计总投资 2000 亿元。伊江梯级水电开发项目是目前缅甸最大的利用外资项目和中国最大的境外电力 BOT 项目。根据 BOT 协议，伊江上游水电站建成后，中电投负责运营 50 年，运营期满后无偿移交给缅甸政府。自 2007 年伊江上游开发水电项目的消息公布以来，当地居民、非政府组织、克钦军政府、缅甸民主同盟纷纷对密松水电站的建设表示强烈反对。

2007 年，12 名克钦族首领曾联合致信缅甸政府，指出密松水电站将对当地自然资源、民众生活和文化遗产造成破坏，要求政府取消密松水电站项目。库区移民表示，克钦不需要建设大型水电站（密松水电站 90% 的电量将输往中国），即使有补偿，也不愿意离开家乡和传统的生活方式。2009 年，中电投委托缅甸生物多样性和自然保护协会（BANCA）、长江勘测规划设计研究院（CISPDR）对伊江上游梯级水电项目的环境影响进行评价，CISPDR 是环评工作的主要负责机构，BANCA 则负责环境基线调查和生物影响评价工作。BANCA 完成的环评报告后来在缅甸河流网上公布。报告称密松大坝将淹没包括克钦族的文化生活中心——迈立开江和梅恩开江的合流区域——在内的 18 000 亩耕地、森林和自然资源，30 多个村的 8000 多名居民将因为密松项目而移民。报告明确指出，"如果中缅双方真的关心环境问题，以缅甸的可持续发展为目标，就没有必要在伊洛瓦底江的合流处建造这样大的一个大坝。作为替代，可以在密松上游建造两个小一点的水坝，并生产出相同电量。尊重克钦文化的价值超过了任何建筑成本"。环评报告的披露进一步加剧了缅甸各界对密松项目的反对。

2011 年 3 月，克钦独立武装向胡锦涛总书记发出公开信，称由于密松水电站的建设没有得到当地民众和克钦独立军等利益相关方的同意，项目带来的巨大争议和冲突可能引发缅甸内战，强烈要求中方停止项目建设。克钦独立军目前掌握克钦地区的实际控制权。但密松水电项目的决策过程从计划到实施都是秘密进行，只有极少数的数据和信息对外公布，克钦独立军和克钦居民被完全排除在项目筹备和建设决策过程之外。根据项目协议，密松水电站运营的税收，以及 50 年运营期满后电站的所有权和运营权都将归缅甸政府所有。2011 年 6 月，克钦独立军和缅甸政府之间爆发了长达数月的武装冲突，冲突因缅甸政府试图控制位于克钦独立武装势力范围内的太平江水电站及周边地区而引发。如果缅甸政府试图控制密松水电站，甚至是整个伊洛瓦底江上流区域，必将威胁克钦独立武装的核心利益，进一步加剧双方冲突。由此可见，克钦独立武装称密松水电站可能引发缅甸内战并非夸大其辞，而是有切实的政治考量。

2011 年 8 月，缅甸全国民主联盟的发起人和主席昂山素季也发出请愿书，要求中缅两国政府重新评估密松水电站的环境和社会影响，并在减小和消除影响方面采取相应措施。对吴登盛领导的缅甸新政府而言，缓解各族之间的冲突，平息内战，争取民众支持，稳定政局是其首要任务。巨大的政治和社会压力迫使上台只有短短7个月的民选政府重新考虑密松水电项目，并最终做出叫停项目建设的决定。

密松水电站被叫停的消息公布后，我国外交部发言人和就密松事件接受采访的中电投有关领导都表示，密松水电站经过了中缅双方的科学论证和严格审查，其建设严格履行了中缅两国的相关法律。在密松水电站带来的环境和社会问题上，中方意见也和缅甸反对方的看法大相径庭。中电投认为密松水电站在制定移民规划时曾反复征询库区居民意见，对移民进行了妥善安置。中电投给出的密松电站坝区仅涉及5个村2146名居民，这个数据也远少于 BANCA 环评报告中的8000多名村民。除此之外，中电投公布的官方环评报告对伊洛瓦底江上游水电项目的经济效益、碳减排、生物多样性保护、施工环境影响等方面做出了正面的评价。言外之意，是缅甸政府在中方没有任何过失的情况下单方面毁约，损害投资者利益。

从法律角度出发，中方的确没有任何过失，密松项目被叫停，是因为中国投资者忽略了民意和项目的环境、社会和政治风险。在2007～2011年长达5年的时间里，坝区居民、政治和社区组织、国际人权组织曾多次联系中电投，希望就工程产生的社会和环境影响进行讨论，但中电投从未回应过此类要求，克钦族人等密松项目的反对方因此没有机会听到中电投对密松水电站的辩护，中电投也最终因为漠视各方反对，项目缺乏透明性而自食苦果。密松水电站被叫停是对中国投资者的警示是：环境风险、社会风险和政治风险直接影响投资收益的稳定性。如果投资项目缺乏公众认同和主要利益相关方的赞成，即使有中国政府和东道国政府的共同支持，项目建设也存在半途而废的风险。

为了避免密松事件再次上演，建议中国企业在投资开发有重大环境和社会影响水电项目时应充分认识投资双方的政治、社会和文化差异，并遵循以下原则：

1）采用参与式决策，获取公众认同。在项目筹备和规划阶段征询主要利益相关方对项目的意见和建议，采用谈判和磋商式的决策过程，如邀请受项目直接影响的原住民和部族各方，通过正式或非正式的代表团体在自愿、事先、知情的情况下参与项目谈判。

2）开展独立的环境和社会影响评估，公开相关信息。对项目的环境影响和社会影响进行独立而全面的评价，公开项目的环境影响和社会影响评价报告，并在社区进行公示和公开交流，增加项目透明度。

3）建立投诉机制，加强和各利益相关方的沟通交流。在项目实施过程中，通过在企业内部建立专门的环境和社会责任部门、建立投诉机制等措施，及时处理当地社区和非政府组织的疑虑，确保他们的意见得到尊重和妥善解决。

4）可持续发展原则。通过采用严格的环境和社会标准、多方参与的决策方式、建立项目收益共享机制、推进社区的长期可持续发展等方式，使项目在各层面多重获益，为投资者和东道国带来可持续的收益。

3. 案例三：赞比亚中国铜矿企业劳资冲突频发

中国对赞比亚铜带省的投资在近年来迅速增长。来自中国的投资不仅为赞比亚铜业注入了新鲜血液，还在 2008 年金融危机西方投资撤离赞比亚铜业时坚持不撤资、不减产，继续为当地群众提供就业机会。中国企业带来的投资和机遇赢得了赞比亚政府的欢迎和赞扬。但中国铜矿业企业工资待遇低、工作环境差、工人的安全和健康问题缺乏保障、中方管理人员和当地工人缺乏沟通，导致劳资冲突层出不穷。

中方投资 1.6 亿美元的谦比西铜矿是中国政府批准在境外开发建成的最大有色金属矿山。谦比希铜矿始建于 1963 年，但由于经营不善、缺乏资金等原因，1987年铜矿被迫停产。1990 年代初，中国有色金属对外工程公司（1996 年更名为中国有色金属建设集团公司）下属的中色非洲矿业有限公司收购谦比西铜矿，2000 年铜矿开工建设，3 年后恢复生产。虽然谦比西铜矿是中非合作的标志性项目，铜矿的劳资矛盾却长期存在，罢工事件几乎年年发生。2006 年 7 月，由于公司没有兑现早先和工人谈判协商并写入劳动合同的工资上提 21% 的承诺，铜矿工人袭击中国管理人员的住处、砸坏公司汽车并对其他财物进行破坏，在冲突中造成矿工受伤。同属中色非洲矿业有限公司运营的谦比西炼铜厂也由于工人待遇等问题发生抗议、罢工，并发生过数起中方管理人员和当地工人之间的冲突事件，甚至引发骚乱，导致财产人员伤害，公司还因违反当地劳动保障法律而被告上法庭。和大型国有企业相比，在赞比亚开矿的中国私营企业的劳资冲突更为严重。如中国商人经营的科蓝矿业有限公司因劳资纠纷冲突升级，发生枪击事件，开枪的中方人员被赞比亚警方拘留，致使中国驻赞比亚使馆被迫介入。

截至 2010 年，赞比亚已经成为中国对非洲直接投资的第三大目的地，仅次于南非和尼日利亚。中国在赞比亚的投资遍及农业、金融、制造、矿业、建筑和餐饮等多个领域。在铜矿行业频发的劳资冲突虽然少见于其他行业，却对中国投资者和中国的国家形象造成了极大的损害。一些赞比亚工人认为中国企业只以获取经济利益为目的，掠夺当地资源，不顾工人生计，反华情绪强烈。2011 年上任的新总统萨塔在首次同中国驻赞大使的会面中公开要求中国企业更好地遵守赞比亚的劳工法。法国作家塞尔日·米歇尔在《中国的非洲》一书中称，赞比亚已成为非洲反华情绪最为强烈的国家。劳资冲突不仅给中方投资和财产带来损失，破坏中国的国家形象，一旦冲突升级，还危及中赞双方人员的人身安全。

赞比亚中资铜矿企业劳资冲突频发，并且长期以来得不到缓解和改善的原因主要有以下3个方面：

1）漠视工人权益，甚至违反当地法律。部分中国企业在管理理念上漠视工人权益，员工劳动保护和福利不足。少数企业甚至违反赞比亚劳动法，长期雇佣临时工，克扣工人福利，对当地工人缺乏尊重。

2）劳资双方沟通不足，缺乏化解冲突的有效机制。中方人员和赞方工人、工会之间因为语言和文化障碍，缺少沟通交流。企业没有为工人提供表达其诉求的有效渠道，赞方工人和工会对中国管理层和当地政府也缺乏信任。一旦发生劳资纠纷，赞方工人常常选择罢工、破坏公司财物等极端方式来表达自己的诉求和不满。冲突发生后，中国企业通常采用国内的一些习惯性做法，如向当地政府寻求庇护，而非及时和工人沟通协商，解决问题。当政府出面后，孤立的罢工事件看似平息，但工劳资双方之间互不信任、沟通不畅的根本问题却没有得到解决。

3）监管体系有待完善。虽然赞比亚的劳动法已经比较完善，但政府的执法能力仍有待完善。外资企业的违法成本较低，还可以通过行贿等非法手段逃脱法律的监管。

采矿业的环境和安全风险较高，在赞比亚的中国矿业企业应当严格遵守东道国的相关法律，保障工人权益和人身安全。为了缓和劳资冲突，减少暴力事件的发生，开展海外或跨国经营的中国企业应在了解和尊重东道国文化的基础上，通过设立专业部门或者指定具体负责人等方式建立畅通的劳资双方交流机制，定期和工人对话，及时了解工人需求，在第一时间化解冲突。

在政府层面，针对中国企业违反东道国劳动保障等有关法律的情况，中国驻外使（领）馆及其商务处应与东道国政府合作，及时获取并向相关政府部门通报违法违规经营的企业名单。我国相关政府部门则应制定具体政策，对违法违规企业采取通报批评、警告、重审、暂停直至取消经营资格等处理或处罚措施，加强对中国海外企业的监督和规范。

4. 案例四：塞拉利昂颁布木材出口禁令

2008年1月，由于以中国为主的外国伐木商无视相关法律，疯狂砍伐塞拉利昂北部热带草原的树木，严重破坏当地环境，塞拉利昂政府颁布木材出口禁令，希望以此控制塞北地区的过度采伐和非法伐木活动。

塞拉利昂农业、林业和食品安全部长约瑟夫·萨姆·塞萨伊在接受BBC关于伐木禁令的采访时表示，几内亚和科特迪瓦颁布伐木禁令是大量中国、科特迪瓦和几内亚伐木公司涌入塞拉利昂的直接原因，从而导致塞拉利昂伐木活动激增。塞拉利昂属于最不发达国家，平均国民寿命不足 50 岁，人均国民收入低于 900 美元。1991～2002 年的内战使塞拉利昂的国民经济濒临崩溃，自然环境和生物多样性也遭到极大破坏。伐木业每年给塞拉利昂带来数十亿欧元的收入，却也是导致塞拉利昂环境退化的首要原因。

在塞拉利昂，来自中国的企业和伐木商是当地伐木业的主力军。一些中国伐木者不负责任的采伐行为不仅严重破坏了当地森林和生态环境，还对原住民的生计造成重大影响，引发了当地民众的强烈不满，甚至是反华情绪。中国伐木者通常对森林进行"剃头式"砍伐，成片砍倒森林，却只挑选价值高的红木运出，就地丢弃其他速生木材。土壤在失去森林的保护后肥力迅速流失，不能继续为牲畜提供足够的食物，许多原住民因此被迫移居他地，流离失所。与此同时，中国伐木商还常常向原住民许下修建公路、供水设施和诊所等空头支票，在木材运出后却逃之夭夭，对中国企业的信誉及国家形象造成了极大的损害。

中国一些伐木者对塞拉利昂森林资源的掠夺式开采，对当地环境和原住民生计造成重大影响，主要有以下 3 个方面原因：

1）寻求短期利益，无视环境和社会影响。进入非洲伐木业的中国投资者不仅有大型企业，还有为数众多的中小型私营企业。部分投资者，尤其是中小型企业缺乏社会责任意识，只追求短期利润最大化，无视企业活动对当地生态环境和原住民生计的负面影响。

2）东道国监管不力。在塞拉利昂等林业法规不健全，政府监管力度不足的国家和地区，伐木者常常利用政府体制和监管的漏洞，采用不可持续的伐木方式，甚至进行非法采伐。

3）别国伐木禁令导致伐木活动转移。近年来，中国对木材的需求持续增长，木材供求缺口不断增加，越来越多的中国企业进入俄罗斯、美国、新西兰、东南亚和非洲（尤其是非洲中西部地区），直接从事采伐和木材加工活动。1988 年，出口中国的木材占非洲中西部地区木材出口总量的 23%，这一数值在 2003 年增至 42%。当几内亚和科特迪瓦颁布伐木禁令后，导致原在这些国家采伐的企业转向其他国家继续寻找可采森林资源，其中部分伐木活动转移到塞拉利昂，直接加剧了在塞拉利昂不可持续的伐木活动所导致的严重社会和环境影响。

打击非法伐木活动，离不开东道国健全的法律体系和严格有力的监管。塞拉利昂、几内亚和科特迪瓦等国相继颁布木材出口禁令表明，面对掠夺式伐木和非法采伐的巨大社会和环境影响，各国政府正在逐步完善相关政策，强化内部审批和管理程序，规范企业采伐行为，加强本国的森林可持续经营能力。为了规范中国企业境外林木种植、采伐、更新及木材加工等活动，我国政府也分别于 2007 年和 2009 年发布了《中国企业境外可持续森林培育指南》和《中国企业境外森林可持续经营利用指南》，要求中国企业依法采伐和更新森林，保护当地生态环境，促进社区发展，确保对东道国森林资源的可持续利用。

东道国政府和中国政府采取的一系列措施为规范中国企业境外森林采伐行为提供了法律依据，但其执行和监管力度仍有待加强。为此，我们建议：建立政府间的双边或多边合作机制，加强监测和信息共享，交流森林资源管理经验，提高森林资源可持续经营能力；积极和东道国政府、国际组织和当地民间组织合作，及时获取违法经营中国企业的名单，严厉惩处违法违规企业；通过认证和政府采购计划等方式，鼓励和促进可持续林产品的销售和贸易；加强海关监管，加强同进口国的数据交流，严格查处非法林产品，打击非法伐木活动和非法木材贸易，以进一步规范我国企业境外森林采伐行为。

三 企业社会责任与"走出去"可持续发展战略

（一）重塑可持续发展和企业社会责任的理念

企业作为经济生产的主体，对自然资源的配置和利用方式以及在生产过程中所采用的环境实践直接决定人类经济活动对资源环境的影响；企业的用工管理制度和生产经营方式，也改变和塑造着整个社会的面貌。在经济全球化过程中，企业尤其是跨国企业的数量和规模迅速增长，对经济、环境、社会和政治影响力显著增强。面对全球环境退化、发展问题和企业影响力的扩张，在20世纪后期提出的可持续发展和企业社会责任这两个概念，开始引领社会发展模式和企业治理运作方式的变革。

根据国际标准委员会2010年发布的ISO26000《社会责任指南》，企业社会责任是指企业通过透明和道德的行为，为其决策和活动对社会和环境的影响而承担的责任。这些行为致力于包括健康和社会福祉的可持续发展，考虑利益相关方的期望，遵守适用法律，符合国际行为规范，并融入整个组织得到践行。可持续发展是既能满足当代人的需要，又不对后代人满足其需要的能力构成危害的发展，这一概念由1987年世界环境与发展委员会发布的报告《我们共同的未来》正式提出，并得到了国际社会的广泛认同。可持续发展作为人类共同的经济、社会和环境目标，代表了总体的社会期望，致力于可持续发展也因此成为企业社会责任所追求的目标。

为了促使企业承担社会责任，减少经济全球化尤其是海外投资带来的环境和社会问题，经济合作和发展组织（OECD）和联合国等国际机构相继出台推动企业履行社会责任的指导准则。OECD 在 1976 年出台了《OECD 跨国公司行为准则》，并在 1999 年对该准则进行修订，要求企业以可持续发展为前提，实施良好的环境实践，鼓励竞争，反对垄断，抑制商业腐败等不良行为。联合国则在 2000 年启动了"全球契约"计划，号召企业自愿遵守在人权、劳工、环境和反腐败方面的十项基本原则，建议企业尊重国际公认的人权，保证不与践踏人权者同流合污，支持结社自由及切实承认集体谈判权，消除一切形式的强迫和强制劳动，废除童工，消除就业和职业方面的歧视，采用预防性方法应对环境挑战，采取主动行动促进在环境方面更负责任的做法，鼓励开发和推广环境友好型技术，反对一切形式的腐败（包括敲诈和贿赂）。

除国际机构制定的企业行为准则之外，减少企业环境和社会影响的国际性行业行为准则也在近年来快速发展。在银行业，已经有 60 多家金融机构承诺实行基于国际金融公司（IFC）绩效标准建立的，确立国际项目融资的环境和社会最低行业标准的"赤道原则"。2010 年实行赤道原则的银行融资项目额占全球项目融资总额的比例达到 90% 以上。在采掘业，英国国际开发署在 2005 年推出了采掘业透明度行动计划，制定了石油、天然气开采和采矿业透明度的全球性标准，意在鼓励以此类行业为主要收入来源的国家增强透明度和加强责任追究制度，减轻因理财不善而引起的潜在负面影响。截至 2010 年，已有 30 多个国家加入了采掘业透明度行动计划，61 个国际大型石油、天然气和矿业公司承诺支持采掘业透明度行动计划的实施。在水电行业，国际水电协会为在世界范围内推动水电可持续发展，分别于 2004 年和 2006 年发布了《水电可持续性指南》和《水电可持续性评价规范》，并在 2010 年完成了对《水电可持续性评价规范》的修订工作。

我国从 20 世纪 90 年代中期引入了企业社会责任的概念，随后《中华人民共和国公司法》、《中华人民共和国环境保护法》、《中华人民共和国工会法》、《中华人民共和国劳动法》、《中华人民共和国消费者权益保护法》、《中华人民共和国捐赠法》等相关法律相继出台，建立了企业履行社会责任的法律基础和底线。"十一五"期间，各级政府、企业组织、行业协会等机构纷纷出台相关指导文件、指南和倡议，积极推动企业承担社会责任。2005 年我国首个行业社会责任管理体系指南 CSC9000T《纺织行业社会责任管理体系总则及细则》由中国纺织工业协会制定并发布。2006 年生效的《中华人民共和国公司法》修订案明确规定"公司从事经营活动，必须遵守法律、行政法规，遵守社会公德、商业道德，诚实守信，接受政府和社会公众的监督，承担社会责任"。2008 年初，国务院国有资产监督管理委员会（简称国资委）发布《关于推进中央企业履行社会责任的指导意见》，明确要求中央企业树立和深化社会责任意识，建立和完善履行社会责任的体制机制，建立社会责任报告制度，加强企业社会责任方面的国际合作和企业间交流。

虽然企业社会责任的概念和实践在近年来得到了积极推广，目前我国企业在社会责任方面的表现并不令人满意。食品安全事件频发、环境破坏严重、生产安全问题突出、工人权益和福利缺乏保障等问题都反映出我国企业的总体生产方式和社会环境影响离社会各界的期望存在一定差距。反观我国企业在"走出去"过程中出现的种种环境和社会问题，其主要原因也正是因为企业社会责任意识薄弱，缺乏可持续发展的长远目标。

从《"十五"计划纲要》到《"十二五"规划纲要》，我国推进"走出去"战略的主题词由开发境外加工贸易与合作开发国内短缺资源转为促进原产地多元化和参与境外基础设施，再转为建国际化营销网络、品牌，重视当地民生和履行社会责任。主题词的变化反映出政府在发展理念和政策导向上已经开始注重企业境外投资与经济合作的社会和环境影响，倡导中国投资方和东道国在经济、社会和环境等多方面互利共赢。虽然我国对外投资仍存在一定的环境和社会问题，一些央企和国企在"走出去"的过程中也已经积累了履行企业社会责任的丰富经验，有的甚至成为全球履行企业社会责任的典范。只有实施"走出去"可持续发展战略，鼓励企业积极承担环境和社会责任，不断规范其环境和社会行为，才能加快中国融入全球可持续发展的步伐，实现中国和东道国的共同发展。

（二）政府引领的"走出去"可持续发展战略

在缺乏市场激励、法律监管和公众监督的社会环境中，以盈利为基本原则的企业并不会自动产生履行社会责任的意愿。只有在有效地激励机制和监管体系的引导下，企业才能认识到可持续发展对企业自身的重要性，并最终把减少企业行为对环境和社会影响纳入到企业战略中去，主动承担并履行其环境和社会义务。为了推动"走出去"的可持续发展战略，引导和激励企业积极履行社会责任，实现中国和东道国的互利共赢、共同发展，我们向相关政府部门提出如下建议。

1. 完善对中国海外企业环境和社会行为的监管体系

在《境外投资管理办法》等现有行政法规的基础上制定企业违反相关法律法规的惩处制度。通过和驻外使（领）馆、东道国政府的紧密合作，及时获取并向相关政府部门通报违法违规经营的企业名单，对违法违规企业给予通报批评、警告、重审、暂停直至取消经营资格等处理或处罚，加强对中国海外企业的监督和规范。

通过出台《中国对外投资的环境规范指南》等推进企业社会责任，规范企业环境和社会行为的指南和导则，鼓励中国企业在东道国环境和劳动保障等法律法规比中国相关规定宽松的情况下遵守国内已实施的相应标准；要求企业对可能造成重大环境和社会影响的项目进行环境影响评价和社会影响评价，并公开评价报告，举行听证会征询当地公众对项目的意见和建议。

逐步建立并在大中型国有企业中率先推行对环境和社会有重大影响行业企业的环境和社会责任事前审查、事中跟踪、事后评估的评价体系。通过网络或其他媒体平台公布评估结果，形成社会监督、民意参与和政府管理相结合的治理体系。在评价体系的基础上建立境外投资和经济合作的绿色征信体系，对企业对外贸易和境外投资行为进行绿色信用评级。对在对外贸易和境外投资中保持了较好生态环境保护和补偿记录、在东道国当地取得了较好生态与社会绩效的企业，给予较高评级，从信贷、通关、财税等方面给予激励，并对不履行环境和社会责任的企业采取相应的惩处措施。

2. 积极开展多方合作，提高政府和企业的环境和社会治理能力

相关政府部门应当与投资贸易伙伴国政府和国际机构展开交流与合作，共享政府在环境治理和企业社会责任领域的经验教训，不断学习成功的国际最佳实践，完善本国相关法律法规体系和服务平台建设。我国政府还应积极推动双边/区域投资贸易中的环境保护和企业社会责任政策/标准的制定，促进全球范围内的资源可持续利用和经济可持续发展。

在促进企业履行社会责任方面，政府部门可以和行业协会、商会、学会、非政府机构合作，通过开展研讨会、培训班，搭建信息服务中心等方式，向企业介绍企业环境和社会责任的理念和成功经验，鼓励中国企业进行对外投资时自觉地遵守环境保护制度并采取环境保护行动，为当地人民的生活带来福利。面对企业推进绿色转型和可持续发展中缺少相关技术设备、信息咨询、资金融通、专业人才、管理经验等问题，政府部门可以和非政府组织或其他专业机构合作，成立为境外投资企业提供金融咨询服务和技术服务的支持机构，加快企业实现绿色转型、履行社会责任的能力建设工作。

（三）企业全面履行环境保护和社会责任

相关法律法规为企业社会责任制定了底线，但企业良好环境和社会行为的实践和推动，最终需要企业认同可持续发展的理念，并把企业社会责任的理念融入企业行为的每一个环节之中。为了保证对外投资和经济合作的可持续性，使中国企业成为引领行业环境保护和社会责任标准的先行者，我们向企业提出如下建议。

1. 严格遵守相关法律法规，采用/制定国际领先的环境保护和社会责任标准

企业应当严格遵守我国和东道国的相关法律法规和政策，并遵守国际通行的有关能源、采矿、农业、金融等领域的可持续发展规则体系，如国际水电协会提出的《水电可持续指南》和《水电可持续性评价规范》，国际金融公司制定的《采矿业环境、健康和安全指南》，以及符合国际项目融资的环境和社会标准的"赤道原则"。中国企业可以通过采用上述国际标准，尽量减小在进行对外投资、开展经济合作时给东道国带来的环境和社会影响。

如果东道国属于发展中国家，环境标准较中国更为宽松，企业应遵循不低于国内已实施的环境和社会企业责任相关标准。在更为理想的情况下，中国企业可以制定比国际标准更为严格的准则，并通过在行业内推广，引领全球环境和社会标准体系的建立和完善。

2. 建立环境和社会责任管理部门，完善利益相关方沟通机制

企业可以通过聘请专业人员、咨询专家、和非政府机构合作等方式，建立专门的环境和社会责任管理部门。企业环境和社会责任管理部门应在评价企业社会责任环境和现状的基础上，确定企业社会责任的主要内容，明确企业社会责任理念和愿景，制定企业社会责任战略规划，发布企业社会责任报告。在制定企业社会责任战略规划时，中国海外企业应当分析企业活动对当地环境和社会的影响，制定尽可能完善的负面影响减免和消除方案。

企业应当通过网站信息披露、发布企业社会责任报告、组织利益相关方会议、建立投诉机制、开展社区项目等方式建立畅通的利益相关方沟通机制，积极和投资者、消费者、社区、政府、社会团体等利益相关方沟通交流。进行海外经营的企业应当尊重东道国文化，及时了解当地工人需求，在第一时间解决劳资纠纷、化解冲突；并在企业活动的环境和社会影响引发当地居民和相关机构的批评和抗议时，采取公开、透明、负责的方式，及时和意见方沟通，确保他们的疑虑得到尊重和妥善解决。

3. 全面评价投资风险，共享发展成果

企业开展对环境和社会有重大影响的海外投资项目时，应全面评价项目的经济、环境、社会和政治风险，慎重选择合作伙伴，并对合作伙伴的行为进行规范性要求和约束，避免因当地合作伙伴行为不当而承担连带责任，影响企业和国家形象。针对能源资源开发等对当地环境影响显著的投资领域，企业应当采用生态补偿机制，从投资收益中拿出一定比例的资金建立基金，用于改善东道国社会发展、减贫、生态环境保护等领域的研究、项目发展和人员培训等活动。能源资源类海外投资企业可以延长在当地的加工链条，提升当地的附加值，为当地创造更多就业和税收，和当地人民共享发展成果。

（四）社会企业责任的成功案例分析

1. 案例一：老挝南俄 5 发电公司社区生计恢复计划

老挝南俄 5（NN5）发电公司是中国水利水电建设集团国际公司在老挝的分公司，主要负责中水电在老挝投资的南俄 5 水电站项目的建设、运行和管理，以及即将修建的南乌江梯级水电站和巴莱水电站的建设和运营。南俄 5 水电站是中水电在老挝市场上第一个以 BOT 方式开发的水电站，位于距离老挝首都万象北部 300 公里的南汀河上，电站装机容量 120 兆瓦，项目总投资近 2 亿美元，计划于 2012 年底竣工。

根据项目环境影响评价报告，南俄 5 水电站项目将对当地生态环境和库区居民的生计带来一定的负面影响。电站水库将淹没南汀河上游大约 50 多公顷的耕地和森林，库区隧道和涵洞的建设也会破坏地表植被或影响地表植被的生长。水坝还会改变自然水流的速度、水量的变化和水体高度，从而降低河水水质，影响鱼类数量及种类，增加捕鱼活动的难度。雨季来临时，库区水位上涨会淹没一些河边的田地，导致侵蚀河岸，旱季时则可能导致南汀河下游河水断流。

为了减少项目的环境影响和对当地居民生计带来的损失，NN5 发电公司在南俄 5 水电站建设初期建立了赔偿委员会和监督委员会，指导公司制订环境监控与管理计划和社区发展管理计划。随后又聘请了在当地具有丰富经验的咨询公司地球系统（Earth System）进行实地调研，编制班井村的社区生计恢复计划，并请知名社会和环境专家现场指导和监督工作。生计恢复计划由土地补偿、帮助村民发展可持续生计和建立社区发展基金三大部分构成，其中可持续生计发展包括肉牛养殖、发展养鱼业和为村民修建沼气并进行沼气技术培训、建设一所初中与一家卫生所。截至 2010 年 11 月，土地补偿工作、沼气修建和技术培训工作已经顺利完成，其他各项计划仍在进行中。在南俄 5 水电站项目上，NN5 发电公司兑现了公司在环境影响评估报告中所做的承诺，并在制定社区生计恢复计划时积极征询受影响村民的意见，采纳咨询公司、NGO 等第三方的专业意见，制定出多方利益相关者满意的解决方案。

以沼气修建和技术培训工作为例，NN5 发电公司在分析当地村民的燃料使用方式和当地经济地理环境的技术上，通过和有农村发展工作专业知识的 NGO 合作，为村民修建沼气并推广沼气技术。班井村没有电网，部分家庭利用小水电和柴油机发电，但比例仅占全村总户数的 13.3%，村里基本生活用能除少量的木炭外，几乎全部来源于薪柴，每家每户都会不定期地进山砍伐木材，大部分用于烧水做饭，少量的用于取暖。由于老挝政府的多重考虑，水电站建成后也不会为村里供电，而将直接输送到国家电网。综合以上因素和当地实际情况，NN5 发电公司决定为受水坝建设影响的村民修建沼气，以期解决班井村生活用能需求，提高当地村民生活生计水平，降低森林砍伐率，保护森林生态系统。2010 年 12 月，NN5 发电公司与全球环境研究所（GEI）在老挝万象签署老挝班井村沼气技术推广项目合作备忘录，计划共同出资为班井村修建约 35 口沼气池，NN5 发电公司支付修建沼气池的建材费和聘请泥瓦工人的费用，GEI 则负责聘请沼气技术专家，并指导修建工作，村民则出劳动力配合沼气的修建。2011 年 1 月，作为首期试点的 5 户家庭沼气池建设完成并取得良好效果；2011 年 3 月，GEI 再次返回班井村开展二期沼气施工工作，5 月沼气修建和技术推广工作顺利完成。

在设计和实施班井村社区生计恢复计划，履行企业社会责任的同时，NN5 发电公司的社会和环境管理的部门也逐步建立起来。部门成员从最初的 1 人增加到 4 人，部门责任人还表示将继续聘请社会和环境问题的专职人员，加强部门建设。南俄 5 水电站工作中取得的社区恢复、环境监控与管理和区发展管理计划等经验还将运用到在南乌江梯级水电站和巴莱水电站的建设中。

2. 案例二：中国五矿集团公司海外并购推动企业社会责任建设

中国五矿集团公司（简称五矿集团）在 2009 年成功收购澳大利亚 OZ 矿业公司。这次收购不仅使五矿掌握了世界第二大锌公司、澳大利亚第三大矿业公司的主要资产，还使五矿集团通过学习 OZ 公司的先进企业社会责任管理体系和经验，推进了全集团的企业社会责任建设。五矿集团在收购 OZ 矿业公司之后在澳大利亚墨尔本注册设立了金属矿业集团（Minerals and Mining Group Limited，MMG），负责对所收购资产进行集中管理。MMG 经营的矿山主要有位于昆士兰州的 Century 矿，位于西澳大利亚洲的 Golden Grove 锌、铜、铅及贵金属矿，位于塔斯曼尼亚岛的 Rosebery 锌、铅、铜及贵金属矿，以及位于老挝的 Sepon 铜、金矿。

MMG 成立之后，本着五矿集团"全球视野，本地运营"的全球运营理念，主要聘用当地员工，积极制定和实施社区建设和社区参与计划，使 MMG 迅速获得了当地居民的认可和支持。MMG 在老挝 Sepon 矿区继承和发扬了 OZ 矿业的"社区信托基金"工作。基金为社区建设，包括修筑公路、搭建电缆、提供医疗设备、促进当地教育、旅游业、手工制造业和老挝妇联的发展等活动提供资金，以推动当地的经济和社会发展。自 2006 年起，基金还为当地高中生提供了学徒课程，学期为 6 年，目前已招收学徒 43 人。从 2003～2010 年，MMG 每年为老挝政府提供 50 万美金的资助，共有 73 个村庄因基金支持而受益。

在澳大利亚，MMG 与澳大利亚昆士兰州政府及当地土著居民三方共同签订了社区共建协议，协议旨在为当地居民提供教育、培训和就业机会，并且承诺对当地的文化遗产和环境进行保护。MMG 的 Century 公司还对年轻原住民实施岗前培训计划，使他们在当地矿山能够从事各种工作。正是在这些工作的基础上，这次收购被《亚洲金融》杂志评为年度全球最佳收购，澳大利亚财长斯万表示，中国五矿收购 OZ 矿业保证了 5500 多名澳大利亚人的工作机会，符合澳大利亚的国家利益。

MGG 履行企业社会责任方面的经验和成果带动了五矿集团的企业社会责任建设。五矿集团曾多次派国内工作人员去 MGG 的澳大利亚矿区和老挝矿区学习经验，并不断完善全集团的企业社会责任战略的制定、实施和评估。在"珍惜有限，创造无限"的可持续发展理念，和提升可持续价值创造、强化可持续安全管理，推进可持续生态建设、实现可持续和谐共赢、共创可持续全球社区的可持续发展模型的基础上，五矿集团把 ISO26000《社会责任指南》提出的"担责、透明度、道德的行为、尊重利益相关方的利益、尊重法治、尊重国际行为规范、尊重人权"的原则融入企业运营中，全面推进社会企业责任建设。在遵循企业社会责任国际标准和准则的基础上，五矿集团还于 2009 年加入联合国全球契约环境先锋企业团队，争做国际企业社会责任的领跑者。2010 年，五矿集团的可持续发展报告荣获"2010 联合国全球契约中国企业社会责任典范报告"奖；2011 年，五矿集团应联合国全球契约组织邀请，加入只有 55 家企业成员的联合国"全球契约领导"项目，成为全球企业社会责任新领导平台的重要一员。

从以上企业履行社会和环境责任的成功案例不难看出，只要树立正确的观念，将可持续发展与企业发展、绿色竞争、当地人民的福祉等有机结合起来，不断地学习国际上的最佳实践，我国的企业在"走出去"的过程中完全可以获得多赢的结果。同样，注释专栏 6.1 中各国企业家们的经验之谈，也充分体现了大家对于承担企业社会责任和实现可持续发展的认同感和一致性。

注 释 专 栏 **6.1**

中国企业"走出去"需要可持续发展战略

我觉得中国企业"走出去"对外投资，是一个必然、也是必需的趋势。只有经过对外投资的历练，中国才能真正融入世界经济体系，企业才能真正提升而达到全球化的目标。想要在国际上成为一个合格的企业公民，最重要的是在投资国能做到"本土化"。这包含遵守当地及国际法律，融入当地社会及文化制度，多聘用当地员工，回报当地社会。

——美腾能源集团总经理 詹益明

"走出去"的中国企业，在一定程度上代表着中国文化的形象，要自觉做合格的企业公民，在国际舞台上应树立绿色、负责任的企业形象。主要建议：第一，严格履行国际通行规则对企业国际化经营的要求，把绿色发展作为企业发展的战略；第二，树立企业品牌意识，切勿为一时之利而自损品牌；第三，树立在投资地的主人翁意识，严格项目的环保可行性研究和审批手续；第四，要把履行社会责任培养成一种企业文化和习惯。

——中国高新投资集团公司董事、总经理 李宝林

中国企业走向世界是一个不可避免的现实。这类似于过去的欧洲、美国、日本和近期的韩国企业的发展路径。我对中国企业的建议是利用全生命周期的方法去平衡经济和生态的因素。这需要将可持续发展纳入中长期的规划和投资的收益分析中。我相信这些投资的回报一定是非常具有质量，并且是持续增长的。

——飞利浦公司能源与气候变化部门资深董事 哈里·费哈尔

作为一个长期在道琼斯可持续指数中领先的国际企业，英国电信将所具有的在负责任且环境可持续领域的领先地位看作一项宝贵的资产。这不仅为公司在国家和消费者面前敞开了更宽广的大门，从而直接支持了公司商业价值的实现和财务的可持续，同时也为我们来自世界各地的员工创造了平等的价值。随着中国的企业逐渐走向国际化，他们在这个领域同样具有将这种收益建立在自己良好声誉之上的机会。我们发现在维持统一的全球框架的同时，注重以极大的敏感性与当地文化和期待进行交流是非常有价值的。我们同时也在投资，去学习对世界不同地区实现可持续发展的不同方法。

——英国电信集团企业责任总监 凯文·莫斯

（五）小结

加快实施"走出去"战略是国家"十二五"规划提出的重大任务。尽管当前国际金融危机的影响远未结束，但经济全球化的大趋势不会改变，中国企业的国际化不可逆转。回顾过去 10 年，通过实施"走出去"战略，中国企业走出国门，进行海外投资和经济合作，开展跨国经营，全面利用经济全球化所带来的机遇，取得了巨大的收获。

与此同时，部分企业在"走出去"的过程中因为社会和环境保护责任意识薄弱，东道国主要利益相关方沟通不足等问题，对东道国环境保护和当地人民生计造成一定负面影响，引发当地居民的强烈不满甚至反华情绪，受到国际社会的广泛关注。苏丹麦洛维大坝引发的环境和社会争议，缅甸密松水电站被突然叫停，赞比亚中国铜矿企业劳资冲突升级和塞拉利昂颁布伐木禁令这 4 个案例表明，企业在走出国门进行海外投资时，如果不进行全面的社会、环境和政治风险分析，未能履行其环境和社会责任，将会引起企业投资与收益的损失，并最终将导致企业投资活动的不可持续性。

我们建议企业通过采用或制定国际领先的环境保护和社会责任标准，建立企业内部专业的环境和社会责任管理部门和体系，完善与利益相关方的沟通机制，全面评价投资环境和社会风险，同东道国政府和当地居民共享经济开发成果。老挝南俄 5 发电公司和五矿集团的成功经验表明，中国企业在"走出去"的过程中，可以通过制定全球运营的社会责任战略，不断学习和实践，将环境保护和社会责任理念充分融入企业国际化经营中，自觉遵守先进适用的国际环境指标与标准，与东道国一道共同推进当地经济、社会和环境的可持续发展。

加快实施"走出去"战略，政府部门应配套相关政策管理体系，引导和规范企业履行环境和社会责任，提升国家和企业境外投资"负责任"的国家形象。

首先，相关政府部门应出台针对采掘业、水电业等重点行业的海外投资规范或指南，规范投资者的环境和社会行为。如国家林业局主导颁布的《中国境外林业企业可持续经营指南》和环境保护部正在推动出台的《中国对外投资中的环境行为指南》，要求海外企业遵守不低于中国国内的东道国绿色与环境标准，帮助东道国进行生态保护和自然资源的可持续利用，提高其管理能力。政府相关驻外机构应帮助中国企业以更加积极的姿态与东道国政府、非政府组织和当地民众沟通与交流，充分考虑当地利益相关者的诉求。

其次，我国应建立海外投资项目环境和社会影响的有效监管体系，出台对企业不履行环境和社会责任，损害中国国际形象和声誉的相应的惩处措施。针对国有大型企业的境外投资项目，可通过绿色信贷等政策工具，采用"预评估"与"后评估"的机制，对项目进行全程监管和评估。针对中小企业投资履行环境和社会责任的能力较弱的问题，应做好均衡发展和绿色发展的教育培训工作，并提供相应的信贷、财税等方面的激励，以增强小企业在东道国履行环境与社会责任的能力。

第三，政府应要求企业遵守现有的国际通用资源、能源、农业及相关领域可持续发展规则体系，积极参与或引领国际社会制定全球共用的绿色贸易和环境投资标准的制定，推动双边和多边环境保护和可持续发展规则体系的建立。例如，在东亚峰会、中非合作论坛、20 国集团首脑会议等现有双边和多边合作机制中引入企业海外投资中的环境和社会责任等可持续发展议题，推动全球框架下绿色投资和绿色贸易体系的建立。

综上所述，正如本章开篇所言，未来 10 年，翘首期盼中国政府引领中国企业将环境和社会责任作为企业核心竞争力，促进中国和世界的可持续发展。

参 考 文 献

彼得·博斯哈德．2011．苏丹麦洛维大坝淹没了上千人的家园．http：//irn. blog. hexun. com/23786645_ d. html ［2011-12-08］

陈竹，张伯玲．2011．赞比亚中方人员枪击工人事件由劳资矛盾引发．http：//news. sina. com. cn/c/sd/2010-10-26/171021355846. shtml ［2011-12-10］

葛察忠，等．2010．中国对外投资中的环境保护政策．北京：中国环境科学出版社

国际河流．2011．独立审核报告揭露苏丹麦洛维水电站建设犯上严重过失．http：//www. green-web. org/infocenter/show. php？ id = 18182 ［2011-11-28］

江泽民．1997．实施"引进来"和"走出去"相结合的开放战略//江泽民．2006．江泽民文选（第二卷）．北京：人民出版社

江泽民．1997．为中非世代友好建立新的历史丰碑//江泽民．2006．江泽民文选（第一卷）．北京：人民出版社

廖若．2011．缅甸叫停中资水电工程的教训．http：//www. chinadialogue. net/article/show/single/ch/4574-Lessons-from-the-Irrawaddy ［2011-10-10］

秦菲菲．2011-04-28．企业境外筹资将获多项政策支持．上海证券报，1

陶涛．2011-11-28．企业"走出去"的社会责任风险．中国青年报，10

于洪海，傅国华．2010．麦洛维：尼罗河上的经典之作．http：//energy. people. com. cn/GB/11421832. html ［2011-11-12］

张伯玲，陈竹．2011．金钱开路　赞比亚中资企业枪击案有望和解．http：//money. 163. com/11/0320/23/6VKJNQKF002524SO. html ［2011-11-20］

章轲．2011．木材跨国非法采伐贸易链调查．http：//news. sina. com. cn/c/2006-04-02/11579509536.

shtml〔2011-11-26〕

张广荣. 2009. 我国"境外投资"基本政策发展演变. 国际经济合作,(9):21-27

中国水电工程顾问集团公司. 2011. 开启伊洛瓦底光明之源——写在伊江电源电站首台机发电之际. http://www. hydrochina. com. cn/news/news. jsp?type=4&new_id=220963〔2011-11-23〕

中国水利电力对外公司. 2010. 苏丹麦洛维大坝项目举行隆重的竣工典礼. http://www. cwe. cn/show. aspx?id=2951〔2011-11-21〕

中国水利水电建设集团公司. 2011. 苏丹麦洛维水电站——二十一世纪尼罗河上的"金字塔"http://www. sinohydro. com/427-1040-506505. aspx〔2011-11-12〕

中国木业信息网信息发布中心. 2011. 2010年中国林业发展报告——木材产品供需总量扩大. http://www. wood168. net/woodnews/19660. html〔2011-10-12〕

中国投资指南网. 2011. 2010年1~12月全国吸收外商直接投资快讯. http://www. fdi. gov. cn/pub/FDI/wztj/wstztj/lywzkx/t20110117_130179. htm〔2011-01-17〕

中国五矿集团公司. 2011. 中国五矿集团公司2010年可持续发展报告. http://www. minmetals. com. cn/srm. jsp?column_no=50〔2011-10-20〕

中国水利水电第五工程局有限公司. 2011. 中电投回应缅甸电站被叫停:损失难以估量. http://www. zswj. com/news/article. asp?id=9&m_id=10729〔2011-11-12〕

中华人民共和国国务院新闻办公室. 2011. 中国的对外贸易(白皮书). http://www. scio. gov. cn/ztk/dtzt/66/5/201112/tlob1067. htm〔2011-12-07〕

中华人民共和国商务部. 2011. 2010年度中国对外直接投资统计公报. http://www. mofcom. gov. cn/aarticle/tongjiziliao/dgzz/201109/20110907741156. html〔2011-10-20〕

BBC News. 2011. Sierra Leone bans timber exports. http://news. bbc. co. uk/2/hi/africa/7189204. stm〔2011-10-16〕

Bossbard P. 2009. China dams the world. World Policy Journal,10:43-51

Clapp J,Dauvergne P. 2005. Paths to a green world:The political economy of the global environment. Cambridge,MA:MIT Press

Francis W. 2011. Energy projects "fuelling" border fighting. http://www. dvb. no/news/energy-projects-%E2%80%98fuelling%E2%80%99-border-fighting/16156〔2011-06-16〕

Sun Yun. 2011. The Kachin conflict:Are Chinese dams to blame? http://csis. org/publication/pacnet-32a-kachin-conflict-are-chinese-dams-blame〔2011-11-12〕

The Heritage Foundation. 2011. China global investment tracker interactive map. http://www. heritage. org/research/projects/china-global-investment-tracker-interactive-map〔2011-12-20〕

UN News Centre. 2011. UN rights expert urges suspension to dam projects in northern Sudan. http://www. un. org/apps/news/story. asp?NewsID=23617&Cr=sudan&Cr1〔2011-11-12〕

Wall Street Journal. 2011. China urged to halt new Myanmar dams. http://online. wsj. com/article/SB10001424052702303982504576427753473877610. html〔2011-11-12〕

第七章

欧洲绿色发展经验与中国的绿色崛起*

一 欧洲绿色发展经验

（一）能源供应和使用的低碳转型

1. 欧盟 27 国能源使用和温室气体排放情况

欧盟是世界上唯一一个在 GDP 增长的情况下保持一次能源总消费量稳定的区域。2009 年，一次能源消费达 17.02 亿吨油当量，稍低于 2000 年的消费量。工业能源消费降低最多（因 2009 年经济危机），但能源转换部门也有减少。其他 3 个能

---

　　* 本章由莱纳·瓦尔兹（Rainer Walz）博士和沃尔夫冈·艾希哈默（Wolfgang Eichhammer）博士执笔，他们分别是德国弗朗霍夫协会系统创新研究所（Fraunhofer ISI）可持续发展与基础设施研究中心主任和能源政策与能源市场研究中心主任。本章由程伟雪先生译为中文

源大户（交通、居民和第三产业）的消费，在2000年代初的一段时间增长后就趋于稳定（图7.1（a））。

　　图7.1（b）表明，欧盟已成功地减少了总温室气体排放。除交通部门外，几乎所有能源消费部门都对与能源相关的温室气体减排做出了贡献。自1990年以来，交通部门能源消费显著增长了20%。因此，这些数据使我们有必要深入探讨欧盟在能源供应和使用中向低碳转变的经验，以及在交通部门实现向低碳转变的挑战。

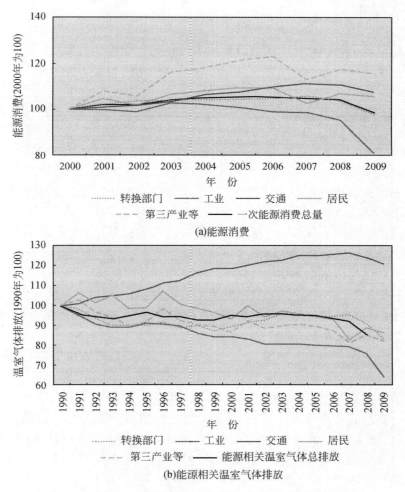

(a)能源消费

(b)能源相关温室气体排放

图7.1　欧盟27国能源消费和能源相关温室气体排放的变化

资料来源：根据 ODYSSEE 数据库和 EEA 数据，由 Fraunhofer ISI 计算

对能源供应和使用的低碳转型做出贡献的重要事项包括 3 个方面，并将在以下各节中予以叙述：

1）欧盟排放交易体系（EU ETS）为最重要的政策，直接以 CO_2 减排为目的，特别是为重工业制定标杆和对能源部门及轻工业进行排放拍卖。

2）欧盟能源效率指令（EED）及其与 EU ETS 和可再生能源政策的相互作用，以及一些最重要的能效政策的影响。

3）可再生能源。

我们力图找出每一个政策在实施中有利于或阻碍温室气体减排的方面，并在介绍这些政策时找出那些对与中国进行对比时可能比较重要的内容。然而，我们要强调的是，其他与政策无关的因素，如家电或汽车使用的饱和效应，也可能对这样的转变有贡献。

2. 欧盟排放交易体系

（1）概况

欧盟排放交易体系（EU ETS）始于 2005 年，目前计划实施到 2020 年。EU ETS 根据"总量限制和排放交易"原则展开工作。在每年年末，每家公司必须根据其全年排放交出足够的排放许可，否则要受到处罚。如果一个公司减少了排放，它可持有这些剩余的许可用于其以后的排放，或者将许可卖给其他公司。排放许可的数量随时间减少，所以使总排放量降低（图 7.2）。

欧盟排放交易体系在 2005~2020 年分成三期执行：

• 第一交易期（2005~2007）：主要的分配原则是按照历史排放（"祖父条款"）和一个减排系数来分配。国家分配计划（NAPs）定出各成员国向该国各公司发放温室气体排放许可的总量。

• 第二交易期（2008~2012）：主要的分配原则仍是按照历史排放分配，但对能源部门的公司增加了拍卖的量。NAPs 仍用于分配成员国的排放许可。剩余的许可可结转到第三交易期。

• 第三交易期（2013~2020）：将不再有任何国家分配计划，而是直接在欧盟层面上决定分配。除少数例外，能源部门是通过拍卖进行分配，工业部门是根据最好的（前 10%）工厂所定的标杆进行分配。排放总量年均下降 1.74%（欧盟 27 国 2013 年的排放许可为 2 039 百万单位①；排放许可的数量将每年下降 37.4 百万单

---

① 请注意，与 2005~2012 年这一时期相比，这个数字包括了更多的部门，而且考虑到从 2013 年开始的 EU ETS 范围的扩大，因此，进行数字比较时应注意差别

位）。这样的年下降额将持续到 2020 年以后，但在 2025 年之前可能要进行修改。到 2020 年，排放将比 2005 年降低 21%。

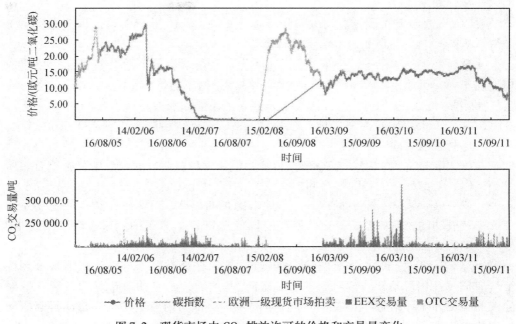

图 7.2　现货市场中 CO_2 排放许可的价格和交易量变化

资料来源：EEX，2011

现在，EU ETS 在 30 个国家（27 个欧盟成员国加上冰岛、列支敦士登和挪威）实行。它涵盖了这样一些设施的 CO_2 排放，如电站、焚烧厂、炼油和钢铁厂，以及水泥、玻璃、石灰、砖瓦、陶瓷、纸浆、纸张和纸板等制造工厂的 CO_2 排放。它也涵盖了某些工艺产生的氮氧化物排放。其中，目前包括在 ETS 中的设施占欧盟 CO_2 排放的将近一半以及总温室气体排放的 40%。2013 年，EU ETS 将进一步扩展到石化、氨和铝行业，并包括另外一些气体，那时，第三交易期将开始。

2012 年，航空业开始加入 EU ETS。排放分配也与工业部门一样，是根据标杆进行的，然而，标杆的确定不像工业部门那样是基于最好的（前 10%）工厂，而是根据该部门"历史的" CO_2 排放（2004、2005 和 2006 年的年平均排放）确定的，具体见标杆一节。根据目前 EU ETS 的运行可得出以下主要结论：

• 分配给能源部门的排放许可约占总分配的 2/3，工业部门（包括炼油）占 1/3。

• 对 2005～2007 第一交易期和到 2010 年的第二交易期，排放许可比核实的排放量大。这一事实因经济危机造成的排放减少而得到加强。主要出现在工业部门的多余许可用来补偿能源部门分配的不足。许多国家有多余的许可，但有的国家，如德国和英国却不够。

- CO_2 排放许可的价格在过去两年稳定在每吨 CO_2 15 欧元左右，可现在，由于经济危机的影响，已降低到 8 欧元/吨 CO_2。

- 今后两年，如果不进一步缩紧总量，全球经济活动的下滑会对 CO_2 价格造成更大的压力，可能使 EU ETS 失去对温室气体减排措施的指导作用。

- 缩紧排放总量的进一步压力可能来自 3 个主要的政策进展：

  （a）有关将欧盟温室气体排放减排目标从 20% 提高到 25% 或 30% 的讨论，尽管还没有国际协议；

  （b）提出一个 20% 的能源效率目标，该目标现在还没有与总量目标整合。所以，能源部门的各种公司拥护紧缩 EU ETS 的排放总量控制；

  （c）提高可再生能源的成效。与原来的预期相比，可再生能源在欧盟还是比较成功的，它被整合到 EU ETS 的排放总量控制体系中。这也导致了对 EU ETS 价格的压力。

- 对 EU ETS 完整性的威胁还来自欧盟成员国打算在国家分配计划下多分到许可（它们可按银行条款结转到下一个交易期）。然而，已有的政策学习过程、针对建议的国家分配计划的严格分析，以及欧盟委员会提出的改进要求，都使得第二交易期的排放许可减少。

（2）EU ETS 的简单评价

作为一个主要的结论，可以说，EU ETS 已成功地进入其具体机制的实施阶段。该方案随时间不断改进，如有关成员国间的一致性和许可分配的合理性问题。然而，如果不对第三交易期排放上限做任何实质性修改，那么在未来几年中不会对 CO_2 价格水平造成什么压力。这样，该政策在温室气体减排技术的创新中不会产生实质性的激励作用，除非可以通过 NER300[①] 条款为某些创新技术融资，NER300 可拨出 3 亿吨 CO_2 许可在碳市场出售，来为创新技术或"技术加速器"提供资金。即使是这种类型的融资，包括各种国家资金（特别在德国，所有 EU ETS 收入都用于气候保护和能源效率技术），也将受到碳价格疲软的连累，因为过去是按每吨 CO_2 15 欧元

---

① "NER300"是一个由欧盟委员会、欧洲投资银行和成员国共同管理的融资工具的名称，之所以这么称呼它，是因为修改过的排放交易指令（2009/29/EC）的第 10（a）8 款有这样的规定：要在欧盟排放交易体系的新加入者储备中拨出 3 亿单位的排放许可（每单位许可为排放 1 吨二氧化碳的权利），用于补助创新可再生能源技术和碳捕集与封存（CCS）设施。这些许可将在碳市场出售，如果每单位许可能以 10 欧元/吨二氧化碳出售，则可筹得 30 亿欧元，并用于上述减排技术研发项目的申请使用（www. NER300. com）

左右的价格水平计算的。

（3）EU ETS 下的标杆制定

在 EU ETS 第一和第二交易期，主要的分配原则是根据历史排放，分配是由成员国制定的国家分配计划固定下来的。这种程序看来挺复杂，但在成员国间的分配并不公平，特别是对排放最少的成员国。

对于未参与国际竞争的能源部门，选择了完全通过拍卖来购买排放许可。可是，工业部门（ETS 排放的 30% 左右）在不超过根据排放绩效最好的（前 10%）工厂制定的标杆水平情况下，可持续从免费许可中得到益处，在某种程度上保护了他们在国际上的竞争力。实际上，一项标杆并不代表一种排放限制，甚至也不算一个减排目标，而只是一项单独设施免费分配排放许可的阈值。

欧盟委员会已发布了一些标杆值。以航空业为例，这些标杆值将用来向 900 多家飞行器运营商配置温室气体的免费排放许可。计算出的一个标杆用于 2012 年交易期，另一个用于 2013 年 1 月开始的交易期。在 2012 年，一个航空公司将收到每 1000 吨公里 0.6797 单位的排放许可，而在 2013～2020 年，这一许可将减少到 0.6422。拟在 2012 年分配的排放许可总量将等于欧洲经济区[①]估算的航空年历史排放的 97%；在 2013～2020，这一百分比将减少到 95%。

基于最好的（前 10%）工厂来确定工业标杆的过程是一个经过非常认真细致设计的过程，使得这些标杆为大多数工业部门所接受。标杆的数量要保持最少，同时能覆盖大部分排放。欧盟委员会在其影响评估报告中估计，75% 的工业部门适用于产品标杆，20% 适用于热力标杆，5% 适用于燃料标杆，1% 适用于工业排放标杆。开始时，不同标杆的数量比预期的低，使得这个制度较透明和不太复杂。总之，标杆大体上还算一种公平的机制，因为它们对运营中已经实现较高能效的公司给予荣誉。但是，这不能阻止不同既得利益集团为其特定主顾力争更高的标杆水平。

（4）EU ETS 下的拍卖

在第一交易期（2005～2007），成员国只拍卖了非常少量的碳排放许可，第二交易期（2008～2012）碳排放许可的最大份额仍然分配到免费排放。从 2013 年第三交易期开始，预计约一半的许可要被拍卖。2012 年，即第三期开始的前一年，除 3000 万航空排放许可外，有 1.2 亿单位的一般排放许可将要被拍卖。

修改的指令为排放许可的拍卖规定了各种目标和原则。拍卖应以公开、透明、和谐和非歧视的方式进行，而且拍卖过程应是可预测的。拍卖的设计应确保 EU ETS 涵盖的中小企业和小的排放者能够充分、公正和平等地参与。所有参加者都能同时

---

① 欧洲经济区包括欧盟 27 国，以及挪威、冰岛和列支敦士登

获得同样的信息，并应有适当的法律框架以使各类犯罪、违规交易和市场操纵等风险降至最小。拍卖的组织和参与应是费用有效的，并应避免过高的管理成本。

通过对拍卖经验的评价，得出以下结论：一是拍卖被看做是分配许可最有效的机制。因此，增加被拍卖许可的份额是今后 EU ETS 发展中更重要的任务。至今，至少到 2020 年，主要是重工业可免于拍卖，因为重工业要在国际上与那些无需服从类似要求的公司竞争。二是拍卖提供了额外的收入，可用于资助温室气体减排技术的创新。

3. 欧盟能源效率指令

欧盟委员会在欧盟能效和能源服务指令（2006/32/EC）的基础上，于 2011 年提出了一个新的能源效率指令（EED）。该指令有以下特点：

- 到 2020 年，一次能源消费比基线方案减少 20%。由于基线方案是金融危机前制定的，受金融危机的影响，完成这一节能目标相对容易。
- 相应修改能源服务和信息。
- 公共部门要率先示范。
- 在能源转型和分配中提高能效。
- 提高对工业能效改善所产生效益的认识。

目前指令中的一些规定曾引起激烈争论。争论的一个主要问题与各政策工具间的相互作用有关。这种相互作用的影响已经在可再生能源问题上进行了辩论（Walz，2005）。能源效率指令也有同样问题：20% 的能效目标可能与 20% 的温室气体目标以及 EU ETS 不协调。EU ETS 总量限额没有将 20% 能效目标的成绩考虑进去，因此，更高的能效可能导致来自 EU ETS 的价格信号的崩溃。温室气体目标最少必须增高到 25%，可能要到 30% 才能使能效目标的引入不至于破坏 EU ETS 价格信号。

除了能源效率指令外，还有 5 项其他的能效相关指令和政策，它们是：

- 关于能源相关产品能效标识和消费者信息的框架规定（"标识指令"）。
- 用能产品生态设计指令（EuP 指令）。
- 建筑能源绩效指令。
- 汽车 CO_2 标准。
- 汽车 CO_2 标识。

由于篇幅所限，在这里就不一一介绍了。

4. 促进可再生能源的政策

欧盟已制订了有约束力的可再生能源国家目标，到 2020 年，将共同把整个欧盟平均可再生能源比例提升到20％。国家可再生能源比例目标范围从马耳他的10％到瑞典的49％不等。欧盟层面上的主要可再生能源立法是指令2009/28/EC。另外，到2020年，交通部门可再生能源的比例至少要占其终端能源消费的10％。

进一步的规定包括：

●国家可再生能源行动计划。成员国要制定国家行动计划，确定2020年交通、电力和热力生产中消费的可再生能源比例。这些行动计划必须考虑其他能源效率措施对终端能源消费的影响（能源消费减少得越多，实现目标所需的可再生能源越少）。这些计划还将制定价格制度改革的步骤以及上网的程序以促进可再生能源的使用。

●成员国之间的合作。成员国间可使用一种统计转让来"交换"一定数量的可再生能源，并联合开展用可再生能源进行电力和热力生产的项目。还可能与第三方国家建立合作关系，但必须满足以下条件：电力必须在欧盟内消费；必须是由新建设施发的电（2009年6月以后）；生产和出口的电量不能从任何其他支持中得到好处。

●来源保证书。每一成员国必须能够保证所生产的电力、热力和制冷都是源于可再生能源。来源保证书中的信息是规范化的，并应被所有成员国承认。它还可能被用来向消费者提供不同电力来源的组成信息。

●上网和电网运行。成员国应在输旦部门建设必要的可再生能源基础设施。为此，它们应确保可再生能源发电优先上网，以及可再生能源电力的输送和分配。

●生物燃料和生物液体燃料。指令考虑到了来自生物燃料和生物液体燃料的能源。生物燃料和生物液体燃料不应用来自具有高生物多样性价值或高碳存量土地上的原材料生产。为了得到财政支持的好处，它们必须按该指令的标准被评为"可持续的"。

作为欧盟委员会实施可再生能源指令（2009/28/EC）工作的一部分，欧盟27个成员国有义务在2010年6月30日前提交国家可再生能源行动计划（NREAP）。然后，欧盟委员会对这些计划进行评估，到2010年12月25日，欧盟成员国必须完全开展计划实施。该计划具有法律约束力，必须按详细路线图完成2020年预期目标。计划信息对公众公开。在欧盟层面，可再生能源比重目标被分解到各个部门，如要实现2020年的20％的目标，电力部门2020年需要有大约34％电量产自可再生能源（ECN，2011）。图7.3显示了欧盟各国按相关指令和行动计划下的可再生能源比重目标。

正如在有关能源效率指令的讨论中已提到的，发电用可再生能源与EU ETS之间有紧密的相互作用。在新能源预测中旳任何估计不足都可导致高估ETS的总量限额，并给出太低的价格信号。与最初的预测相比较，可再生能源比期望的更成功。成员国的政策在取得这一成功方面也起到重要作用。特别是上网电价的使用不断扩

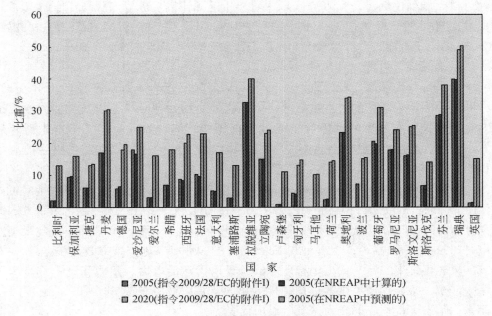

图 7.3　根据欧盟指令和 NREAP 的欧盟各国可再生能源比重

资料来源：ECN，2011

大，并在许多国家被复制。然而，还需要有进一步的政策以实现确定的目标（Klee-mann et al.，2011）。总之，欧盟的可再生能源政策被评价为向低碳能源转变的非常成功的政策。

（二）应对绿色交通的挑战

　　欧盟的扩大还伴随着交通需求的增加。因此，欧盟的交通政策也经常是建设内部市场的一个重要方面。1992 年，欧盟委员会号召制定共同的市场开放导向的交通政策。2001 年，一份欧盟委员会白皮书提出，需要做到各种交通模式更为均衡地使用。然而，与能源转换部门、工业、住房以及服务业形成对照，自 1990 年以来，欧盟的交通部门一直是唯一一个温室气体排放增长的主要能源终端使用部门。尽管有2001 年白皮书的号召，但从各种交通方式对交通部门温室气体排放的贡献看，没有看到铁路向环境友好转变，而公路和航空运输则稍有增加。2008 年各种交通方式的分配显示，71.3% 的运输排放发生在公路上，13.5% 为海运，12.8% 为航运，1.8%为内河航运，0.7% 是铁路运输。不同交通运输方式的温室气体排放分配中：客运占总排放的 60% 左右，货运占其余的 40%。大约有 1/4（23%）的交通排放来自城市地区（European Commission，2011a）。

但是，最近几年欧盟加强了工作以应对这种情况，并推动以下降低温室气体排放的措施：

- 2008 年，欧盟委员会提出一项涵盖所有交通模式的使最重要外部成本内部化的策略，那些成本与温室气体排放、局部污染和噪声相关。对于陆路货物运输，委员会提出修订有关对重型货物车辆收费的指令——所谓的"Eurovignette 指令"——以允许成员国用基于距离的收费将大气和噪声污染的成本纳入进来。

- 2009 年，欧盟给自己设定了强制性目标——到 2020 年在交通部门可再生能源使用的份额达到 10%，并降低燃料的温室气体排放强度 6%。

- 2009 年，欧盟通过了一项有关新轿车 CO_2 标准的规章，并在 2010 年 12 月欧洲议会和欧盟理事会就面包车规章的最后文本达成一致。

- 欧盟决心要在欧盟排放交易体系中包括航空业，以便为 CO_2 减排提供激励。

另外，欧盟在其 2011 年的新白皮书《通向单一欧洲交通的路线图——一个有竞争力的和资源高效的交通运输系统》中概述了欧盟野心勃勃的政策目标。该文件描述了未来可持续和安全的交通系统的前景，并提出了一份应在今后完成的目标和倡议清单。同时，为实施欧盟 2020 战略所提出的新财政框架预测，到 2020 年之前的这一段时期，交通基础设施投资预算将达到 316 亿欧元。

交通白皮书最重要的目标是，到 2050 年，交通温室气体排放比 1990 年至少要减少 60%，同时要保持交通系统的竞争力和高效。通过实现这一目标，交通运输部门将会支持欧盟削减整个经济温室气体排放的目标，即到 2050 年与 1990 年相比削减 80% ~95%。

应对欧洲交通政策今后挑战的重要工作已在欧洲研究项目 iTREN 和 GHG-Transport，以及沙德（Schade）和罗滕戈特（Rothengatter）向欧洲议会所做的报告（Schade et al.，2011）中作了概述。根据过去的经验和该研究的结果，实现低碳并仍具竞争力的交通系统的最重要倡议如下：

- 机动车 CO_2 排放限制。

- 推进使用低碳机动车。

- 通过价格政策将外部成本内部化：出台 Eurovignette 指令，并使之成为交通领域一个有效的环境政策工具。

- 从航空业入手，使交通部门逐步纳入排放交易体系。

- 发展生物燃料。通过研发支持、配额制度和使用激励措施（如按温室气体排放征收能源税）来支持引进具体模式的可持续低碳和碳中性燃料。

●创造一个基于消费者的、新的多交通方式、无障碍城市机动性的"第五模式"概念，并制定相关标准和空间规划。

●优化物流。

●进一步发展高速铁路服务。

●货物运输的模式分割。通过整合货运流、建设高质量运输通道、配合提高铁路运力等方式大量节省卡车运输里程。

（三）重要资源的管理

很长时间以来，重要自然资源的管理一直是欧盟成员国内部的一个突出话题。在欧洲层面，已提出过各种部门政策，包括水、自然保护、废物管理等方面。大部分讨论内容都关系到具体的部门问题，如连接和扩大自然保护区，执行水框架指令和推动流域管理计划，修订废物框架指令和加强危险废物管理。

在过去几年，出现了一种以更加综合的观点看待资源管理问题的转变。驱动这一讨论的各种因素，包括原材料、资源价格上涨以及关键和战略资源的争论，把资源问题推到最前沿。可以预见，这种形势将会变得更紧迫，因为全世界人口的增加和中产阶级消费模式人数的上升将导致对自然资源的需求和压力急剧增大。

然而，即使在欧盟内也不可能做到将大多数自然资源与 GDP 绝对脱钩。图 7.4 显示了欧盟所强调的一些指标：

●欧盟内国内物质消费一直在稳步增长，但增速低于 GDP 增长。

●对住房、商业和工业用地，以及交通基础设施需求的增长导致对土地的不断索取，使得自然土地转变成人工地表。在欧盟，每年有近 $1000km^2$ 的土地被这样转变。虽然随房产业的商业周期有一些波动，但这种情况还没有减慢的迹象。已开展了一些工作来减少对土地的占用，例如，通过信息工具鼓励使用原来的工业场地，而不是开发绿地。

●欧盟水开采指数一直相当稳定。欧盟平均水开采指数值为 13（20 被认为是不可持续状态的阈值），但各成员国之间指数值变化非常大，从 1 到 60 不等。各成员国在各自水基础设施系统中水的损失也非常不同，从 1% 到 40% 不等。

减少物质消费领域的一个主要政策是提高回收利用率。图 7.5 显示了欧洲的经验，可看出某些物质流已达到很高的回收利用率。然而，废旧电器和电子设备，以及废塑料的回收利用仍然非常薄弱。成员国间在回收率上有很大差别，也反映了不同程度的政府行动。目前，在北欧国家，荷兰、比利时、卢森堡三国以及中欧西部，所有废物流的回收率都很高。相比之下，欧盟新成员国的城市废物回收率一般较低。

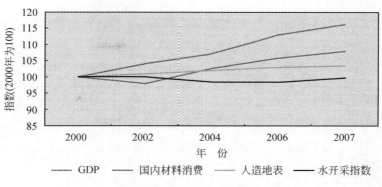

图 7.4　欧盟自然资源利用主要指标的变化

资料来源：EEI，2010

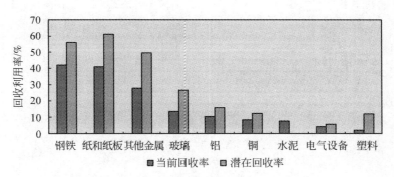

图 7.5　欧盟各种废物的回收利用率

资料来源：EEI，2010

　　总体上，欧盟回收利用了废物总量的 43%，但如何利用现有的潜力以及传统的政策形式，进一步提高回收利用率，仍然是一个挑战。即使在提高回收率上取得成功，减少物质消费的其他可供选择的方法还未得到充分的利用。产品的再加工和再利用就是这种情况，它可使下游的回收率降低。还需要大力探讨这些选择方案。

　　另外，还有一个问题就是只看到较大的废物流而忽略了有毒物质流问题。所以，在讨论减少材料使用量时还非常需要更多地考虑各种物质的环境影响。对于水资源，也要区别资源的可获得性和毒性作用。然而，在水框架指令的背景下，欧盟不仅努力减少营养物质进入水循环，也努力减少有毒的优先控制物质进入水循环。欧盟在减少工业和城市点源排放上已取得相当大的成功。使用的政策工具一般是要求改善相应污水处理厂质量的条例。但是，仍需要考虑如何进一步减少排放，特别是农业和城镇地表径流这样的非点源排放。

除废物外，欧盟最近在进行原材料战略方面的工作，其背景是对各种资源供应安全意识的日益提高。尽管欧盟对大宗物资如钢铁等不太重视，但对一些选定的"战略金属"或"关键资源"却非常关注（图7.6）。最近，一些资源（如稀土）的额外需求便已引发争论，这种额外的需求则是由新技术所引起的，风力发电机组和电动汽车等绿色技术就属于这些新技术。迄今还不清楚这些争论的政治结果会是什么：一方面，解决办法之一是支持在传统的矿产出口国家，或者在新的地方开发新的供应来源；另一方面，提高这些资源的利用效率和回收利用率也是可供选择的方法。

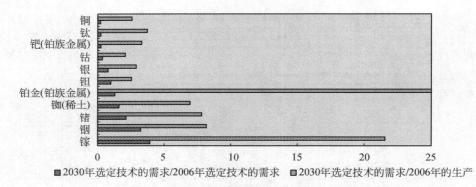

图 7.6　选定的高科技对战略金属需求的影响

资料来源：Fraunhofer ISI

欧盟按照路线图向实现资源效率型欧洲（European Commission，2011b）迈出了第一步，该路线图是"欧盟 2020 战略"的旗舰计划"资源效率型欧洲"的基石。上面所述的问题，在路线图中也有反映，路线图基本上是一个更偏重于政策策略的文件，而不是具体措施和方法的文件。在这里，必须强调路线图的以下几个方面：

● 路线图指出了现有指标的不足，要求系统开发指标体系。除了上面使用的那些主要指标外，还应有相伴的指标表，如资源使用的环境影响。欧盟希望，这些额外的指标还会帮助政策制定，加强与利益相关方的对话。

● 路线图强调，需要采取行动以确定实现一个主要资源效率目标的进程，并建议使用那些今后必须实现的资源生产力目标。

● 路线图强调，资源效率也应对欧盟的竞争力作贡献。这样，对战略可持续性评估的需求就会增加。确实，欧盟已提出要开展工作，改进和开发新的模型方法，使之能改进资源管理领域的战略影响评价。

• 路线图还号召使用基于市场的手段，但有关细节仍非常模糊。很明显，有必要解决这个关键的问题，来提高该举措的影响。

（四）绿色产业

欧洲的绿色发展还在欧洲产生了一系列绿色产业。在绿色产业范畴下包含了以下技术领域：①环境友好型能源供应技术，包括可再生能源、热电联产和 CO_2 中性化石燃料，但不包括核能；②建筑和工业能效；③物质效率，包括可再生资源、产品生态设计和循环利用；④交通技术；⑤水技术；⑥废物管理技术。

1. 绿色产业发展的表征

欧洲绿色产业的实力一方面可通过观察知识基础来衡量，它显示在出版物和专利上。另一方面，出口份额表示了欧盟绿色产业的国际竞争力。其中，出版数据取自 SCOUPUS 文献和引文数据库（以"环境刊物"提供的分类并将文章范围收窄到与 6 个绿色技术领域有关的那些文章）；专利则使用的是跨国专利，不以单个市场为目标，因而更具国际性；国际贸易数字表明了一个国家能够参与国际竞争的程度。鉴于可持续创新的中高科技性质，这些技术的贸易数字也表示技术能力水平。

针对出版物、专利和世界贸易，我们计算出了在世界总数中的新兴工业化国家（NICs）的份额（文献份额、专利份额、世界出口份额）。另外，专门化指标——相对文献优势（RLA）、相对专利优势（RPA）、相对出口活力（RXA），以及显示的比较优势（RCA）也被计算出来，以分析 NICs 是否专长于可持续技术。

有关出版物的数据（图 7.7）说明，在与绿色产业技术有关的出版物的生产中，欧盟作为主要参加者，有着重要地位。在 1990 年代，欧盟在世界绿色技术出版物中的份额增加了 30% 多，并在这一领域科学刊物的生产上超过了美国。在过去 10 年中，欧盟能够保持 30% 以上的份额，而美国则明显下降。中国等其他国家在绿色技术出版物的增长则替代了美国下降的部分。在欧盟成员国中，发展总体同步。

欧盟还在绿色专利方面处于领先地位（图 7.8）。在 1990 年代，1/2 的跨国专利源于欧盟。现在，这个比例有一些下降，但在过去几年仍稳定在 45% 左右。美国又丢掉了一些份额。然而，在同一时期，日本却提高了它的份额，并赶上了美国。在欧盟成员国中，德国明显是主要的专利生产国。

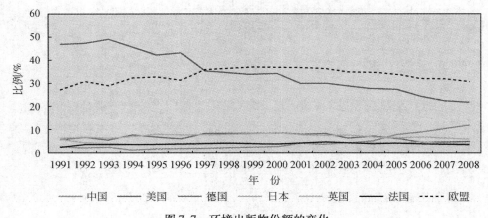

图 7.7　环境出版物份额的变化
资料来源：Fraunhofer ISI 根据 SCOPUS 数据计算

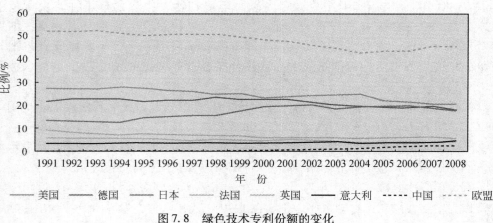

图 7.8　绿色技术专利份额的变化
资料来源：Fraunhofer ISI 根据 Patstat 和 Questeld 的数据计算

　　为了考虑国家的大小，用 GDP 将专利数标准化。这样得出图 7.9 所示的专利强度。从图中可看到，日本的绿色专利强度比欧盟高。而且，它大约是美国的两倍。欧盟内的专利强度也有很大的不同：世界前六名国家中，5 个是以德国为首的欧盟国家。这 5 个国家的专利强度都高于日本。另一方面，一些较大的欧盟国家，如英国、法国和意大利的专利强度则比日本低，但仍比美国高。这说明，在为绿色产业产生新知识方面，欧盟有某种区域特殊性。

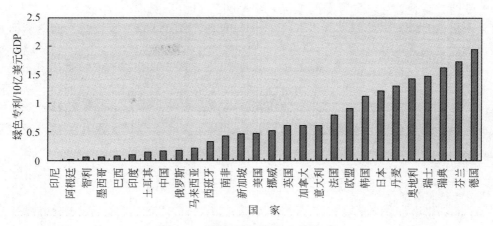

图 7.9 不同国家的绿色专利强度

对贸易成功度的衡量受到官方贸易统计数字的限制，它独立计算每一欧盟成员国的贸易量。这样，这个数字还包括总贸易量中成员国之间的贸易。在 1990 年代，美国、日本和德国是最大的出口国，每一国家都占有世界出口份额的 15% 左右。然而，意大利、法国和英国，以及后面的荷兰也是非常重要的出口者。在过去几年，其他国家的上升，最突出的是中国的上升补偿了其他国家出口份额的损失。这包括美国和日本，以及欧盟成员国中的英国、法国和意大利。另一方面，德国和荷兰还能够保持其出口份额。这样，欧盟基本上能保持其绿色技术主要出口者的地位（图 7.10）。

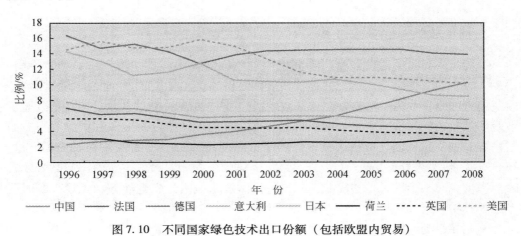

图 7.10 不同国家绿色技术出口份额（包括欧盟内贸易）

　　欧盟在绿色产业不同环节的地位总结见图 7.11。与图 7.10 相比，图 7.11 中的贸易份额已对欧盟内的贸易进行了校正。这样，全部出口的总数较低，而且欧盟总出口份额比图 7.11 中成员国出口份额的总和要小。

　　总之，可以看到，在绿色技术 6 个领域中的知识生产方面，欧盟显示了相当均一的情景。在出口上，绿色汽车的份额最低，这是由于亚洲国家表现强劲。这也反映出，欧洲的成功，特别是一些德国汽车制造商在高档汽车部分的成功并不能自动变成在出行的绿色环节上的成功。另一方面，在能源效率领域和水相关技术的贸易上，欧盟显然很强。

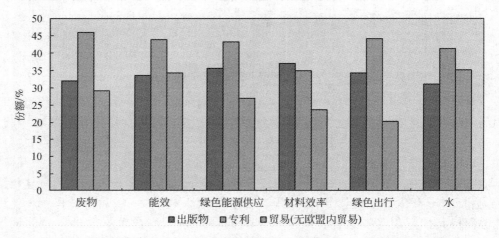

图 7.11　欧盟在绿色技术领域的出版物、专利和贸易份额（不包括欧盟内贸易）

2. 绿色产业发展的政策支持

　　环境技术打开了通向经济成功和增强竞争力的道路，这一观点已日益被接受。的确，一方面一些重要的欧洲文件，如低碳经济路线图和资源效率经济路线图也涉及竞争力问题，而另一些文件，如来自欧盟企业总司的欧洲竞争力报告以及欧盟工业政策的政策性文件（Communication）都有很多绿色技术以及能源和资源效率方面的内容。推动绿色创新以提高竞争力的基本原理是与"先发优势"（first mover advantages）和"先导市场"（lead market）这样的观念相联系的。然而，文献告诫人们要谨慎，并指出在评估国家能否在某一具体技术上做到先发优势和先导市场时要考虑的成功因素（Walz，2010；Walz，2011）：

　　● 先导市场的能力。对每一件商品或技术而言，达到先导市场的地位不是不可能。一个先决条件是，竞争不是单独由成本差别驱动的，还应由质量因素驱动。对知识密集型产品来说，特别需要满足这个先决条件。其他重要因素是使用者－生产者关系密切和内涵知识水平高。

● 需求方是做到先发优势的一个重要部分。与正规的工业不同，对绿色技术的需求是由政府行动诱发的，特别是各种导致技术扩散的环境政策。在一些出版物中，"需求侧创新政策"这一术语已被创造出来说明这种情况。

● 先导市场的情况还必须有管理的支持，同时，这种管理是创新友好的，并为其他国家学习同样的管理途径树立榜样。国家管理规章不应导致一种特异性的创新，换句话说，就是这种创新只能在非常特定的国家管理体制下适用。另外，这种管理对各种技术方案应是开放的，并应对管理制度设定标准，这些都可能为其他国家所采纳。

● 国际贸易绩效取决于技术能力，这一观点已日益被接受。尽管在衡量技术能力时有着这样或那样的问题和警告，有关研发费用指标和专利份额或相对专利优势等专利指标仍然是最广为使用的指标。这些指标对说明贸易格局的实证重要性得到了最近一些实证研究的支持。

● 现已广泛认为，创新和经济成功还取决于如何将一项具体的技术置入其他相关的产业链中。如果这种（隐性）知识的流动得到语言和制度上的相近性和共同知识的便利，那么学习效应、技术使用者的期望和知识外溢都更容易实现。

在过去，主要的供应方政策，如对绿色技术的研发支持，是作为培育创新的政策手段而推出的。虽然需求方受环境政策影响很大，但这在有关创新和产业政策的讨论中没有显露出来。长期以来，环境政策对产业竞争力的影响只谈成本影响，大大忽略了绿色技术创新的作用，其实，这种创新也提高竞争力（Walz，2010；Walz，2011）。

先导市场倡议已成为欧盟的具体政策性文件（European Commission，2007）。虽然不仅限于绿色技术，但所选的6个应用领域的绝大多数技术是绿色技术，如可再生能源、回收利用、基于生物的产品以及可持续建筑等。其目的是整合技术市场的需求方和供应方。以下几点是该倡议的主要目标：

● 及早预知社会需求；

● 有利于创新的全欧盟监管环境；

● 雄心勃勃的标准设置；

● 运用公共采购。

最近有学者对先导市场倡议进行了评估（CSES，2011）。倡议本身有各种不足之处。对于环境目的明确的活动，一个主要的问题是，环境政策没能很好地整合到先导市场倡议中。以产业政策制定者的观点看，需求侧创新政策仍主要集中在公共采购和标准制定上。由环境政策刺激的巨大需求潜力没有被当做履行需求侧创新政策，尤其是没被当做绿色技术创新政策的一个重要机会而给予充分反映。第二个缺点与为先导市场倡议选择技术领域的标准有关。在政策制定中，上面所提到的有区别的标准没有得到充分反映。特别是在分析中要将技术能力和知识外溢包括进来，这一点要改进。显然，需要更复杂的分析方法以改善制定健全的绿色技术产业政策的基础。

（五）欧洲经验的解读

前面几节介绍了欧盟在向低碳、资源效率经济转变过程中的经验，以及争取进一步成功的挑战。在总结政策进程和战略选择的经验时，以下几个方面很重要：

● 欧盟日益认识到，环境绩效和经济绩效是相互联系的，是一个事物的两个方面。驱动低碳和资源效率经济不仅对环境有益，而且还增强竞争力和创造新的就业机会。不仅重视绿色产业，而且还重视提高材料效率是认知变化的主要特征。这样，不但一些重要的欧洲文件，如低碳经济路线图和资源效率经济路线图涉及竞争力问题，而且另一些文件，如欧洲竞争力报告和欧盟工业政策的政策性文件也都有很多绿色技术以及能源和资源效率方面的内容，也就不足为奇了。

● 既然环境绩效和经济绩效是同一事物的两个方面，也就要求相应政策制定工作的整合。然而，尽管做出了很多努力来改善协调，但似乎是制度路径依赖使得这样的整合很难做到。由于需要同所涉及的各种制度的利益相关方协调和沟通，这种情况就变得更加复杂。

● 在日益全球化的世界，绿色技术的价值链也变得更加国际化。产业和环境政策的整合必须考虑这一点。供求政策不会在每种情况下都产生同等程度的成功。还必须考虑其他重要因素，如技术能力和辅助部门外溢的可获得程度。这要求在开始的时候不知疲倦地进行战略分析。在战略分析方面存在的不足，欧盟应开展工作补齐，在某些情况下，在国际市场实现整个价值链上的成功是可能的。在另外一些情况中，如果能做到整合到国际价值链的一部分，就已经是一种成功了。毕竟，不可能有"放之四海而皆准"的战略；有必要根据初始条件，逐案制定战略。

● 在向低碳经济过渡中积累的经验说明，不只是政策工具的选择重要。议程制定过程、政策风格、实现雄心勃勃但不失现实性的目标的长期挑战，这些都是一个成功政策所需的关键要素。

● 欧盟越来越支持运用多种政策工具和新政策工具。这在向低碳转变的能源政策上表现得最清楚，它将传统的管理方法与标识等信息工具结合起来，加上新的基于市场的手段，如排放交易和上网电价或配额。

• 标准制订，特别是标准的执行已变得更加精心。这包括必须提供精密的监测系统，意味着定期进行随机取样，并对样品做统计学分析。另外，对话和反馈报告一直在增加，使成员国更感到遵守的压力。可是，执法仍然是一个问题，而且不能无限制地增加法规的复杂程度。

• 政策工具的设计和实施问题是重要的方面。然而，更重要的是，在开始不要期望过高，而应从非常务实的方案起步。排放交易体系（ETS）的制定就是这种做法的一个重要例子：重要的是使这个方案启动起来，即使它还有许多缺点。然而，经过一段时间，欧洲的政策制定能够对这个方案做出改进，例如，通过协调包括在ETS方案中的工业装置的定义，或通过向拍卖转变来进行改进。这不仅仅是轶事证据，而是反映了一个深思熟虑的政策策略，通过调整既得利益的阻力，克服起初对政策创新的阻力。

• 政策工具是相互作用的。最重要的是影响电力需求的排放交易与其他政策之间的相互作用。例如，增加可再生能源，减少燃煤发电，从而减少了排放认证的需求。这致使碳价格降低，从而导致 ETS 部门的减排量减少。这使得政策微调很困难，因为在设定 ETS 排放量的上限之前，必须预测其他政策工具的影响。

• 欧洲在向低碳经济转变中取得的成功也为其他政策领域，特别是能源效率领域树立了榜样。这样，就有了政策学习的情况，资源管理政策现在就是按照减少温室气体排放的经验来制定的。因此，特别重视制定指标和目标，如在 20 世纪 90 年代的碳减排政策中所做的那样。

• 然而，照搬成功的经验也有其局限性。与减轻气候变化不同，对资源效率问题还没有明显的政策创新出现。因此，在这一政策领域，更加强调自愿措施等方法，到目前为止还未能在政策工具的讨论中提出强有力的基于市场的政策工具。

• 欧盟似乎正从以欧洲为中心的政策模式向多政府层次模式转变，这种模式不仅涉及欧盟机构，还更多地涉及成员国政府、区域组织和各种利益相关方。这种转变得到了以下认识的支持：政策，特别是在资源管理方面的政策——甚至是监管政策——必须更多地依赖软的政策过程，这需要高层次的沟通和更接近该领域的参与者。这样，可以预期，这种治理模式在未来会越发重要。EU ETS 的经验说明，这种互动过程虽然较复杂，但在合理的时间框架内还是可掌控的，并能提供更稳定的结果。

• 向气候变化政策的转变也是由国际能源市场的发展、全球环境挑战，以及绿色能源产业的机会所驱动的。这些进展也能在资源管理领域，特别是在物质消费和水资源领域看到。这些进展的共同之处是，扩大环境政策的国际范围。这样，它就不仅仅是对欧洲环境政策做出决定的欧洲的政策舞台。很明显，国际进展和其他国家的定位也对影响欧洲的决策起了重要作用。

二 中国的绿色崛起对世界的意义

（一）中国作为绿色技术的市场

中国绿色技术应用和绿色产业发展的举措是令人印象深刻的。关于绿色技术的发展，总体上有一个共识，即绿色技术将是世界范围一个重要的增长市场。根据欧洲数据对世界范围的估算，大多数绿色技术环节，特别在清洁能源、材料效率和水资源领域，显示了大大高于平均水平的累计年增长率（图7.12）。

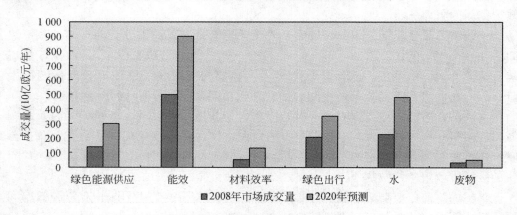

图 7.12　绿色技术未来市场估计

资料来源：DIW et al.，2007；Roland Berger Strategy Consultants，2009；ECORYS et al.，2009

在过去两年，区域重点向中国转移，中国成为清洁技术的重要市场。主要的例子是风力发电的巨大增长，使中国成为风力发电装机容量最高的国家。这样，各种形成欧洲和美国看法的市场研究都强调中国是一个重要市场。这能从2011年出现的各种研究及相关的大字标题上看出，如：

• 汇丰银行（HSBC，2011）强调，市场增长惊人，2010年中国在清洁能源上投资544亿美元

• 弗罗斯特－沙利文公司（Frost & Sullivan，2011）亚太地区环境标杆制定国家倡议发现，亚太地区公共和私营部门的绿色能源和气候友好项目的数量迅速增加。

• 皮尤环境集团的报告（Pew Environment Group，2011）也用了这样的大标题：

中国已巩固其作为世界清洁能源源泉的地位。

● 2011 年 12 月 17 日，美国绿色技术断言，中国已超过美国，成为全球绿色技术最大的投资者，在低碳能源技术上投资 540 亿美元，相比美国只投资了 340 亿美元。

● 路透社报导（Reuters，2011），中国已确认，计划向清洁产业部门投放 1.7 万亿美元，并在全球经济陷入困境的情况下仍保持国内增长。

● 中国绿色科技（China Greentech Initiative，2011）也发出重要报告。它分析了中国在绿色科技部门的最新进展，并审视了在 6 个主要部门现有和新出现的机会。它洞察了这些趋势，认为这正使得中国迅速崛起，成为全球绿色科技的领先者。

将这些大标题总结起来，就更加明了，中国将是一个重要的市场。从控制国内环境问题的需要、大规模城市化和巨大的经济利益中可了解中国想成为绿色技术全球参与者的驱动因素。

对中国绿色技术贸易伙伴的一项详细分析说明了不同贸易伙伴的重要性。在使用了与第一节同样的数据库和分类方案的基础上，图 7.13 显示，中国进口的全部绿色技术中约 1/3 来自欧盟；日本第二，约占 20% 多一点。不同领域的细分显示（图 7.14），欧盟作为中国进口供应者的重要性各不相同，如所有能效技术进口的一半左右，以及约 40% 的水相关技术是欧盟供应的；另一方面，在材料效率商品的进口上，来自欧盟的相当少，可再生资源包括在这个范畴内，它们在新兴国家和其他发展中国家数量大，使其成为重要的供应者。

总结这些经验，中国也成为了欧盟的一个重要市场。然而，其他国家如日本，有鉴于其经济规模，也非常依赖中国的市场以确保对其绿色经济的需求。

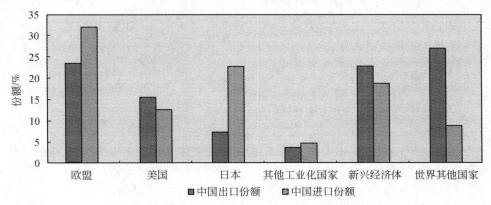

图 7.13　中国各贸易伙伴在绿色技术上的重要性
资料来源：Fraunhofer ISI 根据 UN COMTRADE 数据计算

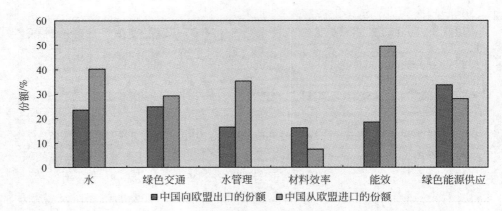

图 7.14 欧盟作为中国的贸易伙伴在绿色技术不同领域中的重要性
资料来源：Fraunhofer ISI 根据 UN COMTRADE 数据计算

然而，还有一些悬而未决的问题。首先，必须要问，世界和中国能否保持实现预想发展所需的绿色技术扩散的速度。以电动汽车为例，电动汽车进入市场的速度在大多数国家比原来估计的要慢。第二个问题与绿色技术扩散对环境的影响有关。显然，一个领先的绿色国家必须采用确实导致低排放的绿色技术。两个被谈论的与中国有关的例子可说明这一点。在风电方面，问题不只是风力发电机安装得够不够，而且还有必须将所发的电放进电力系统中的问题。这不仅与风力发电机装机容量和电网连接之间的缺口有关，而且与一个电力系统吸收来源波动的电力的能力有关，还与可再生能源发电对化石燃料发电的替代有关。在电动汽车推广上，由于中国的电力很大比例来自煤电，因此，电动汽车仍将产生 150 克/千米量级的 CO_2 排放（DG Research，2011）。然而，这将高于欧洲对新车要求达到的排放标准。这两个例子突出说明，我们要有系统观点。只提出单个技术的目标是不够的，而是需要一种考虑了整个价值链影响的系统布局。

（二）中国作为绿色技术的供应者

中国在世界上的绿色崛起也表现在为世界供应绿色技术。可能引用最多的例子是光伏电池，中国是世界最大的生产国和欧洲国家的主要供应者。当然，中国国内风力发电机工业的快速发展也成为社会上和文献中热议的话题（Walz et al.，2012）。

图 7.15 给出了中国技术能力发展和出口的更全面的情况。数据突出说明，中国

已作为一个重要的国际参与者出现，特别是在绿色出版物和出口方面。在出版物以及出口上的巨大增长也显示在图7.7和图7.10中。虽然中国在专利上也有增加，但达到的总水平比出版物和出口要低得多。

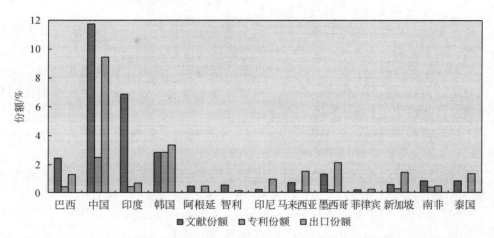

图 7.15　与其他新兴工业化国家相比中国在绿色出版物、专利和出口上的份额

资料来源：Walz et al.，2011

　　然而，必须记住，中国在所有技术领域的出版物和出口方面一直在前进。为了查明绿色技术在中国的重要性，有必要看一看专门化指标的情况。专门化指标——相对文献优势（RLA）、相对专利优势（RPA）和相对出口优势（RXA）说明了中国在绿色技术上与所有技术相比的技术能力。另外，设计了一个衡量知识基础的专门指数，它由 RLA 和 RPA 的平均数组成。正值表示在平均水平之上，负值说明在绿色技术方面的活动低于平均水平。图 7.16 显示，在所分析的 4 个技术领域上，中国出口专门化程度中等，但在绿色技术知识基础上总体还较差。这意味着，中国绿色技术出版物在世界的上升更多地归因于中国研究总体产出的增加，而不是采取特别举措来加强知识基础，尤其是使绿色技术的知识基础得到比其他领域更多的加强。

　　与出版物相比，中国的专利份额相当低。这个不同说明，还有相当大尚未开发的进一步创新的额外潜力。要利用这一潜力则要求在出版物上的科学进步更快地转换成技术创新。专利和出口份额的差别，以及出口比知识基础更专门化，这些都向我们提出了以下问题：中国绿色技术产业出口赖以成功的知识基础是从何处而来？国际技术转让在此过程中起什么作用？一个可能的答案是，使用从其他提供技术的公司获得的生产许可证。Walz 与 Delgado（2012）进行的研究说明了这种机制对建立中国风机产业的重要性。另一个机制可能是利用与外国直接投资相伴的外国技术。另外，利用清洁发展机制（CDM）也被认为是一种主办国技术吸收的方法。最后，技术转让不仅发生在专利编写的知识方面，也以所含资本的形式进行。如果国家出口的绿色技术比进口的多，这些国家多被归类为技术提供国，反之亦然。

总的来说，中国在绿色技术上有小的贸易顺差。然而，对贸易流量更详细的分析显示，对不同国家和技术领域有不同的情况（图7.17）：

●在绿色能源供应方面，日本是明显的技术提供国：中国从日本的进口大大多于向日本的出口。对其他国家，中国则多享有贸易盈余（也是由于在此范围内的光伏电池出口所致）。

●在能源效率方面，欧盟是最重要的技术提供者，但中国是新兴工业化国家（NICs）和世界其余发展中国家的技术提供国。

●在废物管理技术方面，欧盟和日本是重要的技术提供者，但向NICs和发展中国家提供技术的还是中国。

●材料方面的情况看来不同。由于中国大量进口再生原材料，NICs（如巴西和马来西亚）向中国的出口比中国向它们的出口多。

●在绿色交通方面，日本是重要的技术提供国，但中国也是一个重要的提供国，特别是对发展中国家。

●在水技术方面，欧盟和日本是技术提供者，中国为发展中国家提供技术。

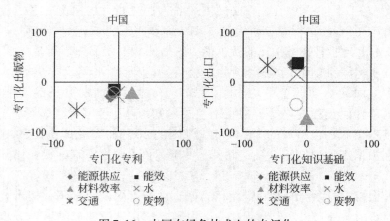

图 7.16　中国在绿色技术上的专门化

资料来源：Fraunhofer ISI 根据 UN CONTRADE 数据计算

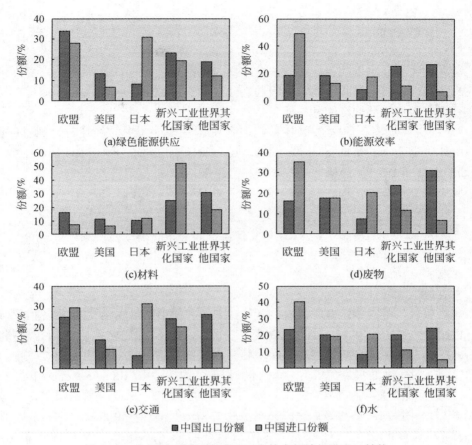

图 7.17　中国对不同国家或地区和技术领域的进出口结构
资料来源：Fraunhofer ISI 根据 UN CONTRADE 数据计算

　　这样，中国在世界上的绿色崛起可理解为，中国似乎通过采纳绿色技术而获得了独特的地位，具体是以两种方式做到的：第一，中国在降低大宗工业产品成本方面的经验被应用到绿色技术上。这使得绿色技术变得没那么贵，这是绿色技术在世界范围内得到较广泛推广的先决条件。中国在生产和向全世界出口太阳能电池方面的成功就是这一功能的重要例证。第二，具体的贸易结构上，中国从日本和欧盟进口更多的绿色技术，向 NICs 和发展中国家出口绿色技术。这意味着中国能够使这些绿色技术适应这两类国家的需要，并在这个过程中成为它们的一个主要技术提供国。

（三）政策挑战

欧洲的经验显示了政策制定的各个方面，既有取得成绩的正面例子，也有未来的挑战和实现绿色增长必须克服的问题。从这样一种欧洲观点出发，本节将探讨中国是否也有类似欧洲的经验和挑战。

"十一五"期间，通过采取各种战略，中国在绿色技术的推广上取得了进展（有关评估见 Price et al.，2011；Bellevrat，2011；Climate Policy Initiative，2011；Konget et al.，2011）。重要的一些政策和措施包括：

- 十大重点节能工程。
- 建筑节能。
- 千家企业节能行动，以及为近 30 种主要能源密集型产品制定标杆。
- 关闭小企业计划。
- 家用电器标准。
- 可再生能源开发规划。

这些项目与各省和地方的其他措施和计划一起使中国得以降低能耗强度。

根据"十二五"规划，中国正在进一步降低其经济的能耗强度和碳排放强度。然而，还有一些必须面对的挑战。许多容易做到的事情都已经做完，例如，电力部门淘汰了小的和低效的电厂。但气候政策倡议认为（Climate Policy Initiative，2011），这样做可能使削减 CO_2 排放的边际成本变高了。这就使进一步降低成本和运用将 CO_2 减排与高经济效率结合起来的政策工具变得日益重要。

有时，中国的政策被评价为是运用行政手段的、明显自上而下的政策（Bellevrat，2011）。由于在千家企业节能行动中的主要参与者已确定，可以预见，中国还必将要解决中小型企业的问题。随着需要协调的参与者数目的日益增加，改进监测和报告制度的要求将变得更加重要。在数据和监测方面的提高也会解决守法和政策执行上的问题，例如与标识有关的问题（Price et al.，2011；Huo et al.，2011）。中国在排放交易和电网公司节电责任方面不断增加的经验也要求改进监测制度。这样，就有了另一个与欧盟经验相似的地方。

然而，还应注意，"十一五"期间，基于激励手段的政策工具越来越多地被提出，如可再生能源电力的优惠电价、灵活电价、煤炭资源税以及燃油税升高等（Xu et al.，2010）。补贴形式的激励手段也被广泛地使用，在建筑部门（Kong et al.，2011）便是如此。但是，现在越来越清楚，中国必须进一步增加对基于市场的政策工具的使用，如环境税、排放交易（Climate Policy Initiative，2011）。这样，导致欧洲提出 ETS 的那种政策工具也会在中国显示更大的重要性。然而，这些工具本身只能解决经济障碍，并需要与其他政策工具适当结合，以克服非经济障碍。单有基于市场的政策工具是不足的，还需要有各种政策工具的组合。

这些进展给各种部门带来了一些挑战。首先，部分运用经济刺激手段的政策也要取消对环境有害的补贴措施。有一些推断认为，中国对使用化石燃料给予很多补贴（Liu et al.，2011）。这基本上也是 OECD 国家（OECD，2011）的做法：在他们的清单中，OECD 鉴别出了在 24 个 OECD 国家中采用的支持化石燃料生产和使用的250 种机制。其中许多政策是在次国家级——州、省级规定的，这本身就是一个重要的结果。OECD 估计，近几年来，每年由这些政策产生的年转让价值大约在 450亿 ~ 750 亿美元。之所以有这样宽的范围，部分因为原油价格浮动所致。因此，有必要讨论这个问题，并在考虑到该问题社会影响方面的基础上提出建议。

许多国家的电力系统面临着类似的挑战：一方面，已有关于改革规章以使该行业更有效率的讨论。这一点因独立电力生产商这样的后来者而显得更加突出，必须将他们纳入到管理框架中。另一方面，需要进一步整合可再生能源和扩大电网系统。前者已导致电力公司规章的改革，但在欧盟成员国中改革的形式和结果各不相同。后者是欧洲可再生能源供电进一步发展的关键。对中国来说，这两方面都已列入议事议程（Ma，2011）。领先的"绿色"国家电力系统的特点应是部门管理制度的改革与必要的进行实体基础设施低碳创新的组织条件的完好配合。如何克服路径依赖，并为新电力公司创造比现有公司更多的机会似乎是所有力争绿色经济领先地位的国家所面对的共同问题。

在欧洲，特别是在德国、英国、波兰、法国和西班牙，大量 CO_2 减排是与国内煤炭工业重要性的降低相关的。这使得克服路径依赖和单靠化石燃料发电容易一些，但也绝非易事。尽管可再生能源发电有那么大的增加，中国仍非常依赖煤来发电。因此，中国作为一个低碳经济体的未来似乎是与碳捕集和封存（CCS）的成功实施相连的。然而，CCS 在中国的前景并不确定。存在的问题是，缺乏国家级示范厂，无足够的财政支持，以及需要建立规章和制度体系。解决这些问题则需要广泛的国际合作及中国国内不断的努力（Liu et al.，2011）。但是，中国还应考虑在 CCS 的问题比预期要严重得多的情况下，煤炭和低碳替代方案在将来的作用。另外，煤炭丰富的地区和城市有兴趣进一步利用其资源。这样，锁定煤炭的情况还表现在，一些地方有兴趣向煤液化转变，当然，煤化工也面临水短缺等环境限制，而且中央政府也在努力放慢煤化工的发展进程（Rong et al.，2011）。这样，中国同样遇到了每个拥有煤炭资源并想向绿色发展前进的国家遇到的问题，要解决化石燃料碳排放的长期锁定效应。

基于市场的工具，如 ETS 的引入，一些技术问题被提至眼前。一方面学习国际经验，另一方面还要将其与中国现有制度体系相联系，这是处理可监测、可报告和可核实等问题的方法。例如，在中国审计体制内制定的一些方案被提出作为监测和报告的起点（Wang et al.，2011）。但是，引入排放交易体系需应对的挑战远不止那些：

● 在国内，它们涉及参加该类方案的各成员国（在欧盟）或各省（在中国）的经济利益。ETS 使各种既得利益的相互作用变得更加重要，因为它不仅涉及最紧急的减排技术成本问题，而且还涉及代表类似货币价值的排放许可的分配问题。在欧盟，这已造成过度分配的倾向，以及因抬高价格使之成为强有力的刺激因素所带来的问题。中国如何处理这一挑战，我们将拭目以待。从欧洲的观点看，省市竞争高经济增长和高经济效益的经历很有可能使排放许可的分配变成一个热门政治问题。

● 同样的情况与包括在这类方案中的单位和企业有关。有关如何向各个公司分配排放许可的讨论非常困难，这包括了学习过程。在此过程中，欧盟用了 10 年时间才使拍卖和技术标杆被较广泛地接受。经验还说明，国家具体的制度背景是必须加以考虑的重要因素。同样，中国将必须处理各部分潜在的经济利益，而且，了解针对中国的解决办法是什么样的，以及这些办法如何在具体的中国制度和政策背景下发挥作用将是非常有意思的。

● 在国际上，有这样的讨论，即如何将各种排放交易体系联系起来以提高在全球范围减轻气候变化的步伐。了解中国在这方面的观点将是很有意思的。

类似的争论也可能出现在与节能责任、节能证书有关的政策工具的使用上。这些新的政策工具，还需要在欧盟和中国进行详细审查。

在中国，道路运输和机动车使用增长非常强劲。所以中国也推动引进电动汽车。然而，在世界范围，有关电动汽车的成本以及推广方法的讨论非常多。中国将如何在这一技术领域取得进展，还有待观察。欧洲引入汽车 CO_2 排放限制的"失去的 10 年"说明这样做的重要性，即中国也应为汽车确定清楚的 CO_2 相关目标。而且，考虑并寻求系统解决方案也是重要的。中国的城市化趋势很强。一些规划人员认识到，如果坚持以私人汽车作为未来交通的骨干，中国特大城市的发展是不可持续的。很明显，需要将有关未来交通的讨论推向一种系统水平。

中国实施气候变化政策的策略是以自上而下为特点，由中央政府发布政策和确定目标。国家目标被分解为省级目标，甚至再往下分。再有，政策执行也依靠省、地区或市一级来完成。随着政策复杂性的提高，对信息的要求大大增加，信息不对称正变得日益严重。这使得以命令和控制政策形式进行管理的自上而下的方法越来越难以实行。前面提到的欧盟的例子也给出了标准执行中的问题。由于标准制定过程是欧盟委员会自上而下的建议与各成员国经欧盟理事会自下而上做出决定的混合过程，因此，从这个过程产生的标准已经考虑了各成员国的利益。在这种情况下，有理由认为，由既得利益驱动的国家执行不力的情况一般较少出现，但会有行政管理松懈的问题。这些问题很可能出现在每一个用这种方法形成的政策上。然而，这种情况会因目标和政策所涉各种力量间的不同利益而变得更加复杂。如果地方政府认为经济发展比减轻气候变化更重要，那么低碳政策的实施就会遇到困难（Climate Policy Initiative，2011）。所以，有必要检查不同激励方案的一致性。这大致涉及两方面，一是需要在政策目标的各个方面之间进行政策协调，二是增加对基于市场的政策工具的使用。

国际上有关世界和中国走绿色道路的讨论多集中在低碳发展上。然而，还有其他一些政策领域，如材料效率和自然资源管理。在欧洲，政策策略反映在这些领域的政策制定上，它们都遵循气候政策的经验。但是，在将有力的基于市场的政策工具转换和用到其他政策领域时，会出现一些具体问题。我们很有兴趣了解中国在这些领域会有什么政策创新。

迄今所讨论的大多数政策都旨在开发和引进对环境较少破坏的技术。然而，还需要结构上的低碳变化（Price et al.，2011）。欧洲正在采取措施提高第三产业的重要性。另外，要求采取绿色产业政策，即中国在"十二五"规划中培育战略性新兴产业的做法，这也显示了一种比传统的OECD国家更注重经济结构影响的政策方法。从国际的观点看，中国是一个将改善环境的需要与增加绿色技术生产份额的产业政策结合起来的国家。这样，中国取得了进步，并很好地定位以实现绿色技术部门的进一步增长。有一些经验与建立国内强大的绿色产业有关：

首先，中国一直在通过不同的来源获取技术或获得许可证，参加合资企业和国际项目，进而收购一些公司及其知识。中国特别擅长降低大规模生产和工艺操作的成本，但也使用从国外来的机器设备。这种经验强调国际合作和各种技术转让的必要。这还包括学习"软的"组织创新（Kahrl et al.，2011）。

其次，中国正在通向领先的路上，并已经在某些领域（如光伏电池）达到领先地位，但在绿色技术的聚集方面还没有实现清晰的专门化。强劲的市场增长和"十二五"规划的政策目标将非常可能进一步推动中国国内绿色技术创新的发展。为了充分利用这个可能，中国还必须改善其绿色技术创新体制，也必须进一步加强环境政策与创新政策的协调——中国面临着与欧盟类似的挑战。

然而，绿色增长不只是绿色技术产业的增长：它还要求以减少材料生产量和开发产品使用新概念等方式对经济进行结构调整。这可能要同行为改变同时进行。对这个问题，欧盟是在衡量福利的新概念这样的标题下进行讨论的，而不是去看其他经济指标。中国能否在这方面开发什么新概念，将非常令人期待。

最后，在世界上绿色崛起的另一重要方面是在国际层面的参与。从欧洲的观点看，绿色发展要求国际合作，这可以采用分工的方式，使各方受益。这与贸易问题和政策有关（这将在后面章节讨论），并意味着，国家将在其专长的某些领域获得竞争优势和贸易顺差。然而，这也意味着一个地区不能在每一技术领域，在所有时间都获得贸易盈余。另外，欧洲对中国绿色崛起的看法还包括：中国向绿色领军地位前进所取得的显著成功可以起到乘数效应，使其他国家受益。然而，这种在国际层面上明显的作用也要求在跨境环境治理国际谈判中承担更大的责任。注释专栏 7.1 让我们从欧洲不同视角看到其对中国模式、经验和存在问题的观察、评论和建议。

注 释 专 栏 7.1

欧洲视角中的中国模式与可持续发展

政策背后的主要驱动力是全国性的环境恶化对公民健康和社会的影响。中国的竞争力也被以往的资源浪费式利用所影响和削弱，中国已经在很大程度上依赖进口的能源和资源。因此从经济的角度上，也使得他们迫切地去改变经济发展模式。

——欧盟驻中国大使　马库斯·埃德雷尔

中国模式的一个关键优势是具有信誉的政策承诺。比起代议制国家来说，中国的决策不会被复杂的政治过程削弱。在很大程度上，政策制定者采用清晰的、可实现的、具有一致性的方法。但是在另一方面，他们也很难获得开放和透明的过程带来的益处：观点可以被反复讨论验证、创新者能够有更大的空间等。

——伦敦政治经济学院格兰瑟姆研究所高级访问学者　迪米特里·曾格利斯

中国需要很多国际伙伴。创造这些伙伴关系不仅是互利，而更多的是相互需要。比如我们想要在气候变化舞台上发展更多的清洁技术，靠西方的生产制造基地是无法满足需要的，我们需要中国的生产制造基础。

——英国碳捕集与封存技术协会首席执行官　杰夫·查普曼

政府需要在中国的国际战略和行动中规制更好的公共关系和市场——在双边和多边的层面创造更多的非正式商议机会。经常性的沟通和对话依然是最关键的。

——英国工业联合会中国代表处首席代表　盖伊·德鲁里

中国近期的经济可能将会遭遇以下风险：一是发达国家市场的衰退，二是国内通货膨胀的再次加速以及房地产市场过热，三是地方政府债务的进一步增加。在发达国家市场不会进入深度衰退的假设下，这些风险将有可能被控制。然而，国内的通货膨胀和资产泡沫依然是中国政府在近期需要解决的首要问题。

——瑞士再保险公司中国区董事　罗伯特·维斯特

中国应该领导全球从线性社会（掘取—消耗—排放）向循环型社会（资源的利用和回收的智能循环）转变。在这个角度，中国可以做出榜样，告诉全社会"绿色竞争"的真正含义。

——飞利浦公司能源与气候变化部门资深董事　哈里·费哈尔

三　处理绿色冲突和贸易问题

近几年，中国与其他国家和地区在环境与发展领域出现了各种问题，也凸显了绿色发展背景下与贸易有关的冲突正在加剧。这些问题，如 CO_2 边境调节税、航空业ETS、风力发电机组所需稀土矿的出口控制、电动汽车进口管制、光伏电池关税，以及与国家援助规定有关的为环境目的而给公司的补贴等，导致了许多已被大家谈论的绿色贸易冲突。随着对全球环境事务的日益关注以及各国对绿色技术领先地位的竞争，贸易与环境之间的联系将变得更加紧密，发生与绿色贸易相关的冲突的可能性也在增加。因此，更好地了解各种立场和挑战就为加强相互理解和彼此信任打下重要的基础。注释专栏7.2反映了一些中欧政商学界人士对绿色冲突及其解决途径的看法。

注 释 专 栏 7.2

解决绿色冲突和消除绿色壁垒

中国应该更加着眼于外部的世界，并且将自身放置在全球的层面。西方对中国的看法应该是相互理解与合作而不是威胁，这一点十分重要。这关系到贸易战。在不久的将来，环境税壁垒带来的压力会逐渐增加。这将在主要贸易集团中变得更加广泛。

——伦敦政治经济学院格兰瑟姆研究所高级访问学者　迪米特里·曾格利斯

最近的一个所谓"绿色贸易壁垒"的例子应该是欧盟对航空业征收碳税。中国的航空公司已经开始抗议,拒绝付钱。但是我希望欧盟的这个计划将成为一个先驱者,尽快地成为全球航空碳税的基础。

——英国自由民主党欧盟议会成员 格雷厄姆·沃森

如果所有国家都在合作一致地为减少环境有害排放作贡献而选取了相似的政策和措施,那么贸易障碍出现的风险就会大大减少。中欧贸易依然不平衡,中国企业可以较容易地进入欧洲市场进行贸易和投资,但欧洲企业在中国市场的发展却遭遇许多障碍。法律法规的主观性实施、某些产业的投资限制、复杂的评估程序、在政府采购方面的禁入以及知识产权违约风险等原因都导致了外资进入中国市场的障碍。

——欧盟驻中国大使 马库斯·埃德雷尔

中国在清洁技术和能源投资方面是一个全球领导者,他们成功地实现了风能和太阳能产业及相关贸易、经济和环境政策的有力发展。中国应该在继续坚持这个路径,同时也为外国竞争者创造一个公平的环境。

——拉法基集团主席及首席执行官 布鲁诺·拉丰特

尽管中国在市场对外开放方面取得了很大的成就,但是对于外国企业来说依然存在许多障碍。中国要在市场开放上做出更多的努力,这样才能使得中国变得更加强大和富有竞争力。

——阿尔斯通电力系统高级副总裁 琼·麦克纳夫顿

中国应对绿色贸易壁垒带来的一系列影响,应该从以下几方面进行努力:一是积极参与有关国际标准的制定,争取更多的话语权。二是大力推行环境标准制度和环境认证制度,鼓励企业开展相关环境标准的认证。三是加快贸易结构和产业结构调整,促进出口产品向高质量、高附加值及新技术方向延伸。四是通过政策导向推动企业进行清洁生产。五是加强国际间的合作。坚持共同但有区别的责任,让发达国家向发展中国家提供更多的技术和资金援助。六是利用 WTO 规则,积极抗击绿色壁垒。

——中国节能环保集团公司董事长 王小康

多年来,多边环境协议和贸易问题一直并行发展。在 20 世纪 90 年代,贸易和环境越来越明显地成为相互关联的问题。2001 年多哈谈判以来,某些贸易和环境问题被正式包括在贸易与环境委员会(CTE)的贸易谈判中,包括世贸组织(WTO)规则与多边环境协议规定的贸易责任之间的关系,以及环境产品和服务的贸易自由化。另外，WTO 在其他重要的贸易与环境领域，如环境措施对市场准入的影响，或与贸易有关的知识产权等则未得到谈判授权（Cameron，2007）。

　　欧盟属于在 WTO 框架内处理贸易与环境问题的最早的支持者之一。在许多其他政策舞台，欧盟各成员国和机构可分担责任（如在环境上），而在贸易问题上责任几乎完全落在欧盟委员会身上。这样。在 WTO 贸易谈判中欧盟以一个声音说话，并且是一个比在其他政策领域更显眼的参与者。原则上，欧盟支持能确保自由贸易和市场运作对实现经济效率仍发挥重要作用的方法，并主张贸易进一步自由化。根据这一出发点，欧盟委员会贸易与环境政策性文件强调，贸易与环境可以是相互支持的，但这不是自动做到的。因此，欧盟呼吁同时推进贸易进一步自由化和有效但非保护主义的环境立法。贸易谈判已经建立了几个将环境问题纳入贸易规则的谈判起点，从关贸总协定（GATT）第 XX 款（关于对核心原则的基于环境和自然资源的例外）开始，到关于技术性贸易壁垒的办议和实施动植物卫生检疫措施。争议最多的是，它们是否会违反 GATT 的核心原则，以及某些问题是否归属核心原则的某一条款。这种情况因贸易争端可反映各种不同理由这一事实而变得复杂。

　　●理由 A：绿色技术作为重要经济机会的重要性日益增加，这就使在这些经济环节去追求不公平的优势成为可能。

　　●理由 B：害怕因环境政策造成的经济损失，如产业外移。这种效应被称为污染避难所，或学术文献中所说的环境倾废。

　　●理由 C：环境例外是减排所必需的，所以，必须防止碳泄露。这个理由也能与上面所说的污染避难所效应联系起来。

　　●理由 D：环境例外可能被用来作为不公平贸易优势的正当理由。

　　●理由 E：按必要环境政策必须调整的部门能用理由 C 作为正当理由来与环境政策对抗，辩称环境政策违反了贸易规则。

　　●理由 F：环境政策和协定的逻辑和机制与贸易规则的逻辑和机制本身就不协调。

　　下面的例子就涉及这些理由中某个理由。理由 A 绝不是仅限于环境技术。在 WTO 的争端中，有许多技术领域的例子，还有许多关于不公平国家援助的争端。这样，随着绿色技术重要性的日益增加，在这方面自然就会看到更多的冲突，如中国向美国出口太阳能电池的案子，或美国进口到中国的汽车的进口税案子。然而，这不应被看做是贸易－环境权衡的专有特点，而只是反映了这些技术日益增加的重要性。

　　欧盟环境政策制定的主要创新是提出 EU ETS。它特别适合大的排放源，其方案运行的平均交易成本较低。另外，降低减排成本的潜力随着所包括设施范围的扩大而增大。因此，按照 ETS 机制的推理，也应将航空业这样的排放源包括进来（理由

F)。然而，在国际航班方面就出现了问题，以欧盟为基地的航空公司和不以欧盟为基地的航空公司提供同样的商品（往返相同的目的地）。因此，将两者都包括在ETS中是有道理的，欧盟认为这是一种非歧视措施（同等对待欧洲和非欧洲航空公司）。否则，市场力量将会造成顾客向不受管制的航空公司转移，并造成碳泄露（环境倾废，见理由C）。然而，这一措施激起欧盟以外许多国家的强烈反对。在法律上，有人认为这导致向航空公司征税，对此，欧盟予以否认，指出大多数排放许可是免费分配的。其他一些问题关系到主权问题，以及由欧洲做出规定来约束非欧洲航空公司和国际航班的合法性问题。另一方面，欧盟提出，方案允许为其航班的CO_2减排制订了"同等措施"的国家从ETS中免除。

第二个例子与碳边境调节税及相关措施有关。在政治舞台上，这个建议得到了根据碳含量进行征税的调整方式的支持，特别是法国。对于遵守GATT/WTO规则问题有不同观点；法律评估将很可能依靠一些具体的实施细节（WTO and UNEP, 2009; Tamiotti, 2011; Gros et al., 2011）。其他一些例子是对原材料出口的一些限制和征税。有关碳边境调节税的讨论显示了不同理由的复杂性，以及同样一个建议如何被解释为是根据极其不同的理由而提出的：

• 因担心生产外移而出现了竞争问题；这在政治舞台上被说出，并导致了明确按原产国对进口征税的建议；这样的建议在很大程度上反映了理由B，并被认为很难做到与WTO规则一致。

• 理由C的应用：还有人认为，为避免碳泄露，碳边境调节税对实现减排环境目标是必要的；这样，有人提出根据估算的贸易货物的碳含量征税的建议；这被认为在很大程度上反映了理由C，并可能导致运用GATT条款的环境正当性（Gros et al., 2011; Monjon et al., 2011）。

• 还可能有人认为，碳边境调节税主要针对作为主要出口国之一的中国，因此认为这样的建议是根据理由D提出的（Voituriez et al., 2011）。这种解释得到以下理由的支持，即能源密集型产品出口在中国已经受到碳政策和税收的限制。这样，以中国的观点，碳边境调节税的建议可能被认为是一种获得不公平贸易优势的尝试，或是对中国CO_2减排政策的否定（Voituriez et al., 2011）。

• 与这种情况相关，有人从出口国的观点提出，中国可能有兴趣对自己的边境税进行调整（Voituriez et al., 2011; Droege, 2011）。中国对具有高估算碳含量的矿产等出口进行征税或限制可减少CO_2排放。这个理由对其他案例也是重要的，例如，有关稀土矿出口管制正当性的辩论，这牵扯到超出碳问题的严重环境问题，或担心资源枯竭（Wang Xin, 2011）。

• 情况甚至变得更加令人迷惑不解，因为上述理由又被这样的说法质疑，即这些政策主要是为获得竞争优势而制定的。有人认为，如果外国公司遇到生产所需投入供应减少的情况，或必须为这些投入支付更多的费用，那么它们就要放松竞争力。这样，理由 D 就成为这些政策的根据（Voituriez et al.，2011；Wang Xin，2011）。这样的理由隐含在中国的 WTO 原材料案例的申诉中。

第三个例子与环境产品和服务（EGS）谈判有关。可以认为，对这些产品征收较低的关税将有利于其在世界范围内被更快推广。另一方面，有人建议将这些产品清单更密切地与发展中国家的需要联系起来，以便于他们的发展。在贸易谈判中，有人提出了各种为 EGS 减少关税的建议。有证据表明，这些建议还受国家贸易专门化的影响：这样，具有较高 RCA 的产品看来更有可能被包括到这些建议中。然而，主要问题似乎在于，贸易谈判中对环境产品和服务的解释仍然沿用一种相当过时的解释：总想按照被称为末端治理的环境战略来定义一个清晰的单一功能的环境产品和服务的环节。这样，像过滤除尘、废物管理技术、也许还有可再生能源和 CCS 这样的技术就可能被纳入这样的定义之下。

然而，按绿色增长的观点，环境战略应遵循一种更为综合的路径。主要的挑战是，如何使所有部门更可持续，如能源、水或绿色化工，以及如何降低整个工业的资源消耗。这影响到众多的技术，它们或者是多用途特点很强的技术（如测量仪器、马达、泵、电控），或者是不能被归为某一特定用途的通用技术（如信息和通信技术、纳米技术，或源于材料科学的技术）。这样，将绿色发展所需的技术包括在减免关税之列将会导致大大超过多哈谈判所设想的广泛的贸易自由化。所以，有关拟包括进来的产品的贸易争端不仅反映了有关各方的利益，而且还碰到了理由 F 的问题，即在有关应包括的技术数目问题上，传统贸易谈判逻辑与对先进环境战略的需求之间存在配合不当的情况。这样，最近的出版物中对 EGS 减税能有重大贡献的希望已经降低（Monkelbaan，2011）。

在有关知识产权（IPR）和气候变化的辩论中，贸易和环境冲突也非常激烈。在国际谈判上，似乎有一种意识形态的对峙：相信强有力 IPR 制度的人指出 IPR 对未来创新的必要性，以及市场在减少非法利用 IPR 方面的作用。相反的观点认为，减轻气候变化的一个主要障碍在于目前的 IPR 制度，并常常提及有关药物和疾病，如 HIV 的讨论。有人推测，这两种立场可能是战术性的，在谈判接近完成时可用作讨价还价的筹码（Latif et al.，2011）。然而，还有各种应考虑的方面，为更平衡的评价留下余地（Maskus，2009；Latif et al.，2011）：

● 与药物类似的情况不多，因为在绿色技术领域，单一专利对市场的作用力很小，这是由于有较多的技术供选择，并有更多的竞争。另外，专利只是进行知识产权保护的一个对策。有迹象表明，工业部门，如机械行业更是经常利用隐性知识这样的形式。绿色技术与这些部门的关联很可能比与医药部门的关联更密切。然而，像气候变化这样的问题也会带来健康问题的全球挑战，这意味着有必要探讨常规以外的方法。

• 前文已说明，专利情况也在发生变化。一些新兴工业化经济体正在加入传统的技术提供者行列，但是，仍以几个大国主导，而最不发达国家根本没有专利。

• 发放许可证的做法要依技术的可用性而定。有一些与印度和中国有关的风力发电机组许可证发放的成功案例（Walz et al.，2012）。但是，在这方面还没有足够的经验以做出有代表性的结论。尽管如此，从 UNEP 等机构所做的许可证调查得到的典型数据表明，其他一些因素，如科学基础设施、人力资源、管理制度等似乎比专利制度更具重要性。

总结 IPR 方面的经验，似乎还有可能越过气候变化和 IPR 问题的僵局。一种增量和渐进的方法可从某些事情开始，如增加可用专利的信息，鼓励较优惠的许可证发放条件，特别是对发展中国家，考虑另外一些可供选择的方法，如专利池或开放的创新计划等。

在其他与贸易有关的方面同样存在各种各样的复杂问题。随着绿色产业愈发重要，各种短期经济利益也会造成绿色贸易冲突，就像其他商品贸易领域发生的那样。随着影响全球价值链的政策和环境战略更加差异化，环境贸易冲突很可能会更经常地出现在 WTO 议事日程上。在这些争端中的一个共同问题是，很难客观地计算对成本和环境的影响。所以，在争端中每一方总是有可能为自己找到某种证据。然而，这些冲突和争端也是绿色政策本身日益重要的迹象，认识到这一点很重要。有关各方相互理解和彼此信任是进一步推进全球合作的先决条件，是世界走向绿色发展的关键。

参 考 文 献[*]

Bellevrat E. 2011. What are the key issues to be addressed by China in its move to establish Emissions Trading Systems? Iddri working papers No. 17. Paris：Iddri

Cameron H. 2007. The evolution of the trade and environment debate at the WTO//Najam A et al.，eds. Trade and environment：a resource book. IISD，ICTSD and The Ring. Winnipeg and Geneva. 3～15

China Greentech Initiative. 2011. The China greentech report 2011. Hongkong：Greentech Networks Limited

Climate Policy Initiative. 2011. Annual review of low carbon development in China（2011-2012）. Beijing：Climate Policy Initiative at Tsinghua

CSES. 2011. Draft report of the independent study on the functioning of the ecodesign directive. http：//

---

[*] 如需更多与本章相关的文献，请与作者联系

www. eceee. org/Eco_ design/products/Ecodesign_ directive_ evaluation_ functioning/CSES- Ecode-sign- Draft- Final- report- Executive- summary_ Dec2011. pdf ［2011-12-20］

DG Research. 2011. Electromobility：Falling costs are a must, report prepared by Deutsche Bank research. Frankfurt, October 19, 2011

DIW, ISI, Berger. 2007. Wirtschaftsfaktor Umweltschutz：Vertiefende Analyse zu Umweltschutz und Inno-vation, Series Environment, Innovation and Employment of German Ministry of the Environment No. 1

Droege S. 2011. Using border measures to address carbon flows. Climate Policy, 11：1191 ~ 1201

ECN. 2011. Renewable energy projections as published in the national renewable energy action plans of the european member states. http：//www. ecn. nl/units/ps/themes/renewable- energy/projects/nreap/ ［2011-12-20］

ECORYS Research and Consulting, Technologisk institute and Cambridge econometrics. 2009. Study on the competitiveness of the EU eco-industry, final report. Brussels, October 2009

EEI. 2010. State of environment report 2010. Copenhagen

European Commission. 2007. A lead market initiative for Europe, communication from the Commission （COM（2007）860）. Brussels

European Commission. 2009. Commission decision of 24 december 2009 determining, pursuant to Directive 2003/87/EC of the European Parliament and of the Council, a list of sectors and subsectors which are deemed to be exposed to a significant risk of carbon leakage. http：//eur- lex. europa. eu/LexUriServ/ LexUriServ. do? uri = CELEX：32010D0002：EN：NOT ［2011-12-20］

European Commission. 2011a. Commission staff working document-accompanying the white paper：roadmap to a single european transport area （SEC（2011）391）. Brussels

European Commission. 2011b. Roadmap to resource efficient Europe, communication from the Commission to the European Parliament, the Council, the European Economic and Social Committee and the Com-mittee of the Regions （ COM（2011）, 571）. Brussels

European Commission. 2011c. 2011/278/EU：Commission decision of 27 April 2011 determining transition-al union-wide rules for harmonised free allocation of emission allowances pursuant to Article 10a of Di-rective 2003/87/EC of the European Parliament and of the Council. http：//eur- lex. europa. eu/Lex-UriServ/LexUriServ. do? uri = CELEX：32011D0278：EN：NOT ［2011-12-20］

Frost & Sullivan. 2011. Benchmarking Country Initiatives on environment in Asia Pacific. Frost & Sullivan Report, 24 Feb 2011

Gros D, Egenhofer C. 2011. The case for taxing carbon at the border. Climate Policy, 11：1262 ~ 1268

HSBC. 2011. Green technology opportunities in China. http：//tradeconnections. corporate. hsbc. com/ News- and- Opinion/China- greentech- sector- opportunities. aspx ［2011-12-20］

Huo H, et al. 2011. Fule consumption rates of passenger cars in China：Labels versus real world. Energy Policy, （39）：7130 ~ 7135

Kahrl F, et al. 2011. Challenges to China's transition to a low carbon electricity system. Energy Policy,

(39)：4032~4041

Klessmann C，et al. 2011. Status and perspective of renewable energy policy and deployment in the European Union：What is needed to reach the 2020 targets？. Energy Policy, (39)：7637~7657

Kong X，Lu S，Wu Y. 2011. A review of building energy efficiency during "Eleventh Five Year Plan" period. Energy Policy, doi 10/1016/j. enpol. 2011. 11. 024

Latif A A，et al. 2011. Overcoming the impasse on intellectual property and climate change at the UNFCCC：A way forward，ICTSD Policy Brief No. 11. Geneva，November 2011

Liu H，Liang X. 2011. Strategy for promoting low- carbon technology transfer to developing countries：the case for CCS. Energy Policy, (39)：3106~3116

Liu W，Li H. 2011. Improving energy consumption structure：A comprehensive assessment of fossil energy subsidies reform in China. Energy Policy, (39)：4134~4143

Ma J. 2011. On- grid electricity tariffs in China：Development，reform and prospects. Energy Policy, 39：2633~2645

Maskus K. 2009. Differentiated intellectual property regimes for environmental and climate technologies，OECD Environment Working Papers (No. 17) . Paris

Monjon S，Quirion P. 2011. A border adjustment for the EU ETS：reconciling WTO rules and capacity to tackle carbon leakage. Climate Policy, 11：1212~1225

Monkelbaan J. 2011. Trade preferences for environmentally friendly goods and services. ICTSD Working Paper，Geneve，December 2011

OECD. 2011. OECD's inventory of estimated budgetary support and tax expenditures for fossil fuels. http://www. oecd. org/document/14/0, 3746, en_ 2649_ 37465_ 48811278_ 1_ 1_ 1_ 37465, 00. html [2011-12-20]

Pew Environment Group. 2011. Who is winning the clean energy race？. Washington：The Pew Charitable Trusts

Price L，et al. 2011. Assessment of China's energy-saving and emission-reduction accomplishments and opportunities during the 11th Five Year Plan. Energy Policy, 39：2165~2178

Reuters. 2011. China confirms ＄1. 7 trillion spending plan. http: //www. reuters. com/article/2011/11/21/us- china- us- idUSTRE7AK0MT20111121 [2011-12-21]

Roland Berger Strategy Consultants. 2009. GreenTech Atlas 2. 0，Report prepared by Roland Berger Strategy Consultants on behalf of the Federal Ministry for the Environment. Berlin，May 2009

Rong F，Victor D G. 2011. Coal liquefaction in China：explaining the policy reversal since 2006. Energy Policy, 39：8175~8184

Schade W，Rothengatter W. 2011. Economic aspects of sustainable mobility，study for the European Parliament. Karlsruhe 2011

Tamiotti L. 2011. The legal interface between carbon border measures and trade rules. Climate Policy, 11：1202~1211

Voituriez T, Wang X. 2011. Getting the carbon price right through climate border measures: a Chinese perspective. Climate Policy, 11: 1257~1261

Walz R. 2010. Competences for green development and leapfrogging in newly industrializing countries. International Economics and Economic Policy, 7 (2-3): 245~265

Walz R. 2011. Employment and structural impacts of material efficiency strategies: results from 5 case studies. Journal of Cleaner Production, 19: 805~815

Walz R, Marscheider-Weidemann F. 2011. Technology-specific absorptive capacities for green technologies in newly industrializing countries. International Journal of Technology and Globalisation, 5 (3-4): 212~229

Walz R, Delgado J N. 2012. Innovation in sustainability technologies in newly industrializing countries-results from a case study on wind energy. Innovation and Development, forthcoming

Wang X. 2011. Building MRV for a successful emissions trading system in China. Iddri Working papers No. 16. Paris: Iddri

Wang Xin. 2011. The price of export quotas: Sino-European relations and China's WTO raw material case. BioRes, 11 (14), July 25, 2011, ICTSD, Geneva

WTO and UNEP. 2009. Trade and Climate Change, Report by UNEP and WTO. Geneva

Xu B, et al. 2010. An analysis of Chinese policy instruments for climate change mitigation. International Journal of Climate Change Strategies and Management, 2 (4): 380~392

Yang C Y, Jackson RB. 2011. China's growing methanol industry and its implications for energy and the environment. Energy Policy, doi 10/1016/j. enpol. 2011. 11. 037

Yuan X, Zuo J. 2011. Transition to low carbon energy policies in China: from the Five Year Plan perspective. Energy Policy, 39: 3855~3859

第八章

中国与全球变化：引领可持续发展转变*

　　面向 21 世纪的全球愿景必须明确，到 2050 年，要在我们星球的限度内实现人类普遍福利。因为目前的联合国制度和规则忽视国际分配问题，所以需要新的思维、框架和规则以支持尚未从经济发展中受益的全球约一半人的愿望。绿色经济是这样一种经济，它根据发展阶段使经济活动对全球生态系统服务的有害影响降至最小，并向所有人提供平等的机会。

　　人类一直在改变其所在地的环境；随着工业化、城市化、机动化以及收入的增加，他们开始改变地球。自然资源支撑着全球经济的运作，但是，对其有限性的关注由来已久。科学证据表明，地球很快就不能吸纳过度消费排放的二氧化碳。工业化社会所见的，随收入增加而形成的生活方式已导致气候变化和对尚未享受到增加收入好处的一半人口的威胁，因为它造成了有害影响并减少了增长的选择余地。我们不能再回避这样一个问题，即一个继续增长的经济系统如何被一个有限的生态系

---

　　* 本章作者穆库·圣瓦尔（Mukul Sanwal）曾在印度政府（1971~1993）和联合国机构（1993~2007）中担任高级职位。他深入参与了 1992 年联合国环境与发展大会和 2002 年的联合国可持续发展首脑会议，曾与多家印度智库合作，2011 年在对外经济贸易大学做访问教授。本章由程伟雪先生译为中文

统所容纳。

由于当前的目标是要扩大生态系统服务功能，而不是控制环境损害，所以，很难在一个多极化的世界运用法律来产生全球共同利益。因为个人的选择是由社会的力量和国家利益的需要所确定的，所以，要做到社会持续的相互依存以维护全球的共同利益就需要自我限制，改变某些经济和社会的长期发展趋势。拟于 2012 年 6 月在巴西里约热内卢召开的联合国可持续发展大会（简称"里约＋20"大会）上通过的新的全球规则将以"可持续社会原则"的形式呈现。向生活在与自然环境平衡状态下的社会转型才可能导致更加平等，以及全球事务的连贯性。

全球可持续发展政策的制定提出了 3 个不同但又相互联系的挑战。它们是：审议认识和评价已经发生的变化的方法；找出那些需要改变而不是需要更加专注于生产和消费的趋势；确保政策制定的长期眼光，将与社会和技术转型有关而不是与规章制度的转型有关的全球规则结合到政策制定中。"里约＋20"大会的两个主题之一是"可持续发展和消除贫困背景下的绿色经济"，它为中国提供了展示一种新的全球视野的机会，这就是通过着力于可持续发展的社会方面，而不是环境和经济方面来支持人类普遍的福祉。

一　可持续发展的全球进程和政策回顾

（一）当前规则的政治偏斜

全球可持续性问题的性质和范围早就被人们所认识，但由于政治方面的考虑而未采取行动。美国国务院国际环境事务委员会在第一次联合国人类环境会议前的 1970 年发表的《美国在国际组织环境活动中的优先利益》报告中指出："处理全球环境问题的长期政策规划必须要考虑总的生态负荷。这种生态负荷随着人口增长和经济活动水平的升高而趋于增大，而环境提供生产所需的投入和吸纳消费产生的无用产出的容量则是十分有限的。即使世界人口稳定之后，管理总的生态负荷的问题将仍然存在。通过有系统地减少人均商品生产和消费来控制生态负荷在政治上是行不通的。需要协调一致的努力，使技术定位以较少的环境破坏来满足人类的需求。"（State Department，1970）将重点放在影响上或将环境作为制度原则，将注意力从原因或资源使用方式和其暗含的再分配转移开来，一直在左右着人们的思考和全球规则，尽管是基于互惠原则，但这些都不相称地有利于工业化国家。

对国家间日益增强的相互依存的最初政治响应是关注全球环境的恶化，而不是造成这些问题的活动，并宣称国家管辖之外的区域——"全球公地"（global commons）是人类共同关心的问题，从而开启了制定决定国家权利和义务的国际规则的进程。这种提出问题的方式使工业化国家能将全球经济资源"私有化"，拥有对海底和海洋自然资源以及来自生物多样性的遗传物质的法律权利，并为在 1992 年联合国环境与发展大会上制定一项全球森林公约和在 2009 年哥本哈根气候会议上分配大气容量做出了认真的努力①。与此同时，从与发展中国家分担控制环境破坏的义务的角度出发，这些区域又被认为是"全球物品"。随后在多边层面上的讨论则着重于向发展中国家提供其将要采取的措施所需的资金和技术支持。这对穷国是如此有利的主意，以致成为它们自己的议程，并使其注意力从把"全球公地"看做一种必须平等分享的经济资源转移开来。

直到 2010 年，国际科学理事会（ICSU）才得出结论：社会和生物自然亚系统是相互交织在一起的，系统条件和对外部作用力的响应是基于两个亚系统的协同作用。因此，必须对整个全球系统而不是其独立的组成部分进行研究，因为没有一项挑战能在没有解决其他挑战的情况下而得到完全的解决（ICSU，2010）。重要的科学见解是，在达到全球可持续性的行动中，环境变化和社会转型是紧密交织在一起的。环境问题不再被认为是分立的问题，而越来越被理解为一种特定经济增长方式的症状。

这种转变使人们认识到可持续性既是确保人类长期福祉的过程又是确保人类长期福祉的目标，甚至曾对此不太认可的美国也承认了这一点。例如，在 2000 年由联合国通过的千年发展目标没有将电力作为人类的基本需要，因此没有承认它对自然资源利用的独特影响。作为对当前方法重新评估的一部分，最近由联合国开发计划署开发的一种新的贫困指数强调，缺少诸如电力这样的服务是决定贫困的一个主要因素（UNDP，2010）。然而，如何使发展中国家产生的增多的排放纳入到向可持续发展转型的过程仍然没有共同的看法。

（二）1972～2012 年期间的发展

1972 年斯德哥尔摩联合国人类环境会议的目的是，就其环境影响超出了国家管辖范围的自然资源使用问题进行国际合作做出政治决定，因为维持脆弱平衡的生命支持系统被认为已负担过重。虽然对这一问题如何影响到所有国家尚无共同的理解，但发展中国家参会意味着他们认同在资源使用方式中的相互依存。环境与发展之间的相

---

① 全球规则还被用来建立私人对技术的权利，由国家通过贸易制度来执行

互关系被认为是最有争议的问题，而且，发展中国家的专家注意到，国际合作中提供额外资金和改善全球环境之间具有互惠性，并希望由此达成共识。虽然在全球资源使用方式中的不平衡问题已被提出，但它没有成为国际合作框架的一个组成部分。

1992 年联合国环境与发展大会继续将环境看作一个独立的政策问题对待，并着力于推进多边环境协定，作为使环境与发展相互兼容的方法。采用国际法作为治理的框架，以调解发达国家和发展中国家之间的分歧和竞争、优先事项和关心的问题。法律框架是基于这样的论点，即责任和解决办法的相互依赖性要求开展合作。运用法律以产生全球共同效益提出了一个重要的问题——不同经济发展水平的国家间的责任分担。然而，在 1992 年联合国环境与发展大会提出的"共同但有区别责任的原则"[1] 没有具体说明要做什么，由谁买单，要花多少钱。

结果是又一个难以施行和无效的承诺。牛津国际环境法手册指出，国际环境法继续与抱怨斗争，这反映了在进行的一些争论中，发达国家比发展中国家有更多的关心，例如，发展中国家是否应保护全球关心的生物资源，或是否应减少它们的温室气体排放；如果是，发达国家应为发展中国家的这些努力提供多少财政支持（Bodansky et al. ，2010）。

2002 年联合国可持续发展首脑峰会重申："要实现全球可持续发展就必须从根本上改变社会的生产和消费方式"，但会议只能达成在区域和国家层面，而不是在全球层面上的一个"规划框架"。继续目前的资源利用方式已难以为继，现在这一点在政治议程上已得到认可，改变了 40 年来有关环境的单一解决方法的旧框架。联合国在其提交给经社理事会的 2011 年度报告中强调，在现有的框架内无法实现可持续发展（UN，2011）。现在我们知道，环境法规只是提供了一套可持续性的法律方法，而另外一些方法，如投资和经济发展政策、补贴和税法在支持向更可持续社会转变方面则发挥着更重要的作用。

处理地球"汇"[2] 约束问题的全球政策响应要求从只考虑环境破坏和资源生产率向增强和平等分享生态服务的战略转变。发展中国家现在就必须引领这一新规范的演进，因为在今后若干年里，它们对由全球公地提供的有限生态系统服务或碳排放空间有日益增加的需求以吸收二氧化碳排放，因为它们消耗大量的钢、水泥、铝、化学品和化肥，这些都是对收入增长至关重要的基础设施、城市化、粮食安全所需要的。虽然每一国家对在确定分享全球公地的标准中何为公平有自己的看法，但一

---

① 这是里约宣言中最后一个达成一致的原则，是工业化国家非常不愿意的原则。美国对此作了保留，并以"各自能力"的提法包括在气候公约中，以体现其对此原则的保留

② 这里的"汇"（sink）指从大气中去除温室气体、气溶胶及其前体物的任何过程、活动和机制——译者注

项关于 1972 年以来国家资源利用方式、趋势和驱动力的分析表明，向人与自然相平衡的社会转型可导致更加平等。

（三）基础科学的局限

经济发展与自然资源使用的快速增加相互联系。迄今，重点一直放在对自然系统直接干扰所造成的影响中，如资源开采、地表植被改变、水的使用和渔业等，经济活动的影响，如二氧化碳排放等，一直被当做无意的副作用，并多被忽略，尽管联合国环境规划署估计全球环境破坏的 2/3 是由它们造成的（UNEP，2011a）。自然资源利用对生态系统影响的程度以及对环境造成有害影响的程度不依资源使用的数量而定，而是由被使用资源的类型和它们被利用的方式而定。毫无疑问，越来越多和越来越富有的全球人口及其不断扩大的消费需要在粮食、水和能源等方面向自然系统提出日益增长的需求，但世界穷人的发展渴望并不与解决气候或生态系统稀缺性问题的努力相冲突，因为只是某些较长期的趋势，而不是中产阶级的生活方式需要加以改变。

用来分析自然进程的方法现在遭到了质疑。作为综合分析基础的先进模型，用来预测未来或确定可能造成不可逆破坏的阈值，有着严重的局限性。模型被使用在风险分析和定量预测中，即使尚未充分了解所描述的系统以及各系统之间的联系，没有清楚地说明假设，以及缺少很多经验数据。定量化掩盖了原因固有的不确定性、原因和响应的影响及相互联系，以及这样的事实，即各种变化不是线性的。几十年来，原因和影响都被分割开来而且没有很好地理解监测和评价的指标。尽管有这些局限，人们还是作出了估计：人类今天利用了大约 40% 的陆地生物质生产，约 20% 的哺乳动物、鸟类和两栖类物种受到损害或濒临灭绝。根据这一分析，科学家们相信，变化的速率大于自然的变化，并可能导致不可逆的后果，使地球不适于人类和其他生命居住。若干对千年生态系统评估的审议认为，它是建立在不完全证据基础上的；像政府间气候变化专门委员会（IPCC）一样，它的大多数作者来自工业化国家（IPCC 成员中 4/5 以上来自发达国家）；而且，缺少社会科学的介入。

目前的概念框架把人口作为自然资源使用总体增加的主要驱动因素，因为通常都用人均资源使用量作为物质生活标准的一种总体度量。然而，在文明进程中，人口增长并不是一个驱动因素，例如，1950 年后发展中国家人口的快速增加并未导致能源使用的相应增加。实际上，财富反映了导致不可逆变化的自然资源使用。在家庭层面上，当地有害的环境影响（如肮脏的水）会随着财富的增加而降低，而区域层面的影响负担（如城市空气污染和采矿）显示了一个驼峰的形状，为典型的环境库兹涅茨曲线，而全球影响（如温室气体排放）则在上升。很明显，随着时间的推移，全球的环境影响变得比地方环境影响愈发重要，而且对生态系统服务来说，今后的影响也比眼前的影响更为重要。

近来的趋势表明，生活方式是最强劲的驱动力，因为个人的资源消费是以一个国家的平均福利水平为基础的，不同国家间的差别范围在10倍或更大。根据联合国环境规划署的报告，在1998年，世界人口的1/5只挣得全球收入的2%，相比之下，最富有的20%人口却赚取世界收入的74%，并花掉86%的消费支出，而最贫穷的20%人口只用去这一消费开支的1.3%。这种不同影响的原因在于工业化社会的性质和技术变化，这导致了基础设施的建立，农村人口向城市地区转移，以及收入的广泛增加。这样一来，富裕导致了自然资源，特别是能源的高消费和废物的大量产生，如二氧化碳。

着重将消费模式而非生产模式作为变化的驱动因素还意味着，增强生态系统服务的目标将要通过不同国家中对个人不同成本的不同措施来实现，因为个人的偏好是由社会力量和国家利益的限定所塑造的。所以，需要对自然资源利用模式、趋势和驱动因素进行分析，以使政府能设计出帮助社会而不是个人维持与自然平衡的政策。这种在价值观上的变化将反映在我们定义和衡量进步的方法上，它不应以市场本身产生更多的累积财富作为目标，而应以通过获得足够的生态系统服务来达到人类福祉为目标。

（四）气候变化案例

针对气候变化问题，我们时代的一个最大挑战是，国际合作的重点一直放在创造国家、区域和全球碳补偿市场，甚至于向外转移污染产业，从而逃避了排放空间的公平分配。在国际层面，这将导致把重点放在根据各国的经济潜力来分担采取措施的费用，造成主要在发展中国家进行调整而不是对所有国家的措施进行评级，从而忽略了要求发达国家做到的经济和社会变化。例如，政府间气候变化专门委员会承认，它提出的能源或减排情景没有考虑发达国家生活方式的变化（IPCC，2007）。避免因砍伐热带森林而造成的排放现正得到重视，因为做到这一点费用相对较低，到2020年，可使采取措施的发达国家碳价格减少40%。在最近由国际能源署提出的2050年世界能源有关的二氧化碳减排情景分析中，大多数减排来自发展中国家——中国27%，印度12%，美国11%，OECD非欧洲国家10%，OECD欧洲国家7%，而且，预计发展中国家将减少其预测的能源消费10亿吨——即5倍于OECD要达到2050情景所定的能源目标（IEA，2011）。毫不奇怪，提出的所有减排政策情景都显示，发展中国家GDP增速的减小比发达国家的要大。

说明问题的方法、寻求通过市场来实施，以及在研讨会上设计的合作行动，这些都导致了这样一种情况，即气候制度的演变已将重点放在制度安排上，以使国际合作的视线从发达国家的承诺上移开。同样，发展中国家减排措施的资金和国际市场是建立在政府间协定的基础上的，但是，以环境为目的的贸易限制可能会减少发展中国家的市场份额或迫使发展中国家根据发达国家制定的政策，来调整他们的产品设计和生产工艺。平等只是包括在"原则"中，而不是在可操作的框架中。例如，最近由美国国家科学院（NAS）为分担全球碳预算所做的科学分析承认，如果采纳的标准是全球"公平的"，那么，相对于"全球最少费用"的经济效率标准，发达国家就要做出更多的削减（NAS，2010）。

有关气候变化全球制度的争论还将继续在"里约＋20"大会上进行，因为碳管理提供了一个综合议题，将所有自然资源——能源、生物多样性、水和粮食——以及全球政策议程归结在一起。把全球公地平等地分配到国家碳预算中将使气候变化（资源利用方式）、生物多样性（生态系统服务）和千年发展目标（通过地方发展来进行保护）联系起来。国家碳预算还是当前衡量自然资源可持续管理与评价国家向可持续发展战略转变的可用和最合适的指标。要在"里约＋20"大会多边层面上达成基于"公平"的全球目标——在自然环境的限度内为所有人提供发展机会——将要求在国家、市场和公民间建立一种关系，它非常不同于在目前着重环境的国际合作框架下的关系。

（五）不以法律作为全球规则的基础

新思维要求有一个新的框架，以重塑当前基于法定权利和义务的全球规则。向加强生态系统服务转型不能像限制环境破坏那样靠规章制度来管理，而只能通过自我行为约束和在所有国家重新定义国家利益来实现。首先，在开发和推广新技术和交换影响社会改变的经验方面需要公私合作。其次，缩小发展中国家与工业化国家间收入水平和生活标准的差距是最重要的全球目标，鉴于生态系统服务的稀缺性限制，可能要对工业化国家的需求加以限制。第三，发展中国家必须探求不同于工业化国家的新的增长途径。需要就资源利用模式和由此产生的福利水平（原则上所有人都必须享有的）形成全球共识。

向可持续发展转变需要政府通过基于国际和国家共识的具体政策进行指导，以实现预定的目标。必须考虑转型的速度和规模，不应变成一种全新的生产和消费模式，而应去改变某些较长期的趋势。在工业化国家中，资源利用模式和趋势大体相似，但发展中国家中不同国家的自然资源利用模式却千差万别。需要改变的趋势会不同，但转型将是在全球层面、在所有国家几乎同时发生，不管其发展水平如何。工业革命发生在几个国家，并用了近一个世纪才覆盖了所有国家和地区，而全球可持续转型需要在 2050 年完成。

　　需要一个合适的框架以使能源消费和自然资源使用与经济增长脱钩。我们面临的挑战是国民经济要继续生产商品和服务，但能源和自然资源的消费要维持在地球的限度之内。到目前为止，现有为数不多的成功事例尚不能形成趋势。新的增长途径将需要改变较长期的趋势而不丧失基本的服务。需要所有政府发挥主要作用，因为不能将转型丢给市场力量去完成。全球生态系统服务既是一种全球商品但又不是由市场定价的，而且政策也有为风能和太阳能等新技术创造市场的责任。政府还在启动新技术的研究方面起着重要作用，因为这些技术服务于更广泛的利益，而收益增长将回馈于社会。因为需要改变生产和消费模式，所以，技术政策必须与工业、城市发展和教育政策相协调。所需创新的速度和规模应是这样的，即要使转型在未来 40 年内完成，并要求政府的直接干预。需要一些新的机制，因为在处理性质和规模具全球意义的问题时，国际合作将是至关重要的。必须找出解决分配问题的办法，因为发展中国家收入水平低，其费用负担会更沉重。例如，知识产权也有作为"全球物品"的一面。现有的制度通过建立知识产权并通过贸易规则行使知识产权，以及通过其拥有者专属使用和调配来保护这些产权的私有性。专利授予成为技术开发的一种有力的激励手段。然而，专利授予也是一种公共政策行为。鉴于迅速开展新技术的需要，公共政策能动员全球资金用于研究，使这些研究置于公共范畴，并能用 20 世纪六七十年代粮食生产绿色革命采用的相同方式加以扩散。

　　全球政策面临的挑战是，对获取生态系统服务的限制不会平等地影响所有的人。它将限制穷人提高收入的机会，尽管他们只消费了全球资源的一小部分。对富人来说，最糟糕的也不过是因资源稀缺而价格上涨。说服公众，特别是工业化国家的公众认识如下的现实是不容易的，即对获取生态系统服务的限制就意味着对经济活动的负面环境影响，特别是建筑物中的电力使用、个人交通和饮食的限制。没有社会转型的驱动，这样的转型不会发生。

二　向绿色经济转变

（一）新经济模式

正如诺贝尔奖获得者约瑟夫·斯蒂格利茨（Joseph Stiglitz）2008 年 6 月在伊斯

坦布尔举行的国际经济学学会上的讲话中指出的，向低碳或绿色经济转变将要求一种新的经济模式——改变了的消费模式和创新。新思维质疑市场将其本身作为最终目的的作用，并承认个人的取向是由社会塑造的。有充分的理由让我们从根本上重新思考传统的经济发展模式：简单地对造成自然资本和资源使用效率低下的经济体系进行改造将不足以带来较长期趋势的变化①。在可能的情况下，绝对脱钩以消除自然资源使用将要求在国家政策、公司行为，以及公众消费方式等方面做出重大改变，而目前工业化国家的努力仅集中在提高自然资源使用效率，或者说是相对脱钩。

目前，正在审议一些替代方案，以设计一种更可持续的生产、消费，以及整个经济的模式，从而促进与自然的和谐。例如，经济绩效和社会进步度量委员会认为，单纯的 GDP 增长不能满足社会对福利和可持续性的关注，因为这些度量没有考虑可持续性，如当前的消费是否对未来的生活标准造成了损害。该委员会承认，没有什么单独的数字能概括像"社会"这样复杂和色彩斑斓的事物。但不可避免的是，某些数字特别是 GDP，已占据了舞台的中央。该委员会认为，如果将这样的数字到处使用，就可能造成误导，尤其是将其当成社会绩效的总体度量时更易造成误导。

国际合作就意味着，在工业化国家，需要制定特别是改变各种能源消费的框架，而不是要改变中产阶级的生活方式和人们的福利，在发展中国家，拟建的城市基础设施类型将在很大程度上决定未来的排放水平。政策重点必须放在城市设计和消费模式上，以消除来自建筑部门的排放，同时还要转变交通模式。这些全民行动，或自下而上的努力形成了可持续性或低碳经济的概念，这是根据改变资源使用模式的战略形成的，而不是根据多边谈判出来的以减排表示的措施费用分担而形成的。

（二）城市化和消费模式的改变

终端能源消费的 2/3 是在城市，所以城市化必然成为全球政策发展的重点。发展中国家目前正在进行基础设施建设，土地利用模式的改进、新技术和行为的改变都将在向可持续发展的转变中发挥重要作用，而不是将重点放在按全球规则开发昂贵的化石燃料发电的替代方案上，后者更适合于工业化国家。

城市化涉及两种转变：一是通过基础设施建设促进快速增长，二是通过增加收入来支持消费模式的转变，即从基本商品消费向有选择的商品消费转变。农村人平均收入一般较低，而且花钱较节制。居住方式在很大程度上决定了电力需求、交通的使用以及消费模式。作为经济发展进程的一部分，差不多 2/3 的世界人口从农村

---

① 这不同于在国家边界之内对自然过程进行定量化和商品化的工作，即将它们定义为"生态系统服务"

转移到城镇，因此全球自然资源使用模式体现在城市，并由城市决定。需要较少投入和产生较少废物的城市化形式将是未来能源系统必须满足的终端使用需求的决定因素之一。

根据联合国环境规划署的报告，20 世纪资源使用增长最多的是在建筑材料、矿物及矿石上，分别增长了 34 倍和 27 倍，而石油增加了 12 倍，生物质只增加 3.6 倍；这一时期，资源价格却下降了 30%。1900 年至第二次世界大战结束这段时间，全球自然资源平均使用率没多少变化。20 世纪 50 年代后，在工业化国家城市基础设施建设的驱动下，资源使用率急速上升，这些基础设施的建设对经济发展至关重要，同时也是造成二氧化碳排放的主要原因。例如在 2004 年，工业品生产排放了 120 亿吨二氧化碳当量，其中最大部分（99 亿吨二氧化碳当量）是因直接和间接能源使用而产生的，仅能源密集型产业（钢铁，金属，化学品，水泥，玻璃）就占了约 85%（UNEP，2011a）。

随着收入增加，消费模式向住房、家庭用品和服务（小的用具）的开销转移。居住方式和房屋的大小反过来决定了这些开销。虽然收入中用在吃上的开销比例降低了，但向高蛋白食物的转移导致了对生产牲畜和饲料的土地的压力。随着资源使用的增加，城市中废物的产生也增加了。这些趋势说明，通过改变社会和个人行为来改变消费模式的政策对于改变增长途径以实现可持续转型是至关重要的。

近来的研究进一步证实这种趋势。因为 20 世纪 70 年代以后的这段时期，全球二氧化碳排放的 2/3 发生在工业化国家，并且是由城市的生活方式而非工业化和基础设施建设产生的（TISS，2010）。在这些国家中，自 20 世纪 90 年代以来，工业排放保持稳定，目前超过 2/3 的二氧化碳排放来自服务业、住宅和出行，它们占 2005 年以来全球排放增加量的一半多；而且，预计到 2050 年，交通运输（主要是休闲）的排放将占全球排放的一半以上（IEA，2009）。

伴随经济发展，交通量不断增长，这意味着越来越多的货物被生产出来，而越来越多的财富也意味着产生更多的交通服务。例如，1990~2007 年，欧盟的交通温室气体排放比 1990 年上升了 27%，总交通能源消费增加 30% 以上；2009 年，交通部门对欧盟各部门温室气体排放总量的贡献率是 24%。道路运输为最大的能源消费者，占 2009 年总需求的 73%（TERM，2011）。

挑战传统的注重发电中燃料使用、生产工艺和国际规则的做法可得出一些新的商业解决方案，以向低碳经济转变。麦肯锡研究显示，通过重视需求方管理，全世界能源需求的增长在今后 15 年内可削减一半或更多，这并不会减少能源终端用户享受的好处，并可支持经济增长（McKinsey，2007）。最近，世界资源研究所对在美国的排放进行分析后发现，美国交通排放占 2008 年二氧化碳排放的 31%，到 2050

年，机动车出行旅程预计增加 40%，但是现有的一些联邦计划没有考虑这一点（WRI，2011）。该报告说，技术进步的速度是不确定的，重点应放在公共交通和提供驾车出行替代方案的土地利用战略上。报告得出结论说，单靠技术不能解决能源和排放问题，有必要节制驾车出行的习惯，而这意味着要进行新的基础设施建设。

消费模式的变化对农业的土地利用模式和趋势也很重要。随着经济繁荣而变化了的饮食习惯导致自然资源使用和温室气体排放增加。根据联合国粮农组织的报告，在美国，肉类、奶制品和蛋类，特别是牛肉的生产周期的排放比同等重量的源于植物的食物的排放高 10 倍多（FAO，2011）。在发展中国家，牲畜生产的这些排放数值只有一半那么多，或者说少一半，因为它们是野生动物。牲畜养殖是全球人为土地利用最具影响力的因素，因为世界已开垦的土地中有约 70% 是用于牲畜养殖（作为牧场或用来生产饲料），但只提供了全球卡路里供应的 15%，同时对全球温室气体排放的贡献是 18%。粮食利用的趋势显示，食物习惯的变化以及向增加肉制品消费的转变对驱动土地利用变化和农业生产方面有较大的影响。向较健康的饮食转变，但不是完全的素食，有较少的肉食，将会对自然资源使用和生态保护有重要影响。估计到 2050 年，如果饮食习惯改变，少吃肉制品，那么全球源于农业的温室气体排放有可能低于 1995 年的排放量。

据联合国的报告，2007 年全球人口约 50% 生活在城镇，占用不到 2% 的土地面积，但消费了全部自然资源的 3/4，占二氧化碳排放的 71% 多，而且这一比例将随城市化的扩大而上升到 76%。据估计，今后 20 年，世界城市将需要 40 多万亿美元用于基础设施建设，提供了改变增长途径的机会（UN，2011）。因此，将能源使用与经济增长脱钩的战略政策问题不但是为替代燃料制定效率标准和开发创新技术——如工业化国家正在进行的所谓"影响脱钩"，而且还是一种交通模式的转变和城市化进程本身性质的改变——如许多发展中国家正在做的。

（三）为所有人提供足够能源

能源是人类福利的一个基本要求，因为它是各种社会经济活动所不可或缺的，如照明、取暖、机械动力或电力。同时，能源使用又带来二氧化碳排放。目前，能源的使用是不平衡的——全球一次能源需求约一半是在工业化国家，而其人口只占全球总人口的 1/5，其 GDP 占全球的 3/4。在工业化国家，能源需求继续增加，虽然其电力需求是稳定的，但个人交通却在继续增加。同时，人类一半的人口还没有享受到工业化，约 28 亿人仍然使用传统的生物质作为其主要的能源来做饭，14 亿人得不到供电和交通服务。发展中国家对现代能源服务——电力和交通的能源需求在整个世纪都将继续增长。

　　工业革命以来全球人口翻了 7 倍，在过去 200 年间全球能源使用增长了 25 倍，这些都是通过由需求增加驱动的技术变化而实现的。在过去的 100 年，人口仅占全球 1/7 的工业化国家的能源使用量一直高于发展中国家。只是到了 2010 年，由于中国等新兴经济体的强劲增长，发展中国家的能源使用才超过了全球能源使用的一半，但是到 2100 年，其能源消费可能会占全球能源使用量的 2/3～3/4。发展中国家需要更多的能源以及能源结构的改善。

　　国际上有关需要同环境、发展和能源供应相协调的讨论常常只集中在消除贫困上，而不是人类福祉。虽然认识到现代能源服务对人类福祉和国家经济发展是至关重要的，每一个发达经济体都要确保以现代能源来支撑其发展和日益繁荣，但是，尚未享受到工业化好处的另一半人口的能源要求被限定在"获取能源"以消除贫困。

　　国际能源署（IEA）将获取现代能源定义为"一个家庭可获得可靠和用得起的清洁的厨房设施，首次通电，而且随着时间推移其用电水平逐步达到区域平均水平"。因此，农村家庭用电最初的门槛水平设为每年 250 千瓦时，城市家庭是每年 500 千瓦时。例如，在农村地区，这个消费水平可提供使用一台落地电扇、一部移动电话和两支紧凑型荧光灯灯泡，每天约 5 个小时的用电。在城市地区，消费还可包括一台高效冰箱、第二部手机以及另外一种用具，如一台小电视或计算机。一旦完成这一最初的电力消费，可以设想，用电水平就会随着时间逐步升高，并在 5 年后达到区域平均消费水平，到 2030 年，这个平均水平可达 800 千瓦时。按照这个计算方法，2030 年达到普遍供电，全球发电量将会增加 2.5%，二氧化碳排放增加不到 1%（IEA，2010）。

　　根据这个方法，联合国号召对到 2030 年实现 3 个补充目标做出承诺：使 20 亿～30 亿人得到用得起的并且与基本需要和生产使用相结合的现代能源服务；全球能耗强度降低 40%；再生能源比例增加到 30%（AGECC，2010）。把经济发展水平定在中等工业化国家的用电水平将要求达到每户年用电 5000 千瓦时。为此，2050 年全球排放要增加 2～3 倍，而且，二氧化碳排放高峰将取决于发达国家资源利用模式的转变和发展中国家能否获得创新能源技术。

　　全球能源转型将由三部分组成：第一，限制发达国家终端能源使用需求将是一个重大挑战，并需要涵盖人类全部需求领域的战略，注重能源服务，使当前高能源使用降低而不损失基本的舒适和福利。第二，这将为发展中国家的能源需求增长提供空间，而发展中国家也将采取提高能效和节能的措施。第三，为能源系统脱碳而采纳的技术将依各国的具体情况而定。例如，关于碳捕集和封存技术的可行性仍有争议。多数国家是朝着包括核能在内的清洁能源方向努力，这可能导致对这些能源的全面需求。从煤和石油转向电和气也是一个趋势——将上网能源作为能源组合的主要部分，这将要求对基础设施的大量投资。限制发达国家的能源需求将会给发展中国家更多的空间和时间，以使新技术的成本降下来。

尽管全球一次能源效率在提高，单位产出的碳排放降低约 1/3，但能源消费对环境影响的绝对减少是难以实现的。有关化石能源的使用，它建立的技术、政策和组织系统，以及与社会要求无关的来自中产阶级生活方式的日益增长需求已引起关注。因此，转型的速度和规模不仅要求纠正目前的失败和激励手段，而且还要建立新的结构。这样，不必剥夺某些人的物质利益，如用电，并不必放弃主要的自由。增加公共物品和社会基础设施的投资将支持这种从私人利益向公共物品和共享繁荣的转变。

（四）社会的改变

有关技术、制度和社会变化之间的关系有着一些截然不同的看法。根据全球可持续增长情景的假设，技术变化将迅速规模化，而且成本下降将不是问题。然而，资源高效利用和污染物减排技术，特别是那些与能源有关的技术的创新和扩散，成为了很大的障碍。鉴于技术转型的速度和规模，将需要政府对其规划设计和实施给予支持，而且只有取得社会共识，这才有可能达到要求。另外，不能依靠尚待开发的技术，而且生产方式包括发电的改变，不大可能很充分。消费方式的改变将影响最终使用需求和生活方式，并将驱动生产方式和技术改变。

在转型背景下，作为驱动因素的创新包含了所有方面，从渐进改进到重大突破，从基础设施和技术到社会组织与个人行为。当前全球有关如何面对能源挑战或技术创新要求的讨论也有不同的观点：有的主张将现有技术规模化；有的将重点放在产生必要技术转型的市场激励手段，即通过将环境外部性内部化来"使价格正确"；而一些政府，特别是在亚洲，成功地实行了侧重能源技术的产业政策。然而，有证据表明，其中没有一种方法能在没有社会转型的情况下在所要求的全球规模上足够快地加速能源技术的变化（Wilson et al.，2011）。

只有社会价值系统改变了，所有人的社会福利才能在可获得的生态系统服务的限度内得到保证。需要这种价值观的改变，以使新的概念框架了解自然资源使用的驱动因素和公众看法的形成过程。这种转变将需要反映在我们衡量进步的方法上；不只是按照经济活动衡量，还要按资源使用的趋势衡量，以提供反馈和了解正在取得的变化的程度。这些转变将是社会转型的一部分，能促进消费和生产模式发生改变，并将比技术转型更为困难。

最近，一些从跨国数据研究中得出的证据表明，年人均收入水平超过 10 000 美元后，生活质量不再有太大的改善，而且，能源使用水平高于 110 吉焦（或每人 2 吨石油当量）对人的发展没什么额外的益处。虽然中国正考虑对源自化石燃料的能源进行总量控制，但还没有"无增长繁荣"的模式。事实上，已经有关于"增长的两难境地"的争论——虽然目前的增长模式是不可持续的，但现今的经济和社会结构就是如此，即没有增长的经济是不稳定的，而可持续性则要求经济和社会的重大结构转型。

将能源贫困作为可持续发展/绿色低碳经济框架的中心要素，则要求有协调保持生活方式和消除贫困等相互竞争的资源需求的政治决策，以及将注意力放在各国都需要的社会转型上。在考虑修改资源使用长期趋势以向全球可持续发展和一种低碳经济转型时，这是个核心问题，但仍极具争议。

三　中国对促进全球可持续性的作用

（一）已变化的全球背景

建于公元前 221 年的秦朝通过培育一个不失对家庭和家族忠诚的官僚阶层而消灭了诸侯，这是建立大社会的预设条件。中国是第一个这样的国家。中国还是唯一的一个不是由宗教塑造的社会，因为孔子学说只是一种生活的方法。使西方崛起的三大发明全都来自中国——火药、指南针和造纸。中国实行的由国家支持基础设施建设和城市化的经济战略有可能成为全球向可持续社会转型的一种模式。

中国很快就会成为自然资源最大的使用国，在未来发展中国家间就分享稀缺生态系统服务的利益发生冲突的背景下，中国有责任重新制定 20 世纪 50 年代建立的全球规则。因为到目前为止，联合国一直忽略分配问题①。中国要面对的战略问题是：为应对本世纪最大的挑战——全球可持续发展，中国是否想改变全球规则，应在何时改和改什么？与 20 世纪 40 年代末第二次世界大战后美国的情况不同，中国不会继承一个被战争留下的制度空白以及霸权地位。所以，一个选择就是等到 2030

---

① 工业化国家中的城市化涉及 5 亿人口的转移，而在发展中国家这可能要有 40 亿人口的转移，以及伴随的资源使用和二氧化碳排放的增加，这将是由于新基础设施建设的规模以及 30 亿穷人缺少获得现代能源的事实所致，这些城市化和脱贫所必需的基础设施要顾及所有方面，从能源、住房、道路、铁路、机场和港口到教育和医疗。新的全球规则必须对这种变化了的情况做出响应

年，那时，按购买力平价计算，中国的 GDP 可望占世界 GDP 的 23%，而美国将不到 12%，中国进出口额将是美国的两倍，其生活水平将比欧盟现在的水平略高；另一个选择是在"里约＋20"大会成果上下工夫，这次会议要认真讨论全球可持续发展问题。

2011 年 10 月 14 日，美国国务卿希拉里在一次讲话中阐述了美国近期外交政策声明，发出了一个新的全球倡议信号，即"基于规则的资源开发方法……因为化石燃料供应有限……需要确保国家的自然财富能产生广泛的增长"，这表明了从能源方面向考虑自然资源使用的一种转变。中国必须考虑，是否应将主要自然资源的获取作为一种全球物品对待，或者原则上，资源使用模式对所有国家都是一样的，以使其保持在地球的限度之内。问题在于，国际合作是应以可持续发展的经济方面为基础还是以可持续发展的社会方面为基础。没有重新分配与平等的原则，在稀缺资源问题上就存在冲突增加的现实可能性，因为所有发展中国家都渴望其资源使用方式和生活水平能与工业化国家的相当。由于具有法律约束力的多边协议达成的承诺不再是国家行动的驱动因素，所以"里约＋20"大会的成果将在很大程度上关系到国家间信任的建立。

（二）新视角

在中国和其他发展中国家，社会的福利观念和消费方式与工业化国家大相径庭，这使其人均能源消费仍低于大多数 GDP 水平类似的国家（大约是西班牙的水平），人均碳排放水平不会因人均 GDP 的增加而明显增高。到 2050 年，发展中国家可能会进入这样一种状况，即达到中等收入国家的资源消费水平，而这可能正是全球"幸福"的标准。

随着大规模年龄结构的改变，人口统计学的转型也将很快在中国发生。预计中国人口在 2030 年左右开始下降，目前对经济增长起最大驱动作用之一的中产阶级将在绝对人口和在总人口中的比例方面迅速下降。到 2050 年，中国的人口将降至 2000 年的水平，到本世纪末，可能只有 2000 年人口的一半。

目前的情景分析尚未考虑到在中国发生的由社会因素而非环境因素所驱动的"脱钩"。最近对中国降低能耗强度和碳排放强度的行动所作的一些审议，对许多预测中国将继续以指数增长的分析提出了异议，因为能源需求可能在 2030 ~ 2040 年达到顶峰，这是由于饱和效应（家电、住宅和商业建筑、公路、铁路、肥料使用等），城市化减速，人口增长降低，出口组成向高附加值产品转变所致，而且因能源效率持续改善和电力部门的脱碳努力，二氧化碳排放预计在 2050 年将达到稳定（Zhou et al. ，2011）。中国正在寻求未来5年将能源使用限制在40亿吨标准煤左右（目前使用量约32亿吨标准煤），并承诺到2020年，能耗强度将在2005年的水平上降低40%～45%。2009年世界环境日，中国还发出了开展"低碳生活"的号召。中国在增长途径上的根本转变将使其成为世界第一个实现将经济增长与能源使用脱钩的国家，即使它仍有大量贫困人口，而且，领导层正寻求以"人与自然和谐"的方式"全面进入小康社会"。

（三）动员全社会改变消费模式

2011年11月22日发布的《中国应对气候变化的政策和行动》标志着全球应对气候变化努力的一个转折点。在"政策和行动"一节，该报告明确说明"中国将合理控制能源消费总量"，将通过一系列措施改变能源消费模式，包括"加速国家经济发展模式的转型"，"限制高能耗高污染行业的过快扩张"，"节能"，"提高资源生产力"，"城市低碳发展模式"，"建立完善温室气体排放统计核算制度"，以及"全社会参与应对气候变化的行动"等。这些倡议非常重要，因为它们是一个被普遍接受的全球趋势，即在最终电力需求组成中，个人交通、建筑和工业对二氧化碳排放的贡献分别为40%，20%和20%，但工业化国家的重点仍在发电基础设施上。

历史上，自工业革命以来，终端使用效率一直是不断降低单位经济产出能源消耗的最重要因素。它比经济结构的改变、向第三产业转型和技术改进来得重要。省下的每1度电都有乘数效应，因为它省下了3倍的一次能源及其排放（如果是用化石燃料发电）。然而，提高终端使用效率则要求改变消费模式。交通也涉及许多行动者，包括制度、技术、标准和行为方式。电力生产的供给方是以机组为基础的，这使技术改变比较容易实行。

认识到改变消费模式的重要性，中国在应对气候挑战和在地球限度之内使用自然资源方面显示了严肃认真的态度。另外一些国家一直将重点放在资源使用效率上，而不是节能或限制自然资源的使用。中国做得非常正确，没有只依赖有待充分开发的技术去减少电力部门的温室气体排放。

目前的能源统计涵盖经济活动和作为能源系统一部分的各经济部门，终端使用数据是包含在工业和消费者商品市场统计中的，而且一般得不到，因为它们的主要目的是提供以机动性、照明和供暖形式表示的数据服务。通过重新定位统计系统，使之包括消费和"家庭碳排放"，中国将能开发出比现在已有的更可靠的能源转变模式。

关键问题是发展中国家采取的经济增长途径。它们在设计其城市化转型时不一定要采纳工业化国家的结构、技术和做法，而是需要已经在改变的城市居民的生活、工作和交通方式。中国强调发展低碳城市是非常及时的。例如，在欧盟，过去 10 年铁路旅客出行降低了 23%。在大力发展高速铁路和城市交通系统方面，中国已领先工业化国家。

通过强调"全社会"参与，中国表明了其社会转型的目标。在正在进行的，关于技术是变化的主要力量，还是技术本身是由社会力量造就的辩论的背景下，这是一个重要的信号。工业国家的经验说明，提高收入将导致消费的变化——个人流动性，更大的房子，电器的广泛使用，以及饮食的改变——这些是资源/能源更密集的，而且产生更多的废物（如二氧化碳）。现在是开始社会变化进程的时候了，在这方面，中国在协调经济发展与资源节约上起了模范作用，尽管其人均收入水平仍很低。世界各国特别是发展中国家将对此密切注视，因为这很可能是可持续发展的途径。这些倡议也给国际上应对气候变化的辩论带来新的认识，因为联合国在努力寻求一种全球共识，并指出将人类福祉放在中心地位这样一种观念的转变，给关于可持续发展的国际讨论带来了新的前景。

四 国际合作

（一）模糊环境和发展间的区别

1992 年联合国环境与发展大会已过去了 20 年，世界仍然面临着两个重大并互相联系的挑战：满足全球人口过更好生活的要求，而全球人口到 2050 年还要增加 1/3；解决生态系统服务的稀缺性问题，如解决不好，则将破坏世界满足这些要求的能力。发展中国家将必须承担加强生态系统服务的直接成本和机会成本，靠"脱碳化"使之能够为人民提供电力和支持经济增长。在这种情况下，农村贫困人口的生计以及自然资源的保护和可持续利用非常紧密地交织在一起，最好通过一体化的方法将它们解决，而无需考虑主要动机是发展还是环境保护。例如，据估计，环境财富占低收入国家总财富的 26%，相比之下，占中等收入国家总财富的 12%，只占发达国家总财富的 2%（Hamilton et al.，2005）。按 1950~1970 年间全球规则形成的方法，在国际合作中做出的有关投资、贸易、发展和环境的区分需要重新审议，要考虑发展阶段而不是功能划分。

联合国秘书长向筹委会所作的报告——"联合国可持续发展大会的目标和主题（A/CONF/216/7）"说："人类现在面临的主要挑战是在变革中保持脱贫和发展的进

程。发达国家要尽可能快和尽可能多地减少生态足迹，同时维护人类发展的成就。发展中国家必须继续提高人民的生活水平，同时控制其生态足迹，承认脱贫仍是一个优先问题。这是一个为实现共同繁荣目标的共同挑战"。为了实现这一愿景，该报告强调，绿色经济的公共政策必须大大扩展，超越目前对"得到合适价格"的依赖，从根本上将消费和生产模式转移到更可持续的道路上。

新的全球共识必将建立在对科学、社会、政策相互关系的重新思考上，消除全球变化的科学认识与实现可持续发展行动的全球共识之间的差距，从而更容易面对可持续发展的核心问题，例如贫富之间不断扩大的差距，以及对生态系统服务限度的认识。基于风险的管理方法无法处理可持续性问题的各个方面，因为我们现在知道，环境风险评价最适用于已经排放的化学物质，我们不仅对其产生影响的性质和程度已比较了解，而且可以进行监测。管理方法应当是"以尽可能小的环境损害取得最大的社会和经济效益"，而不是提出"面对风险能采取什么行动"这样的问题。正如 1987 年世界环境与发展委员会（布伦特兰委员会）指出的，虽然很难预先知道可持续社会的确切性质，但还是能说出这种社会的一些基本条件，如没有大规模贫穷和环境退化，以及代际责任等。

把重点从影响转移到自然资源利用模式将会模糊全球规则中环境和发展间的区别。

（二）对待技术的新方法

各国间还没有就建立全球技术共享制度所需的公共政策达成协议，这种技术共享制度是为了加快对转型至关重要的创新技术的发明和扩散。自 20 世纪 90 年代以来，随着世贸组织乌拉圭回合谈判，通过执行所有者的专属使用和调配来保护私有知识产权成为了主要方法[①]。在国际上刺激绿色技术开发将需要更广泛的全球战略组合，这种战略组合将保证有足够的商业激励手段以使私营部门在其研究中使用补贴，并保证以合理的价格进行技术的公共购买，同时限制阻碍技术转让和进一步开发的垄断做法。

公共政策工具可包括全球研究资金，以 20 世纪六七十年代解决粮食短缺的绿色革命使用的同样方式，将其放在用于广泛传播的公共领域。有了技术资金，将有可

---

① 贸易增加不会导致技术转让，因为减轻气候变化和植物基因的国际专利申请已有快速增加，与 20 世纪六七十年代不同，当时"奇迹种子"被放在公共领域，以帮助实现提高粮食生产满足日益增加的人口的需求的全球目标。在包括美国在内的许多工业化国家有许多应用强制性许可的判例，处理经济活动影响的全球规则必须承认技术在可持续发展转变中的作用

能在不同技术领域内建立国际创新网络。总体策略还应包括，为界定清楚的问题所制定的技术解决方案设立全球奖，以及以合理价格对私人技术进行公共采购，以将其放到公共领域。当对极重要技术的专属私营部门使用权成了开发其他需要的技术或广泛使用的障碍时，技术制度必须要有一个机制（像在某些公共健康领域已有的机制那样）来发放一种"强制性许可"，将这个技术放到公共领域。在国际公共技术政策的制定中，可提出一个综合的主题以促进多边系统中不同实体（如世界贸易组织和联合国）间更好的一致性，这些实体的共同目标是支持全球向可持续发展转型。

五 结论和建议

（一）战略考虑

到 21 世纪末，如果全球 90 亿人全都达到工业化国家的富裕水平和消费方式，世界将需要一个比现在大 40 倍的经济（比 1950 年大 200 倍）。因此，由于生态极限的存在，就提出了一个道德问题——如果这不能通过技术效率来实现，那么一个国家或个人拥有多少世界资源的权利用于其福祉？

可持续发展的传统观点现在遇到了经济增长如何满足基于大气碳排放容量的生态限制的挑战。因此需要经济系统本身的转型，在这方面，工业化国家必须承担主要责任。这是因为近年来在驱动资源使用上，富裕因素的作用已超过人口因素。经济结构迫使经济增长，所以经济转型需要一种新的经济发展方式，它们反映了一种对人性更为宽泛的认识。一个针对生态系统服务限制的更加整体化的方法是将重点放在"自我克制"上，特别是那些无约束的消费主义行为，要求改变行为，而不只是技术创新。

最近的研究说明，增长和可持续发展/气候保护只在高收入国家才是相互竞争的目标，这些国家被要求减少其资源使用份额，以利于全球可持续转型。这在政治上的困难是显而易见的，而且仍未解决的关键问题是：需要从全球福祉和气候最佳条件偏离多远才能使可持续政策/绿色低碳经济被发达国家所接受。这不可能在权利和义务的框架内得到解决。

国际层面上的讨论确实可看作是探讨社会转型以实现可持续发展选择方案的机会。国际社会将提出非常不同的一些问题，例如，在处理气候变化问题时，不是像现在那样只着重于减缓、适应和分担，而是根据可持续发展的要求提出不同问题。

他们需要鉴别哪些较长期的趋势应加以改变，找出在国家层面上这样做的最好方法。在国际层面，需要制定新技术联合研究和开发的时间表和技术转让的机制，以满足响应的规模和速度。国际社会还要考察贫困人口获得电力的情况。在这个框架中，平等将被重新定义为资源使用模式，该模式原则上要由所有国家通过，而且必须要在"里约+20"大会的政治宣言中通过"可持续社会原则"的方式固定下来（注释专栏8.1）。

注 释 专 栏 8.1

里约宣言－2012（可能的要素）：可持续社会原则

在实现全球可持续发展的行动中，环境变化和社会转型是紧密相关的。因此，地球的状况和对外部作用的响应是建立在社会和生物自然亚系统的协同作用之上的，而且，没有一个挑战能在没有解决其他挑战的情况下得到全面的解决。

自然资源利用方式及其产生的生活标准对所有国家原则上必须是共同的，以在全球生态系统服务的限度内为所有公民创造平等的机会，并通向一个更繁荣和更安全的世界。

绿色经济的目的是实现稳定而持续的经济，它对全球生态系统的有害影响最小，并给所有人提供成功的机会，而且，在这种经济中环境和社会成本由造成这些成本的人负担。

全球和国家政策应在充分的自然和社会科学的基础上制定和实施，同时考虑到不确定性、公众态度和价值观。

各国同意可持续发展是一项全球事务，到2050年，要把在地球限度内实现人类普遍福祉作为最重要的全球目标和人类共同的关切，而且，由于经济活动的有害影响，全球公地提供的生态系统服务应平等分享。

各国应在能源、粮食和医药领域创新技术、产品和服务的研究、开发和全球推广上进行合作，因为它们是全球物品，对全球向可持续发展转变至关重要。

在不损害可能由国际社会特别同意的那些可持续发展准则或必须由国家制定的标准的前提下，有必要在所有情况下考虑每一国家的发展阶段和主导价值观体系，以及标准的适用性的范围，这些标准对大多数先进国家是有效力的，但对其他一些国家可能不合适和有不必要的社会成本①。

按照联合国宪章和国际法原则，所有国家享有根据其可持续发展政策开发自己资源的主权，并有责任确保在其管辖或控制范围内的活动不造成其他国家或国家界限以外区域的环境破坏，同时应根据其发展阶段对增强全球生态系统服务作出贡献。

各国应合作制定一个核算系统以测算国家和全球生态系统提供的重要人类福利效益或服务，并开发比 GDP 更有效的指标以评价人类福祉。

注：①依据 1972 年斯德哥尔摩人类环境宣言中相似的条款

（二）不同的观点

在实现可持续发展国际合作问题上，各国间在 3 个方面有重大分歧。首先，市场在全球框架下实现"费用－有效性"对处于不同发展水平的国家有不同的影响。其次，生产和消费模式在改变比较长期的趋势上的相对作用对应将重点放在技术变化上还是放在社会变化上有影响。第三，在以下问题上还有争论，即与全球经济运行有关的组织，如世界贸易组织（WTO）能否提供更可持续的结果，或者是否需要有新规则以确保可持续的结果，这些新规则承认在需求和影响方面有不同发展阶段。

新的研究强调，将是可持续性转变核心部分的能源系统转型已持续几个世纪并做到全覆盖，甚至更重要的是，过去所有的能源转型都是由终端产品开发或服务驱动的，是新的能源形式而不是旧的能源形式使这成为可能。尽管有这样的科学证据，但到目前为止，终端使用服务和技术——最有前途的减排选择并没有在气候和能源情景分析和公共研发投资中得到足够的考虑，因为它们要求社会变化和承认技术的作用，而不是得到合适的价格。

由于全球化不断深化，通过国际贸易和投资，消费模式变得越来越一致，供应链延长，运输需求呈指数增长。因此，需要将贸易规则、投资、知识产权和生态系统服务统筹考虑以实现转型。因为国际标准是国家采取具有全球影响措施的基础，所以，需要不是基于法律而是基于共同原则的国际合作新机制和全球治理，以便在目前彼此脱节的多边组织间建立一致性。

（三）新的全球政策框架

全球可持续性的组成部分要确保我们利用自然资源方式的转型，这包括 3 个方面。

首先，世界经济增长中，城市化、服务部门和消费者需求变得日益重要，这就要求改变消费模式以确保达成资源节约的政治协议，而不只是改变生产模式，寻求资源利用效率的提高。

其次，国际合作的重点应从通过资金、机制和计划等进行责任分担转向在一个相互联系和相互依赖的世界中创造、拥有和分享知识的过程。例如，通过公私网络进行联合开发，能源技术、农业种子品种和生物多样性医疗效益的分享，以及城市化新形式的经验交流——这些都受涉及全球大部分人口的广泛利益驱动。这意味着全球可持续发展的演进，而不是环境标准的演进。这样，全球规则将通过公开贸易，包括分享创新技术来支持，而不是阻碍人类福祉。

第三，需要用国家核算系统测算国家和全球生态系统提供的重要人类福利效益或服务，并开发比 GDP 更有效的经济指标以评价人类福祉，同时 GDP 仍作为经济活动的一个度量。在过渡期，国家碳预算是制定和评估国家战略、自然资源利用和全球可持续转型的一个很好的指标。

（四）新型多边组织

现在联合国必须修改其规范、运作和审议功能，并通过重新安排现有组织的授权和结构变成一个"知识组织"，从而支持全球可持续转变。新的范例将演化出围绕创新的新型合作，发展中国家作为合作伙伴而不是被动的接受者。联合国可持续发展委员会应成为一个常设机构，总部最好设在发展中国家。

拟由联合国大会制定的基于新全球规则的制度框架，围绕 3 个专门审议国家行动的规划，将确保共同理念和达成一致的全球目标通过下述措施而得到遵循：

- 监测消费方式的转变，包括多边会议同意的国家碳预算执行的进展。
- 通过将重点放在国家和全球生态系统提供的服务以及消费上而不是放在生产上来开发比 GDP 更有效的度量方法以衡量人类福祉。
- 建立创新技术联合研究、开发和分享的机制。

即使发展中国家应该在未来可持续发展制度框架中占主导地位，并处在决定成果的位置，可持续发展和拟在 2012 年 6 月"里约+20"大会上通过的新全球规则的战略问题仍然是平等问题——可持续发展的社会方面。现正出现一个共识，即现在应根据加强全球生态系统为人类福祉提供的服务——为所有人提供足够的能源、粮食和水来确定主要的驱动因素，而不是根据给生态系统服务定价以控制全球环境退化来确定驱动因素，因为在生态限度内实现人类福祉将要求再分配。原则上对所有人都是一样的自然资源使用模式及其所形成的生活标准将使世界变得更繁荣、更安全。

参 考 文 献

AGECC. 2010. Energy for a sustainable future. The Secretary General's Advisory Group on Energy and Climate Change，April 2010

Bodansky D，Diringer E. 2010. The evolution of multilateral regimes：implications for climate change. Washington DC：Pew Centre on Global Climate Change

Bodansky D. 2010. The international climate regime：the road from Copenhagen. Harvard Project on International Climate Agreements：Viewpoint

Egenhofer C，Gioergiev A. 2009. The Copenhagen accord：A first stab at deciphering the implications for the EU. Center for European Policy Studies

FAO. 2011. The state of the world's land and water resources for food and agriculture. Rome：Food and Agriculture Organization

German Advisory Council on Global Change（WBGU）. 2011. The world in transition：a social contract for sustainability-summary for policymakers. Berlin

Hamilton K，et al. 2005. Where is the wealth of nations? measuring capital for the 21 century. Washington DC：World Bank

ICSU. 2010. Earth system science for global sustainability：the grand challenges. Paris：International Social Sciences Council

IEA. 2007. Global energy trends 2007. International Energy Agency

IEA. 2009. Worldwide trends in energy use and efficiency：key insights from IEA indicator analysis. International Energy Agency

IEA. 2010. Energy technology perspectives 2010：scenarios and perspectives till 2050. Paris：International Energy Agency

IEA. 2011. World energy outlook 2011：energy for all

IPCC. 2007. Climate change 2007：synthesis report. Summary for Policymakers. Geneva

Jackson T. 2011. Societal transformations for a sustainable economy. Natural Resources Forum，35：155-164

McKinsey. 2007. Curbing the growth of global energy demand. McKinsey Quarterly，July 2007

Meilstrup P. 2010. The runaway summit：the background story of the Danish presidency of COP 15，The UN Climate Change Conference//Hvidt N，Mouritzen H，eds. Danish Foreign Policy Yearbook 2010. Danish Institute for International Studies

NAS. 2010. America's climate choices. Washington DC：National Academy of Sciences

State Department. 1970. Report by task force III of the committee on international environmental affairs// Holly S K，McAllister W B，eds. 2005. Foreign relations of the United States，Foreign relations 1969-

1976, Documents on global issues 1969-1972. Volume E-1, Chapter V, International Environment Policy. Washington DC: Office of the Historian, Bureau of Public Affairs, US Department of State

Stiglitz J E, Sen A, Fitoussi J-P, et al. 2009. Report by the commission on the measurement of economic performance and social progress. http://www.stiglitz-sen-fitoussi.fr/documents/rapport_anglais.pdf

TERM. 2011. Laying the foundations for greener transport: transport indicators tracking progress towards environmental targets in Europe, European Environment Agency Report No 7/2011

TISS. 2010. Conference on global carbon budgets and equity in climate change, 28-29 June 2010. Tata Institute of Social Sciences, Mumbai, India

UK CCC. 2009. Meeting carbon budgets-the need for a step change, progress report to parliament committee on climate change

UN. 2011. World economic and social survey: the great green technological transformation. New York: United Nations Department of Economic and Social Affairs

UNDP. 2010. Human development report 2010: the real wealth of nations: pathways to human development. Published for the United Nations Development Programme

UNEP. 2011a. Decoupling natural resource use and environmental impacts from economic growth, a report of the working group on decoupling to the international resource panel (Fischer-Kowalski M, Swilling M, von Weizsäcker E U, Ren Y, Moriguchi Y, Crane W, Krausmann F, Eisenmenger N, Giljum S, Hennicke P, Romero Lankao P, Siriban Manalang A.). Nairobi: United Nations Environment Programme

UNEP. 2011b. Towards a green economy: pathways to sustainable development and poverty eradication—a synthesis for policy makers

Wilson C, Grubler A. 2011. Lessons from the history of technological change for clean energy scenarios and policies. Natural Resources Forum, special issue: green economy and sustainable development, 35 (3): 165-184

WRI. 2011. The role of driving in reducing GHG emissions and oil consumption: recommendations for federal transport policy. Washington DC: World Resources Institute

Zhou N, et al. 2011. China's energy and carbon emissions outlook to 2050, LBNL-4472E. China Energy Group, Lawrence Berkeley National Laboratory

第九章

中国的可持续发展愿景*

在过去的 20 年中，中国在可持续发展的各个方面都做出了努力，并取得了一定成就。在对已有实践进行回顾的基础上，本章试图回答两个问题：未来中国的可持续发展前景是怎样的？中国如何才能在未来引领世界绿色经济的发展？因此，本章在综述已有的未来发展情景研究，分析对国内外社会各界代表人物的问卷调查和访谈结果，以及综合评估的基础上，提出了未来中国可持续发展的愿景和实现的途径及关键点。

一 情景分析的启示

目前，已经有多项研究从不同的角度对世界和中国未来发展进行了情景分析和预测，包括从全球/区域的角度对未来发展路径的分析和展望、提出某项全球发展愿景并分析中国如何支持愿景的实现，以及对中国未来发展情景的定量模拟或定性展望等。这些研究成果能够为我们思考中国未来可持续发展愿景带来启示。我们选择了与可持续发展相关的 6 个不同角度，包括经济社会、资源环境、能源、碳排放、

---

　* 本章由吴昌华、刘颖、任姗、苏利阳执笔，前 3 位作者来自气候组织，后者单位是中国科学院科技政策与管理科学研究所

技术发展，以及绿色经济规模，对已有的研究成果进行分析。

（一）经济社会

在经济发展形势方面，HSBC（2011）对2050年全球经济发展前景的展望表明，全球经济年均增长率与21世纪前10年的2%相比将有所提高，并趋向3%；在此期间，新兴经济体对经济增长的贡献将是发达国家的两倍，中国将成为世界第一大经济体（表9.1）。能源将不会成为阻碍全球经济发展的因素，满足粮食需求的挑战相对较大，但通过产量的增加和粮食节约将可能满足粮食需求。此外，劳动力人口的减少将成为未来全球经济发展的挑战之一。

表 9.1　HSBC 对中国 2050 年经济发展的展望

指标	GDP 增长速率/%				经济总量/亿美元（2000年价格）	人均收入/美元（2000年价格）	人口/亿
	2010~2020	2020~2030	2030~2040	2040~2050			
预测值	6.7	5.5	4.4	4.1	246 170	17 372	14.17

资料来源：HSBC，2011

世界银行的报告对2020年中国宏观经济情景的分析表明（Kuijs，2009），在2010~2020年，虽然中国的资本仍将维持可观的规模，但随着劳动人口和全要素生产率增长的放缓，潜在GDP的增长可能会有所放慢，2015年的增长率预计为7.7%，2020则为6.7%。实际GDP与潜在GDP将大致保持同步增长，并延续自20世纪90年代末期以来的增长轨迹。受预期中结构调整的影响，消费占GDP的比重可能会触底，但到2015年这个比例会有一定程度的上升；投资所占的比重会逐步下降；出口仍将具有不错的竞争力，但其占GDP的比重在2010~2015年将会下降。与此同时，中国经济的强劲增长将会对进口形成支持，贸易顺差相对于中国经济的规模而言可能会有所缩小，但外部盈余将会继续增加。到2020年，中国的人均GDP将和拉丁美洲、土耳其以及马来西亚目前的水平大致相当。经购买力平价调整后，2020年中国的人均GDP将是美国的1/4，而中国的经济总量将超过美国。在2020~2030年的某个时间，中国可能成为世界最大的经济体。

世界经济论坛曾在2006年对中国和世界在2025年发展的3个可能情景进行了展望（WEF，2006），探讨了中国在不同的体制改革进展和融入全球化程度的情况下经济社会发展情景（图9.1）。

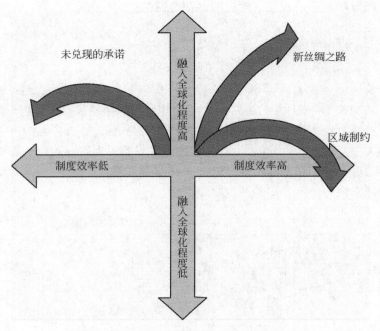

图 9.1　世界经济论坛对中国 2050 年社会发展的 3 种情景设定

资料来源：WEF，2006

　　"区域制约情景"（regional ties）的基本假设是，在全球化的环境中，由于贸易保护主义的阻碍，中国支持经济发展所需的贸易和投资动力主要依赖于亚洲地区。在这样的背景下，中国对外贸易的趋势主要显示为，中国向一些不太发达的国家（如越南、印尼、泰国等）出口重工业设备，而从这些国家进口服务及劳动力密集型产品。同时中国为亚洲的技术先进国（如韩国、新加坡、日本等）的高技术产品提供生产基地和市场，并获得这些国家的管理和组织经验。韩国和日本对农业保护主义的逐渐放松导致中国食品出口和进口的增长。在人口和自然资源方面，亚洲国家显示出了互补性：日本和中国的人口老龄化趋势被东南亚国家和印度的青年劳动力增长所平衡，俄罗斯、澳大利亚和中亚国家成为能源和资源的主要出口国，从而满足了中国的需求。在与亚洲国家紧密合作的基础上，中国逐渐开拓新市场，与非洲、中东和拉美都建立稳定的贸易关系。2020 年前，亚洲经济区的建立将使中国与其他亚洲邻国之间的关税及非关税壁垒彻底废除，且中国与印度间之间的贸易和投资将持续增加。受益于区域的合作，中国在 2016 ~ 2020 年的 GDP 增速将稳定在 7% 左右；2020 ~ 2050 年国内市场将获得显著发展，这为民营企业的发展提供了机会，私人消费将成为国内经济发展的主要驱动力。中国对跨大西洋自由贸易区的出口额将在 2050 年达到 3 万亿美元。

"未兑现的承诺情景"（unfulfilled promise）则假设中国的改革步履维艰，对经济、社会和生态的发展产生负面影响。虽然经济逐渐向全球化发展，但由于对安全问题的顾虑，全球化速度缓慢。中国政府从 2015 年开始重点关注增加农民收入、提高粮食产量及保持农村区域稳定，但同时面临一系列困难，如对农业大省的减税和补贴政策由于地方层面的腐败和官僚主义而难以执行，中国的快速城市化及基础设施项目建设使得更多农田资源面临被征收等。

"新丝绸之路情景"（new silk road）则描述由于融入了经济全球化进程且跨国贸易流动获得强劲增长，从而获得了均衡发展的中国。实现这一点的基础是，中国在财政、金融、法律和管理等方面进行了很好的改革，中产阶级数量增加，国内市场获得发展。在此情景下，中国实施了一系列计划以推进国际合作，合作的范围从传统的贸易、产品交流拓展到资本流动、积极参与全球和区域性安全机制等，但知识产权保护及汇率等一些具体的问题需要解决。中国逐渐显示出了全球化的特征，即在强烈的民族认同感的基础上，继续保持对外开放的姿态，并在国际事务中承担更重要的角色。在这个情景下，中国 2025 年人均 GDP 将达到 6220 美元，资源能源效率的提升依然是 2011～2020 年需要面对的一个重要挑战，在解决收入差距、就业、环境污染等方面，中国也需要更多的领导力和行动。

兰德尔等人（Randall et al.，2006）也展望了中国未来经济社会可能的发展情景以及对企业的影响。其中最有希望的情景是"中国和平发展并且遵守国际规则"，即中国在遵守西方贸易规则的同时，进行内部的战略转型，中国因此变成了全球企业理想的合作伙伴。第二种情景是，中国的增长是短期的，未来整个国家深陷环境危机、政治动荡、贫穷和政府腐败，无法成为世界第一大经济体。第三种情景则认为中国的经济增长可能与邻国同速，并且从印度、日本和俄罗斯获取资源，亚洲经济相互依赖性增加，全球化进展缓慢。最后一种情景则是中国以自己的规则实现经济实力的快速增长，人民币替代美元作为全球通用货币，中国与印度和俄罗斯的结盟，使得美国在国际事务上失去领导力。

从上述对于中国未来经济社会发展情景的分析可以看出，中长期来看中国将成为世界第一大经济体。GDP 的增长可能会逐渐放缓，消费占 GDP 的比重可能进一步上升，投资和出口占 GDP 的比重则出现下降。如果考虑到中国融入全球化的程度以及国内改革的效果，中国未来的经济发展一个较为理想的情景是，在国内改革取得成功的基础上，由于融入了经济全球化进程且跨国贸易流动获得强劲增长，中国能够获得均衡的发展。但也可能出现经济增长主要依赖区域（亚洲地区）合作，或由于国内改革步履维艰而对经济社会发展产生负面影响的情景。

(二) 应对资源环境挑战

世界主要资源价格在 20 世纪降低了将近一半，与此同时全球经济规模增长了近 20 倍，这导致对不同资源的需求上升了 60～200 倍。资源价格下降的原因既包括技术进步和新资源的发现，也包括部分地区资源的定价并未反映实际生产成本（如能源的补贴等）和能源使用的外部性（如污染和二氧化碳排放），同时也反映了部分资源输出国在国际市场上的弱势地位。

随着能源需求的快速增加，满足世界未来能源需求将面临一系列挑战。在不同资源利用情景下，世界和中国发展的可持续性有所差异，选择最优的路径应对资源环境挑战、实现经济增长与资源环境"脱钩"是非常关键的，这种路径可以包括系统创新、增加资源供应量、提高资源生产力等。

1. UENP 对亚太地区资源效率的展望

UNEP （2011） 通过 DPSIR （driving force-pressure-state-impact-response） 分析框架，利用"基线情景"（baseline）、"资源效率情景"（resource efficiency） 以及"系统创新情景"（sustainability transition through systems innovation） 3 个情景分析了未来 40 年亚太地区的资源能源效率和结构变化，展示了不同政策选择和发展路径所迈向的不同未来。

"基线情景"假设到 2050 年资源和能源效率在 2010 年基础上提高 25%，劳动生产力每年提高 1%，并维持目前的技术使用趋势不变，遵循了发达国家过去的发展路径。结果表明，基线情景中的能源使用、二氧化碳排放、资源消耗都继续增长，全球最终仍将面临资源和生态系统的危机。

"资源效率情景"则假设资源和能源利用效率未来 30 年将提高 50%，在现有系统中利用了一切具备潜力的技术。情景的模拟表明，单纯的技术使用虽然提高了效率，但并不能显著减少资源和环境方面的影响，2050 年二氧化碳排放达到 2010 年的两倍，资源消耗则达到 2010 年的 250%。

"系统创新情景"在高资源效率情景之上，引入大规模的结构调整措施，包括电力结构优化、非化石能源发电比重大幅提高、铁路成为货物和旅客运输的主要方式、非生产性服务业消纳传统产业中的劳动力等。结构调整最终可以推动可持续发展的实现，但这需要经济活动和社会意识层面的彻底转变。系统创新情景意味着一个将经济发展和人民生活建立在崭新基础上的"新工业革命"，为实现这个情景，亚太地区的经济体需要建设新型工业基础设施，社会的生活方式也需要趋于低消费化。

　　对中国在资源消耗和污染排放方面的情景分析所得到的趋势与亚太地区整体相同。中国的国内资源消费在基线情景和资源效率情景中都将保持增长趋势，只有在系统创新情景中将从 2010 年开始呈下降趋势，至 2035 年达到最低值，但此后由于建筑业发展而反弹；固体废弃物排放在 3 个情景中都将在 2030 年左右达到峰值，此后出现下降，其中 2040 年之后仅有系统创新情景中固体废弃物排放的下降势头较为显著（图 9.2）。

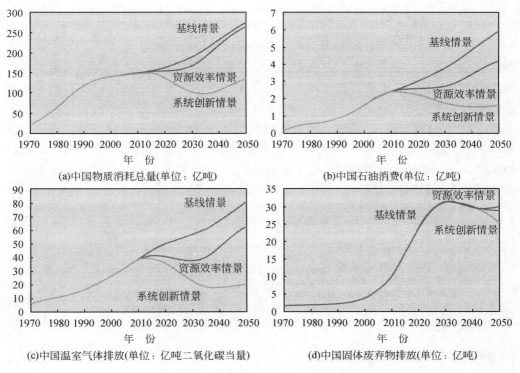

(a)中国物质消耗总量(单位：亿吨)　　　　(b)中国石油消费(单位：亿吨)

(c)中国温室气体排放(单位：亿吨二氧化碳当量)　　(d)中国固体废弃物排放(单位：亿吨)

图 9.2　3 个情景下中国资源消耗和污染物排放趋势模拟

资料来源：UNEP et al.，2011

　　基于上述情景分析，报告对亚太地区未来的资源政策建议及启示是：①设定国家层面的量化指标，这也可以为政策效果的监测及追踪提供基础；②通过一系列政策工具的组合来建立一个提高资源效率的政策框架。目前政策工具的发展趋势是将传统的行政命令与经济工具、信息披露和政府采购相结合，使用经济和市场化手段

（包括补贴和环境税等）、信息化手段，以及自愿行动等；③在大幅度提高资源效率的同时，积极调整经济结构、优化能源结构、转变消费模式、加强制度建设、改善治理结构；④原材料利用效率的提升可以通过减少最终产品中原材料的含量，或进行资源的回用来实现；⑤采取提高能源效率的政策；⑥水安全是亚太地区面临的新问题，应对水资源短缺最有效的对策是提高水资源利用效率并防止污染。

2. 麦肯锡对全球资源挑战的情景分析

麦肯锡（McKinsey Global Institute，2011）通过对两种情景的分析探讨了世界应对资源需求增长的路径。其中，"增加供应情景"（supply response case）假设资源生产率提高趋势与基准情景一致，世界主要通过扩大供应来满足资源需求的增量。对未来资源供应情景的估算表明，水和土地供应将是面临的最大挑战（表9.2）。资源供应量的增加面临着资本、基础设施，以及地缘政治的挑战。例如，满足未来钢铁、水、农产品，以及能源供应的年均投资需求高达3万亿美元，高于目前投资水平约1万亿美元。实践上和政治上的困难也存在，例如，几乎一半的新建铜厂位于有高度政治风险的国家，80%尚未使用的土地是在基础设施不健全或具有政治风险的地区。当然，未来也有发掘新的替代资源的机会（如页岩气）。资源供应的快速增长可以为一些富含资源的国家带来经济机遇，但是对资源进口国和资源密集型经济则会有不利影响。

表 9.2　麦肯锡对未来资源需求增长幅度的估算

主要资源	一次能源/QBTU	钢铁/百万吨	水/立方千米	土地/公顷农田
1990～2010	470	1 140	900	63
2010～2030	620	1 790	2 150	175～220
增长幅度/%	32	57	139	178～249

注：1QBTU=1015英国热量单位

资料来源：McKinsey Global Institute，2011

"提高资源生产力情景"（productivity response approach）则在基准情景基础上，增加了对提高资源生产力机会的把握。估算结果表明，能源、土地、水以及原材料方面，资源生产力的提高可以在2030年分别减少一次能源、钢铁、水和土地需求总量的22%、13%、18%～21%和25%～29%。资源生产力的提升也将带来很多伴生的效益，包括能源安全提高、碳排放降低、创造更多就业机会、鼓励创新，以及促进资源进口国的贸易平衡等。这些措施在2030年能够通过减少资源消耗而实现年均

2.9 万亿美元（以现在的市场价格计算）的效益。

实现"提高资源生产力情景"比"增加供应情景"有更高的投资需求。提高资源生产力导致年均投资需求增加 9000 亿美元，与此同时增加资源供应的投资需求下降至 2.3 万亿美元（与"增加供应情景"中的 3 万亿美元相比），每年资金需求实际增加了 2000 亿美元，与现有投资水平相比提高了 1.2 万亿美元。在技术和路径选择方面，根据麦肯锡的资源生产力成本曲线，在 130 多种提高资源生产力技术中有 15 项技术最为关键，能实现总潜力的 75%。对于中国来说，能源、土地、水以及钢铁领域资源生产力提升潜力占全球总潜力的比重分别为 32%，14%，10% 和 40%。

3. UNEP 关于经济发展与自然资源消耗和环境影响"脱钩"的构想

UNEP（2011）的国际资源专家组（IRP）采用"脱钩（decoupling）"的理念（图 2.1）来研究全球如何应对资源环境压力。IRP 设计了 3 种情景，探讨到 2050 年世界的资源需求和环境影响，以及未来应选择什么样的发展路径。

"照常情景"（business as usual）中，工业化国家人均资源消耗量保持在 2000 年的水平，发展中国家逐渐追赶并在 2050 年实现与发达国家相同的人均资源消耗水平，并假设全球没有进行促进"脱钩"的系统创新。在此情景下，全球人均资源消耗和碳排放都将达到目前的 3 倍，全球碳排放将增长 4 倍，并需要消耗两倍以上的生物资源、4 倍的化石能源，以及 3 倍的矿产资源。这种情景的含义在于，如果发展中国家复制发达国家的发展模式，追赶其资源消耗水平，其结果将是全球资源和环境难以承受的。事实上，目前全球资源消耗和环境影响的发展趋势与这个情景是一致的，这个情景更像是对目前经济结构未来发展趋势的预计。

"适度开采情景"（moderate contraction and convergence）则假设，工业化国家承诺将人均资源消耗在 2000 年的基础上减少一半，发展中国家逐渐追赶并在 2050 年实现发达国家减半后的人均资源消耗量；这个情景也假设会出现实质性的结构转变，使世界经济不再延续以往西方国家资源密集型的生产和消费模式。这个情景中，全球 2050 年资源消耗量为 70 吉吨，比 2000 年的水平高出 40%；人均二氧化碳排放增加约 50%，全球排放将达到 2000 年的两倍以上。对于发达国家来说，实现这种情景需要每年资源生产力增加 1%~2%，且避免任何反弹效应，或者实现一个更高层次的创新和生产效率，两种路径都要求实现经济结构的实质性变革，这依赖于对于可持续创新的投资。

"谨慎开采情景"（tough contraction）则要求 2050 年世界资源消耗量与 2000 年水平相同，这种情景需要发达国家人均资源消耗量下降至 1/5~1/3，发展中国家需要在消除贫困的同时将人均资源消耗量降低 10% ~ 20% 。在此情景中，全球的二氧化碳排放维持在 2000 年的水平。这种模式需要可持续创新所驱动的根本性的技术和系统变革。在仍然需要消除贫困和中产阶级迅速增长的情况下，这个情景很难成为未来发展的战略性目标，但也为未来解决资源环境问题提出了一条假设的路径。

3 种情景都无法实现资源消耗和环境影响的绝对减少。这意味着，如果不显著增加资源生产力，全球在 2050 年无法满足 90 亿人口的资源需求。"照常情景"由于缺乏可持续创新并造成严重的资源环境影响迫使决策者必须开始重视目前发展路径所带来的后果以及可能的解决方案。"适度开采情景"的结果则进一步揭示了，率先展开行动并促进可持续创新投资的国家将获取优势，当真正面临未来变革的压力时，这些国家将不再需要依赖其他国家的技术转移。

报告同时通过计算"脱钩指数"（decoupling index，DI）[①] 分析了中国经济增长与资源环境脱钩的趋势。在资源消耗方面，能源消费的 DI 在 2003 ~ 2005 年分别为 1.5，1.6 和 1.0，2006 年由于节能减排目标的提出，脱钩的趋势开始出现；淡水资源消耗在过去 10 年已基本实现了脱钩，但是中国原材料消耗则远未实现脱钩。在环境影响方面，工业污水排放和工业固废排放在 1992 年之后就实现了绝对脱钩，COD 和二氧化硫排放也在某些年实现绝对脱钩，这与 1996 年以来实行的污染总量控制政策有关；但由于 2002 年以来经济的快速增长和工业化，二氧化硫又与经济增长再挂钩。中国未来仍面临很多挑战，包括人口数量快速增长、重化工业所带来的污染、快速的城市化及其带来的生活方式变化、全球化和中国"世界工厂"角色所带来的环境影响。

4. OECD 对 2030 年全球经济与环境趋势的展望

OECD（2008）展望了 2030 年全球的经济与环境趋势。报告认为，如果不应对环境危机，则会导致严重的环境后果。发展中国家由于缺少灾害管理和适应的能力，将受到更大的影响。但从另一个角度说，发展中国家对全球的影响是非常巨大的：2030 年金砖四国的一次能源消耗将比 2005 年上升 72%，而 OECD 30 国则仅上升 29%，这意味着 2030 年金砖四国的温室气体排放将比 2005 年增长 46%，超过 OECD 30 国的总和。

如果采用"环境展望—揽子政策"（OECD environmental outlook policy package），一些主要的环境挑战能够以占全球 GDP（2030 年）1% 的成本解决。与基准情景相

[①] "脱钩指数"是基于资源消费率或污染物的产生率的变化与经济增长（GDP）率变化的比重来表征。对于正在增长的经济体来说，0 < DI < 1 为相对脱钩情景，DI≤0 则为绝对脱钩情景

比，若采取"一揽子政策"，全球 GDP 在 2030 年的年增长率仅下降 0.03%，中国 GDP 增速将下降 0.05%。若全球要实现 2℃ 情景（2℃ 情景是指实现全球平均升温不超过 2℃ 的情景），则全球 GDP 增速比基准情景在 2030 年将下降 0.5%，2050 年则达到 2.5%。

研究同时提出了未来几十年的关键政策：①在解决复杂环境问题方面，要对市场工具（如税收、贸易许可证等）予以重视；②在能源、交通、农业和渔业等关键领域进行优先行动，将消除环境影响纳入财政、金融、贸易等所有政策的制定中；③全球化进程将确保资源的有效使用和技术的创新与扩散，政府需要提供清晰、连续的政策以鼓励创新；④增强 OECD 与非 OECD 国家在解决全球环境问题上的伙伴关系，能够鼓励知识和技术的有效扩散，尤其是，包括中国在内的金砖四国将扮演重要角色，OECD 与金砖四国的合作也将使得全球环境问题以更低的成本得以解决。

5. 世界银行对东亚可持续能源前景的展望

世界银行（World Bank，2010）通过对两种情景的分析，对 2030 年东亚应当如何平衡可持续增长、环境压力和能源安全进行了探讨。其中，参考情景（REF）假设目前政府的政策、计划和目标都能够实现，可持续能源发展情景（SED）则代表了在此基础上通过充分利用技术来实现可持续发展的路径。

在参考情景中，空气污染物和二氧化碳排放在未来 20 年将翻倍，煤炭依然是主要的能源，石油和天然气的进口都将增长，2030 年中国 75% 的石油和 50% 的天然气需求将依赖进口，成为世界最大的石油进口国。可持续能源发展情景的模拟则表明，如果有了政治意愿、能力以及发达国家的资金和技术转移，东亚在技术和经济上能够实现 2025 年二氧化碳排放达到峰值。在这个情景下，2030 年的二氧化碳排放比参考情景低 37%；环境损失（660 亿美元）仅为参考情景的一半。由于能源的多样化及对进口依赖的降低，地区能源安全得到了更好的保障。但如果技术进步的速度仅为可持续能源发展情景设定的一半，东亚的二氧化碳排放将推迟到 2030 年才能够达到峰值，相应的经济成本也增加了 4%，这说明技术的快速成熟也是非常重要的。

在可持续能源发展情景下，中国能耗强度需要年均下降 4.3%，但目前在国内需求和出口的驱动下，中国仍然处于能源密集型工业占主导的发展阶段，这个目标的实现显得比较困难。对于中国来说，经济结构的调整将能够对减排产生最大的贡献。实现可持续能源发展情景的政策工具包括：①立即采取行动，推动能源行业和基础设施的低碳化，行动的迟缓将导致基础设施的高碳锁定效应，从而增加成本；②促进能效和低碳技术的大规模应用，具体政策工具包括价格改革（基于市场化的定价机制）、规章制度（如减排目标、建筑能效标准等）、制度改革（如建立专门的协调和管理部门）；③应用市场化的机制（如 ESCO）；④加快可再生能源应用；⑤加速技术创新；⑥将城市的发展模式向低碳城市转型，采用新的生活方式，如紧凑的城市设计，强化的公共交通、绿色建筑、清洁汽车以及分布式能源等。

上述情景分析主要带来 7 个方面的启示：①如果以中国为代表的发展中国家复制发达国家过去的发展路径，全球资源和生态环境将无法满足世界经济发展需求，长期来看全球经济增长需要与资源消耗和环境影响实现"绝对脱钩"；②增加资源供应、提升资源生产力以及资源的回收利用是满足资源需求的重要途径，其中，提升资源生产力意味着更高的初始投资需求，但长期来看能够带来可观的经济效益；③目前已有多种提高资源生产力的技术解决方案，推动这些技术的成熟和应用将能够充分发挥提高资源生产力的潜力；④单纯使用高效的技术并不能显著减少资源和环境方面的影响，需要更加深度的"系统创新"，即采取结构性调整措施、经济增长方式的重构、观念的调整，以及社会行为和生活方式的引导等，这需要在基础设施、技能、制度和政府治理能力等方面进行大量投资；⑤实现"系统创新"，需要政府在资源环境政策方面的努力，包括设定国家层面的量化指标、通过一系列政策工具的组合来建立提高资源环境绩效的政策框架等，对于以中国为代表的发展中国家来说，还需要发达国家的资金和技术转移；⑥推动能源行业和基础设施的低碳化需要立即采取行动，否则将导致成本增加；⑦增强全球在解决环境问题上的不同层面的合作伙伴关系可以鼓励知识和技术有效传播，增强互惠共赢，也将使得全球环境问题以更低的成本得以解决。

（三）能源

1. 国际能源署《世界能源展望 2011》的新政策情景

国际能源署（IEA）使用其世界能源模型（WEM），根据最新的政策进展和假设展望了 3 个情景［以"新政策情景"（new policies）为核心，还包括"当前政策情景"（current policies）以及"450 情景"（450 scenario）］中全球的能源消耗及二氧化碳排放情况。作为未来国际行动标杆的新政策情景中对于中国政策目标的假设包括：2020 年实现 GDP 碳强度下降 40% 和非化石能源占比 15% 的目标，2020 年核电装机达到 70~80 吉瓦，实现"十二五"规划中的可再生能源目标，2015 年之前设定轻型乘用车（PLDV）燃料经济性限值，并在 2020~2035 年间制定其他政策以保证碳强度以相似的趋势下降。3 种情景中，全球能源需求总量和能耗强度的测算结果如表 9.3 所示。其中，包括中国在内的非经济合作与发展组织（OECD）国家的能耗强度的下降情况对于各情景的实现有很大影响。

表9.3　国际能源署3种情景中的全球能源需求总量和能耗强度下降趋势

情景	历史数据		新政策情景		当前政策情景		450情景	
时间	1980	2009	2020	2035	2020	2035	2020	2035
能源需求总量/兆吨石油当量	7 219	12 132	14 769	16 961	15 124	18 302	14 185	14 870
能耗强度下降幅度/%	—	—	—	36	—	31	—	44

资料来源：IEA，2011

在新政策情景中，全球能源需求在2009～2035年间增长40%。能源需求和能源供应的主力都将从OECD国家转向非OECD国家，近90%的能源需求增长出现在非OECD国家中。在2009～2035年，中国将保持着世界最大能源消费国的地位，年均能源需求的增速将达到2%（高于世界平均的1.3%），能源需求增量占世界能源需求增量的比重将达到30%，能源需求总量占世界的比重则将从19%上升至23%。2035年，中国将成为全球最大的石油消费国和进口国；尽管煤炭在能源中的比重将下降至50%左右，降低煤炭消费比重的政策也被采用，但煤炭消费仍占2009～2035年世界煤炭消费总量的48%；电力消费总量将占世界的30%，总能源消费量将比美国高出70%，但人均能源消费仍在美国水平的50%以下。

在能源生产方面，中国将成为世界煤炭产量增加最多的国家（增加约5.4亿吨标准煤），同时天然气的产量也增加两倍以上，并继续保持世界最大的可再生能源电力生产者的地位，在某种程度上引领世界可再生能源的生产和消费。2009～2035年，全球可再生能源发电装机总量将从1250吉瓦上升至3600吉瓦，占电力生产总量的比重从19%上升至31%。其中，水电仍将是最重要的可再生能源，风电则会上升近10倍达到2700太瓦时（TWh）[①]，光电（包括PV和CSP）在全球范围内发展迅速并达到1050太瓦时。中国在2030年之后风电的消费将超过欧盟，2035年可再生能源（包括生物质能的传统利用）消费占能源消费总量的比重将达到13%。

中国未来对能源进口的需求也将增加。中国的石油进口量在2009～2035年将上升2.5倍，意味着中国在2020年后将取代美国成为世界最大的石油进口国，对外依存度从2010年的54%上升至2035年的84%。中国煤炭进口需求在2015年将超过日本，并在2020年达到峰值（2亿吨标准煤），然后在2035年下降至8000万吨标准煤。中国在2035年天然气进口量将达到2100亿立方米，进口的比重将从8%上升至42%。能源进

---

① 1TWh = 10^9 kWh

口的迅速增长也意味着巨额的资金需求，能源进口的花费将占 GDP 的 3% 左右。

全球在 2011～2035 年能源基础设施的投资需求将达到 38 万亿美元，其中 2/3 将来自非 OECD 国家。中国占全球累计投资需求的 15%，达到 5.8 万亿美元，主要集中在电力行业。

2. 能源研究所的低碳情景和强化低碳情景

国家发展和改革委员会能源研究所课题组（2009）利用中国能源环境综合政策评价模型，模拟了 3 个情景条件下中国在 2050 年的能源需求和碳排放趋势。其中，"节能情景"（energy-efficiency improvement）考虑了当前节能减排的措施，但假设政策不特别采取针对性的气候变化对策；"低碳情景"（low carbon）则是在强化技术进步、改变经济发展模式和消费方式、实现低能耗、低温室气体排放方面做出重大努力的情景；"强化低碳情景"（enhanced low carbon）则进一步探讨了在发达国家的技术和资金支持、自身经济实力显著增强和技术显著进步的情景下，中国可以在减缓气候变化上做出的贡献。模型的计算结果表明，在"低碳情景"和"强化低碳情景"中，中国的能源需求和消费将出现以下特征：

1）能源结构优化，能源需求量相对减少。从一次能源需求总量看，2035 年和 2050 年，"低碳情景"比"节能情景"分别减少 10.2 亿吨标准煤和 11.3 亿吨标准煤，"强化低碳情景"则比"低碳情景"进一步减少 3.1 亿吨标准煤和 5.2 亿吨标准煤。煤炭消耗量减少，天然气、一次电力需求不断增加。

2）电源结构优化，单位发电量能源消耗系数降低。2050 年，"低碳情景"中每千瓦时电力的一次能源消耗系数比"节能情景"低 26.5%。

3）终端能源消费量相对减少。2050 年"低碳情景"终端能源需求量比"节能情景"低 17.6%，"强化低碳情景"则进一步比"低碳情景"低 8.4%。

4）能耗强度持续下降。2005～2050 年"节能情景"的能耗强度年均下降 3.7%，而"低碳情景"、"强化低碳情景"的能耗强度年均下降率分别为 4.1% 和 4.3%。

关于能源发展情景的展望表明：①包括中国在内的非 OECD 国家对全球能源供应、消费和温室气体排放有着巨大影响。②中国将保持世界最大能源消费国的地位，化石能源仍将占据主要地位。③中国将引领世界可再生能源的生产和消费；④中国未来对能源进口的需求也将增加，这也意味着巨额的资金需求；考虑到价格变动的风险和国际能源纷争，这意味着可能存在更多的能源安全隐患。⑤当前中国节能减排的措施可以优化能源结构，减缓能源消费的增长，使能耗强度保持下降趋势；若在发达国家的技术和资金支持、自身经济实力显著增强和技术显著进步的情况下，中国可以在减缓气候变化方面发挥更大作用。

（四）碳排放

关于中国未来碳排放情景的模拟分析很多，其中具有代表性的包括 IEA
(2011)、国家发展和改革委员会能源研究所课题组（2009）、劳伦斯伯克利国家实
验室（Lawrence Berkeley National Laboratory，2011）等机构所做的模拟。

IEA 在《世界能源展望2011》中对新政策情景的模拟表明，2010～2035 年，全
球能源消费排放的二氧化碳将上升至 36.4 吉吨，增幅达到 20%。其中，存量基础
设施导致 45% 的排放已经锁定。对于中国来说，二氧化碳排放将上升至 10.3 吉吨，
增幅为 37%。但是，中国排放的增长随着时间的推移将有明显的放缓。

国家发展和改革委员会能源研究所课题组（2009）对 3 个情景条件下中国在 2050
年的碳排放趋势的模拟则表明，2050 年"节能情景"、"低碳情景"和"强化低碳情
景"碳排放量分别为 33.15 亿吨、23.9 亿吨和 13.95 亿吨。其中，"节能情景"下碳
排放量呈持续增长趋势；"低碳情景"中碳排放量虽仍呈增长趋势，但 2020 年以后碳
排放速度开始减缓；"强化低碳情景"中，碳排放量在 2030 年左右达到峰值，之后呈
快速下降趋势。"强化低碳情景"的碳排放量快速下降主要是基于 2030 年以后 CCS 技
术大规模使用的设想。模型的分析同时表明，实现低碳情景，需要技术创新、观念创
新、消费行为创新和政策机制创新。此外，实现低碳经济也需要加大投入，2050 年实
现低碳情景的能源工业投资需求及其额外投资将分别超过 1.2 万亿元和 1.6 万亿元。

Lawrence Berkeley National Laboratory（2011）建立了一个中国终端能源利用模
型（China end-use energy model），分析了两个情景下中国在 2020 年、2030 年和
2050 年 3 个时间节点的能源消耗情况，从而评估了中国在减少温室气体排放方面的
潜力。其中，"基准情景"（持续提升情景）与"能效情景"（加速提升情景）中假
设中国采取了一定的能效措施和替代技术，但"能效情景"下技术普及率或指标更
高。结果表明，中国在"基准情景"中将在 2033 年达到 CO_2 排放峰值（120 亿
吨），在"能效情景"中则会提前在 2027 年达到排放峰值（97 亿吨）。"能效情景"
与"基准情景"相比碳排放减少主要是由于电力部门巨大的减排潜力，2050 年"能
效情景"中超过 70% 的减排出现在电力部门，12% 则出现在交通部门。

UNDP（2009）的《2009/2010 中国人类发展报告》采用 PECE 技术优化模型分
析了不同发展情景（"基准情景"、充分考虑国内减排成本的"控排情景"和在
2030 年后进行最大限度减排的"减排情景"）下可能实现的低碳目标。"控排情景"
假设中国在"基准情景"的基础上采取了多种减排措施（包括采用大量的能效和可
再生能源技术，但未大规模使用 CCS、太阳能发电、电动汽车等昂贵技术），2020

年、2030 年和 2050 年分别在"基准情景"（排放量分别为 114 亿吨、139 亿吨和 162 亿吨）的基础上减排 CO_2 32 亿吨、51 亿吨和 67 亿吨，但仍然无法在 2050 年前达到峰值；"减排情景"则以中国在 2030 年达到排放峰值、并在 2050 年实现最大减排量为目标，实现这种情景中国需要在 2030 年后广泛采用大量昂贵的低碳技术。在此情景下，2050 年的 CO_2 排放量最多可降低至 55 亿吨，排放强度将在 2005 年的基础上降低 91%，但需要付出巨大社会经济代价。对减排成本的分析表明，实现"控排情景"和"减排情景"将产生高额的增量投资和增量成本，2010~2050 年中国分别需要高达 9.5 万亿美元和 14.2 万亿美元的增量投资。

上述情景分析的结果意味着：①未来中国二氧化碳排放在一定时期内将继续呈现出上升的趋势，但排放的增长随着时间的推移将有明显的放缓；②考虑到采取更多更加积极的减排措施，在 2030 年左右能够达到碳排放峰值；③二氧化碳排放达到峰值之后的快速下降依赖于中国广泛采用大量昂贵的低碳技术，这意味着巨大的经济代价；④如果中国采用不同的减排路径，经济社会发展的各个方面（如创新、产业结构、社会公平性、融入全球化程度）可能体现出不同的特征。

（五）减排技术路径

1. 国际能源署《能源技术展望 2010》的蓝图情景

IEA 的《能源技术展望 2010》采用 ETP 模型，对 2007~2030 年间能源技术应用对排放产生的影响进行了模拟。通过对基线情景和一系列蓝图情景（为实现二氧化碳排放在 2050 年下降至目前水平的 50%）的模拟，IEA 对如何应用现有的和新的低碳技术才能以最低的成本实现目标给出了建议，并通过一系列的技术路线图来展望全球关键低碳技术的发展进程。在蓝图情景中，如果采用一系列低碳技术，则有可能使 2050 年的二氧化碳排放比 2007 年降低一半。从净成本角度来说，虽然蓝图情景在 2010~2050 年间的投资需求将比基准情景高 46 万亿美元（17%），但同时可节省能源花费 112 万美元。蓝图情景的实现需要及时的行动，以保证 2020 年前温室气体排放必须达到峰值，否则减排成本将大大提高，甚至将永远也无法实现该情景。

2050 年中国在基线情景中的排放将达到 15.9 吉吨，而在蓝图情景下的排放将可以降低至 4.3 吉吨，比 2007 年的排放水平降低 30%。从技术的角度来说，中国需要特别关注可再生能源和清洁煤技术（包括煤的高效利用和 CCS），三个终端部门的能效技术也非常关键（图 9.3）。对于中国而言，蓝图情景意味着在 2010~2050 年将产生 10.2 万亿美元的额外投资，其中 5.2 万亿美元来自交通部门（主要是低碳汽车、铁路以及生物燃料)，1.8万亿美元来自建筑部门，2.7万亿美元来自电力行业的减碳，工业部门则仅需0.5万亿美元；与此同时，由能源节约所节省的资金达到19万亿美元。

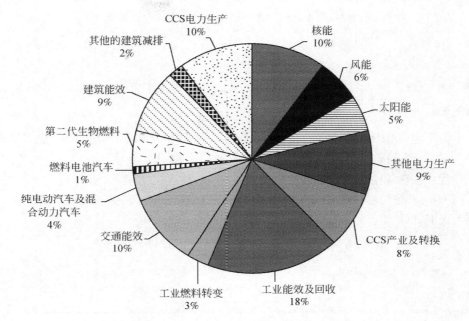

图9.3　IEA能源技术展望蓝图情景下中国各技术领域的减排潜力

资料来源：IEA，2010a

蓝图情景对中国电力行业技术的发展提出了要求，2050年中国的可再生能源电力要占电力生产总量的34%，发电企业也需要普遍采用CCS技术（表9.4）。

表9.4　实现蓝图情景对中国CCS技术发展的要求

时间	电力生产			工业和上游		
	2020	2030	2050	2020	2030	2050
项目数量/个	3	51	307	9	85	304
二氧化碳捕集量/（兆吨/年）	9	173	1 294	20	176	590
每个阶段总投资/亿美元	35	620	4 010	88	810	2 490
每个阶段额外投资/亿美元	11	160	980	22	180	600

资料来源：IEA，2009a

其中，风电在2020年、2030年和2040年对减排的贡献需要分别达到154兆吨/年，424兆吨/年和635兆吨/年；到2050年，中国在全球风能累计投资中所占比重需要达到 31%。聚光太阳能发电（concentrating solar power，CSP）技术在中国的发展比较缓慢，而蓝图情景的实现对 CSP 的装机容量也提出了目标（表 9.5）。

表 9.5　实现蓝图情景对中国 CSP 装机容量和电力消费量的要求

时间	2020	2030	2040	2050
装机容量/吉瓦	9	26	47	60
电力消费/太瓦时	26	88	285	264

资料来源：IEA，2010b

中国工业部门将需要贡献 30% 的减排量，这相当于 2050 年的工业排放需要在 2007 年的水平上减少 25%，并实现额外的投资；在具体技术上，CCS、燃料（原料）替代、资源和能源回用、能效提高对减排的贡献率将分别达到 33%、9%、12% 和 46%。在交通领域，交通的电气化非常关键（表 9.6），纯电动汽车（BEV）和插入式混合动力电动汽车（PHEV）将对蓝图情景的实现至关重要。

表 9.6　实现蓝图情景对中国 BEV 和 PHEV 销量的要求

时间	2015	2030	2050
BEV 销量/万辆	10	220	940
PHEV 销量/万辆	15	620	1140
电气化率/%	0	24	64

资料来源：IEA，2009b

2. 麦肯锡对技术减排潜力的研究

麦肯锡（2009）通过对中国在 2005～2030 年间的 3 种发展情景的分析，展示了五大部门（电力、运输、高排放工业、公用与民用建筑、农林业）未来可能对可持续发展最有贡献的 200 多项技术的减排潜力和额外成本。

其中，"技术冻结情景"假设原有技术的普及率不改变，且没有新技术应用；"基准情景"则考虑到所有现行减排政策和技术普及率的提升；"减排情景"进一步假设中国可以实现最大技术潜力。

对"减排情景"的分析表明，中国在 2030 年前提高能效、减排温室气体主要有 6 个方面的机会（表 9.7）：①通过清洁能源代替煤炭消费。中国充分采用清洁能源技术可使煤炭在中国总发电能源中的比重从 2009 年的 81% 降至 2030 年的 34%，同时中国煤炭需求到 2030 年保持与 2007 年持平的 26 亿吨左右的需求水平；2030 年太阳能、风能、核能、水电、天然气发电比重将分别达到8%、12%、16%、19%和8%；②全面采用电动汽车。中国若在2030年前完全实现汽车的电气化，与全部使用高效内燃机汽车的情景相比，石油的进口需求可再降低20%～30%；③工业废弃物管理。工业废弃物回收的总减排潜力可达8.4亿吨，占高排放行业减排潜力的50%以上；④节能建筑。虽然节能建筑工程年均需要500亿欧元的新增初始投资，但其带来的节能效益将超过前期投入；⑤碳汇；⑥对城市建设和消费者行为的再设计。

整体来说，中国电力和高排放工业部门的减排潜力占总潜力的2/3，建筑部门和家用电器也具有较高的减排潜力。实现减排潜力需要中国在今后20年中平均每年新增资本投入1500亿～2000亿欧元，但是资本投资的现金需求将很大程度上通过能源成本的节约得到抵消。抓住这些减排潜力，及时地行动非常重要，若推迟5年采用这些技术，2030年的减排潜力将损失1/3；若推迟10年，损失可达总减排潜力的60%。

这些技术路径和路线图的研究表明：①若要实现减缓全球气候变化的目标，中国需要大力推动绿色低碳技术的应用和产业的发展，包括已经成熟的技术和目前尚未成熟的技术；②这些技术的发展和应用都需要及时的行动，否则减排成本将大大提高，减排潜力也将被损失；③中国绿色低碳技术的应用意味需要大量的额外投资，但整体来看资本投资的现金需求将很大程度上通过能源成本的节约得到抵消；④对于中国来说，需要特别关注的技术包括可再生能源、清洁煤技术（包括煤的高效利用和CCS）、工业能效技术、交通电气化技术等；⑤除纯技术手段之外，对城市建设和消费者行为的再设计也是低成本的减排领域。

表9.7　麦肯锡对中国各部门减排潜力的估算和主要的减排技术

	减排潜力/亿吨（二氧化碳）	新增资本投资需求/亿欧元（年平均，2010～2030年）	主要减排机会
电力	28～38	~500	核电和可再生能源，IGCC和CCS
工业	16～21	~150	工业过程能效提高，废弃物回收
建筑/电器	11～16	~500	增强建筑隔热系统，高效暖通系统和照明
道路运输	6	~700	先进的内燃机效率优化措施，电动汽车

续表

	减排潜力/亿吨 （二氧化碳）	新增资本投资需求/亿欧元 （年平均，2010 ~ 2030 年）	主要减排机会
农林	6	~0	造林和再造林，草原恢复和管理
其他	0 ~ 17	—	—
总计	67	1 500 ~ 2 000	

资料来源：麦肯锡，2009

（六）绿色经济规模

绿色低碳经济未来的市场发展情况也是中国可持续发展情景需要考虑的一个方面。HSBC（2010）采用自上而下的宏观经济估算以及自下而上的收益模型，测算了未来 10 年 4 个不同情景中全球低碳经济的增长潜力，包括悲观情景（backlash scenario，假设政府违背了目前的承诺并拒绝采取实际行动）；哥本哈根情景（copenhagen scenario，假设 2009 年哥本哈根气候峰会期间出台的政策都得到实施）；最乐观的绿色增长情景（green growth scenario，假设在未来政府的行动超过 2009 年的承诺）；以及最接近现实的确信情景（conviction scenario，假设欧盟的可再生能源和能效目标得到实现，美国清洁能源得到一定增长，中国目前清洁能源目标得以实现）。情景的分析表明，2020 年全球低碳经济规模最高可能达到 2.7 万亿美元，即使是最悲观的情景市场规模也可能达到约 1.5 万亿美元（表 9.8）。在确信情景中，低碳经济的规模为 2.2 万亿美元左右，全球在低碳经济领域的年投资需要从 2010 年的 4600 亿美元增长至 2020 年的 1.5 万亿美元，意味着 2010 ~ 2020 年需累计投资 10 万亿美元。

表 9.8　HSBC 4 个情景中对 2020 年绿色市场规模的估算（单位：亿美元）

	2009 年基线	2020 年预测值			
		悲观情景	哥本哈根情景	绿色增长情景	确信情景
低碳能源生产	4 220	7 740	10 250	12 970	10 430
能源效率和能源管理	3 170	7 220	10 030	14 100	11 940
总计	7 400	14 960	20 280	27 070	22 380
复合年均增长率	—	6.6%	9.6%	12.5%	10.6%

资料来源：HSBC，2010

在确信情景中，三个主要的新兴经济体（中国，印度和巴西）的市场份额将从目前的25%上升至2020年的34%。在目前的低碳能源市场中，欧盟、美国和中国的市场份额分别为33%，21%和17%；而在确信情景中，2020年欧盟的市场将下降至27%，中国将上升至24%，而美国则下降至20%。对于中国来说，4个情景所得到的低碳市场规模在2890亿~6640亿美元。在确信情景中，中国低碳经济规模在2009~2020年间将保持14%的复合年均增长率，在2020年将达到5260亿美元，其中低碳能源生产占44%（2300亿美元），其余56%为能效市场（2980亿美元），具体领域的市场规模见表9.9。

表9.9　HSBC确信情景中2020年中国低碳经济各领域的市场规模（单位：亿美元）

领域	低碳能源生产				能效和能源管理				
	风能	太阳能	其他可再生能源	核能	建筑能效	工业能效	交通能效	模式转变	其他
市场规模	950	180	460	540	580	460	1 730	280	200

资料来源：HSBC，2010

（七）小结

参考不同研究对经济社会、资源环境、能源、碳排放、减排技术路径和绿色经济规模6个方面情景分析的结果，我们认为，中国未来的发展路径将需要考虑以下几个方面：①未来中国GDP的增长可能会逐渐放缓，中长期来看中国将成为世界第一大经济体，消费占GDP的比重到2015年可能会有一定程度的上升，投资和出口占GDP的比重则会出现下降；②中国积极推动国内改革，并充分融入经济全球化进程，则有可能获得均衡的发展；③长期来看，中国经济增长需要与资源消耗和环境影响实现"绝对脱钩"，温室气体排放已需要尽快达到峰值并出现下降趋势；事实上，中国的经济增长与淡水资源消费等已经开始体现出"脱钩"的趋势，但原材料消耗远未实现"脱钩"；④中国需要增加资源供应（包括增加传统资源供应和寻找替代资源），提升资源生产力，以及注重资源的回收利用；⑤先进技术的发展和大规模应用对于中国减少经济增长对资源环境的依赖，降低温室气体排放都有重要的作用；⑥在整个经济发展层面进行"系统创新"和"可持续创新"，即采取结构性调整措施、经济增长方式的重构、观念的调整，以及社会行为和生活方式的引导等，是实现可持续发展的根本路径；⑦无论是先进技术的发展还是"系统创新"，都需要大量的资金投入才能够成为现实，这需要政府明确的政策信号和有效的机制来撬动绿色低碳投资；⑧在自身行动的同时，如果能够积极争取到发达国家及更广泛的技术和资金支持，则可以在全球应对环境危机和气候变化危机方面取得更大的成果；⑨应对资源环境挑战的各种途径都要求立即展开行动，延迟的行动不仅导致成本增加，还可能使部分目标永远失去了实现的可能性；⑩中国未来将继续保持世界最大的可再生能源电力生产国的地位，且绿色低碳领域可能成为新的经济增长点，有巨大的发展潜力和空间。

二 来自国内外的思考

在全球化的背景下，中国将如何继续探索具有中国特色的可持续发展道路，是一个重要的课题。国内外政府机构、商业机构和研究机构对这个问题的看法和建议，将能够为我们的思考和探索带来启示。本报告的研究组通过问卷调查和访谈的形式，收集了来自国内外多个领域的 40 位代表性人物对中国可持续发展 10 个关键问题的看法和观点，并对其进行了分析，主要的发现和思考如下。

1. 中国可持续发展成就与挑战

在过去 20 年，中国成就了世界领先的经济发展水平，同时也在推进可持续发展方面做出了巨大努力。正如拉法基集团主席及首席执行官布鲁诺·拉丰特先生所认为的，"中国在可持续发展方面获得了很大的成就，已经开始使经济增长和资源能源消耗脱钩"；欧盟驻中国大使马库斯·埃德雷尔先生进一步指出，"中国在以往着眼于污染控制和能效提高的基础上，提出了更高层次的目标——改变经济发展模式。"

中国政府的强大领导力和具有远见的思维，以及"将可持续发展纳入顶层经济政策的核心"是保证中国在可持续发展方面取得成就的关键。但同时，一些国外受访者认为中国走可持续发展道路的内在原因是"以往依靠能源资源大量消耗的经济发展模式，在目前能源价格日益攀升的情况下已经不再具有竞争力，中国对进口能源资源的依赖性愈发提高"，以及"中国希望占领战略高地，从而向其他国家出售自己的低碳技术"。

大部分受访者认为虽然中国过去 20 年中在经济方面成就巨大，但在可持续发展方面却刚刚起步。一些国外受访者则认为中国在可持续发展领域最主要的成就是发展可再生能源，在其他领域则仅是停留在纸面上。中国政府的资源和能源政策也显示出，可持续发展的议程仍然只在概念阶段，一些重要措施包括"碳税和资源税改革进程非常缓慢，因为顾虑这些改革对经济所产生的影响"。尤其是，中央和地方政府在行动上还存在脱节，"地方政府的 GDP 冲动没有有效的制度约束"，"地方急功近利的增长模式仍然没有得到根本改变"，"中国的数据汇报在体制上缺少透明度，并缺乏能够核证的机制"。同时，"目前的社会贫富差距大、存在腐败等社会问题"是中国亟须考虑和解决的。

一些受访者则对中国可持续发展方面的行动给予了保守的评价，认为中国在可持续发展方面取得的成就同实际感觉差别较大，"与中国日渐恶化的环境困境不相符"，并且"只是在被动地实施节能减排的计划"。

2. 中国的可持续发展模式

中国拥有巨大的人口数量和特殊的政治、经济体制，在经济高速发展的过程中谋求可持续发展，存在"社会内部各方面利益诉求和目标的相互协调难度巨大"等障碍，因此中国内部推动可持续发展的方式是自上而下、由政府主导的，甚至在某些领域"具有浓厚的强制色彩"。这种方式可以有效地调动社会资源，保证在环境治理、生态恢复方面的巨大投入。伦敦政治经济学院格兰瑟姆研究所的高级访问学者迪米特里·曾格利斯先生评价说，"中国特殊的政治和决策体系使得中国的政策决策不会被复杂的政治过程削弱，能够保证国家在很长一段时期内采用具有一致性、连续性的政策实现既定目标。"

但同时，这种自上而下的方式使得资金和资源的有效性较低。对此，一些受访者提出中国过度依赖行政手段而非市场力量来推动可持续发展是不可持续的，"行政力量的发挥由于中央与地方政府施政目标考虑重点的不一致而在很大程度上被抵消"，未来"如何寻求政府手段和市场方案在解决可持续发展问题上的平衡"将是中国面临的一大挑战。

也有一些受访者认为中国并没有所谓独特的发展模式，例如，E3G 的创始董事汤姆·布鲁克先生认为"中国的经济发展模式不像是一些人认为的是一个完全创新的模式，实际上中国是在重复他们所谓的 1750～1850 年欧洲的发展方式。"一些国内受访者也认为中国基本上"还是在重复发达国家先污染后治理的老路"，"还处在头痛医头脚痛医脚的阶段"。

虽然中国的经济发展创造了奇迹，但是在推进可持续发展方面，中国需要继续"不断探索实践，才能形成新的中国模式"。今天的中国必须在经济发展与环境保护关系的问题上树立"清晰而系统的认识"，找出一个总的指导思想、框架以及可操作的办法。建立健全相关法律法规，使其成为推进可持续发展的重要力量，而非目前的"软约束"，并且"确保在地方层面的执行度"。

3. 中国的全球资源战略

作为一个"资源角逐市场的后来者",中国的全球资源战略及实践还处于起步阶段,包括两个方面:利用国际贸易和对外投资获得国际资源,以及"通过技术进步及寻求可替代产品来减少对国际资源的依赖"。

一些受访者认为,目前中国的国际资源战略"最主要的实现载体是国有企业",这虽然有利于国家的控制和管理,但同时也带来了一些不利因素,如"资源输出国的敌对意识"、"由于国有企业本身的经营问题而造成成本过高"等。同时,中国企业的国际配置水平还比较低,主要问题是:于内,"中国缺乏科学的海外资源战略部署"和"对企业提供有效外部服务的保障体系";于外,中国企业在参与资源全球配置过程中,"面临来自资源国从政府、企业、民众到媒体的各种压力",以及其他实力雄厚的资源需求国"如日本、印度等国企业强烈的竞争威胁","中国目前的综合国力还不能够有效支撑国家在全球范围内对资源进行战略布局"。

但毫无疑问,在外界眼中"正在成为世界第一大经济体"的中国,被认为"将直接影响到全球资源利用成本",其在国际资源保护和利用中的地位越来越重要。欧盟驻中国大使马库斯·埃德雷尔先生称,"中国与其他高资源能源消耗国家应该采取一切可能的方式,去表明获取全球资源不是一种竞争,而是一种合作。"此外,还需要通过"提升技术水平以提高资源能源利用效率"、"提高整体社会的科技创新能力"、"加强对人民环保意识的教育",以促进对全球资源的保护与合理利用。

另外,随着中国在全球投资的影响力大大增强,一些国外受访者给予了中国更大的期望,施耐德咨询公司首席执行官安德烈·施耐德希望"中国应该利用其身份和信誉帮助其他国家,甚至最贫困的国家,去建立一个更为平衡的获取资源的渠道"。中国的行动"将对全球资源保护及合理利用起到决定性的作用"。

4. 中国清洁技术产业发展

在政府的引导和资金支持下,中国的清洁技术产业实现了快速发展。"中国在中央政府的领导下具有别国无法比拟的政策资金优势",使得中国清洁技术产业发展取得了一定成就。"过去十年中国在清洁技术制造方面取得了巨大成功","从产能上中国确实已经走在了前列","中国目前研发水平正在和世界发达国家缩小差距","一些技术已经处于世界领先"。中电控股有限公司首席执行官包立贤先生评价说:"整体来说,中国在清洁能源方面的投资为世界其他国家带来了益处。目前清洁能源技术本土化的战略、标准化的设计、大规模生产使得这些技术的成本下降。例如,风机的价格,在最近几年下降了20%。"

　　但在取得成就的同时，中国清洁技术产业的发展被认为缺乏核心技术。英国皇家国际事务研究所能源环境与发展项目总监伯尼斯·李女士提到，"中国目前清洁技术产业的发展依然是基于廉价的劳动力和能源，而非技术创新。"事实上，中国才"刚刚进入从复制到创新的阶段"。亚洲开发银行高级项目官员牛志明博士认为，"核心技术的缺乏，使得整体产业只能被动应对国际市场的变化，无法引领整体产业的发展。"另外，我国清洁产业目前的发展多集中在产业链中游的制造业领域，"仅是装机容量或制造能力方面位居世界前列"。独立节能技术整合应用顾问周开壹先生表示，"我国光伏产业只是当前这波潮流的跟随者，而非制造者。"中国节能环保集团公司董事长王小康先生也指出，"市场不可能换到核心技术。中国要想在未来继续保持发展优势，一定要处理好技术与市场的关系，通过技术的自主研发创新，掌握技术的制高点，从而引领产业投资与发展。"

　　中国清洁技术市场潜力巨大。促进中国清洁技术产业的发展还需要更优化的政策和措施，如建设"更加宏伟的发展战略"、"更严格的减排目标"、"经济发展优化政策"等宏观扶持政策；进行"行业标准的制定及新技术的普及培训"，"在关键技术上进行突破"；组建"战略性的研发实体"，"扩大对研究和改革领域的投入"，培育基础研究能力；"减少政府对具体项目的行政审批"，鼓励更多的民营企业进入能源装备行业。在应用层面，在过去集中式发电方式的基础上，推进分布式发电。

　　阿尔斯通电力系统高级副总裁琼·麦克纳夫顿女士称，"中国在发展清洁技术产业上已经展示了其强大的实力"。继续保持这样的趋势，并持续对清洁技术进行投资和创新，将是实现中国"直接跃升至产业链顶端的一次巨大机会"。

5. 中国的市场开放

　　在全球经济发展中扮演着日益重要角色的中国，其市场正在向越来越开放的方向发展，但还需要"在开放的广度和深度上做出更多的努力"。商务部研究院外资部主任马宇先生认为，"中国的对外市场开放存在对外贸易市场开放程度较高而投资市场开放程度较低、货物贸易市场开放程度较高而服务贸易市场开放程度较低、制造业市场开放较高而服务业市场开放较低的特征"，中国目前的对外市场开放依然存在一些不均衡和矛盾之处。同时，国内市场的开放程度也不够，一些受访者认为中国国内市场一直以国有企业为主导，民营企业竞争力不足。"国营企业垄断了能源、电信、交通、化工等大多数强势产业"，"国家行政及金融资源向国企大量倾斜"，使得民营企业发展环境十分困难。

　　在外商的眼中，"中国金融领域开放程度低，外资总体市场份额很小"，"基础电信早就承诺开放但外资至今没能进入"，交通运输等领域外资进入程度也相对较低，制造业领域也依然受到"一些市场准入限制"，例如，"以产业安全、市场垄断、民族品牌等理由限制外商投资"。科锐香港有限公司中国区市场部总经理唐国庆先生认为，"外资企业给中国带来了税收，也解决了本地员工的就业，但国家层面的科技计划及产业项目却依然将外资企业排除在外"。另外，由于法律和政策的不完善，也导致了一些隐性的市场障碍，使得外资对进入中国市场比较犹豫，如"复杂拖沓的行政程序"、"知识产权违约带来的风险"等。中电控股有限公司首席执行官包立贤先生认为，"整体来说，能够感觉到中国开始在引进外商投资方面变得有选择性，例如技术领域的公司，进入市场的代价目前已经上升到需要包括技术转移。但是外国公司需要通过为进行许可证生产的产品指定质量标准和产品销售区域来进行自我保护，中国政府可以通过提供更好的知识产权保护、强化知识产权纠纷仲裁机构等方式为外商提供协助"。

国内外企业都希望看到中国市场的进一步开放。英国电信中国董事总经理郭秀闲女士举出电信市场的例子，"开放的市场可以带来完全竞争并且最终会使用户收益，例如在英国这样一个完全开放的市场，激烈的竞争使得用户能以较低的成本获得更高质量的服务"。联发集团董事长高泉庆表示"作为企业家，肯定是希望能够在一个更加开放并充满契机的市场发展"。

国外受访者普遍认为"给外商创造更加公平的竞争环境"，以及"有利于创新和合作的知识产权保护环境"是十分重要的。中国今后的市场开放将需要推进更多层面的工作，"实施新一轮对外开放战略"，继续推出新的市场开放举措；"打破国内垄断"，采取切实有效的措施，"推进金融、电信、石油石化、电力、航空等领域的开放"；为外商投资进入中国市场"提供更好的制度基础和市场基础"，"提高法律和制度的透明度及可预见性"，"增强知识产权保护"；改变政府的管制方式，取消对外商投资的全面审批，"按照产业政策、竞争政策等对项目进行个案审批或备案制"；等等。受访者对中国未来市场开放程度持乐观前景，"相信中国市场开放的速度会更快，会更加全球化"。

6. 中国企业的对外投资及其社会责任

随着中国经济的发展以及全球经济向着一体化的方向迈进，中国企业"走出去"，积极地开展对外投资成为了一种必然的趋势。有受访者认为，以企业为主体"走出去"的趋势在下一个 20 年会持续。瑞士再保险公司中国区董事 Robert Wiest 先生同时也发现了一个趋势，"中国的保险公司也在中国企业国际化和全球化的过程中起到了积极的作用，并有迹象显示，保险（和再保险）是保证中国企业在海外运营并完成其责任的有效方式"。

　　中国对外投资的意义包括可以为产品和服务开拓新的市场、寻找资源和原材料等，更深层次的意义也在于，"只有经过对外投资的历练，中国才能真正融入世界经济体系，企业才能真正提升而达到全球化的目标"。

　　虽然从对外投资规模来看，中国已经处于世界的前列，但是企业在对外投资方面仍存在着各种局限。整体看来，近年来中国的对外投资"成功的少、失败的多"，距离真正意义上的对外投资大国仍有不小的差距。在企业层面，大部分企业"在管理、人才、技术、产品、渠道、品牌等要素方面几乎都是短板"，且由于绝大多数的对外投资主体都是国有企业，往往带有行政色彩，有时会引起其他国家的警觉。在对外投资的区域和行业方面，"投资主要集中在东南亚、拉丁美洲和非洲等经济欠发达国家（地区），涉及行业则主要集中在自然资源的初始加工和加工制造业"。有受访者长期实地观察的结果显示，由于目前中国企业在对外投资的过程中往往更注重生存问题，而尚未关注社会责任和绿色形象，"外国人对中国人的最大疑虑和不放心，就是中国人为了生存而不顾一切的那种劲头，中国人缺乏环境意识与环境观念的赚钱精神"。

　　树立绿色、负责任的形象对于"走出去"的中国企业来说至关重要。国家发改委能源研究所的姜克隽研究员指出，"绿色将会是企业在全球市场立足的重要因素，必须要从企业战略上进行安排，避免落后"。对于企业来说，如果不注意建立负责任的形象，"在国际投资界、东道国造成了不好影响以后，再来改变形象就非常困难，而且还会付出巨大代价"。因此，中国企业在对外投资的过程中，需要本着"负责任的心态"，注重建立可持续的原则，从而树立"负责任的和绿色的形象"。具体来说，第一，要严格遵守东道国的法律。商务部外资研究部主任马宇先生坦言，"不客气地说，中国企业在国内投资养成了很不好的习惯，即不太看重法律，很多事情都希望变通处理，在一些法律法规不健全的发展中国家投资也这么做可能还行得通，但若在所有国家都这么做，将会吃大亏"。第二，要尽可能多地做好准备，熟悉当地的文化和社会环境，以融入当地社会。包括"尽可能雇佣当地员工"、"注重当地员工的保障"、"积极与当地团体合作"等。第三，要积极承担对于当地的责任，"要帮助提高当地人的生活水平与质量"，积极地"组织慈善活动"。第四，企业需要建立相应的社会责任管理体系，并需要"更加开放、透明、更好的市场和公关策略"，建立企业的品牌意识。对于其环境影响也应及时监测和披露。第五，在企业对外投资的过程中，既需要避免"把落后产能、污染企业与技术输送到其他国家"，也需要注意"不能把落后的生活方式带到其他国家"。最后，企业应当"采用生命周期法来平衡经济和生态的因素，考虑中期和长期的影响，投资于未来"。此外，也有受访者建议中国公司"积极参与到全球可持续发展的标准中"。对于国有企业来说，需要"弱化其国有背景，转而建立起属于自己的软实力"。

事实上，很多领先的全球化企业都十分注重其负责任的、绿色的形象。英国电信集团企业责任总监凯文·莫斯先生分享的经验是，英国电信的实际行动包括"减少运营的环境足迹"、"和供应商一起绿化供应链"并"通过采购政策来影响供应商"、"开发出比原有产品节能50%的电话产品线"等。欧盟驻中国大使马库斯·埃德雷尔先生也建议，"中国企业首先应当遵循国际导则和标准，并在走出去之前做足功课，熟悉当地的商业和法规环境，注意对当地社区和环境可能产生的任何影响，并确保对这些影响采取了对策"。

与公关和宣传相比，中国企业切实的行动显然是最为重要的。挪威弗里德约夫·南森研究所教授斯泰纳尔·安德烈森先生强调，"所有公司都应当更强调绿色实践和实质性的内容，而不是强调虚有其表的介绍手册"。英国自由民主党欧盟议会成员格雷厄姆·沃森先生也指出，"中国企业不应当只是寻求绿色的'形象'，应当尝试切实地成为绿色和负责任的企业"，如果企业没能如此，"一旦爆出丑闻，西方的消费者将不会再购买其产品"。

7. 绿色贸易壁垒的影响及应对

绿色贸易壁垒给中国对外贸易带来了一定的威胁。对于绿色贸易壁垒的看法，受访者的观点显现出了明显的差异。一部分受访者（主要是国内的受访者）认为，发达国家设置绿色贸易壁垒的动因包括对"全球性环境问题"的考虑，以及"环保法律逐步完善，制度层面有章可循"，设置壁垒的方式主要包括"设置环境法规、安全卫生标准、绿色标志认证、绿色技术标准"等。之所以中国会受到影响，原因包括"对国际趋势及政策把握不足"、"处于产业的下游和价值链的低端，所以谈判砝码很少"，更主要是因为"国内标准过低"，但也更应该强调"共同但有区别的责任"。

另一部分的受访者（主要来自发达国家）则认为，"绿色贸易壁垒并没有蔓延"，事实上并没有证据显示人们在为了制造贸易壁垒而滥用环境工具，仅仅是因为"一些国家处理环境问题比另一些国家快"而已。欧盟驻中国大使马库斯·埃德雷尔认为，"当所有国家都承诺一同减少环境污染物排放并实施相同的政策和措施时，贸易壁垒将会消失"，并表示"欧盟支持一切能够保障全球贸易可持续发展的措施，鼓励所有国家合作去采取逐渐进步的环境和贸易政策"。

面对绿色贸易壁垒，中国首先需要"在国内建立及实施与国际接轨的环境管理体系，如污染以及碳排放交易等"，并"与国际及国外的管理体系对接，把国内环境信用纳入国际或相关国家的市场"；其次需要通过"技术和机制创新"，"不断完善自身生产"，从而消除壁垒；长期来看，还需要"更积极地参与到国际贸易规则和标准的制定中"，而且，"在行业标准的建设方面，中国要努力走在前面"。但这同时也需要通过整个社会创新能力的提升，实现"向产业及价值链的上游转移，提高在相关谈判中的主导性"。也有受访者提出，"将制造业产能转移出去，从而在目标市场上实现本地化生产"也是一种策略。

从长远来看，中国需要更加积极主动地应对绿色贸易壁垒。绿色将成为未来"全球产品竞争力的一个重要的辨识因素"，中国主动调整自身战略、适应这个趋势，将能够在"很大程度上增强中国的竞争力"。碳披露项目首席执行官保尔·辛普森先生认为，为了减少绿色贸易壁垒的风险，中国应当发挥在环境管理、能效、碳减排和节水方面的领导作用，一旦中国"证明了在这个领域的领导力，中国将切实地从绿色贸易壁垒中受益，或者希望在未来构筑自己的绿色贸易壁垒"。

8. 发挥双边关系与地区合作的作用

经济全球化是未来经济发展的大势所趋，大部分受访者都认为，双边合作和地区合作都将"越来越密切"，在推动全球绿色经济方面，双边合作和区域平台甚至"比全球策略都更有效，因为全球策略往往太泛且处于意识形态层面，难以产出切实的成效"。尽管美国、欧盟、中国和印度在迈向绿色经济的过程中有竞争关系，但这几个关键国家和地区间"更紧密的合作将推动全球和谐发展，利用清洁技术创新，加速转向绿色经济"。

这些国际合作对于中国的意义在于，"既可以加强中国可持续发展的正面引导，也可以促进技术进步、扩大市场，形成推动可持续发展的巨大市场力量"。未来进一步推动双边和区域合作的关键在于，加强"机制建设"与"技术合作交流"，并"相互开放市场"。但也有受访者认为双边合作和区域平台在推动可持续发展方面的作用也常常受到限制，例如，"过于被国家自身的需求所驱动"，而没有"发现国家利益和全球利益之间的平衡点"。

未来，中国应当"更积极主动"，"发展更多双边和多边的合作伙伴关系，并在其中展示更强的领导力"。政府需要"为中国的国际战略构想出更好的市场和公关的策略，并发起切实行动，从而抓住双边和多边层面的更多机会"。

但需要注意的是，双边合作和区域平台都只是推动国内可持续发展的外因，中国如果要在双边关系中占据主动，需要"真正把这种双边的竞争与合作过程中产生的压力传导给自身，调整结构，促进发展"，否则"只能在双边合作中处于价值链的末端"。

9. 中国未来的发展情景设想

对于中国可持续发展的未来，受访者给出了可能出现的不同的情景。乐观的预计认为，"中国将有越来越强的迈向可持续发展的内生动力"，"在各个方面，中国都会出现重大变化，将更好地融入全球体系中"。最乐观的情景是，如果中国坚持已经提出的可持续发展目标并成功付诸实践，则可能在可持续发展方面成为"世界的领袖，引导其他国家向着同一个方向发展"，引领"全球社会经济发展模式向着循环社会的模式重构，并使其成为一场为民众和消费者提供最优生活质量的竞赛"，成为"致力于绿色经济发展的新的超级大国"。中国不仅致力于自身的行动，还"在国际范围内推动这些实践"。

在城市化和工业化的进程中，中国也可能会"通过实行循环经济和清洁发展的方式，在未来几十年实现生态城市化和绿色工业化"，消费者也"形成了更为成熟和理性的消费模式"。中国的绿色低碳产业也将获得巨大的发展机遇，能源开发技术的提高将为"具备此先进技术的企业带来全新的契机"。未来中国将能够"为世界提供低成本的绿色技术"以及其他的解决方案。英国电信集团企业责任总监凯文·莫斯先生指出，"西方国家受制于现有的期望值和已有的基础设施，而中国独特的机遇则恰恰在于，展示在技术和新方式的帮助下，社会可以在不超越环境承载能力的情况下实现人类的生存和幸福。例如，在信息与通信技术的支持下，灵活的工作方式、互联家庭、智能建筑和智能交通、信息化物流，以及可持续消费理念都能为城市/非城市生活提供可持续模式。能够成功结合这些模式的国家将在未来几十年引领发展并取得成功。中国的机遇就在于成为这样一个未来发展路径的领导者"。

中国的可持续发展的乐观情景意味着需要同时具有多种实力，包括"强大的经济实力"、"强大的制度实力"以及"强大的文化力"。但乐观的受访者同时也提出，实现可持续发展的乐观情景，"过程可能是曲折的，甚至可能会有所反复"。

受访者同时也提出了可能出现的悲观情景。如果中国没能成功执行所提出的目标，将可能成为"世界可持续发展的主要的负面影响因素，中国不仅经济增长和社会发展的可持续性会受到影响，且将面临来自国际社会的巨大压力"，"不能够提升民众的生活质量，并引发社会不安定"。由于"中国一直坚持应当拥有像西方在20世纪中一样的发展权利"，中国未来更有可能成为"仅仅通过绿色元素来锦上添花的工业化国家，而不是可持续发展的典范"。尤其是近期在经济发展方面，中国将面临一些重要的风险，包括"发达国家市场的萎缩、国内通货膨胀和房地产市场的过热以及不断增长的地方债务"。如果不进行必要的改革，中国也有可能"陷入中等收入陷阱"。

受访者所提出的情景可以为中国未来的发展方向提出参考，以帮助中国向着推动乐观情景实现的方向迈进，防范悲观情景中所提出的风险。虽然未来的发展尚难以准确预测，但受访者希望中国的可持续发展水平"能与综合国力的地位相匹配，成为下一轮绿色经济发展的领先者"，并将可持续发展"作为战略转型的机会，实现产业、技术和社会组织及结构的升级"，"在未来十几年中温室气体排放可以达到峰值并出现快速下降"。同时，中国未来可以"不再拘泥于跟随别人的行动，而是应该拥有一些自己独特的战略和行动"。

10. 中国在全球绿色发展中的作用至关重要

全球经济已经开始向更加绿色、可持续的方向转变，这体现在多个方面，包括"涵盖经济、环境和社会尺度的衡量增长的指标已经出现"，"国际可持续发展治理的强化，其中联合国环境署成为了一个专门的机构"，各个国家"联合起来解决诸如气候变化等全球问题"；政府提出了"能效、创新以及避免自然资源耗竭的宏伟目标"，并"在主权基金的可持续投资、政府采购等方面发挥引导作用"；"在开放的市场中企业、地方政府披露环境和可持续发展治理情况"，"技术进步"，等等。但也有悲观的受访者认为，"目前全球经济的问题是太过看重经济增长而不是可持续发展，需要新的技术和政治力量去扭转这个趋势，但这可能不会很快发生，事情在向更好的方向发展之前甚至可能变得更糟"。

展望未来，世界需要一个什么样的明天？飞利浦公司能源与气候变化部门资深董事哈里·费哈尔先生认为，未来全球经济的发展趋势应当是"循环的、且更关注于生活的质量而不仅仅是 GDP 的线性增长"。而 E3G 组织创始董事汤姆·布鲁克先生则提出了更雄心勃勃的愿景："世界需要至少在 21 世纪中叶实现碳中性，这需要汽车电动化、化石燃料发电 CCS 技术的使用、风电和太阳能发电的成本切实的下降，以及需求响应、需求减少和分布式发电等技术的应用。"

实现绿色可持续发展的情景，其关键在于"如何使经济增长和能源消耗脱钩"，这需要"人们自发的绿色意愿"和"政府认知"。从具体手段来说，技术进步的重要性自然不可小觑；协调的、稳定的政策也非常关键，其中很重要的一点是"取消对化石能源的补贴"以及"外部成本内部化——包括为碳定价和排放交易机制"；企业也是这个过程中关键的一环，但这也依赖于"透明的、可预测的政策框架，使得企业能够进行可持续发展所需要的长期的、资本密集的投资"。但是在技术和政策发挥作用的同时，"合作是最重要的"。

在这个过程中，"中国的角色非常关键，无论喜欢与否，世界其他国家的未来都掌握在中国手中"。在清洁能源领域，英国碳捕集与封存技术协会首席执行官杰夫·查普曼先生认为，"欧洲债务危机和电力企业实力的下降使得欧洲很难实现清洁能源领域所需的投资，那么世界发展清洁能源所需的投资从何而来？中国将为此做出巨大的贡献"。在推动全球可持续发展的过程中，中国适当的让步也将使这个全球进程更加顺畅，正如气候和能源解决方案中心的执行副总裁埃利奥特·迪林格先生指出的，"中国已成为清洁技术市场的领袖，因此为了减少国际贸易争端，应该做出一定让步。在德班，中国做出了重要的让步，这显示了中国作为重要的全球参与者所具有的强烈责任感，同时也给予了全球更大的信心。"

从对受访者观点的分析可以看出，全球经济实现可持续发展的关键在于如何使经济增长和资源能源消耗以及环境污染脱钩，虽然技术进步、有效的政策和机制、投资是不可或缺的，但全球合作更为重要。对于中国未来的发展情景，乐观的预计认为中国将有越来越强的迈向可持续发展的内生动力，且将更好地融入全球体系中，可能成为致力于绿色经济发展的新的"超级大国"，城市化过程、产业发展、消费模式等都将出现变革，但这个过程可能是非常漫长曲折的。事实上，如果中国没能成功地实现所提出的目标，则有可能成为世界可持续发展的主要负面影响因素；如果中国一直坚持应当拥有像西方20世纪那样的发展权利，则可能步入发达国家发展的老路；如果没有进行必要的改革和创新，中国也有可能陷入"中等收入陷阱"。所以，中国未来的发展路径的选择非常重要。这个路径包括以下多个方面。

中国未来需要转变经济增长模式，建立健全相关法律法规，并确保在地方层面的执行度；"强政府"的模式既是中国的优势，但同时也带来了资金和资源的低效等局限，寻求行政手段和市场手段的平衡至关重要；在清洁技术制造方面，核心技术的缺乏是中国清洁技术发展所面临的局限，未来政府需要出台更加优化的政策和措施来激发市场潜力；在全球资源方面，中国已经开始利用国际贸易和对外投资获得国际资源，但尚未能有效地在全球范围内对资源保证进行战略布局，未来既需要通过积极的国际合作（包括南南合作援助）来保障自身资源能源安全，也应当通过技术进步及寻求可替代产品来减少对国际资源的依赖；中国市场开放还需要在开放的广度和深度上做出更多的努力，例如，中国对外市场开放存在一些不均衡和矛盾之处，金融、基础电信、交通运输以及部分制造业的开放程度仍旧较低，对知识产权的保护也较为薄弱，对知识产业战略重视不足，未来需要为外商投资进入中国市场提供更好的法律、制度基础和市场基础；在保持中国对外投资规模不断增长的同时，更加注重树立绿色、负责任的形象，这不论对国家的"走出去"战略还是企业的长期利益都是至关重要的，这需要我们积极参与相关领域的可持续发展的国际标准和行动中；在对外贸易方面，中国需要更加积极主动地应对绿色贸易壁垒，包括建立及实施与国际接轨的环境管理体系，通过技术创新、技术合作与技术并购来提升技术水平和提高产品质量，积极参与国际贸易规则和标准的制定；在双边和多边合作伙伴关系方面，中国应当继续积极发展更多合作伙伴关系并在其中展示更具智慧的领导力，同时为中国的国际战略构想出更好的市场和公关策略。

三　中国未来的可持续发展情景

借鉴不同研究中情景分析的结果和国内外专家对中国绿色发展的展望，我们可以看到，中国未来的发展路径有多种可能性。如果以中国经济发展对资源环境的依赖程度和中国融入全球化进程的程度为两个核心指标来展望中国的未来，中国大体上可能有4种不同的发展情景，如图9.5所示。其中，理想的情景是中国探索出适合中国自身特点的"中国之路"，从而实现经济增长与资源消耗和环境影响的"脱钩"，并与世界经济高度融合，使长期的可持续发展成为可能。值得注意的是，上述两项核心指标是相辅相成的，如果经济增长过度依赖对资源环境的消耗，虽然在一段时期内可能融入全球化进程中，但考虑到经济增长模式、国际形象、产业的国际分工以及绿色贸易壁垒等方面的潜在阻碍，长期来看中国难以在国际上取得足够的话语权和道义制高点；同样的，如果经济增长与资源消耗和环境污染出现了"脱钩"的趋势，却未能充分融入到全球化进程中，那么由于技术创新、市场、人才等方面所带来的局限，这种"脱钩"的趋势难以有效地维持。事实上，在探索"中国之路"的过程中，可能出现经济增长与资源消耗和环境影响"脱钩"的进程较为缓慢，或融入全球化的程度不甚理想等各种"中间阶段"，这就需要中国兼顾各方面要素，向着均衡的发展路径转变，避免落入图9.4中第三象限的情景。

"中国之路"的关键在于，中国的经济增长方式和社会行为模式需要经历"再设计"的过程，以一种系统化的、崭新的思维方式，推动实现经济增长与资源消耗和环境影响的"脱钩"，并在国际形象、国际贸易、产业国际分工以及推动国际进程等多个方面体现出领导力。对国内发展的10个具体方面愿景包括：

1）中国的经济保持着持续、稳健的增长。例如，HSBC（2011）预计中国经济在2010~2050年的增长速率由7%左右稳步下降至4%左右。在这样的趋势下，中国将会成为全球第一大经济体。与以往过分追求经济增长速率不同，持续、稳健的经济增长可以使中国有机会去审视经济增长中存在的弊端，从而提高增长的质量，经济结构得到优化。

2）中国的资源安全得到保障，经济增长带来的资源压力得到缓解。这包括两个方面的努力。首先，从国内来说，应对资源压力的三方面措施得到切实的实施：第一，提高资源生产力，充分把握通过技术进步应对资源瓶颈的机会，新型资源效

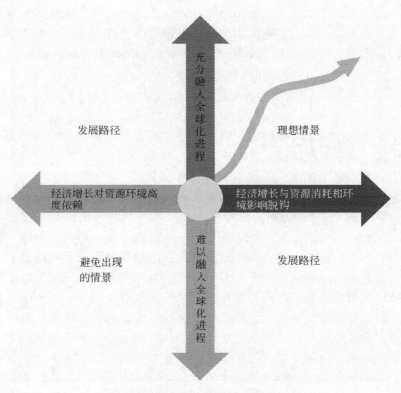

充分融入全球化进程

发展路径

理想情景

经济增长对资源环境高度依赖

经济增长与资源消耗和环境影响脱钩

避免出现的情景

发展路径

难以融入全球化进程

图 9.4 中国未来的发展情景

率技术得到大规模的、普遍的应用；第二，资源实现了最大程度的循环利用，循环经济的理念得到切实的实施；第三，资源的供应实现增长，这包括传统资源供应的增长以及替代型资源的开发等。对于中国来说，保障这个愿景实现的一个关键是需要完善资源价格的形成机制，使资源能够反映其真实成本（包括环境成本）。其次，从全球资源战略布局方面来说，中国必须明确自己的战略意图并努力实现自己的战略构想，积极与资源供应和需求大国展开对话和协调，扩大与其他国家的合作，积极展开海外投资，并提高在资源价格谈判中的议价能力。鉴于中国目前所面临的资源瓶颈及高资源消耗的经济增长方式，中国需要立即展开行动，行动得越晚需要付出的成本和代价就越大。

3）中国的能源安全得到保障。关于中国未来能源发展情景的预测表明，中国石油和天然气的对外依存度将不断增长，在能源进口方面的花费也将不菲。中国需要通过能源结构的优化、可再生能源的大规模利用以及能效的提高来减少能源的对外依存度，从而保障能源安全。与此同时，中国也需要制定保障能源安全的全球能源战略及其实施路线图。

4）能源效率提升的潜力得到充分发挥。争取中国单位 GDP 能耗在 2020 年前实现下降 45% 的目标，并通过能源结构和经济结构的调整，实现能耗强度的进一步下降。对于可再生能源和能效技术的广泛应用，以及社会消费行为模式的引导，使得中国能源效率提升的潜力得到充分发挥。

5）二氧化碳排放在 2030 年左右达到峰值，之后实现稳步下降。一部分温室气体排放情景分析的研究结果表明，中国在 2030 年左右碳排放达到峰值将付出巨大的经济和社会成本。但是，考虑到能源安全、资源安全、环境保护等多个方面目标的实现都部分依赖于对能源消费总量的控制，中国需要合理控制能源消费总量，并争取更多有利条件与国际合作，使二氧化碳排放尽早达到峰值，有效降低未来的政治、经济与环境风险。

6）污染物排放总量得到切实的控制，环境质量有所改善。中国目前已经对 COD、二氧化硫、氮氧化物、氨氮等主要污染物排放进行了控制，未来除了要保证这些污染物的排放能够真正得到切实有效的控制之外，还要不断扩大污染物控制范围，尤其是一些对环境和健康影响很大的污染物，如重金属、PM2.5 等，并且还应将区域和流域的污染控制与环境改善提到战略高度，积极有效地开展重点地区和重点项目的污染治理和环境修复工作，使环境质量得到切实的改善。

7）绿色经济成为经济新的增长点，市场潜力得到充分发挥。依托于中国巨大的节能环保市场，绿色低碳产业得到快速的发展，中国企业在世界范围内的市场份额得到大幅的提高。绿色经济成为未来驱动中国经济实现可持续增长的重要动力。

8）形成可持续的绿色低碳技术创新能力。企业以"引进—消化—吸收"为主要技术获取路径的现状得到切实的改变，自主创新能力得到提升，部分地区成为新的国际技术创新中心，研发投入占 GDP 比重保持稳步增长。通过研发、合作、并购等多种方式，掌握先进、核心技术，使中国绿色低碳产业的国际竞争力得到提升，企业的创新行为进入良性循环。政府加强对知识产权战略的制定与知识产权保护的执行力度，从而进一步增强技术创新的动力。

9）国际影响力获得进一步提升。由于经济规模的发展、技术实力的提升以及海外投资规模的扩大，中国在国际上获得了更多的话语权。中国更积极主动地发展双边关系、参与地区合作，并为中国的国际战略提出更好的市场与公关策略。中国政府为企业对外投资制定明确的可持续发展制度，中国企业在海外逐步树立绿色、负责任的形象，从而帮助提升中国的国际形象。

10）中国经济充分融入到全球化进程中。中国国内市场的开放度在广度和深度上逐渐提高，为外商投资提供更好的制度、政策和市场基础。中国积极在海外为产品和服务开拓新的市场，并获取资源，同时也积极承担与国家地位和战略利益相对应的责任，帮助最不发达的国家实现可持续增长。通过一系列行动推进各个领域的国际合作，包括贸易、产品交流、资本流动等多个方面。

四 凝聚共识，成就"中国之路"

考虑到中国巨大的经济规模，无论是在资源、环境、贸易，还是在国际进程方面，中国的发展路径将对世界产生巨大的影响。实现理想情景的"中国之路"，意味着中国既需要通过自身的努力实现增长方式的转型，也需携手国际社会，推动全球经济向着更加可持续的方向发展。结合报告前面的分析及对中国可持续发展几个关键要素的研究，总结国内外研究和专家对中国发展情景的探讨，我们认为有 4 个要素紧迫地需要被中国和国际社会提上议程：

1）全球积极推动经济增长与资源消耗和环境影响"脱钩"。中国和国际社会需要在 2020 年之前做出远期（例如 2050 年）全方位的实现"绝对脱钩"的承诺，并研究实施的路线图。例如，在温室气体减排方面，全球 2015 年之前需要谈判确定将全球主要温室气体排放国置于单一法律架构下的公约，并于 2020 年开始生效，包括中国在内的主要温室气体排放国都将承诺 2050 年的绝对减排目标。

2）全球积极通过国际合作减少资源冲突，优化资源在世界范围内的配置，以应对资源的紧缺。一方面，全球资源的供应和需求大国之间需要开展积极对话，建立更公平有效的多边合作机制，并明确全球及国家未来的资源安全战略，优化资源配置效率；另一方面，需要加强在技术进步方面的国际合作，促进全球资源生产力的提高和替代型资源的开发。

3）推动形成全球化的标准和公约，有效监管和指导对外投资企业在东道国的社会和环境行为。在目前国际通行的有关能源、采矿、农业、金融等领域可持续发展规则体系的基础上，中国应当推动全球形成更加系统化的标准和规则体系，并形成监管和奖惩机制，使企业切实将绿色、可持续发展和企业社会责任等纳入到企业发展愿景、目标以及日常活动中。企业社会和环境行为除了依赖企业的自律外，也需要依赖国际层面和国家层面完善的规则和制度，实现政府对企业行为进行负责任的引导和监管。对于中国来说，国内企业在快速海外扩张的同时，其不负责任的社会环境行为对企业和国家形象都带来了负面影响，中国有必要提出中国对外投资环境规范相关的法规、标准和监管机制，以引导海外投资企业的社会和环境行为。

4）推动构建限制高污染产业转移的国际制度，共建国际环境与贸易协调机制。目前全球面临着大时空尺度的污染产业转移的问题，高污染产业正在从环境标准相对严格的国家向相对宽松的国家转移，全球急需构建有效的国际法律制度，避免低效率、高污染产业的转移。中国也应当调整产业结构，执行更加严格的产业准入制度，不再继续接受国际污染产业的转移；对国内区域间的污染产业转移也应该有同样的管理制度。污染产业转移和全球贸易使得一些发展中国家成为全球污染的避风港，但由于目前国际贸易法律体系（主要是 WTO 的法律体系）与环境法体系（主要是多边环境协议的法律体系）之间存在冲突，发展中国家向绿色贸易转型的努力受到了现行国际制度的约束。例如，发达国家以 WTO 自由贸易为理由，反对中国以环境保护为目的的关税和出口配额限制等措施。中国也需要推动全球共建新的国际环境与贸易制度，改革联合国及世界贸易组织等相关机构及其法律体系。

　　将上述 4 个要素提上国际日程并探讨实施的路线图是非常必要且紧迫的，这 4 个议程将助力于中国走向可持续的“中国之路”。在经济全球化、绿色全球化的今天，“中国之路”最终将推动全球的经济向着更加可持续的方向发展。关于这 4 项议程，未来也亟待进行更加深入细致的研究，以提出具体目标和实现途径。

参 考 文 献

国家发展和改革委员会能源研究所课题组.2009.中国2050年低碳发展之路：能源需求暨碳排放情景分析.北京：科学出版社

麦肯锡.2009.中国的绿色革命

HSBC. 2010. Sizing the climate economy

HSBC. 2011. The world in 2050：Quantifying the shift in the global economy

IEA. 2009a. Technology roadmaps：Carbon capture and storage

IEA. 2009b. Technology roadmaps：Electric and plug-in hybrid electric vehicles

IEA. 2009c. Technology roadmaps：Wind energy

IEA. 2010a. Energy technology perspective

IEA. 2010b. Technology roadmaps：Concentrating solar power

IEA. 2011. World energy outlook 2011

Kuijs L. 2009. China through 2020：A macroeconomic scenario. World Bank China Office Research Working Paper No. 9

Lawrence Berkeley National Laboratory. 2011. China's energy and carbon emissions outlook to 2050

McKinsey Global Institute. 2011. Resource revolution：Meeting the world's energy, materials, food, and water needs

OECD. 2008. OECD environmental outlook to 2030

Randall D, Goldhammer J. 2006. Four futures for China Inc. Business 2.0, August：34~36

UNDP. 2010. China human development report 2009/2010

UNEP, et al. 2011. Resource efficiency: Economics and outlook for Asia and the Pacific. Bangkok: UNEP Regional Office for Asia and the Pacific

UNEP. 2011. Decoupling natural resource use and environmental impact from economic growth

WEF. 2006. China and the world: Scenarios to 2025

World Bank. 2010. Winds of change: East Asia's sustainable energy future

第二部分　技术报告

——可持续发展能力与资源环境绩效评估

第十章

中国可持续发展能力评估指标体系*

一 中国可持续发展能力评估指标体系的基本架构

对可持续发展能力进行评估，需要建立一套具有描述、分析、评价、预测等功能的可持续发展定量评估指标体系。中国科学院可持续发展战略研究组在世界上独立地开辟了可持续发展研究的系统学方向，将可持续发展视为由具有相互内在联系的五大子系统所构成的复杂巨系统的正向演化轨迹。依据此理论内涵，设计了一套"五级叠加，逐层收敛，规范权重，统一排序"的中国可持续发展能力评估指标体系，其基本架构如图 10.1 所示。该指标体系分为总体层、系统层、状态层、变量层和要素层五个等级。

总体层：从整体上综合表达整个国家或地区的可持续发展能力，代表着国家或地区可持续发展总体运行态势、演化轨迹和可持续发展战略实施的总体效果。

---

* 本章由陈劭锋执笔，作者单位为中国科学院科技政策与管理科学研究所

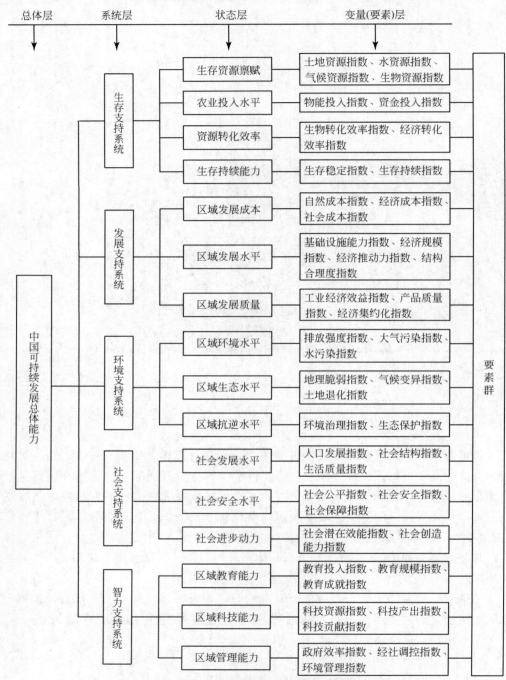

图 10.1　中国可持续发展能力评估指标体系基本框架

系统层：将可持续发展系统解析为内部具有内在逻辑关系的五大子系统，即生存支持系统、发展支持系统、环境支持系统、社会支持系统、智力支持系统。该层面主要揭示各子系统的运行状态和发展趋势。

状态层：反映决定各子系统行为的主要环节和关键组成成分的状态，包括某一时间断面上的状态和某一时间序列上的变化状况。

变量层：从本质上反映、揭示状态的行为、关系、变化等的原因和动力。本指标体系共遴选 45 个"指数"来加以表征。

要素层：采用可测的、可比的、可以获得的指标及指标群，对变量层的数量表现、强度表现、速率表现给予直接地度量。本报告根据数据的可得性采用了 234 个"基层指标"，全面系统地对于 45 个指数进行了定量描述，构成了指标体系的最基层要素。

二 2011 年中国可持续发展能力评估指标体系

2011 年中国可持续发展能力评估指标体系在 2010 年指标体系的基础上作了如下修订：增加了氮氧化物人均排放量和排放强度指标，使得该指标体系的基层指标由上年的 232 个扩充到 234 个，具体如下。

1. 生存支持系统

1.1　生存资源禀赋

　1.1.1　土地资源指数

　　1.1.1.1　人均耕地面积

　　1.1.1.2　耕地质量

　　1.1.1.3　耕地面积的变化

　1.1.2　水资源指数

　　1.1.2.1　人均水资源

　　1.1.2.2　水资源密度

　1.1.3　气候资源指数

　　1.1.3.1　光合有效辐射

　　1.1.3.2　≥10℃积温

　　1.1.3.3　年平均降水

　　1.1.3.4　年均霜日

　1.1.4　生物资源指数

　　1.1.4.1　人均 NPP

1.1.4.2　NPP 密度

1.2　农业投入水平

1.2.1　物能投入指数

1.2.1.1　单位农林牧渔总产值农机总动力

1.2.1.2　单位农林牧渔总产值用电量

1.2.1.3　单位农林牧渔总产值化肥施用量

1.2.1.4　单位农林牧渔总产值用水量

1.2.1.5　单位农林牧渔总产值柴油使用量

1.2.1.6　单位农林牧渔总产值塑料薄膜使用量

1.2.1.7　单位农林牧渔总产值农药使用量

1.2.2　资金投入指数

1.2.2.1　农户人均生产经营费用现金支出

1.2.2.2　农业生产财政支出占财政支出的比例

1.2.2.3　单位播种面积农业生产财政支出

1.2.2.4　农业固定资产投资占全社会固定资产投资比例

1.2.2.5　单位播种面积农业固定资产投资

1.3　资源转化效率

1.3.1　生物转化效率指数

1.3.1.1　单位播种面积粮食产量

1.3.1.2　农业劳动生产力

1.3.1.3　单位农机总动力粮食产量

1.3.1.4　化肥利用效率

1.3.1.5　单位农业用水粮食产量

1.3.1.6　单位用电粮食产量

1.3.2　经济转化效率指数

1.3.2.1　人均农、林、牧、渔业总产值

1.3.2.2　单位播种面积农、林、牧、渔业总产值

1.3.2.3　农、林、牧、渔业增加值占其总产值比重

1.3.2.4　农村居民家庭人均纯收入

1.4　生存持续能力

1.4.1　生存稳定指数

1.4.1.1　农业产值波动系数

1.4.1.2　粮食产量波动系数

1.4.1.3　农村人均收入波动系数

1.4.2　生存持续指数

1.4.2.1　有效灌溉面积占耕地面积比例

1.4.2.2　旱涝保收面积占灌溉面积的比例

1.4.2.3　节水灌溉率

1.4.2.4　旱涝盐碱治理率

1.4.2.5　成灾率

1.4.2.6　中等教育水平以上农业劳动者比例

2. 发展支持系统

2.1　区域发展成本

2.1.1　自然成本指数

2.1.1.1　地形限制系数

2.1.1.2　资源组合优势度

2.1.1.3　生态响应成本系数

2.1.2　经济成本指数

2.1.2.1　吸引力

2.1.2.1.1　人均外资

2.1.2.1.2　外资占本地 GDP 比例

2.1.2.1.3　人均进出口总额

2.1.2.1.4　外贸依存度

2.1.2.2　通达性

2.1.2.2.1　人均交通线路长度

2.1.2.2.2　交通密度

2.1.2.3　潜势度

2.1.2.3.1　交通运输仓储和邮政业投资占全社会固定资产投资比例

2.1.2.3.2　交通运输仓储和邮政业投资密度

2.1.2.3.3　人均交通运输仓储和邮政业投资

2.1.3　社会成本指数

2.1.3.1　人力资本系数

2.1.3.2　万人拥有智力资源量

2.1.3.3　经济增长对人口的弹性系数

2.2　区域发展水平

2.2.1　基础设施能力

2.3.1.4.1　总资产贡献率

2.3.1.4.2　净资产收益率

2.3.1.4.3　营运资金比例

2.3.1.4.4　工业增加值率

2.3.2　产品质量指数

2.3.2.1　产品质量优等品率

2.3.2.2　产品质量损失率

2.3.2.3　新产品产值率

2.3.3　经济集约化指数

2.3.3.1　万元产值水资源消耗

2.3.3.2　万元产值能源消耗

2.3.3.3　万元产值建设用地占用

2.3.3.4　万元产值工业废水排放量

2.3.3.5　万元产值工业废气排放量

2.3.3.6　万元产值工业固体废弃物排放量

2.3.3.7　全社会劳动生产率

3. 环境支持系统

3.1　区域环境水平

3.1.1　排放强度指数

3.1.1.1　废气排放水平

3.1.1.1.1　人均废气排放量

3.1.1.1.2　废气排放强度

3.1.1.2　废水排放水平

3.1.1.2.1　人均废水排放量

3.1.1.2.2　废水排放强度

3.1.1.3　废弃物排放水平

3.1.1.3.1　人均固体废弃物排放量

3.1.1.3.2　固体废弃物排放强度

3.1.2　大气污染指数

3.1.2.1　SO_2 排放水平

3.1.2.1.1　人均 SO_2 排放量

3.1.2.1.2　SO_2 排放强度

3.1.2.2　烟尘和粉尘排放水平

3.3.1.5 城市生活垃圾无害化处理率

3.3.1.6 工业用水重复利用率

3.3.1.7 环保产业产值占 GDP 比例

3.3.2 生态保护指数

3.3.2.1 森林覆盖率

3.3.2.2 自然保护区面积占国土面积的比例

3.3.2.3 水土流失治理率

3.3.2.4 造林面积占国土面积的比例

3.3.2.5 湿地面积占国土面积的比例

4. 社会支持系统

4.1 社会发展水平

4.1.1 人口发展指数

4.1.1.1 出生时平均预期寿命

4.1.1.2 人口自然增长率

4.1.1.3 成人文盲率

4.1.1.4 赡养比

4.1.2 社会结构指数

4.1.2.1 第三产业劳动者占社会劳动者比例

4.1.2.2 城市化率

4.1.2.3 性别比例

4.1.3 生活质量指数

4.1.3.1 居民生活条件

4.1.3.1.1 城市居民家庭人均可支配收入

4.1.3.1.2 医疗条件

4.1.3.1.2.1 千人拥有医生数

4.1.3.1.2.2 千人拥有病床数

4.1.3.1.2.3 人均公共卫生财政经费支出

4.1.3.1.3 人均住房面积

4.1.3.1.3.1 城市人均住房面积

4.1.3.1.3.2 农村人均住房面积

4.1.3.2 居民消费水平

4.1.3.2.1 人均消费支出

4.1.3.2.1.1 城市人均消费支出

4.3.1.2 劳动者小学程度人口比例

4.3.1.3 劳动者中学程度人口比例

4.3.1.4 劳动者大学程度以上人口比例

4.3.2 社会创造能力指数

4.3.2.1 未受教育人口参与比

4.3.2.2 第二产业人口参与比

4.3.2.3 科学家、工程师人口参与比

5. 智力支持系统

5.1 区域教育能力

5.1.1 教育投入指数

5.1.1.1 教育经费支出占 GDP 比例

5.1.1.2 各级在校学生人均教育经费

5.1.1.3 全社会人均教育经费支出

5.1.2 教育规模指数

5.1.2.1 万人中等学校在校学生数

5.1.2.2 万人在校大学生数

5.1.2.3 万人拥有中等学校教师数

5.1.2.4 万人拥有大学教师数

5.1.3 教育成就指数

5.1.3.1 中等学校以上在校学生数占学生总数比例

5.1.3.2 成人文盲变动

5.1.3.3 大专以上教育人口比例的变化

5.2 区域科技能力

5.2.1 科技资源指数

5.2.1.1 科技人力资源

5.2.1.1.1 万人拥有科技人员数

5.2.1.1.2 科学家工程师人数占科技人员比例

5.2.1.2 科技经费资源

5.2.1.2.1 R&D 经费占 GDP 比例

5.2.1.2.2 地方科技事业费、科技三费占财政支出比例

5.2.1.2.3 大型企业科技活动经费占产品销售收入比例

5.2.1.2.4 科技人员平均经费

5.2.1.2.5 企业研发经费与政府研发经费之比

5.2.2　科技产出指数

　5.2.2.1　科技论文产出

　5.2.2.1.1　千名科技人员发表国际论文数

　5.2.2.1.2　单位科研经费的国际论文产出

　5.2.2.1.3　千名科技人员发表国内论文数

　5.2.2.1.4　单位科研经费的国内论文产出

　5.2.2.2　专利产出能力

　5.2.2.2.1　万人专利授权量

　5.2.2.2.2　单位科研经费专利授权量

5.2.3　科技贡献指数

　5.2.3.1　直接经济效益

　5.2.3.1.1　科技活动人员人均技术市场成交额

　5.2.3.1.2　技术市场成交额占 GDP 比例

　5.2.3.1.3　大中型企业新产品销售收入占主营业务收入比例

　5.2.3.1.4　企业科技人员人均创造的新产品销售收入

　5.2.3.1.5　人均高技术产业产值

　5.2.3.2　间接经济效益

　5.2.3.2.1　万元产值水资源消耗下降率

　5.2.3.2.2　万元产值能耗下降率

　5.2.3.2.2　万元产值建设用地下降率

　5.2.3.2.4　万元产值废水排放下降率

　5.2.3.2.5　万元产值废气排放下降率

　5.2.3.2.6　万元产值的固体废物排放下降率

　5.2.3.2.7　全社会劳动生产率的增长率

5.3　区域管理能力

5.3.1　政府效率指数

　5.3.1.1　政府财政效率

　5.3.1.1.1　财政自给率

　5.3.1.1.2　财政收入弹性系数

　5.3.1.1.3　人均财政收入

　5.3.1.2　政府工作效率

　5.3.1.2.1　公务员占总就业人数比例

　5.3.1.2.2　行政管理费用占财政支出比例

5.3.1.2.3 政府消费占 GDP 比例

5.3.2 经社调控指数

5.3.2.1 经济调控绩效

5.3.2.1.1 财政收入占 GDP 比例

5.3.2.1.2 经济波动系数

5.3.2.1.3 市场化程度

5.3.2.1.3.1 非国有经济固定资产投资占全社会固定资产投资比例

5.3.2.1.3.2 非国有工业产值占工业总产值比例

5.3.2.2 社会调控绩效

5.3.2.2.1 城乡收入差距变动

5.3.2.2.2 失业率的变化

5.3.2.2.3 城市化率的变化

5.3.3 环境管理指数

5.3.3.1 环境影响评价执行力度

5.3.3.2 三同时制度执行力度

5.3.3.3 每千人拥有的环境保护工作人员数

5.3.3.4 环境问题来信处理率

5.3.3.5 环境问题来访处理率

5.3.3.6 每千人人大政协环境提案建议数

5.3.3.7 每千人拥有的环保机构数

第十一章

中国可持续发展能力
综合评估（1995～2009）*

　　自 1996 年开始，中国政府把可持续发展战略确立为国家的基本战略。为了反映中国可持续发展总体运行态势、演化轨迹和监测中国可持续发展战略实施的进展状况，《2012 中国可持续发展战略报告》依据其提出的中国可持续发展能力评估指标体系，对 1995 年以来全国及 31 个省、直辖市、自治区的可持续发展能力的动态变化进行了综合评估。

　　本次评估把统计学中的增长指数法和多指标综合评价中的线性加权和法结合起来，通过等权处理和逐级汇总，从而获得了不同地区不同年份的可持续发展能力指数值。其主要特点是实现了可持续发展能力纵向和横向上对比的统一，即不仅在纵向上或时间序列上可以反映各地区可持续发展能力的演进方向和速度，而且同时可以在横向上体现出一个地区可持续发展能力的相对大小、该地区与全国和其他地区可持续发展能力的差距、该地区在全国所处的地位及其动态变化。由于资料的限制和统计口径的差异，本次评估暂未包括我国的台湾省、香港特别行政区和澳门特别行政区。

---

　　* 本章由陈劭锋、刘扬、岳文婧、郑红霞、潘明麒执笔，作者单位为中国科学院科技政策与管理科学研究所

　　考虑到中国可持续发展能力的区域分异特点，我们在以往按照省级行政单元进行评估的基础上，对我国的东部地区（包括北京、天津、河北、辽宁、上海、江苏、浙江、福建、山东、广东和海南等 11 个省、直辖市）、中部地区（包括山西、吉林、黑龙江、安徽、江西、河南、湖北、湖南等 8 省）、西部地区（包括重庆、四川、贵州、云南、西藏、陕西、甘肃、青海、宁夏、新疆、广西、内蒙古等 12 个省、直辖市、自治区）和东北老工业基地（包括辽宁、吉林、黑龙江）的可持续发展能力进行评估，同时补充了地域上邻近的中部六省（山西、安徽、江西、河南、湖北、湖南等 6 省）和国务院发展研究中心提出的八大综合经济区的可持续发展能力评估。这八大综合经济区除东北区与东北老工业基地的划分相同外，其他七个区分别是：北部沿海地区（包括北京、天津、河北、山东 2 直辖市 2 省）、东部沿海地区（包括上海、江苏、浙江 1 直辖市 2 省）、南部沿海地区（包括福建、广东、海南 3 省）、黄河中游地区（包括陕西、山西、河南、内蒙古 3 省 1 自治区）、长江中游地区（包括湖北、湖南、江西、安徽 4 省）、西南地区（包括云南、贵州、四川、重庆、广西 3 省 1 直辖市 1 自治区）、大西北地区（包括甘肃、青海、宁夏、西藏、新疆 2 省 3 自治区）。

　　2008 年发生的席卷全球的经济危机，不仅重创了欧美发达经济体，也对中国的经济发展产生了强烈的冲击，尤其是沿海地区的外向型经济，从而进一步影响到中国各省的可持续发展能力格局。

一　2009 年中国可持续发展能力综合评估

（一）2009 年中国各省、直辖市、自治区可持续发展能力综合评估结果

　　2009 年中国各省、直辖市、自治区的可持续发展能力及各支持系统的发展水平如表 11.1 所示。

表 11.1　2009 年中国各省、直辖市、自治区可持续发展能力综合评估结果

地　区	生存支持系统	发展支持系统	环境支持系统	社会支持系统	智力支持系统	可持续发展能力
全国	104.7	116.9	101.3	111.8	114.5	109.8
北京	104.9	127.0	105.6	128.5	121.7	117.7
天津	102.6	130.3	107.4	120.8	118.1	115.8

续表

地　区	生存支持系统	发展支持系统	环境支持系统	社会支持系统	智力支持系统	可持续发展能力
河北	100.7	116.7	100.8	113.8	109.7	108.3
山西	97.3	116.9	100.0	113.1	111.1	107.7
内蒙古	102.2	120.0	101.1	113.8	110.7	109.6
辽宁	103.5	120.1	106.4	120.3	116.2	113.3
吉林	105.7	120.3	107.8	117.8	113.5	113.0
黑龙江	107.9	114.8	109.3	116.8	112.9	112.3
上海	105.0	124.8	120.0	128.9	119.4	119.6
江苏	105.9	123.9	110.8	115.5	115.9	114.4
浙江	107.6	121.8	112.5	114.3	115.0	114.2
安徽	105.4	114.1	109.7	107.3	111.2	109.5
福建	106.8	120.4	108.1	111.5	116.5	112.7
江西	108.4	115.9	112.3	112.8	112.0	112.3
山东	104.0	120.1	105.4	114.0	111.9	111.1
河南	104.2	115.6	106.1	114.3	110.6	110.2
湖北	106.3	116.4	108.5	112.9	114.7	111.8
湖南	108.3	114.7	111.6	112.9	111.8	111.9
广东	104.6	124.0	108.5	115.9	120.8	114.8
广西	106.8	114.3	106.0	108.9	108.1	108.8
海南	113.2	120.4	111.5	109.2	113.0	113.5
重庆	106.3	113.1	103.4	111.1	113.4	109.5
四川	107.7	112.9	105.2	108.0	112.8	109.3
贵州	104.9	107.6	109.5	104.0	107.6	106.7
云南	105.0	108.7	106.6	101.3	110.0	106.3
西藏	106.2	107.4	106.6	94.0	107.9	104.4
陕西	103.8	117.9	103.1	112.0	115.6	110.5
甘肃	99.4	111.5	99.6	105.7	112.5	105.7
青海	103.2	114.8	101.3	106.2	110.7	107.2
宁夏	99.1	114.1	96.3	110.6	108.3	105.7
新疆	104.3	115.2	95.2	117.5	111.4	108.7

注：1）1995 年全国为 100.0

2）本章所有表格的数据来源于中华人民共和国国家统计局（1995～2010）发布的相关统计年鉴

　　由表11.1可知，如果以1995年全国可持续发展能力指数为100，则2009年全国可持续发展能力指数达到了109.8。其各支持系统发展水平如图11.1所示。从中可以发现，中国目前的可持续发展能力主要由发展、社会和智力三大支持系统的发展来主导，而生存和环境系统发展则呈现出相对明显的滞后性。因此，提升中国的可持续发展能力，要在保障其他系统健康发展的同时，注重加强中国农业综合生产能力建设和生态环境治理保护和建设力度，确保各系统协调发展。

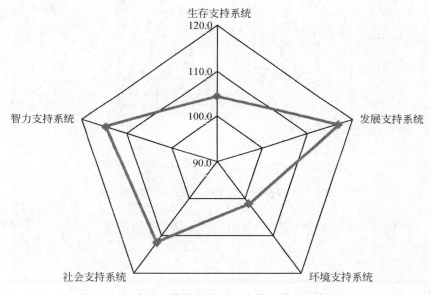

图11.1　全国可持续发展五大支持系统发展水平图

　　2009年，可持续发展能力超过全国平均水平的省、直辖市、自治区有北京、天津、辽宁、吉林、黑龙江、上海、江苏、浙江、福建、江西、山东、河南、湖北、湖南、广东、海南、陕西。其他省、直辖市、自治区的可持续发展能力均低于全国平均水平。

　　从2009年中国各省、直辖市、自治区可持续发展能力排名（见图11.2和表11.2）来看，上海的可持续发展能力最强，而西藏的可持续发展能力则最弱。可持续发展能力排在全国前十位的依次是：上海、北京、天津、广东、江苏、浙江、海南、辽宁、吉林、福建。位居后十位的依次是：广西、新疆、河北、山西、青海、贵州、云南、甘肃、宁夏、西藏。各省、直辖市、自治区五大支持系统排名也如表11.2所示。

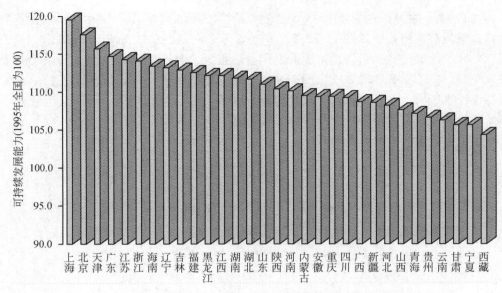

图 11.2　2009 年中国各省、直辖市、自治区可持续发展能力排序图

表 11.2　2009 年中国各省、直辖市、自治区可持续发展能力排序

地　区	生存支持系统	排序	发展支持系统	排序	环境支持系统	排序	社会支持系统	排序	智力支持系统	排序	可持续发展总能力	排序
北京	104.9	17	127.0	2	106.6	15	128.5	2	121.7	1	117.7	2
天津	102.6	26	130.3	1	107.4	14	120.8	3	118.1	4	115.8	3
河北	100.7	28	116.7	15	100.8	27	113.8	13	109.7	27	108.3	24
山西	97.3	31	116.9	14	100.0	28	113.1	15	111.1	22	107.7	25
内蒙古	102.2	27	120.0	12	101.1	26	113.8	14	110.7	23	109.6	18
辽宁	103.5	24	120.1	10	106.4	18	120.3	4	116.2	6	113.3	8
吉林	105.7	13	120.3	9	107.8	13	117.8	5	113.5	11	113.0	9
黑龙江	107.9	4	114.8	20	109.3	9	116.8	7	112.9	14	112.3	11
上海	105.0	15	124.8	3	120.0	1	128.9	1	119.4	3	119.6	1
江苏	105.9	12	123.8	5	110.6	6	115.5	9	115.9	7	114.4	5
浙江	107.6	6	121.8	6	112.5	2	114.3	10	115.0	9	114.2	6
安徽	105.4	14	114.1	24	109.7	7	107.3	26	111.2	21	109.5	19
福建	106.8	7	120.4	7	108.1	12	111.5	20	116.5	5	112.7	10
江西	108.4	2	115.9	17	112.3	3	112.3	18	112.0	17	112.3	12
山东	104.0	22	120.1	11	105.4	21	114.0	12	111.9	18	111.1	15

续表

地 区	生存支持系统	排序	发展支持系统	排序	环境支持系统	排序	社会支持系统	排序	智力支持系统	排序	可持续发展总能力	排序
河南	104.2	21	115.6	18	106.1	19	114.3	11	110.6	25	110.2	17
湖北	106.3	9	116.4	16	108.5	10	112.9	16	114.7	10	111.8	14
湖南	108.3	3	114.7	22	111.6	4	112.9	17	111.8	19	111.9	13
广东	104.6	19	124.0	4	108.5	11	115.9	8	120.8	2	114.8	4
广西	106.8	8	114.3	23	106.0	20	108.9	24	108.1	29	108.8	22
海南	113.2	1	120.5	8	111.5	5	109.2	23	113.0	13	113.5	7
重庆	106.3	10	113.1	26	103.5	23	111.1	21	113.4	12	109.5	20
四川	107.7	5	112.9	27	105.2	22	108.0	25	112.8	15	109.3	21
贵州	104.9	18	107.6	30	109.5	8	104.0	29	107.6	31	106.7	27
云南	105.0	16	108.7	29	106.6	16	101.3	30	110.0	26	106.3	28
西藏	106.2	11	107.4	31	106.6	17	94.0	31	107.9	30	104.4	31
陕西	103.8	23	117.9	13	103.1	24	112.0	19	115.6	8	110.5	16
甘肃	99.4	29	111.5	28	99.6	29	105.7	28	112.5	16	105.7	29
青海	103.2	25	114.8	21	101.3	25	106.2	27	110.7	24	107.2	26
宁夏	99.1	30	114.1	25	96.3	30	110.6	22	108.3	28	105.7	30
新疆	104.3	20	115.6	19	95.2	31	117.5	6	111.4	20	108.7	23

注：1995年全国为100.0

　　与往年（2008年）相比，天津、山西、辽宁、山东、湖北、云南、西藏、陕西8个省、直辖市、自治区可持续发展能力的位序保持不变，上海、江西、四川、甘肃、青海、新疆上升了1位，内蒙古、福建、河南、广东、海南上升了2位。北京、黑龙江、江苏、浙江、安徽、广西、贵州、宁夏下降了一位，吉林下降了2位，重庆下降了3位。

（二）2009年中国东、中、西部和东北老工业基地以及八大经济区的可持续发展能力综合评估结果

　　2009年中国东、中、西部和东北老工业基地以及八大经济区的可持续发展能力综合评估结果如表11.3所示。由表11.3可知，2009年，中国东部地区、东北老工业基地和中部地区的可持续发展能力高于全国平均水平，而西部地区低于全国平均水平。从全国东、中、西部和东北老工业基地的可持续发展能力来看，东部地区高于东北老工业基地，东北老工业基地高于中部地区，中部地区又高于西部地区，呈

现出比较显著的空间差异特征。再从八大经济区来看，东部沿海地区可持续发展能力最高，而大西北地区最低。各大经济区按照可持续发展能力由高到低的顺序依次是：东部沿海地区、南部沿海地区、东北老工业基地、北部沿海地区、长江中游地区、黄河中游地区、西南地区、大西北地区。

表 11.3 　2009 年中国东、中、西部和东北老工业基地以及八大经济区的可持续发展能力综合评估结果

	地　区	生存支持系统	发展支持系统	环境支持系统	社会支持系统	智力支持系统	可持续发展总能力
东、中、西部和东北老工业基地	东部地区（11 省）	104.5	122.6	106.6	117.1	116.0	113.4
	东北老工业基地	105.1	118.2	107.7	118.0	114.6	112.7
	中部地区（8 省）	105.3	115.3	106.7	112.8	112.3	110.5
	中部地区（6 省）	104.9	115.0	106.2	111.6	111.9	109.9
	西部地区（12 省）	103.9	113.0	101.0	107.1	111.1	107.2
八大经济区	东北地区	105.1	118.2	107.7	118.0	114.6	112.7
	北部沿海地区	101.6	121.9	104.2	118.7	114.5	112.2
	东部沿海地区	105.4	125.0	111.3	118.9	116.4	115.4
	南部沿海地区	104.8	122.5	108.1	112.3	117.7	113.1
	黄河中游地区	101.6	116.3	102.1	112.9	111.9	109.0
	长江中游地区	105.2	115.0	109.9	111.0	112.4	110.7
	西南地区	105.5	112.2	105.2	106.2	110.2	107.9
	大西北地区	103.6	111.1	98.5	106.2	111.1	106.1

注：1）1995 年全国为 100.0

　　2）各地区分类如下：

东部地区（11 省、直辖市）包括：北京、天津、河北、辽宁、上海、江苏、浙江、福建、山东、广东和海南；

东北老工业基地包括：辽宁、吉林、黑龙江；

中部地区（8 省）包括：山西、吉林、黑龙江、安徽、江西、河南、湖北、湖南；

中部地区（6 省）包括：山西、安徽、江西、河南、湖北、湖南；

西部地区（12 省、直辖市、自治区）包括：重庆、四川、贵州、云南、西藏、陕西、甘肃、青海、宁夏、新疆、广西、内蒙古；

东北地区包括：辽宁、吉林、黑龙江；

北部沿海地区包括：北京、天津、河北、山东；

东部沿海地区包括：上海、江苏、浙江；

南部沿海地区包括：福建、广东、海南；

黄河中游地区包括：陕西、山西、河南、内蒙古；

长江中游地区包括：湖北、湖南、江西、安徽；

西南地区包括：云南、贵州、四川、重庆、广西；

大西北地区包括：甘肃、青海、宁夏、西藏、新疆。

本章以下表同

二　中国可持续发展能力变化趋势（1995～2009）

（一）全国可持续发展能力变化趋势（1995～2009）

自 1995 年以来，全国可持续发展能力总体上呈上升态势（见图 11.3），2009 年比 1995 年增长了 9.8%。除 1997 年比上年有所下降外，其他年份均有所增长。

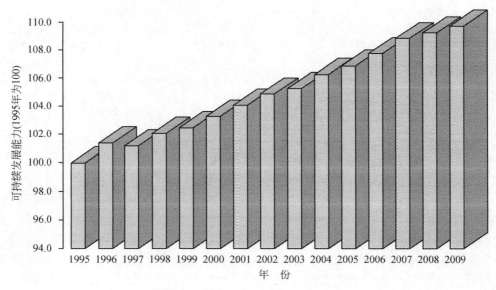

图 11.3　全国可持续发展能力变化趋势（1995～2009）

从全国可持续发展五大支持系统的发展变化来看（图 11.4），同样可以发现可持续发展能力的变化主要由发展、智力和社会三大系统的变化来驱动。自 1995 年以来，中国生存支持系统的变化经历了一个徘徊波动的上升过程。而环境支持系统的发展变化则非常缓慢，其间经历了一个相对缓和的波动过程，总体上基本保持稳定，尚未明显持续恶化。这说明了我国经济高速增长所带来的环境冲击部分得到缓解和遏制，环境治理和节能减排工作取得一定的成效。

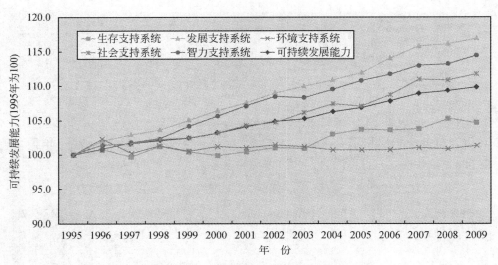

图 11.4　全国可持续发展五大支持系统发展变化趋势（1995~2009）

（二）中国东、中、西部和东北老工业基地以及八大经济区的可持续发展能力及其变化趋势（1995~2009）

　　表 11.4 为 1995~2009 中国东、中、西部和东北老工业基地以及八大经济区的可持续发展能力变化趋势。从中可以看出，自 1995 年以来，中国各区域的可持续发展能力总体上呈现上升态势，但各大经济区可持续发展能力的增幅存在差异。1995~2009 年全国可持续能力增幅为 9.8%，而从各大经济区来看，黄河中游地区、大西北地区、西部地区（12 省）、中部地区（6 省）、西南地区、长江中游地区、中部地区（8 省）超过全国平均增长水平。从东、中、西部和东北老工业基地来看，西部地区增长最快，为 10.52%，其次是中部地区（中部 6 省为 10.34%，中部 8 省为 9.84%）、东部地区（9.14%）和东北老工业基地（8.89%）。从八大经济区来看，黄河中游地区增长最快，为 11.11%，其次依次是大西北地区（10.64%）、西南地区（10.33%）、长江中游地区（10.04%）、南部沿海地区（9.70%）、东部沿海地区（9.38%）、东北地区（8.89%）、北部沿海地区（8.51%）。

　　中国东、中、西部和东北老工业基地以及八大经济区的可持续发展能力具体变化趋势见图 11.5~图 11.15。

表 11.4　中国东、中、西部和东北老工业基地以及八大经济区的
可持续发展能力变化趋势（1995～2009）

地　区		1995 年	1996 年	1997 年	1998 年	1999 年	2000 年	2001 年	2002 年	2003 年	2004 年	2005 年	2006 年	2007 年	2008 年	2009 年
东、中、西部和东北老工业基地	东部地区（11 省）	103.9	105.1	104.4	106.0	106.3	106.9	107.8	108.5	109.0	109.8	110.8	111.8	112.4	112.9	113.4
	东北老工业基地	103.5	105.1	103.5	105.7	105.7	106.0	107.3	107.9	108.8	109.7	110.0	110.7	111.3	112.1	112.7
	中部地区（8 省）	100.6	102.0	101.4	102.6	102.9	103.6	104.2	105.1	105.7	106.8	107.4	108.3	109.0	109.8	110.5
	中部地区（6 省）	99.6	101.0	100.7	101.6	102.0	102.9	103.3	104.4	104.9	106.1	106.6	107.7	108.5	109.2	109.9
	西部地区（12 省）	97.0	98.5	97.9	99.0	99.2	100.3	100.9	101.7	102.6	103.4	103.9	104.4	105.7	106.6	107.2
八大经济区	东北地区	103.5	105.1	103.5	105.7	105.7	106.0	107.3	107.9	108.8	109.7	110.0	110.7	111.3	112.1	112.7
	北部沿海地区	103.4	104.1	103.1	104.8	105.0	106.0	106.6	107.3	108.2	109.1	109.9	110.9	111.6	112.4	112.2
	东部沿海地区	105.5	107.2	105.9	107.5	108.1	108.4	109.2	110.3	110.7	111.7	112.8	113.7	114.6	114.7	115.4
	南部沿海地区	103.1	104.3	104.8	105.8	106.2	106.5	107.6	108.2	108.4	109.0	110.3	110.8	111.0	111.6	113.1
	黄河中游地区	98.1	99.8	98.8	100.3	100.4	101.5	102.0	103.0	104.9	104.9	105.6	106.5	107.5	108.1	109.0
	长江中游地区	100.6	101.9	102.0	102.7	103.2	103.9	104.4	105.4	106.0	107.1	107.6	108.6	109.1	110.0	110.7
	西南地区	97.8	99.0	98.4	99.5	99.7	101.0	101.7	102.4	103.2	104.0	104.7	105.2	106.4	107.3	107.9
	大西北地区	95.9	97.6	97.2	98.1	98.6	99.2	100.3	100.9	101.7	102.4	102.6	103.3	104.4	105.1	106.1

注：1995 年全国为 100.0

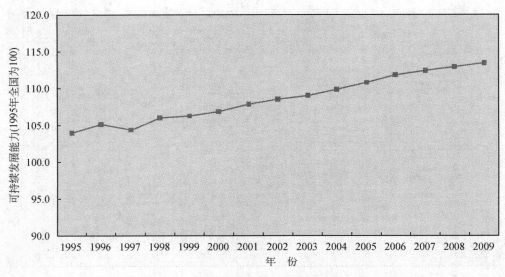

图 11.5　东部地区可持续发展能力变化趋势图（1995～2009）

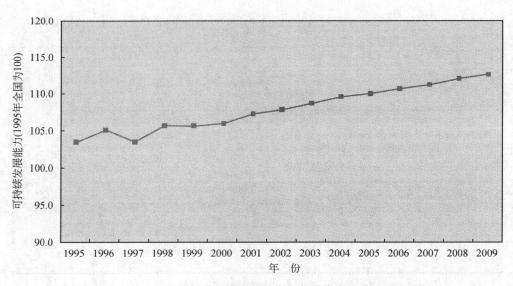

图 11.6　东北老工业基地可持续发展能力变化趋势图（1995～2009）

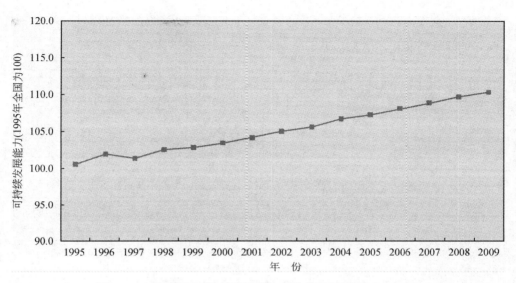

图 11.7　中部地区可持续发展能力变化趋势图（1995～2009）

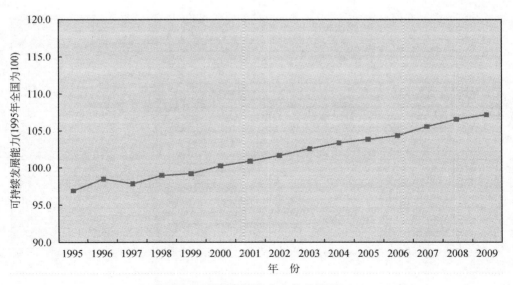

图 11.8　西部地区可持续发展能力变化趋势图（1995～2009）

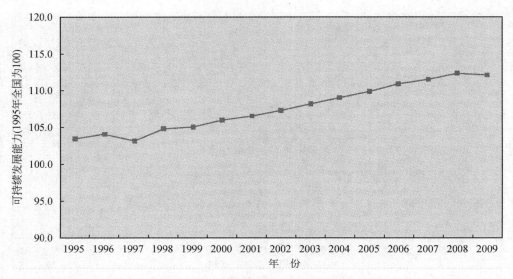

图 11.9　北部沿海地区可持续发展能力变化趋势图 （1995～2009）

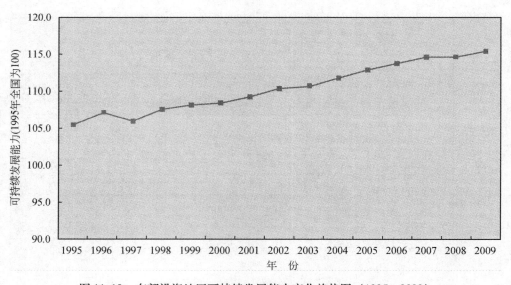

图 11.10　东部沿海地区可持续发展能力变化趋势图 （1995～2009）

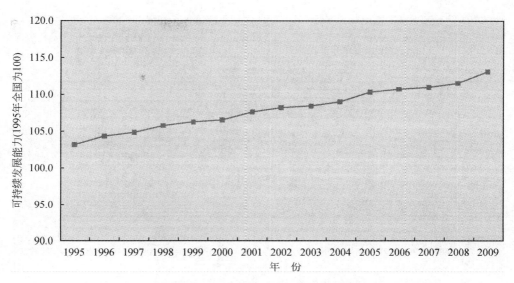

图 11.11　南部沿海地区可持续发展能力变化趋势图（1995～2009）

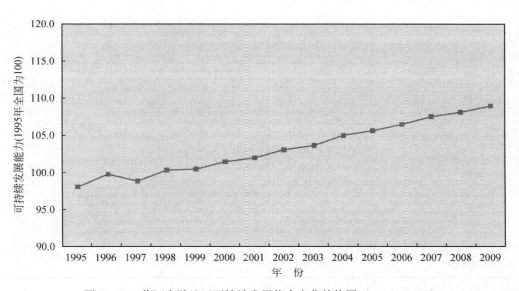

图 11.12　黄河中游地区可持续发展能力变化趋势图（1995～2009）

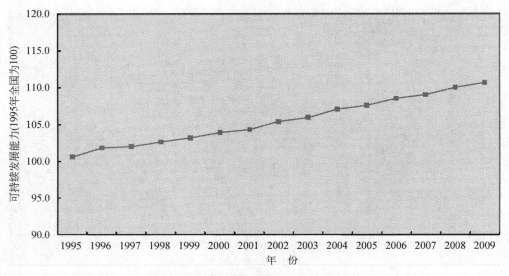

图 11.13　长江中游地区可持续发展能力变化趋势图（1995~2009）

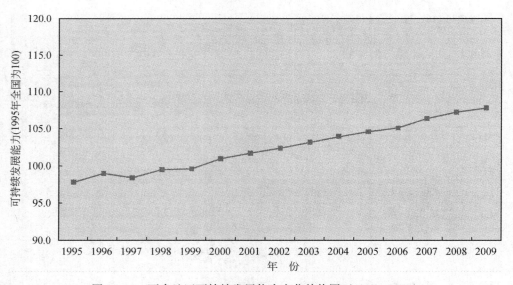

图 11.14　西南地区可持续发展能力变化趋势图（1995~2009）

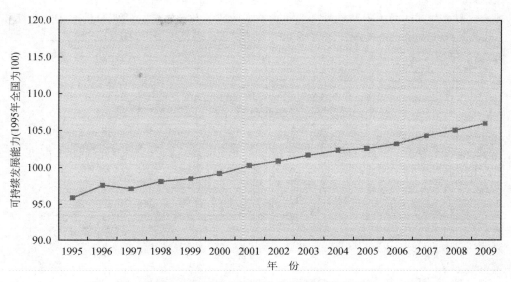

图 11.15　大西北地区可持续发展能力变化趋势图（1995～2009）

（三）中国 31 个省、直辖市、自治区可持续发展能力及其变化趋势（1995～2009）

　　1995 年以来，全国各省、直辖市、自治区可持续发展能力及位序变化趋势如表 11.5 所示。由表可知，1995～2009 年间全国各省、直辖市、自治区可持续发展能力总体上呈上升态势。其中可持续发展能力增幅超过全国平均水平（9.8%）的省、自治区和直辖市的有：西藏、青海、内蒙古、陕西、江西、河南、甘肃、贵州、重庆、新疆、四川、湖南、福建、广东、江苏、山东、海南、云南、湖北、吉林、宁夏、广西、安徽。其他省、直辖市、自治区的可持续发展能力增幅低于全国平均水平。西藏是全国可持续发展能力增长最快的省份，而北京则最慢。其中，可持续发展能力增幅位居全国前十位的省、直辖市、自治区的依次是：西藏、青海、内蒙古、陕西、江西、河南、甘肃、贵州、重庆、新疆。山西、河北、辽宁、浙江、天津、上海、黑龙江、北京分别位居全国后列。

表 11.5　　中国 31 个省、直辖市、自治区可持续

地　区	1995 年	排序	1996 年	排序	1997 年	排序	1998 年	排序	1999 年	排序	2000 年	排序	2001 年	排序
北京	110.0	2	110.7	2	108.5	2	111.3	2	111.5	2	111.9	2	112.5	2
天津	106.4	3	107.3	3	106.8	3	108.3	3	108.0	3	109.0	3	110.1	3
河北	98.9	17	99.8	19	99.4	17	101.0	18	101.0	17	101.4	21	101.9	21
山西	98.1	21	99.4	23	98.6	22	99.2	25	99.5	25	100.8	24	101.5	24
内蒙古	97.2	25	99.6	20	98.3	25	100.9	20	100.8	19	101.4	22	101.7	23
辽宁	103.5	8	105.0	7	103.6	7	106.3	4	105.9	8	106.1	8	107.7	6
吉林	102.6	10	105.4	5	103.3	11	105.9	7	105.8	9	105.7	11	107.0	9
黑龙江	104.0	5	104.9	8	103.6	8	104.9	10	105.1	10	105.9	10	106.7	10
上海	110.5	1	114.4	1	111.2	1	114.4	1	113.4	1	112.5	1	114.8	1
江苏	103.6	7	105.1	6	103.5	9	105.6	5	106.2	6	106.7	6	107.3	7
浙江	104.4	4	106.0	4	105.3	5	106.0	6	107.0	4	107.4	4	108.2	5
安徽	99.7	16	100.8	16	100.4	16	101.3	16	102.0	16	102.1	18	102.3	18
福建	101.9	11	103.8	10	104.4	6	105.1	10	105.1	11	106.0	9	106.6	11
江西	100.1	15	101.6	14	102.2	14	102.2	15	102.6	14	103.1	15	104.5	14
山东	100.7	14	101.5	15	100.8	15	102.5	14	102.6	15	103.7	14	104.5	15
河南	98.4	19	99.9	18	98.5	23	100.4	22	100.1	22	101.9	20	102.1	19
湖北	101.5	12	102.5	12	102.3	13	103.8	12	104.0	12	105.3	12	105.2	13
湖南	101.0	13	102.4	13	102.8	12	103.2	13	103.9	13	104.8	13	105.5	12
广东	103.9	6	104.7	9	105.7	4	106.3	5	106.8	5	107.1	5	108.4	4
广西	98.9	18	99.6	21	99.4	18	101.0	19	100.8	20	102.2	17	103.4	16
海南	103.0	9	103.2	11	103.4	10	105.5	8	106.1	7	106.3	7	107.3	8
重庆	98.0	23	99.1	24	98.4	24	100.0	23	99.9	24	102.0	19	102.1	20
四川	98.1	22	99.6	22	98.7	20	100.5	21	100.2	21	101.3	23	101.9	22
贵州	95.3	28	96.5	29	96.5	28	97.4	28	98.2	28	100.0	26	99.4	30
云南	96.5	26	97.4	27	97.2	26	97.8	27	98.4	27	99.1	28	100.9	26
西藏	92.1	31	94.0	31	91.8	31	92.7	31	93.5	31	94.9	31	95.6	31
陕西	98.3	20	100.0	17	99.0	19	101.2	17	100.9	18	102.5	16	103.0	17
甘肃	94.4	30	96.6	28	95.7	30	97.1	29	97.7	29	98.7	30	99.7	29
青海	95.0	29	95.9	30	96.4	29	96.5	30	97.4	30	98.8	29	100.0	28
宁夏	96.0	27	97.8	26	97.0	27	98.6	26	99.1	26	99.8	27	100.9	27
新疆	97.4	24	99.0	25	98.7	21	99.7	24	100.0	23	100.3	25	101.0	25

注：1995 年全国为 100.0

发展能力及排序（1995～2009）

2002年	排序	2003年	排序	2004年	排序	2005年	排序	2006年	排序	2007年	排序	2008年	排序	2009年	排序
113.3	2	113.5	2	114.7	2	115.7	2	116.7	2	117.6	2	119.0	1	117.7	2
111.1	3	111.5	3	113.0	3	113.6	3	114.4	3	114.9	3	116.1	3	115.8	3
102.6	23	103.6	22	104.5	23	105.2	23	106.1	21	107.4	21	107.8	23	108.3	24
103.0	21	103.5	23	104.5	24	104.5	24	106.0	22	106.6	24	107.2	25	107.7	25
102.6	24	103.9	21	105.0	19	105.9	17	106.6	19	107.8	20	108.4	20	109.6	18
108.1	6	109.2	6	110.0	5	110.8	6	111.2	7	112.3	6	112.8	8	113.3	8
107.8	7	109.0	7	109.8	6	110.1	8	110.4	9	111.3	8	112.9	7	113.0	9
107.2	10	108.1	9	109.4	7	109.6	10	110.1	11	110.6	12	111.8	9	112.3	11
114.5	1	115.0	1	115.5	1	116.3	1	117.2	1	120.0	1	118.2	2	119.6	1
107.8	8	109.3	8	109.6	8	111.2	5	112.0	5	113.6	4	113.6	4	114.4	5
109.9	4	109.9	4	111.2	4	111.6	4	112.6	4	113.0	4	113.6	4	114.2	6
103.7	17	104.6	18	105.8	16	105.5	21	106.6	20	108.0	19	109.0	18	109.5	19
107.2	11	107.6	11	108.1	11	110.1	9	110.7	8	110.7	11	111.3	12	112.7	10
105.4	14	106.4	15	107.2	15	108.2	14	109.6	13	110.5	13	111.2	13	112.3	12
105.3	15	106.5	14	107.4	14	108.2	15	109.2	14	110.3	14	110.9	15	111.1	15
103.1	20	103.4	24	105.0	18	105.8	18	106.8	18	108.5	17	108.9	19	110.2	17
105.6	13	106.8	12	107.6	13	108.3	13	108.9	15	110.3	15	111.1	14	111.8	14
106.6	12	106.6	13	108.0	12	108.6	12	109.7	12	110.8	10	111.4	11	111.9	13
108.9	5	108.7	8	109.7	7	110.8	7	111.6	6	112.7	6	113.0	6	114.8	4
104.8	16	104.1	19	104.8	21	105.7	20	107.0	17	107.4	22	108.4	21	108.8	22
107.4	9	108.1	10	108.4	10	108.7	11	110.4	10	111.3	9	111.9	9	113.5	7
103.7	18	104.4	19	104.9	20	105.7	19	107.0	23	108.8	16	109.2	17	109.5	20
102.9	22	104.0	20	104.8	22	105.4	22	105.7	24	107.3	23	108.3	22	109.3	21
101.3	26	101.9	26	102.7	27	103.0	27	103.7	26	105.2	26	106.1	26	106.7	27
99.7	30	101.5	28	103.1	26	103.1	26	103.7	27	105.1	27	105.4	28	106.3	28
96.8	31	98.4	31	97.9	31	98.2	31	99.0	31	101.8	31	103.2	31	104.4	31
103.5	19	105.0	17	105.1	17	106.7	16	107.2	16	108.2	18	109.4	16	110.1	16
99.9	29	101.2	30	101.4	30	101.5	30	102.3	30	103.6	30	104.5	30	105.7	29
100.9	28	101.3	29	101.7	29	102.6	29	103.7	28	104.4	28	105.8	27	107.2	26
101.3	27	101.7	27	102.7	28	102.9	28	103.6	29	104.1	29	105.2	29	105.7	30
102.3	25	103.0	25	103.8	25	104.0	25	104.6	25	106.4	25	107.3	24	108.7	23

　　31 个省、直辖市、自治区可持续发展能力具体变化趋势图见图 11.16 ~
图 11.46。

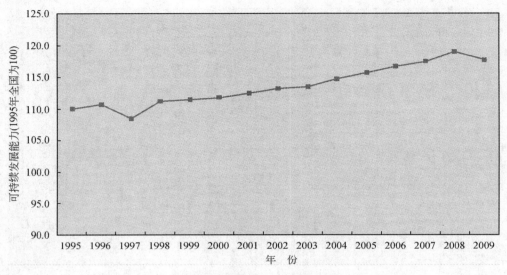

图 11.16　北京可持续发展能力变化趋势图（1995 ~ 2009）

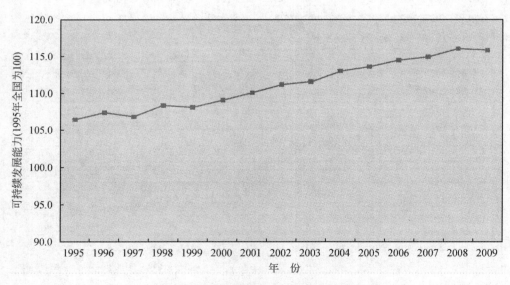

图 11.17　天津可持续发展能力变化趋势图（1995 ~ 2009）

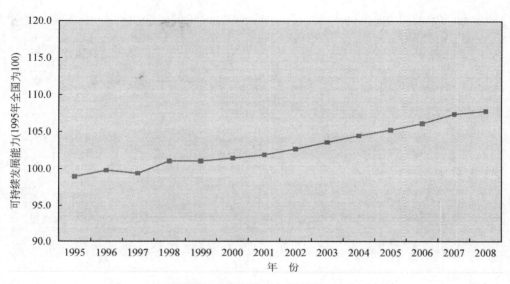

图 11.18　河北可持续发展能力变化趋势（1995~2009）

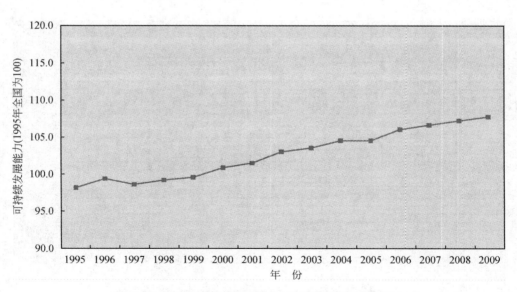

图 11.19　山西可持续发展能力变化趋势（1995~2009）

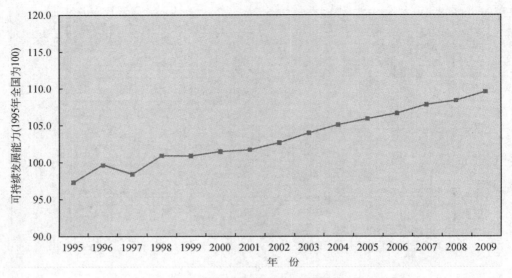

图 11.20　内蒙古可持续发展能力变化趋势图（1995～2009）

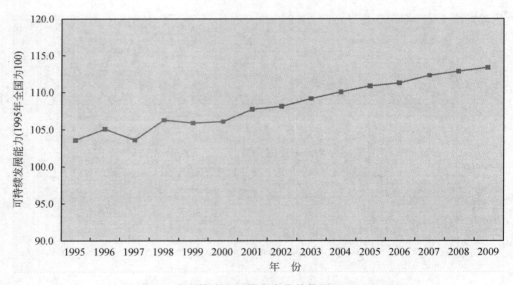

图 11.21　辽宁可持续发展能力变化趋势图（1995～2009）

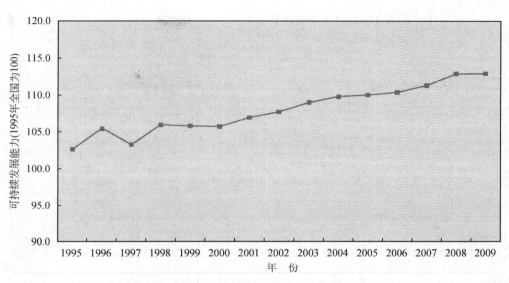

图 11.22　吉林可持续发展能力变化趋势图（1995～2009）

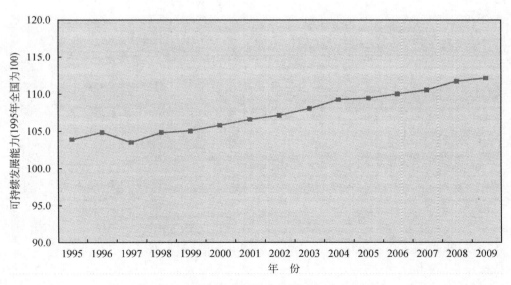

图 11.23　黑龙江可持续发展能力变化趋势图（1995～2009）

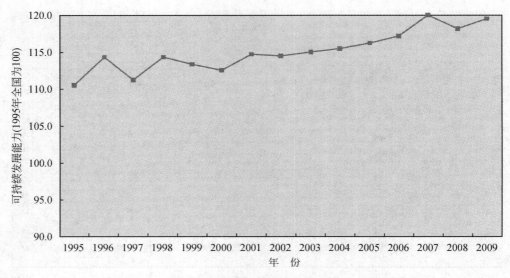

图 11.24　上海可持续发展能力变化趋势图（1995～2009）

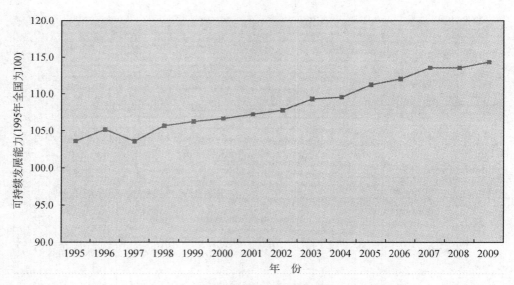

图 11.25　江苏可持续发展能力变化趋势图（1995～2009）

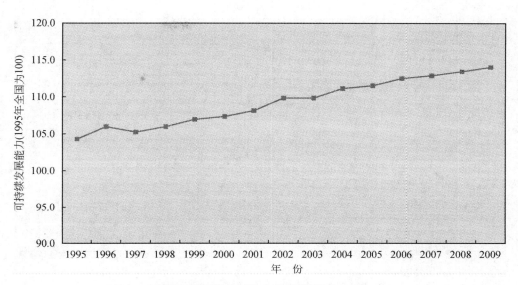

图 11.26 浙江可持续发展能力变化趋势图（1995～2009）

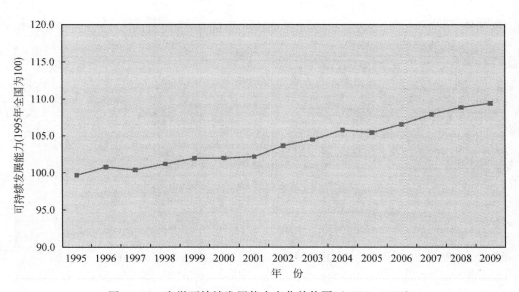

图 11.27 安徽可持续发展能力变化趋势图（1995～2009）

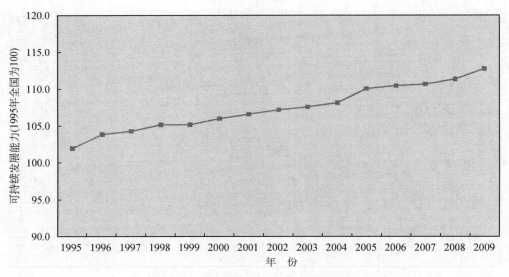

图 11.28　福建可持续发展能力变化趋势图（1995～2009）

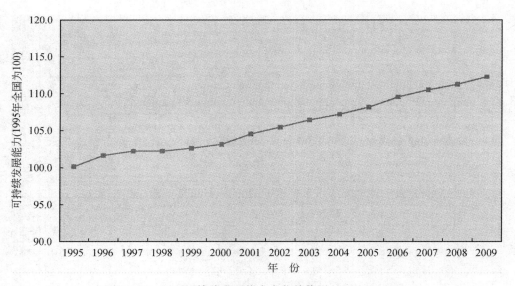

图 11.29　江西可持续发展能力变化趋势图（1995～2009）

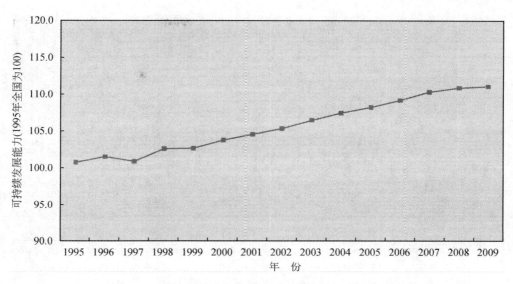

图 11.30 山东可持续发展能力变化趋势图（1995～2009）

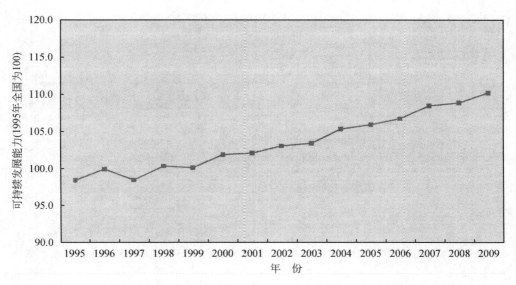

图 11.31 河南可持续发展能力变化趋势（1995～2009）

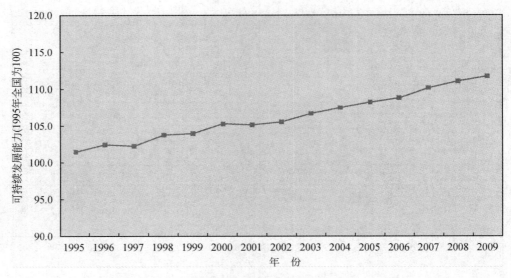

图 11.32　湖北可持续发展能力变化趋势（1995~2009）

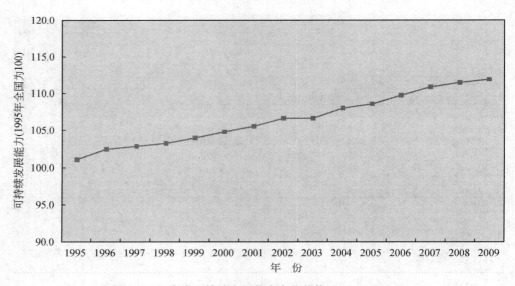

图 11.33　湖南可持续发展能力变化趋势（1995~2009）

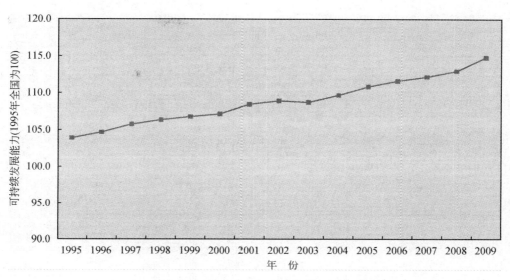

图 11.34　广东可持续发展能力变化趋势图（1995～2009）

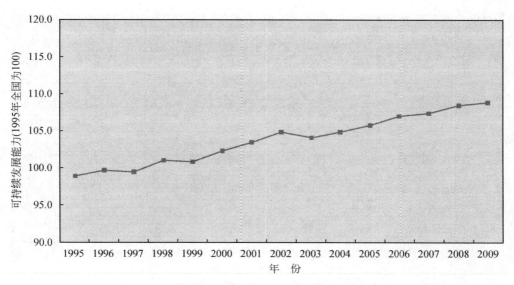

图 11.35　广西可持续发展能力变化趋势图（1995～2009）

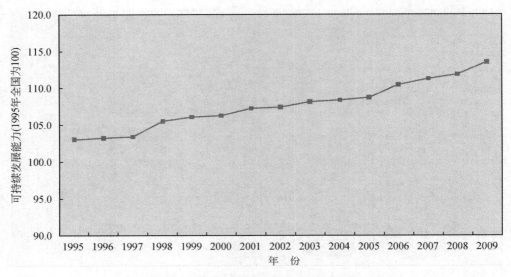

图 11.36　海南可持续发展能力变化趋势（1995～2009）

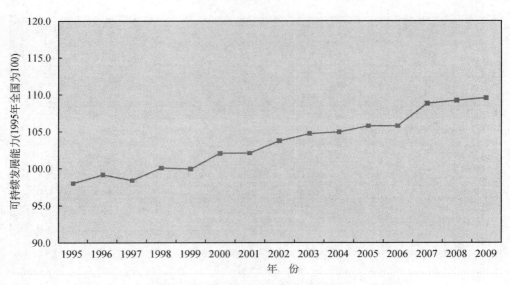

图 11.37　重庆可持续发展能力变化趋势图（1995～2009）

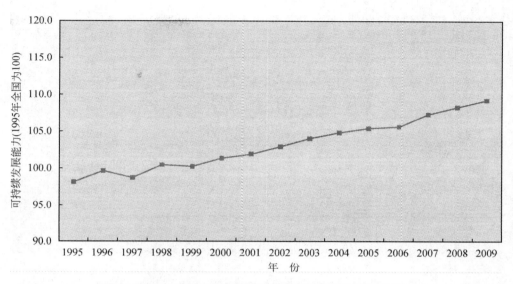

图 11.38　四川可持续发展能力变化趋势图（1995～2009）

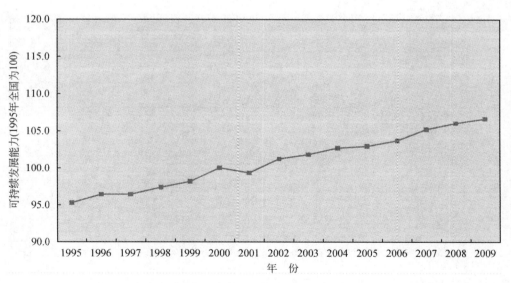

图 11.39　贵州可持续发展能力变化趋势图（1995～2009）

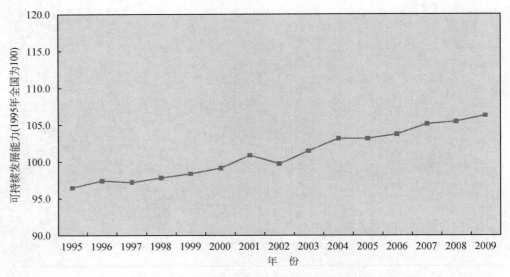

图 11.40　云南可持续发展能力变化趋势图（1995~2009）

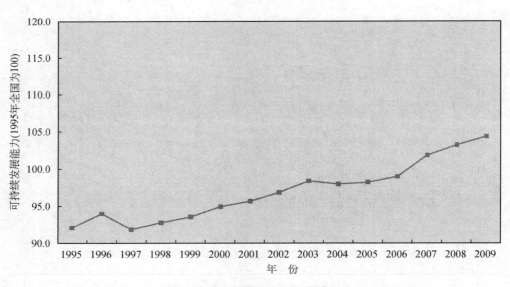

图 11.41　西藏可持续发展能力变化趋势图（1995~2009）

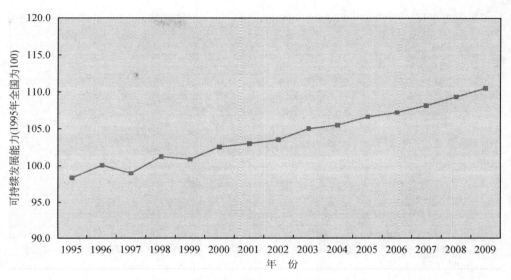

图 11.42　陕西可持续发展能力变化趋势图（1995～2009）

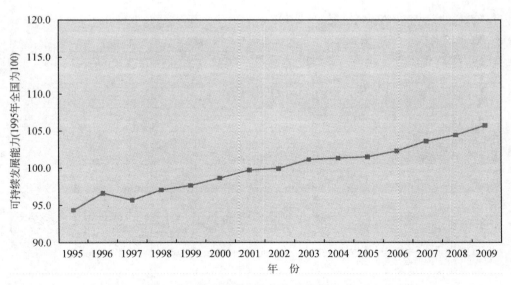

图 11.43　甘肃可持续发展能力变化趋势图（1995～2009）

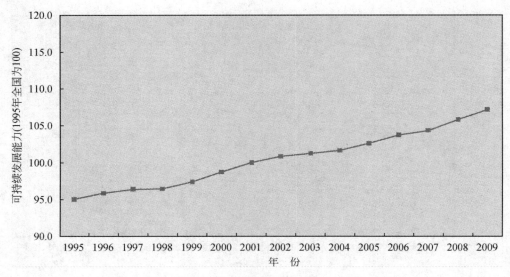

图 11.44　青海可持续发展能力变化趋势（1995～2009）

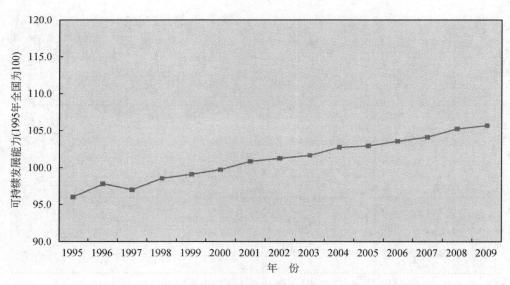

图 11.45　宁夏可持续发展能力变化趋势图（1995～2009）

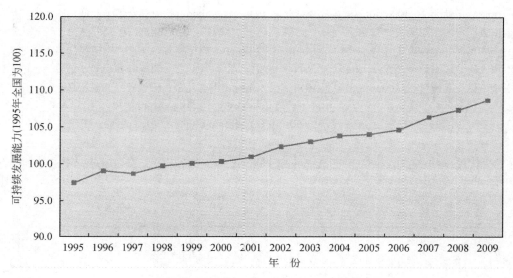

图 11.46　新疆可持续发展能力变化趋势图（1995～2009）

三　中国可持续发展能力系统分解变化趋势统计（1995～2009）

　　为了进一步揭示全国、各省、直辖市、自治区、东、中、西部地区和东北老工业基地以及八大经济区的可持续发展能力具体变化趋势及其空间差异，可以对可持续发展能力进行层层分解来考察和分析，具体见中国可持续发展研究网（http：//www. chinasds. org/kcxfzbg/）和中国可持续发展数据库（http：//www. chinasd. csdb. cn/index. jsp）。

参 考 文 献

国家统计局，科学技术部 . 1997～2010. 1996～2010 中国科技统计年鉴 . 北京：中国统计出版社
国家统计局国民经济综合统计司 . 2005. 新中国五十五年统计资料汇编 . 北京：中国统计出版社
国家统计局农村社会经济调查总队 . 1996～2010. 1996～2010 中国农村统计年鉴 . 北京：中国统计
　　出版社
国家统计局人口和就业统计司 . 1996～2010. 劳动和社会保障部规划财务司 . 1996～2010 中国劳动
　　统计年鉴 . 北京：中国统计出版社
国家统计局人口和社会科技统计司 . 1995～2007. 中国人口统计年鉴 1995～2007. 北京：中国统计
　　出版社
中国国土资源年鉴编辑部 . 1999～2009. 中国国土资源年鉴 1999～2009. 北京：中国国土资源年鉴

编辑部

中国交通运输协会 . 1996 ~ 2010. 中国交通年鉴 1996 ~ 2010. 北京：中国交通年鉴社

中国农业年鉴编辑委员会 . 1995 ~ 2010. 中国农业年鉴 1995 ~ 2010. 北京：中国农业出版社

中华人民共和国国家统计局 . 1995 ~ 2010. 1995 ~ 2010 中国统计年鉴 . 北京：中国统计出版社

中华人民共和国科学技术部 . 2007. 中国科学技术指标 2006. 北京：科学技术文献出版社

中华人民共和国科学技术部 . 2011. 中国科学技术指标 2010. 北京：科学技术文献出版社

《中国环境年鉴》编委会 . 1996 ~ 2010. 中国环境年鉴 1996 ~ 2010. 北京：中国环境年鉴社

《中国水利年鉴》编纂委员会 . 1996 ~ 2010. 中国水利年鉴 1996 ~ 2010. 北京：中国水利水电出版社

《中国卫生年鉴》编辑委员会 . 1996 ~ 1998. 中国卫生年鉴 1996 ~ 1998. 北京：人民卫生出版社

第十二章

中国资源环境综合绩效评估（2000～2010）*

一 资源环境综合绩效评估方法——资源环境综合绩效指数

为了对国家和各个地区的资源消耗和污染排放的绩效进行监测和综合评价，以便反映建设节约型社会的进展状况和检验各种政策措施的综合实施效果，中国科学院可持续发展战略研究组（2006年）提出了节约指数或资源环境综合绩效指数（resource and environmental performance index，REPI）方法，之后又对原有表达式进行了部分调整（中国科学院可持续发展战略研究组，2009），形成了目前新的资源环境综合绩效指数表达式：

$$\text{REPI}_j = \frac{1}{n} \sum_i^n w_i \frac{g_i / x_{ij}}{G_0 / X_{i0}} \tag{12-1}$$

在式（12-1）中，REPI_j 是第 j 个省区的资源环境综合绩效指数；w_i 为第 i 种资源消耗或污染排放绩效的权重，x_{ij} 为第 j 个省区第 i 种资源消耗或污染物排放总量，g_j 为

＊ 本章由陈劭锋、刘扬执笔，作者单位为中国科学院科技政策与管理科学研究所

第 j 个地区的 GDP 总量，X_{i0} 为全国第 i 种资源消耗或污染物排放总量，G_0 为全国的 GDP 总量。那么，g/x 和 G/X 实际上分别表征的是各省区和全国资源消耗强度或污染物排放绩效。n 为所消耗的资源或所排放的污染物的种类数。换言之，资源环境综合绩效指数实质上表达的是一个地区 n 种资源消耗或污染物排放绩效与全国相应资源消耗或污染物排放绩效比值的加权平均。该指数越大，表明资源环境综合绩效水平越高，该指数越小，表明资源环境综合绩效水平越低。在实证研究中，为简化起见，我们不妨假定各资源消耗和污染物排放绩效的权重相同。

二 中国各地区的资源环境综合绩效评估（2000～2010）

通过资源环境综合绩效指数 REPI，我们对 2000～2010 年间中国各省、直辖市、自治区的资源环境综合绩效及其变化趋势进行评估。在本次评估中，我们选择了能源消费总量、用水总量、建设用地规模（表征对土地资源的占用）、固定资产投资（间接表达对水泥、钢材等基础原材料的消耗）、化学需氧量（COD）排放（表征对水环境的压力）、二氧化硫排放量（表达对大气环境的压力）和工业固体废物排放总量等七大类资源环境指标。GDP 和固定资产投资均按 2005 年价计算。西藏由于数据不完整，不参与本次评估。

基于上述七类资源环境指标，采用式（12-1）对中国各地区 2000～2010 年的资源环境综合绩效进行评估，结果如表 12.1、表 12.2 和表 12.3 所示。

表 12.1　中国各省、直辖市、自治区的资源环境综合绩效指数（2000～2010）

（以 2000 年全国为 100）

地　区	2000 年	2001 年	2002 年	2003 年	2004 年	2005 年	2006 年	2007 年	2008 年	2009 年	2010 年
全　国	100.0	105.3	114.9	119.2	122.1	125.5	134.8	150.6	164.5	177.4	192.3
北　京	274.8	311.7	365.4	406.2	452.7	518.2	591.5	698.6	812.8	893.1	1003.6
天　津	188.1	231.7	261.2	279.1	301.8	311.2	350.6	397.7	466.7	527.6	613.4
河　北	87.4	93.2	104.9	112.8	118.6	128.2	139.9	154.9	176.3	194.5	216.1
山　西	80.0	83.9	92.7	99.1	109.4	119.9	128.5	147.4	162.4	171.0	182.8
内蒙古	63.0	64.2	67.7	64.8	70.7	75.9	85.7	99.7	117.5	133.1	149.6
辽　宁	90.3	99.9	114.3	124.0	134.7	132.2	142.0	159.9	182.7	206.6	235.0
吉　林	86.3	95.9	103.1	109.4	117.2	115.0	121.9	138.4	158.3	174.8	192.0
黑龙江	91.9	97.8	111.3	112.9	119.9	119.9	125.1	136.1	148.7	159.2	176.2

续表

地 区	2000 年	2001 年	2002 年	2003 年	2004 年	2005 年	2006 年	2007 年	2008 年	2009 年	2010 年
上 海	249.3	268.2	312.3	340.0	376.3	399.7	449.6	508.8	558.0	620.0	690.4
江 苏	150.8	152.5	174.6	188.2	193.0	198.0	217.0	248.7	281.7	316.7	352.3
浙 江	200.2	211.4	221.5	235.2	250.4	267.0	287.3	321.6	353.5	392.6	435.1
安 徽	92.1	95.8	103.4	107.2	110.6	112.8	116.2	128.4	138.6	151.9	171.9
福 建	161.0	166.8	191.3	181.3	189.9	186.0	203.3	226.3	251.1	275.0	306.8
江 西	85.3	91.5	93.7	90.6	91.8	95.4	102.2	110.9	124.2	136.4	152.3
山 东	122.3	134.0	145.9	162.4	182.2	199.4	218.2	252.4	285.1	320.6	358.4
河 南	109.6	113.6	123.1	132.1	135.7	140.7	147.4	167.8	184.7	201.8	227.5
湖 北	87.1	95.7	104.9	109.0	114.0	120.7	127.9	144.4	161.2	177.6	196.5
湖 南	94.0	96.7	103.1	102.2	104.3	108.7	116.6	127.1	144.2	158.6	177.0
广 东	217.6	218.3	241.7	256.5	274.4	286.6	319.7	345.9	368.7	408.4	447.7
广 西	71.8	76.1	80.1	78.0	78.9	80.4	85.0	92.3	100.3	110.4	121.2
海 南	186.1	221.9	213.9	230.2	229.4	244.9	251.5	273.3	296.3	331.0	333.6
重 庆	105.6	110.4	120.8	126.2	130.0	132.7	145.3	160.8	178.3	198.3	226.8
四 川	74.6	80.4	87.8	90.7	97.6	106.7	115.4	129.1	144.0	158.3	174.9
贵 州	54.2	55.7	58.7	59.0	63.1	69.1	73.7	82.9	91.0	98.7	109.3
云 南	80.4	85.7	91.9	94.1	97.7	99.7	104.9	114.1	125.2	137.6	153.1
陕 西	87.3	92.3	99.2	105.2	110.3	116.1	124.6	141.9	160.3	183.7	207.4
甘 肃	58.8	68.0	68.0	66.3	71.7	72.9	79.0	85.6	92.6	100.1	106.1
青 海	75.6	79.3	91.0	83.0	78.6	65.1	67.1	72.7	78.8	87.0	92.0
宁 夏	39.3	42.0	49.2	49.2	56.0	49.6	53.3	57.1	62.0	67.6	71.8
新 疆	75.4	78.2	79.1	79.7	77.7	79.3	80.0	81.6	86.9	87.4	90.7

注：西藏由于资料不全，未列入评估

资料来源：1）《中国环境年鉴》编委会．2001～2010．中国环境年鉴 2001～2010．中国环境年鉴社

2）中华人民共和国国家统计局．2001～2011．2001～2011 中国统计年鉴．中国统计出版社

3）中国国土资源年鉴编辑部．2001～2009．中国国土资源年鉴 2001～2009．中国国土资源年鉴编辑部

4）国家统计局能源统计司，国家能源局．2005～2011．中国能源统计年鉴 2004～2010．中国统计出版社

表 12.2　中国各省、直辖市、自治区的资源环境综合绩效水平排序（2000 ~ 2010）

地　区	2000 年排序	2001 年排序	2002 年排序	2003 年排序	2004 年排序	2005 年排序	2006 年排序	2007 年排序	2008 年排序	2009 年排序	2010 年排序
北　京	1	1	1	1	1	1	1	1	1	1	1
天　津	5	3	3	3	3	3	3	3	3	3	3
河　北	16	18	14	14	14	13	13	13	13	13	13
山　西	22	22	21	20	19	15	14	14	14	17	17
内蒙古	27	28	28	28	28	26	24	24	24	24	24
辽　宁	15	12	12	12	11	12	12	12	11	10	10
吉　林	19	15	17	15	15	18	18	17	17	16	16
黑龙江	14	13	13	13	13	16	16	18	18	18	19
上　海	2	2	2	2	2	2	2	2	2	2	2
江　苏	8	8	8	7	7	8	8	8	8	8	7
浙　江	4	6	5	5	5	5	5	5	5	5	5
安　徽	13	16	16	17	17	19	20	20	21	21	21
福　建	7	7	7	8	8	9	9	9	9	9	9
江　西	20	20	20	23	23	23	23	23	23	23	23
山　东	9	9	9	9	9	7	7	7	7	7	6
河　南	10	10	10	10	10	10	10	10	10	11	11
湖　北	18	17	15	16	16	14	15	15	15	15	15
湖　南	12	14	18	19	20	20	19	21	19	19	18
广　东	3	5	4	4	4	4	4	4	4	4	4
广　西	26	26	25	26	24	24	25	25	25	25	25
海　南	6	4	6	6	6	6	6	6	6	6	8
重　庆	11	11	11	11	12	11	11	11	12	12	12
四　川	25	23	24	22	22	21	21	19	20	20	20
贵　州	29	29	29	29	29	28	28	27	27	27	26
云　南	21	21	22	21	21	22	22	22	22	22	22
陕　西	17	19	19	18	18	17	17	16	16	14	14
甘　肃	28	27	27	27	27	27	27	26	26	26	27
青　海	23	24	23	24	25	29	29	29	29	29	28
宁　夏	30	30	30	30	30	30	30	30	30	30	30
新　疆	24	25	26	25	26	25	26	28	28	28	29

　　注：按资源环境综合绩效指数从大到小排序。西藏未参与评估，所以有 30 个省、市、自治区参与了排序

表 12.3　中国东、中、西部和东北老工业基地的资源环境综合绩效指数（2000～2010）

（以 2000 年全国为 100）

地　区	2000 年	2001 年	2002 年	2003 年	2004 年	2005 年	2006 年	2007 年	2008 年	2009 年	2010 年
全国	100.0	105.3	114.9	119.2	122.1	125.5	134.8	150.6	164.5	177.4	192.3
东部地区	134.6	142.2	161.6	175.0	186.2	196.7	217.4	245.3	275.5	306.4	341.1
东北老工业基地	82.1	90.0	102.6	109.1	116.7	114.3	121.0	134.9	152.3	168.7	189.3
中部地区	83.2	88.4	95.8	98.9	103.2	107.1	114.1	126.9	140.6	154.1	172.0
西部地区	63.8	68.0	73.0	73.5	77.0	80.0	85.4	94.7	105.7	116.7	129.0

注：东部地区包括：辽宁、北京、天津、河北、上海、江苏、浙江、福建、山东、广东、海南，共 11 省、直辖市；东北老工业基地包括：辽宁、吉林、黑龙江 3 省；中部地区包括：黑龙江、吉林、山西、安徽、江西、河南、湖北、湖南，共 8 省；西部地区包括：内蒙古、广西、重庆、四川、贵州、云南、陕西、甘肃、青海、宁夏、新疆，共 11 省、直辖市、自治区。西藏由于数据缺乏未列入西部地区评估，以下图表均相同

资料来源：1）《中国环境年鉴》编委会. 2001～2010. 中国环境年鉴 2001～2010. 中国环境年鉴社

2）中华人民共和国国家统计局. 2001～2011. 2001～2011 中国统计年鉴. 中国统计出版社

3）中国国土资源年鉴编辑部. 2001～2009. 中国国土资源年鉴 2001～2009. 中国国土资源年鉴编辑部

4）国家统计局能源统计司，国家能源局. 2005～2011. 中国能源统计年鉴 2004～2010. 中国统计出版社

　　根据表 12.1～表 12.3，可以对中国各省、直辖市、自治区的资源环境综合绩效水平进行纵向和横向上的对比分析。

三　中国各地区的资源环境综合绩效评估结果分析（2000～2010）

（一）2010 年中国各省、直辖市、自治区的资源环境综合绩效水平分析

　　2010 年，北京市的资源环境综合绩效水平稳居全国之首，而宁夏则是全国资源环境综合绩效水平最低的省份，如图 12.1 所示。北京、上海、天津、广东、浙江、山东、江苏、海南、福建、辽宁依次在全国资源环境综合绩效水平排行榜中位列前十位，其资源环境综合绩效综合指数高于全国平均水平，分别是全国平均水平的 1.2～5.2 倍。这些省、直辖市全部分布在东部地区。资源环境综合绩效水平位列全国后十位的省、直辖市、自治区依次为安徽、云南、江西、内蒙古、广西、贵州、甘肃、青海、新

疆、宁夏，其资源环境综合绩效指数分别为全国平均水平的 0.4 ~ 0.9 倍。这些省、直辖市全部分布在中西部地区，尤其以西部地区居多数。由此可见，中国的资源环境综合绩效水平呈现出比较明显的空间差异特征，这也可以从表 12.3 和图 12.2 来进一步揭示。

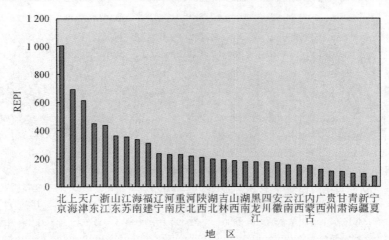

图 12.1　2010 年中国各省、直辖市、自治区资源环境综合绩效指数排序图（由大到小排列）

由表 12.3 和图 12.2 可知，目前中国的资源环境综合绩效呈现东部地区高于东

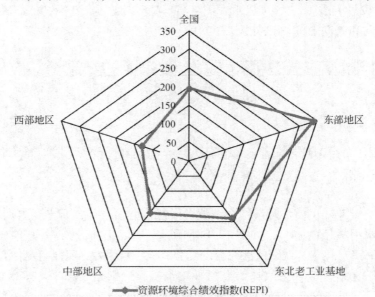

图 12.2　2010 年中国东、中、西部和东北老工业基地资源环境综合绩效水平比较图

北老工业基地、东北老工业基地高于中部地区、中部地区又高于西部地区的空间分布格局。东部地区资源环境综合绩效指数高于全国平均水平，是全国平均水平的1.8倍。而东北老工业基地、中部地区和西部地区的资源环境综合绩效指数均低于全国平均水平，分别是全国平均水平的0.67~0.98倍。

    与2009年相比，中国各省、直辖市、自治区的资源环境综合绩效水平都有不同程度的提升（见图12.3）。其中天津的增幅最大为16.3%，而海南的增幅最小，只有0.8%。宁夏、甘肃、青海、新疆、海南等5个省、自治区的增幅低于全国平均水平（6.8%）外，其他省、直辖市、自治区的资源环境综合绩效增幅均高于全国平均水平。

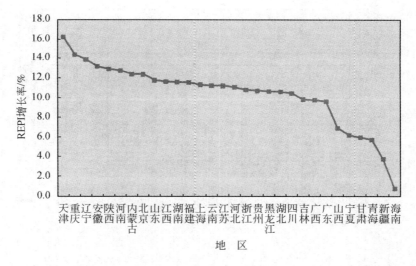

图12.3 2010年中国各省、直辖市、自治区资源环境综合绩效指数比上年增长幅度排序图

    从资源环境综合绩效水平排序来看，与2009年相比，北京、天津、河北、山西、内蒙古、辽宁、吉林、上海、浙江、安徽、福建、江西、河南、湖北、广东、广西、重庆、四川、云南、陕西、宁夏的位序保持不变，江苏、山东、湖南、贵州、青海比往年上升1位，黑龙江、甘肃、新疆比往年下降1位，海南比往年下降2位。

（二）中国各地区的资源环境综合绩效水平变化趋势分析（2000～2010）

1. 中国的资源环境综合绩效水平变化趋势分析（2000～2010）

自 2000 年以来，全国的资源环境综合绩效指数总体上呈上升趋势（图 12.4），平均每年增长 6.8%，说明全国的资源环境综合绩效水平比 2000 年有了比较显著的提高。

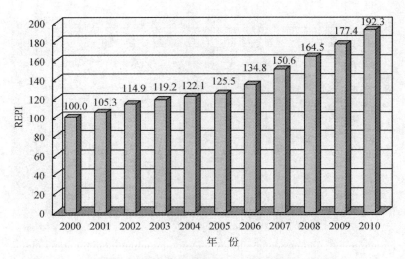

图 12.4 中国的资源环境综合绩效指数变化趋势图（2000～2010）

2. 中国各省、直辖市、自治区的资源环境综合绩效水平变化趋势分析（2000～2010）

从表 12.4 来看，2010 年中国各省、直辖市、自治区的资源环境综合绩效指数相对于 2000 年均呈上升趋势，其中上升幅度最大的前十位省份依次是北京、天津、山东、上海、辽宁、河北、内蒙古、陕西、江苏、四川。上升幅度排在后十位的省份依次是：云南、湖南、安徽、宁夏、甘肃、江西、海南、广西、青海、新疆，其上升幅度均低于全国平均增幅。

表12.4　中国各省、直辖市、自治区资源环境综合绩效指数的变化情况（2000～2010）

地区	2001年比2000年增长/%	2002年比2001年增长/%	2003年比2002年增长/%	2004年比2003年增长/%	2005年比2004年增长/%	2006年比2005年增长/%	2007年比2006年增长/%	2008年比2007年增长/%	2009年比2008年增长/%	2010年比2009年增长/%	2000～2010年平均增长/%
全国	5.3	9.1	3.7	2.4	2.8	7.4	11.7	9.2	7.8	8.4	6.8
北京	13.4	17.2	11.2	11.4	14.5	14.1	18.1	16.3	9.9	12.4	13.8
天津	23.2	12.7	6.9	8.1	3.1	12.7	13.4	17.3	13.0	16.3	12.5
河北	6.6	12.6	7.5	5.1	8.1	9.1	10.7	13.8	10.3	11.1	9.5
山西	4.9	10.5	6.9	10.4	9.6	7.2	14.7	10.2	5.3	6.9	8.6
内蒙古	1.9	5.5	-4.3	9.1	7.4	12.9	16.3	17.9	13.3	12.4	9.0
辽宁	10.6	14.4	8.5	8.6	-1.9	7.4	12.6	14.3	13.0	13.9	10.0
吉林	11.1	7.5	6.1	7.1	-1.9	6.0	13.5	14.4	10.4	9.8	8.3
黑龙江	6.4	13.8	1.4	6.1	-0.2	4.6	8.8	9.3	7.1	10.7	6.7
上海	7.6	16.4	8.9	10.7	6.2	12.5	13.2	9.7	11.1	11.4	10.7
江苏	1.1	14.5	7.8	2.6	2.6	9.6	14.6	13.3	12.4	11.2	8.9
浙江	5.6	4.8	6.2	6.5	6.6	7.6	11.9	9.9	11.1	10.8	8.1
安徽	4.0	7.9	3.7	3.2	2.0	3.0	10.5	7.9	9.6	13.2	6.4
福建	3.6	14.7	-5.2	4.7	-2.1	9.3	11.3	11.0	9.5	11.6	6.7
江西	7.3	2.4	-3.3	1.3	3.9	7.1	8.5	12.0	9.8	11.7	6.0
山东	9.6	8.9	11.3	12.2	9.4	9.4	15.7	13.0	12.5	11.8	11.4
河南	3.6	8.4	7.3	2.7	3.7	4.8	13.8	10.1	9.3	12.7	7.6
湖北	9.9	9.6	3.9	4.6	5.9	6.0	12.9	11.6	10.2	10.6	8.5
湖南	2.9	6.6	-0.9	2.1	4.2	7.3	9.0	13.5	10.0	11.6	6.5
广东	0.3	10.7	6.1	6.9	4.5	11.5	8.2	6.6	10.8	9.6	7.5
广西	6.0	5.3	-2.6	1.2	1.9	5.7	8.6	8.7	10.1	9.8	5.4
海南	19.2	-3.6	7.6	-0.3	6.8	2.7	8.7	8.4	11.7	0.8	6.0
重庆	4.5	9.4	4.5	3.0	2.1	9.5	10.7	10.9	11.2	14.4	7.9
四川	7.8	9.2	3.3	7.6	9.3	8.2	11.9	11.5	9.9	10.5	8.9
贵州	2.8	5.4	0.5	6.9	9.5	6.7	12.5	9.8	8.5	10.7	7.3
云南	6.6	7.2	2.4	3.8	2.0	5.2	9.7	9.7	9.9	11.3	6.7
陕西	5.7	7.5	6.0	4.8	5.3	7.3	13.9	13.0	14.6	12.9	9.0
甘肃	15.6	0.0	-2.5	8.1	1.7	8.4	8.4	8.2	8.1	6.0	6.1
青海	4.9	14.8	-8.8	-5.3	-17.2	3.1	8.3	8.4	10.4	5.7	2.0
宁夏	6.9	17.1	0.0	13.8	-11.4	7.5	7.1	8.6	9.0	6.2	6.2
新疆	3.7	1.2	0.8	-2.5	2.1	0.9	2.0	6.5	0.6	3.8	1.9

资料来源：1）《中国环境年鉴》编委会. 2001～2010. 中国环境年鉴2001～2010. 中国环境年鉴社

2）中华人民共和国国家统计局. 2001～2011. 2001～2011中国统计年鉴. 中国统计出版社

3）中国国土资源年鉴编辑部. 2001～2009. 中国国土资源年鉴2001～2009. 中国国土资源年鉴编辑部

4）国家统计局能源统计司，国家能源局. 2005～2011. 中国能源统计年鉴2004～2010. 中国统计出版社

3. 中国东、中、西部和东北老工业基地资源环境综合绩效水平变化趋势分析
   （2000～2010）

从表 12.3 和图 12.5 来看，中国东、中、西部和东北老工业基地的资源环境
综合绩效指数自 2000 年以来基本上呈稳定上升趋势。再从表 12.5 来看，2000～
2010 年，东部地区的资源环境综合绩效指数上升幅度最大，平均每年增加 9.7%；
其次为东北老工业基地，平均每年增加 8.7%；而中部地区和西部地区增加幅度
基本接近，分别为 7.5% 和 7.3%。同时，资源环境综合绩效水平的空间格局已经
发生了部分变化。2001 年以前中国的资源环境综合绩效水平呈现出东部地区依次
高于中部地区、东北老工业基地、西部地区的空间分布格局，而 2001 年以后演变
为东部地区依次高于东北老工业基地、中部地区和西部地区。同时，除东部地区
外，其他三个地区的资源环境综合绩效水平仍然低于全国平均水平，这种格局没
有发生变化。

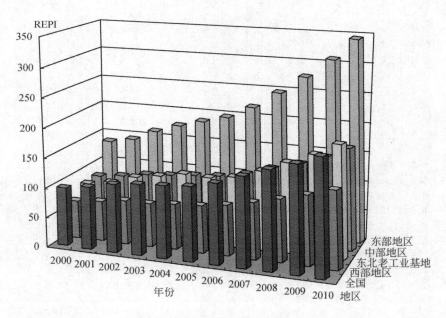

图 12.5　中国东、中、西部和东北老工业基地资源环境综合绩效指数变化趋势图
（2000～2010）

表 12.5 中国东、中、西部和东北老工业基地资源环境综合绩效指数的变化情况（2000～2010）

地 区	2001年比2000年增长/%	2002年比2001年增长/%	2003年比2002年增长/%	2004年比2003年增长/%	2005年比2004年增长/%	2006年比2005年增长/%	2007年比2006年增长/%	2008年比2007年增长/%	2009年比2008年增长/%	2010年比2009年增长/%	2000～2010年平均增长/%
东部地区	5.6	13.6	8.3	6.4	5.6	10.5	12.8	12.3	11.2	11.3	9.7
东北老工业基地	9.6	14.0	6.3	7.0	-2.1	5.9	11.5	12.9	10.8	12.2	8.7
中部地区	6.3	8.4	3.2	4.3	3.8	6.5	11.2	10.8	9.6	11.6	7.5
西部地区	6.6	7.4	0.7	4.8	3.9	6.5	10.9	11.6	10.4	10.5	7.3

资料来源：1)《中国环境年鉴》编委会.2001～2009.中国环境年鉴2001～2010.中国环境年鉴社

2) 中华人民共和国国家统计局.2001～2011.2001～2011中国统计年鉴.中国统计出版社

3) 中国国土资源年鉴编辑部.2001～2008.中国国土资源年鉴2001～2009.中国国土资源年鉴编辑部

4) 国家统计能源统计司，国家能源局.2005～2011.中国能源统计年鉴2004～2010.中国统计出版社

四 中国各地区资源环境综合绩效影响因素实证分析（2000～2010）

资源环境综合绩效指数作为国家或区域生态效率的一种衡量指标，其大小在一定程度上反映了国家或区域之间资源利用技术水平的相对高低和经济发展对资源环境产生压力的相对大小。它在一定时期内的发展变化也在某种程度上反映了国家或区域资源利用的广义科技进步状况。资源环境综合绩效受多种因素的影响，包括经济发展水平、经济结构、技术水平、产品结构等等。为了从宏观上揭示中国资源环境综合绩效的影响因素，我们拟从经济发展水平和经济结构的角度对其进行实证分析。

1. 中国各地区资源环境综合绩效与经济发展水平之间的关系（2000～2010）

基于2000～2009年面板数据，可以得到该时期中国各地区资源环境综合绩效指数与其经济发展水平即人均GDP之间的关系图（图12.6）。由图可知，随着人均GDP的不断提高，资源环境综合绩效指数呈上升趋势，这说明了资源环境综合绩效水平与经济发展水平和发展阶段有关。总体而言，人均GDP每增加1000元，资源

环境综合绩效指数平均增加 9.0。尽管资源环境综合绩效水平与经济发展阶段有关，但并不意味着单纯依靠经济增长就可以自发地实现资源环境绩效水平的提升。

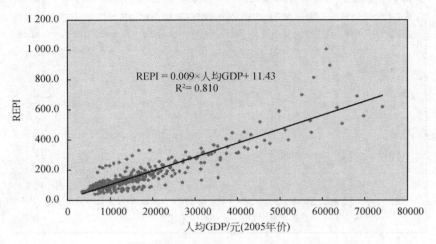

图 12.6　中国各地区 REPI 与其人均 GDP 之间的关系（2000～2010）

2. 中国各地区资源环境综合绩效与经济结构之间的关系（2000～2010）

　　在不同的发展阶段下，产业或经济结构不同，资源环境绩效也会有所不同。工业化阶段尤其是工业化中期阶段往往对应着资源消耗最大、污染最严重的发展阶段，同时也是资源环境综合绩效最差的阶段。研究经济结构与 REPI 之间的关系，可以采用两种途径进行。一种是分别用第二、三产业产值比例作为经济结构的衡量指标；另一种途径采用第三产业产值与第一产业产值之比形成的产业结构指数来反映整个国民经济结构的变化。从人类社会经济发展的一般演化规律来看，第一产业在国民经济的中所占的比重逐步趋于下降，第二产业所占的比重呈现出先增加后下降的趋势，即"倒 U 型"或钟形发展趋势，第三产业所占的比重则呈现出"S"形的演化趋势。因此，可以通过产业结构指数从整体上反映国民经济结构的变化情况。

　　图 12.7 展示了 2000～2010 年中国各地区资源环境绩效指数与其第二产业产值比例之间的关系。从图 12.7 可以发现 REPI 随着第二产业产值比重的增加大体呈现出下降趋势，第二产业产值比重最高的地区也是资源环境绩效相对最差的地区。这同时也在一定程度说明了工业化的中期阶段也是资源环境绩效相对较差的阶段。

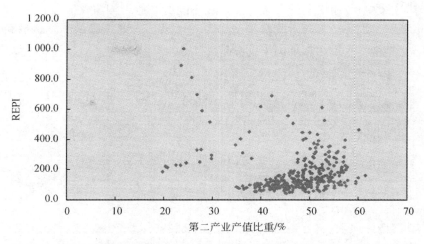

图 12.7 中国各地区 REPI 与其第二产业产值比重之间的关系（2000～2010）

图 12.8 反映的是 2000～2010 年中国各地区资源环境绩效指数与其第三产业产值比重之间的关系。从中可以发现 REPI 随着第三产业产值比重的增加而呈现出比较明显的正向相关关系。这在很大程度说明了通过大力发展第三产业，优化经济结构有助于显著提升国家或地区的资源环境绩效。

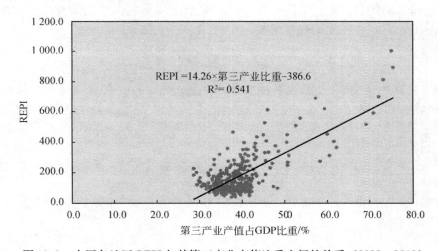

图 12.8 中国各地区 REPI 与其第三产业产值比重之间的关系（2000～2010）

如果采用经济结构指数来衡量经济结构状况，那么其与 REPI 之间的关系如下图 12.9 所示。由图可知，二者之间大体呈现出三次函数关系。总体上看，REPI 随着产业结构指数的增加呈上升态势，但是在不同的产业结构演化阶段，REPI 变化出现拐点并形成了比较显著的阶段性特征。由此可见，不同阶段的结构调整可以对资源环境综合绩效的改善起到不同程度的推动作用。

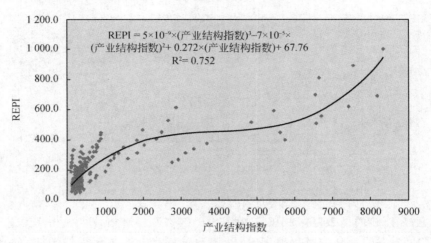

$$REPI = 5\times10^{-9}\times(\text{产业结构指数})^3 - 7\times10^{-5}\times(\text{产业结构指数})^2 + 0.272\times(\text{产业结构指数}) + 67.76$$
$$R^2 = 0.752$$

图 12.9　中国各地区 REPI 与其产业结构指数之间的关系（2000～2010）

总之，提高资源环境综合绩效并不意味着通过加速经济增长来加以解决，而是要在促进增长的同时，通过采用多种综合配套措施包括加大结构调整力度、增强科技创新能力和提高管理水平等来实现。

参 考 文 献

国家统计局工业交通统计司，国家发展和改革委员会能源局 . 2005. 中国能源统计年鉴 2004. 北京：中国统计出版社

国家统计局工业交通统计司，国家发展和改革委员会能源局 . 2006. 中国能源统计年鉴 2005. 北京：中国统计出版社

国家统计局工业交通统计司，国家发展和改革委员会能源局 . 2007. 中国能源统计年鉴 2006. 北京：中国统计出版社

国家统计局工业交通统计司，国家发展和改革委员会能源局 . 2008. 中国能源统计年鉴 2007. 北京：中国统计出版社

国家统计局能源统计司，国家能源局综合司 . 2009. 中国能源统计年鉴 2008. 北京：中国统计出版社

国家统计局能源统计司，国家能源局综合司 . 2010. 中国能源统计年鉴 2009. 北京：中国统计出版社

国家统计局能源统计司，国家能源局综合司 . 2011. 中国能源统计年鉴 2010. 北京：中国统计出

版社

中国科学院可持续发展战略研究组.2006.2006中国可持续发展战略报告——建设资源节约型和环境友好型社会.北京：科学出版社

中国科学院可持续发展战略研究组.2009.2009中国可持续发展战略报告——探索中国特色的低碳道路.北京：科学出版社

中华人民共和国国家统计局.2001.2001中国统计年鉴.北京：中国统计出版社

中华人民共和国国家统计局.2002.2002中国统计年鉴.北京：中国统计出版社

中华人民共和国国家统计局.2003.2003中国统计年鉴.北京：中国统计出版社

中华人民共和国国家统计局.2004.2004中国统计年鉴.北京：中国统计出版社

中华人民共和国国家统计局.2005.2005中国统计年鉴.北京：中国统计出版社

中华人民共和国国家统计局.2006.2006中国统计年鉴.北京：中国统计出版社

中华人民共和国国家统计局.2007.2007中国统计年鉴.北京：中国统计出版社

中华人民共和国国家统计局.2008.2008中国统计年鉴.北京：中国统计出版社

中华人民共和国国家统计局.2009.2009中国统计年鉴.北京：中国统计出版社

中华人民共和国国家统计局.2010.2010中国统计年鉴.北京：中国统计出版社

中华人民共和国国家统计局.2011.2011中国统计年鉴.北京：中国统计出版社

中国国土资源年鉴编辑部.2001.中国国土资源年鉴2001.北京：中国国土资源部

中国国土资源年鉴编辑部.2002.中国国土资源年鉴2002.北京：中国国土资源部

中国国土资源年鉴编辑部.2003.中国国土资源年鉴2003.北京：中国国土资源部

中国国土资源年鉴编辑部.2004.中国国土资源年鉴2004.北京：中国国土资源部

中国国土资源年鉴编辑部.2005.中国国土资源年鉴2005.北京：中国国土资源部

中国国土资源年鉴编辑部.2006.中国国土资源年鉴2006.北京：中国国土资源部

中国国土资源年鉴编辑部.2007.中国国土资源年鉴2007.北京：中国国土资源部

中国国土资源年鉴编辑部.2008.中国国土资源年鉴2008.北京：中国国土资源部

中国国土资源年鉴编辑部.2009.中国国土资源年鉴2009.北京：中国国土资源部

《中国环境年鉴》编委会.2001.中国环境年鉴2001.北京：中国环境年鉴社

《中国环境年鉴》编委会.2002.中国环境年鉴2002.北京：中国环境年鉴社

《中国环境年鉴》编委会.2003.中国环境年鉴2003.北京：中国环境年鉴社

《中国环境年鉴》编委会.2004.中国环境年鉴2004.北京：中国环境年鉴社

《中国环境年鉴》编委会.2005.中国环境年鉴2005.北京：中国环境年鉴社

《中国环境年鉴》编委会.2006.中国环境年鉴2006.北京：中国环境年鉴社

《中国环境年鉴》编委会.2007.中国环境年鉴2007.北京：中国环境年鉴社

《中国环境年鉴》编委会.2008.中国环境年鉴2008.北京：中国环境年鉴社

《中国环境年鉴》编委会.2009.中国环境年鉴2009.北京：中国环境年鉴社

《中国环境年鉴》编委会.2010.中国环境年鉴2010.北京：中国环境年鉴社

第十三章

世界主要国家的资源环境绩效与绿色发展评估(1990~2009)*

一 绿色发展评估概述

(一)绿色发展需要监测和评估

近年来,在全球气候变化和世界金融危机等多重全球性问题的冲击和挑战下,促进绿色发展、实现绿色转型已成为世界性的潮流和趋势(中国科学院可持续发展战略研究组,2010;中国科学院可持续发展战略研究组,2011)。无论是从发达国家到发展中国家,还是从欧洲到亚洲,均纷纷制定绿色经济战略、政策和行动,在促进经济增长和就业、加大环境保护、保障社会公平的同时,推动加快全球转型,努力实现一个低碳、资源节约和社会包容的绿色未来(UNEP,2011)。

---

* 本章由陈劭锋、刘扬、苏利阳、潘明麒、严晓星、秦海波、梁丽华、邱明晶执笔,作者单位为中国科学院科技政策与管理科学研究所

　　绿色发展并非新近出现的事物和理念。其概念可以追溯到 20 世纪 60 年代美国学者博尔丁的宇宙飞船经济理论以及后来戴利、皮尔斯等人的有关稳态经济、绿色经济、生态经济的一系列论述（中国科学院可持续发展战略研究组，2010）。随着环境问题的不断变化及人们对环境问题认识的不断深化，绿色发展也不断地被赋予新的内涵。

　　但是，迄今为止，绿色发展尚未有统一的定义。联合国亚洲及太平洋经济社会委员会（UNESCAP，2006）将绿色增长定义为能够维持或恢复环境质量和生态完整性的经济增长，追求以最低可能的环境影响满足所有人的需求。OECD（2010）也提出了绿色增长的定义，即绿色增长可被视为一种追求经济增长和发展，同时又防止环境恶化、生物多样性丧失和不可持续地利用自然资源的方式。它旨在使利用更清洁的增长来源的机会最大化，从而实现更环保的可持续增长模式。联合国环境规划署（UNEP）新近发布的报告则把绿色经济定义为一种能够提高人类福利和社会平等同时又能显著减少环境风险和生态稀缺性的经济。简而言之，绿色经济就是低碳的、资源节约的、社会包容的经济（UNEP，2011）。

　　尽管绿色发展的内涵在不同的语境和条件下有所区别，包括广义和狭义之分，而且是动态变化的，但是无论如何表述，它们在狭义上基本趋于一致，都是相对于传统的、以牺牲资源环境为代价的"黑色"或"褐色"发展模式而言的，强调"经济发展与保护环境统一协调"（UNDP，2002），即在追求经济增长的同时，不仅不能增加其环境影响，更要将其环境影响削减至一定的限度内或者实现经济增长与资源消耗和污染物排放的脱钩，从而达到环境与发展的协调和双赢。这同时意味着提高生态效率或资源环境绩效是绿色发展的核心和关键。

　　促进绿色发展或向绿色经济转型是一个极其复杂的过程。这就需要发展相应的监测指标或指标体系来对该过程进行监测和评估，以衡量绿色发展的进步状况，评判和诊断相关政策合理与否以及整个过程是否在朝着绿色发展的目标迈进，从而为绿色发展的决策、引导和控制提供有力的信息和技术支持。显而易见，资源环境绩效理应成为绿色发展监测和评估的对象和重点所在。

（二）绿色发展评估的国内外进展

　　国际上对绿色发展指标或指标体系的开发和应用研究也起步较早，尤其是在1992 年联合国环境与发展大会之后，这类研究日益增多。总体来看，国内外有关绿色发展指标或指标体系的研究主要沿着 3 条路径展开：

　　一是以生态效率为核心的指标或指标体系。生态效率可以表征为产品或服务的经济产值与环境影响的比值，而其倒数即为环境影响强度。选择什么样的指标来表达经济产值和环境影响，取决于生态效率计算的目标和范围、具体的情况和数据的可得性。一般而言，经济产值指标通常用生产或销售的产品或服务数量、净销售额、附加值、GDP、GNP、GNI 等指标来表达。而能源、物质、水资源等物质消费以及温室气体、废气（包括硫氧化物、氮氧化物、烟粉尘等）、固体废弃物等污染物排放通常被用于表征环境影响。自然而然，生态效率的监测指标就包括单位产出的能源、资源消费强度和各类污染物的排放强度。但是当存在不同的环境指标时，就需要将其综合或合成起来。目前，比较流行的一种综合方法是物质流分析法，即以物质为单位分析一个经济单元或经济体使用的物质量来反映人类活动对环境的影响。由于不同的物质流对环境会产生不同的环境影响，有些物质使用量虽然很少，但可能对环境产生的负面影响更大，而这种情形在物质流分析中通常被忽视。因此，物质的使用量指标作为环境影响的间接指标更合适一些。与此相对应，单位经济产出的总物质需求指标也是常用的、监测生态效率或资源生产率的重要指标。另一种合成不同环境指标的方法是根据不同指标的重要性赋予其相应的权重然后进行加总进而形成复合性的指标或指数，如中国科学院可持续发展战略研究组开发的资源环境综合绩效指数评价法（中国科学院可持续发展战略研究组，2006~2011）。在大部分情形下，权重的确定需要借助专家来判断，通常因其带有过多的主观性和缺乏科学基础而受到批评（Chen et al. , 2008）。尽管生态效率指标可能存在这样或那样的问题，但是它能够比较直观、简洁地反映经济发展与资源消耗和环境污染之间的关系，从而得到广泛的使用。

二是以绿化传统国民经济核算体系为核心的指标或指标体系。这类指标或指标体系主要针对传统国民经济核算体系和 GDP 存在着对经济绩效衡量扭曲的缺陷，尤其是不能反映经济活动的资源环境代价（包括资源损耗和环境破坏）而衍生或开发的，包括环境与经济综合核算体系（system of integrated environment and economic accounting，SEEA）以及衍生出的一系列相关衡量指标。环境与经济综合核算体系由联合国于 1993 年首次公布，主要以国民核算体系（system of national accounting，SNA）为基础，建立涵盖各种自然资源与环境生态领域的卫星账表，吸收各种核算体系的优点，将有关自然资源和环境的账表与传统的国民账户连接起来。2003 年联合国和其他国际组织又编写了《国民核算手册：环境与经济综合核算》。相关的衡量指标既包括经济学指标，如环境近似调整的国内生产净值（environmentally adjusted domestic product，EDP）（即绿色 GDP）、真实储蓄率指标（genuine saving rate，GSR）等，也包括社会政治学指标，如真实进步指标（genuine progress indicator，GPI）、可持续经济福利指数（index of sustainable economic welfare，ISEW）等（张坤民等，2003）。这些指标虽然都考虑到资源环境损失和代价，但各自切入的角度和针对 GDP 缺陷调整的范围有所差异，其中社会政治学指标涵盖的面似乎更广泛，还考虑到社会成本的扣减，并且在一些账户的选择和价值估计上（包括对资源消耗和环境退化的价值估计等方面）存在着许多假设和推断。尽管一些国家或地区已经尝试将环境因素纳入国民核算中，但是由于在实现过程中面临种种困难，缺乏足够成熟的实践经验，往往难以达到预期的目的。目前这类指标应用更多的是世界银行对各国自然资源租金（图 13.1，该图大体可以反映出经济发展水平越低的国家往往自然资源对经济的贡献越高）和真实储蓄率的估计（世界银行，2011）。

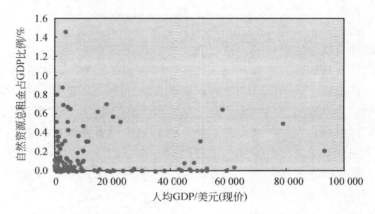

图 13.1　2009 年世界各国自然资源对 GDP 的贡献与人均 GDP 之间的关系

数据来源：世界银行，2011

　　三是其他绿色发展相关指标或指标体系。其中包括衡量生产和消费对环境影响的生态足迹指标。也有学者和机构提出对联合国发展计划署（UNDP）的人文发展指数（HDI）进行绿化。甚至有些学者把一般意义上的可持续发展指标体系都归结为绿色发展指标体系。此外由北京师范大学科学发展观与经济可持续发展研究基地、西南财经大学绿色经济与经济可持续发展研究基地、国家统计局中国经济景气监测中心联合发布的《2011 中国绿色发展指数报告——区域比较》提出了一套绿色发展指数测算体系，对我国 30 个省、直辖市、自治区和 34 个大中城市的绿色发展水平进行测算。该绿色发展指数由三级指标体系构成，其中包括 3 个一级指标、9 个二级指标和 60 个三级指标。一级指标由经济增长绿化度、资源环境承载潜力和政府政策支持度 3 个部分构成，分别反映经济增长中生产效率和资源使用效率，资源与生态保护及污染排放情况，政府在绿色发展方面的投资、管理和治理情况等，主要针对区域或城市的绿色发展开展综合评价。该指标体系或指数可以理解为一种广义上的绿色发展指标体系，涵盖范围较广，但是对绿色发展的内涵和逻辑关系体现相对不足，操作起来相对比较复杂。

二 基于资源环境绩效的国家绿色发展评估（1990～2009）

正如第十二章所述，中国科学院可持续发展战略研究组（2006）提出了资源环境综合绩效指数（REPI），对中国及 31 个省、直辖市、自治区各年的资源环境绩效进行综合评估，以反映和监测建设节约型社会的进展状况。该指数比较直观地体现了经济发展与资源环境代价之间的关系，数据可得性强，可以灵活地适用于国际、国内各区域、行业和企业等多个层面的资源环境绩效比较，包括横向和纵向比较。而且资源环境绩效又是绿色发展的核心和关键，因此该指数完全可以作为绿色发展的衡量方法之一。从该角度来看，第十二章中国资源环境综合绩效的评估也可以认为是对各省、直辖市、自治区绿色发展水平的一种测度。

与此同时，为了反映里约联合国环境与发展大会后近 20 年来世界各国实施可持续发展战略和推进绿色发展所取得的成效，我们拟采用资源环境综合绩效指数法对同时期世界上主要国家的绿色发展水平进行综合评估，并通过横向和纵向上的比较分析，试图反映出该时期包括中国在内的世界主要国家绿色发展水平的动态变化及各自在世界上所处的相对位置。

（一）中国主要资源消耗和污染物排放在世界上的地位

目前中国是世界第二大经济体，同时又是世界资源消耗和污染排放大国。中国不断扩大的经济规模和粗放型的经济增长模式不仅加剧了中国国内的资源供求矛盾和环境污染，而且对全球的资源和环境产生压力和负面影响。依据世界权威数据库（包括 UNEP 数据库、FAO 统计数据库、WB 数据库、IMF 数据库等）和国际组织的公开出版物提供的数据，我们对 2009 年中国和世界的主要资源消耗和污染物排放量进行了比较全面的统计，以体现中国在国际上的地位，具体如表 13.1 所示。

表 13.1　2009 年中国主要资源消耗和污染物排放在世界上的地位

GDP 及主要资源消耗或污染物排放类别		中　国	世　界	中国占世界比重/%	在世界排位
GDP 总量[1]/百万现价美元		499 000	5 810 000	8.6	3
GDP 总量[1]/百万 2000 年价美元		2 940 230	38 731 737.24	7.6	3
能源消费	一次能源消费[2]/百万吨油当量	2 187.7	11 363.2	19.3	2
	石油[2]/百万吨	388.2	3 908.7	9.9	2

续表

GDP 及主要资源消耗或污染物排放类别		中　国	世　界	中国占世界比重/%	在世界排位
能源消费	天然气[2]/百万吨油当量	80.6	2 661.4	3.0	5
	煤炭[2]/百万吨油当量	1 556.8	3 305.6	47.1	1
	核能[2]/百万吨油当量	15.9	614.0	2.6	9
	水电[2]/百万吨油当量	139.3	736.3	18.9	1
	可再生能源[2]/百万吨油当量	6.9	137.4	5.0	4
钢材消费	粗钢[3]/千公吨	570 917	1 215 982	47.0	1
	成品钢材[3]/千公吨	548 082	1 138 547	48.1	1
水泥消费量[4]/百万吨		1 600	2 998.38	53.4	1
有色金属消费	常用有色金属（7 种）消费总量[5]/千吨	30 852.3	74 467.6	41.4	1
	精炼铜消费量[5]/千吨	7 144.1	18 242.7	39.2	1
	精炼铝消费量[5]/千吨	14 275.7	34 725.9	41.1	1
	锌锭消费量[5]/千吨	4 888.3	11 089.9	44.1	1
	精炼铅消费量[5]/千吨	3 859.9	8 760.6	44.1	1
	精炼镍消费量[5]/千吨	541.3	1 305.1	41.5	1
	精炼锡消费量[5]/千吨	143.0	322.5	44.3	1
	精炼镉消费量[5]/千吨	5 407.0	15 568.9	34.7	1
纸和纸板表观消费量[6]/万吨		8 569	37 243.3[7]	23.0	
水资源使用量	年度淡水使用量[8]/10 亿立方米（2007）	554.1	3 850.0	14.4	1
	农业用水量[8]/10 亿立方米（2007）	360.2	2 695	13.4	1
	工业用水量[8]/10 亿立方米（2007）	127.4	770	16.5	2
	生活用水量[8]/10 亿立方米（2007）	66.5	385	17.3	2
肥料施用量	农业营养物投入量（N + P₂O₅ + K₂O）[9]/营养物吨	53 722 837	164 419 260	32.7	1
	氮投入量[9]/营养物吨	36 902 118	105 023 661	35.1	1
	磷（P_2O_5）投入量[9]/营养物吨	12 799 632	37 897 890	33.8	1
	钾（K_2O）投入量[9]/营养物吨	4 021 087	21 497 709	18.7	1
臭氧层消耗物质消费量[1]/ODP 吨		20 353	45 745.80	44.5	1
渔获量	海洋捕捞量[1]/公吨（2008）	13 480 500	79 018 240	17.1	1
	内河捕捞量[1]/公吨（2007）	2 219 890	9 973 959	22.3	1

续表

	GDP 及主要资源消耗或污染物排放类别	中 国	世 界	中国占世界比重/%	在世界排位
污染物排放	人为 SO$_2$ 排放量[10]/千吨（2005）	32 673.4	115 507.1	28.3	1
	化石燃料燃烧 CO$_2$ 排放量[11]/百万吨	6 877	28 999	23.7	1
	能源消费 CO$_2$ 排放量[12]/百万公吨	7 706.83	30 313.25	25.4	1
土地退化	人为导致的土地退化面积[13]/千平方公里（90 年代中期左右）	6 886	88 841	7.8	3
	荒漠化土地面积[14]/万平方公里	262.2（1994）	3 618.4（90 年代初期左右）	7.2	
消费生态足迹	消费生态足迹总量[15]/全球千公顷（2007）	2 959 249.7	17 995 604.7	17.0	1
	耕地生态足迹总量[15]/全球千公顷（2007）	707 517.0	3 903 728.9	18.1	1
	放牧生态足迹总量[15]/全球千公顷（2007）	152 810.9	1 395 102.3	11.0	2
	森林生态足迹总量[15]/全球千公顷（2007）	197 895.9	1 910 162.4	10.4	2
	水域生态足迹总量[15]/全球千公顷（2007）	164 034.2	725 844.5	22.6	1
	碳生态足迹总量[15]/全球千公顷（2007）	1 612 555.2	9 634 447.6	16.7	2
	建设用地生态足迹总量[15]/全球千公顷（2007）	124 436.2	426 319.1	29.2	1
国内物质消费总量[16]/亿吨（2005）		171.9	594.7	28.9	1

基础数据来源：

1　UNEP. GEO data portal. http：//geodata. grid. unep. ch/［2011-12-20］

2　BP. BP Statistical Review of World Energy. 2011

3　World steel Association. Steel Statistical Yearbook 2011. Brussels，2011

4　International Cement Review. The Global Cement Report (9th Edition). 2011

5　World Bureau of Metal Statistics. World Metal Statistics Yearbook2011. 2011

6　中国造纸学会. 2010 中国造纸年鉴. 北京：中国轻工业出版社，2010

7　FAO. FAOSTAT. http：//faostat. fao. org/site/626/default. aspx#ancor［2012-12-25］

8　世界银行. 2011 年世界发展指标. 北京：中国财政经济出版社，2011

9　FAO. FAOSTAT. http：//faostat. fao. org/site/575/default. aspx#ancor［2012-12-25］

10　Smith, et al. Anthropogenic Sulfur Dioxide Emissions：1850-2005. ACP，2010

11　IEA. Key World Energy Statistics 2011. www. iea. org［2012-12-25］

12　EIA. International Energy Statistics. http：//www. eia. gov/cfapps/ipdbproject/iedindex3. cfm? tid = 90&pid = 44&aid = 8［2011-12-25］

13　FAO. Statistical Databases- FAOSTAT- Agriculture/ fertilizers 2002；Statistical Databases – TERRASTAT/ Land Resource Potential and Constraints at Regional and Country Levels. 2000

14　慈龙骏等. 中国的荒漠化及其防治. 北京：高等教育出版社，2005

15　Global Footprint Network. National Footprint Accounts (2010 edition). www. footprintnetwork. org［2012-12-25］

16　见 UNEP，et al. Resource Efficiency：Economics and Outlook for the Asia-Pacific. UNEP，2011. 其中国内物质消费包括生物质、化石燃料、金属、工业和建筑材料

　　由表可知，2009 年，中国的 GDP 按 2000 年可比价计算虽然只占世界的 7.6%，但是主要资源消耗和污染物排放占世界的比重绝大多数远高于 GDP 所占的比重，这种严重的不对称性，尽管存在汇率计算上的不确定性和发展阶段的差异，但中国经济的粗放特征依然显露无遗。其中，一次能源消费量约占世界的 19.3%，成品钢材消费量约占世界的 48.1%，水泥消费量约占世界的 53.4%，常用有色金属消费总量约占世界的 41.4%，纸和纸板表观消费量占世界的 23%，化肥施用量占世界32.7%，臭氧层消耗物质消费量占世界的 44.5%，化石燃料燃烧 CO_2 排放量约占世界的 23.7%。目前，中国的煤炭、水电、钢材、水泥、常用有色金属（包括精炼铜、精炼铝、锌锭、精炼铅、精炼镍、精炼锡）消费量、纸和纸板表观消费量、淡水使用量、肥料施用总量、臭氧层消耗物质消费量、海洋和内河捕捞量、国内物质消费总量和生态足迹总量等均为世界第一，SO_2、化石燃料燃烧和能源使用产生的CO_2 等污染物排放量也位居世界首位。

（二）世界主要国家资源环境绩效评估（1990～2009）

1. 评估方法和指标选择

　　第十二章关于中国的资源环境综合绩效评估采用的是资源环境绩效综合指数的改进式，但是考虑到国际数据的特点，本次评估仍然采用最初的 REPI 方法，即：

$$\text{REPI}_j = \frac{1}{n} \sum_i^n w_{ij} \frac{x_{ij}/g_j}{X_{i0}/G_0} \tag{13-1}$$

　　值得一提的是，本章的 REPI 与第十二章的 REPI 成倒数关系，但实质含义是一致的，均表达的是资源环境综合绩效。本章的 REPI 指数越低，表明资源环境综合绩效或绿色发展水平越高，反之亦然。同时，原有的公式和调整后的 REPI 公式中各变量代表的含义以及数据处理方法均相同。

　　根据国际上资源环境数据的可得性和可靠性，我们遴选了 7 类资源消费和污染物排放指标，对世界上 73 个主要国家的资源环境综合绩效开展评估，以反映各国资源环境绩效或绿色发展水平的相对高低和动态变化。2009 年，这 73 个主要国家的GDP（2000 年价美元）占世界的 96.7%，具有很强的代表性。选取的 7 类指标包括：一次能源消费量、水泥消费量、成品钢材消费量、常用有色金属消费量、臭氧层消耗物质消费量、能源使用二氧化碳排放量和人为二氧化硫排放量。其中，一次能源消费量、水泥消费量、成品钢材消费量、常用有色金属消费量 4 个指标侧重表征物质资源利用绩效，臭氧层消耗物质消费量、能源使用二氧化碳排放量和人为二氧化硫排放量 3 个指标侧重表征环境绩效。

2. 世界主要国家资源环境绩效评估结果分析（1990～2009）

根据公式（13-1），对 1990～2009 年世界和世界 73 个主要国家资源环境综合绩效进行评估的结果如附表 21、附表 22 所示，在此基础上对各国的资源环境环境绩效或绿色发展水平分析如下。

（1）2009 年世界主要国家资源环境绩效分析

2009 年，在参与排序的 72 个主要国家中，丹麦的资源环境综合绩效最高，如附表 21 和图 13.2 所示，其资源环境综合绩效指数只有世界平均水平的 1/5 左右，越南资源环境绩效最差，其资源环境综合绩效指数是世界平均水平的 5.2 倍。资源环境综合绩效排在前 10 位的国家依次是：丹麦、英国、瑞士、日本、挪威、爱尔兰、瑞典、法国、美国、阿根廷，其资源环境综合绩效指数是世界平均水平的 1/5～2/5 左右。排在后 10 位的国家依次是：俄罗斯、加纳、乌兹别克斯坦、伊朗、巴林、保加利亚、哈萨克斯坦、中国、乌克兰、越南，其资源环境综合绩效指数是世界平均水平的 2.7～5.2 倍。2009 年，中国在世界 72 个国家中排在第 69 位，其资源环境综合绩效指数是世界平均水平的 4.9 倍，资源环境综合绩效总体较差。

（2）世界主要国家各年资源环境绩效分析（1990～2009）

由于各年数据可得性的限制，参与评估的国家数各年有所不同，因此导致各年的排序可能相差较大。尽管如此，由附表 22 可以看到，发达国家各年的资源环境绩效排名基本上稳居前列。2000 年以前，瑞士的资源环境绩效基本上位居首位，丹麦排在第二位，2000 年后英国和丹麦分别在 1～3 名之间徘徊。美国则位于 9～15 名之间，瑞典在 3～8 名之间，挪威在 3～5 名之间，荷兰在 7～11 名之间，日本在 3～10 名之间，近年来稳居第四，法国在 4～8 名之间，德国在 11～15 名之间。中国的资源环境综合绩效各年均排位靠后，其各年资源环境综合绩效指数是世界平均水平的 5～6 倍左右，而资源环境绩效高的国家，如丹麦和瑞士各年的资源环境综合绩效指数只有世界平均水平的 1/3～1/5。

中国各年的资源环境绩效排名之所以靠后在很大程度上归因于经济的高速增长所带来的沉重的资源环境代价，这可以通过表 13.2 来加以说明。由表 13.2 可知，1990～2009 年间，中国的 GDP 增长了 5.6 倍，而能源消费增长了 2.6 倍、成品钢材消费增长了 9.3 倍、水泥消费增长了 6.9 倍、有色金属消费增长了 13.2 倍、二氧化碳排放增长了 2.4 倍、二氧化硫排放增长了 0.4 倍。这种增幅在世界上都是相对比较少见的，尤其是钢材和水泥消费的增幅还高于 GDP 增幅。

表 13.2 世界主要国家 GDP、资源消费和污染排放增长倍数（2009/1990）

国　家	GDP	能源消费	钢材消费	水泥消费	有色金属消费	二氧化碳排放	二氧化硫排放
阿尔巴尼亚	1.8	0.8	5.0	2.7	0.1	0.7	0.1
阿尔及利亚	1.6	3.2	3.8	2.1	—	1.4	1.1
阿根廷	2.2	2.5	2.4	2.7	2.1	1.6	1.2
澳大利亚	1.8	2.4	1.1	1.7	1.1	1.6	1.6
奥地利	1.5	1.6	1.2	1.0	1.0	1.2	0.4
巴林	2.9	5.0	3.3	—	3.5	2.2	4.8
孟加拉国	2.7	2.7	4.4	4.9	—	3.7	1.7
白俄罗斯	1.7	0.8	—	0.7	—	—	0.2
玻利维亚	2.0	2.8	3.1	4.0	—	2.7	1.5
巴西	1.7	2.2	2.1	2.0	2.2	1.8	1.0
英国	1.5	1.5	0.6	0.6	0.5	0.9	0.2
保加利亚	1.3	1.0	0.7	0.7	0.8	0.6	0.7
喀麦隆	1.5	1.4	2.9	2.9	1.3	2.2	4.6
加拿大	1.6	1.6	0.9	0.9	1.1	1.1	0.7
智利	2.5	2.6	2.4	2.0	2.3	2.0	0.4
中国	6.6	3.6	10.3	7.9	14.2	3.4	1.4
哥伦比亚	1.9	1.8	2.1	1.6	—	1.7	1.1
哥斯达黎加	2.4	2.8	1.6	1.7	—	2.5	1.0
克罗地亚	1.1	1.3	—	1.4	—	—	0.4
古巴	1.4	1.0	0.2	0.4	148.5	0.9	0.8
捷克	1.4	1.3	—	0.7	—	—	0.1
刚果民主共和国	0.8	2.2	—	—	—	0.7	0.1
丹麦	1.4	1.5	0.6	0.9	1.4	0.9	0.2
埃及	2.4	3.2	3.2	3.2	2.9	2.0	0.8
爱沙尼亚	1.4	0.9	—	—	—	—	0.4
芬兰	1.4	1.6	0.9	0.7	0.8	1.0	0.3
法国	1.3	1.8	0.7	0.8	0.6	1.1	0.2
德国	1.3	1.4	0.8	0.9	1.0	0.8	0.1

续表

国　家	GDP	能源消费	钢材消费	水泥消费	有色金属消费	二氧化碳排放	二氧化硫排放
加纳	2.5	2.2	7.5	5.5	3.1	2.7	1.5
希腊	1.7	2.2	1.5	1.0	1.5	1.2	1.1
危地马拉	2.0	2.4	1.9	3.2	—	3.0	2.7
匈牙利	1.3	1.3	0.9	0.8	0.8	0.7	30.4
冰岛	1.7	3.3	0.9	0.7	—	1.4	2.1
印度	3.3	2.7	3.4	3.9	3.5	2.7	1.7
印尼	2.4	2.5	1.8	2.8	3.3	2.7	3.3
伊朗	2.2	4.1	3.7	3.0	2.4	2.6	1.2
爱尔兰	2.6	1.9	0.8	2.1	1.8	1.6	0.5
以色列	2.3	3.3	2.0	1.3	—	2.0	1.7
意大利	1.2	1.5	0.7	0.9	1.0	1.0	0.3
日本	1.2	1.6	0.6	0.5	0.6	1.0	0.9
哈萨克斯坦	1.4	1.1	—	0.6	—	—	0.9
肯尼亚	1.7	2.5	1.7	2.4	—	1.7	1.3
科威特	—	7.3	2.6	7.8	—	3.0	3.1
马来西亚	2.9	4.9	2.5	2.9	3.7	2.3	2.2
墨西哥	1.6	2.1	2.1	1.6	0.9	1.5	1.0
荷兰	1.5	2.0	0.7	1.0	1.1	1.2	0.4
新西兰	1.7	2.1	1.2	—	1.6	1.4	1.3
尼日利亚	2.3	1.7	3.6	—	12.6	0.9	0.8
挪威	1.7	1.6	0.8	1.2	1.1	1.1	0.5
秘鲁	2.4	2.1	4.1	3.3	1.2	1.8	1.7
菲律宾	2.0	2.2	2.1	2.0	1.3	1.7	1.4
波兰	2.0	1.6	1.1	1.4	1.4	0.9	0.4

续表

国　家	GDP	能源消费	钢材消费	水泥消费	有色金属消费	二氧化碳排放	二氧化硫排放
葡萄牙	1.4	1.9	1.0	0.9	0.8	1.3	0.7
韩国	2.5	3.7	2.3	1.5	2.6	2.2	0.5
罗马尼亚	1.3	0.8	0.4	1.1	1.9	0.5	0.7
俄罗斯	1.0	1.0	—	0.6	—	0.4	0.7
沙特	1.7	4.1	3.6	3.3	4.4	2.1	1.7
新加坡	3.2	11.8	1.1	2.3	2.1	2.7	0.8
斯洛伐克	1.6	1.1	—	3.3	—	—	0.2
斯洛文尼亚	1.5	1.9	—			—	0.4
西班牙	1.6	2.3	1.1	1.0	1.8	1.5	0.6
瑞典	1.4	1.5	0.9	0.8	0.9	0.9	0.4
瑞士	1.3	1.5	0.8	0.8	0.8	1.1	0.4
叙利亚	2.5	2.4	4.3	3.3	—	1.6	1.1
泰国	2.2	3.8	1.8	1.3	2.8	3.0	1.2
突尼斯	2.4	2.6	1.7	2.2	4.3		1.3
土耳其	1.9	2.5	2.7	1.8	3.2	2.0	1.3
乌克兰	0.6	0.8	—	0.5	—	—	0.3
阿联酋	2.5	4.8	6.6	7.3	—	2.4	1.0
美国	1.6	1.7	0.7	0.8	0.9	1.1	0.6
乌兹别克斯坦	1.8	1.4	—	—	—	—	0.7
委内瑞拉	1.7	2.7	1.4	2.2	2.0	1.4	1.1
越南	3.9	2.8	65.5	16.6	—	5.8	2.2
世界合计	1.6	2.0	1.8	2.7	1.7	1.4	0.9

资料来源：UNEP（2011）；IEA（2010，2011）；World steel Association（2002，2011）；International Cement Review（2011）；中国有色金属工业协会（2000～2008）；World Bureau of Metal Statistics（2010，2011）；UNEP Ozone Secretariat（2011）；EIA（2011）；Smith et al.，2010

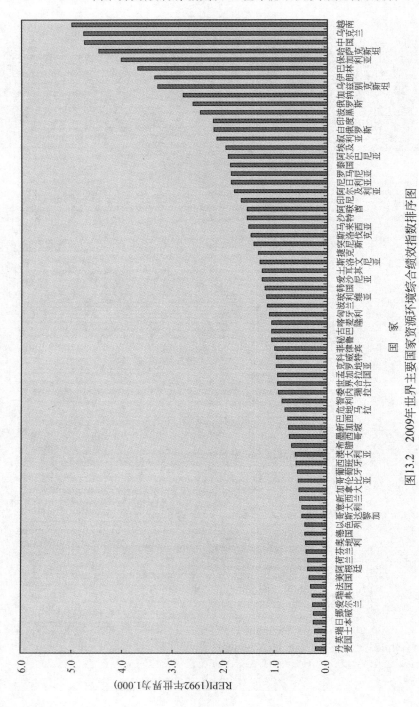

图13.2 2009年世界主要国家资源环境综合绩效指数排序图

REPI(1992年世界为1.000)

（3）世界主要国家资源环境绩效变化趋势分析（1990～2009）

表13.3为1990～2009年间世界主要国家资源环境综合绩效指数年均变化率。从表中可以看到，与1990年相比，除阿尔及利亚、巴林、孟加拉国、玻利维亚、喀麦隆、克罗地亚、加纳、印尼、伊朗、科威特、沙特、土耳其、阿联酋、越南14个国家资源环境绩效指数增加外，绝大多数国家该时期资源环境综合绩效指数总体上呈下降趋势，说明这些国家的资源环境绩效水平或绿色发展水平得到不同程度的提高。1990～2009年间，世界REPI年平均下降率为0.53%，中国则为1.09%，说明其资源环境绩效的提高高于世界平均水平（图13.3）。

表13.3　1990～2009年世界主要国家资源环境综合绩效指数（REPI）年均变化率

国家	年平均变化率/%	REPI分析时间段	国家	年平均变化率/%	REPI分析时间段
阿尔巴尼亚	-1.80	1990～2009	以色列	-3.15	1999～2009
阿尔及利亚	3.65	1999～2009	意大利	-1.50	1990～2009
阿根廷	-0.45	1990～2009	日本	-3.72	1990～2009
澳大利亚	-1.55	1990～2009	哈萨克斯坦	-4.04	1992～2009
奥地利	-1.81	1990～2009	肯尼亚	-0.16	1999～2007
巴林	0.18	1993～2009	科威特	0.90	1999～2009
孟加拉国	1.12	1999～2009	马来西亚	-0.78	1990～2009
白俄罗斯	-3.62	2000～2009	墨西哥	-1.60	1990～2009
玻利维亚	1.91	2000～2009	荷兰	-1.38	1990～2009
波黑	-0.15	1998～2009	新西兰	-0.97	1993～2009
巴西	-1.36	1990～2009	尼日利亚	-1.98	1993～2009
英国	-3.81	1990～2009	挪威	-2.80	1990～2009
保加利亚	-3.44	1990～2009	秘鲁	-1.30	1990～2009
喀麦隆	1.15	1990～2009	菲律宾	-1.26	1990～2009
加拿大	-2.29	1990～2009	波兰	-4.29	1990～2009
智利	-5.22	1990～2009	葡萄牙	-1.69	1990～2009
中国	-1.09	1990～2009	韩国	-0.92	1990～2009
哥伦比亚	-0.30	1999～2009	罗马尼亚	-2.92	1990～2009
哥斯达黎加	-3.93	2000～2009	俄罗斯	-3.54	1992～2009
克罗地亚	0.16	1995～2009	沙特	2.86	1990～2009
古巴	-0.36	1990～2009	新加坡	-3.64	1990～2009
捷克	-3.36	1993～2009	斯洛伐克	-1.45	1993～2009
丹麦	-2.28	1990～2009	斯洛文尼亚	-0.01	1996～2009

续表

国家	年平均变化率/%	REPI 分析时间段	国家	年平均变化率/%	REPI 分析时间段
埃及	− 0.22	1990 ~ 2009	西班牙	− 1.28	1990 ~ 2009
爱沙尼亚	− 2.20	2000 ~ 2009	瑞典	− 2.44	1990 ~ 2009
芬兰	− 2.91	1990 ~ 2009	瑞士	− 2.53	1990 ~ 2009
法国	− 2.07	1990 ~ 2009	叙利亚	− 2.77	2004 ~ 2009
德国	− 2.35	1990 ~ 2009	泰国	− 1.24	1990 ~ 2009
加纳	1.42	1990 ~ 2009	突尼斯	− 1.77	1990 ~ 2009
希腊	− 1.19	1990 ~ 2009	土耳其	0.33	1990 ~ 2009
危地马拉	− 2.28	2000 ~ 2009	乌克兰	− 3.30	1992 ~ 2009
匈牙利	− 3.28	1990 ~ 2009	阿联酋	3.76	1999 ~ 2009
冰岛	—	—	美国	− 3.47	1990 ~ 2009
印度	− 0.39	1990 ~ 2009	乌兹别克斯坦	− 3.13	1998 ~ 2009
印度尼西亚	0.57	1990 ~ 2009	委内瑞拉	− 0.54	1990 ~ 2009
伊朗	1.08	1990 ~ 2009	越南	5.74	1999 ~ 2009
爱尔兰	− 3.08	1990 ~ 2009	世界合计	− 0.53	1990 ~ 2009

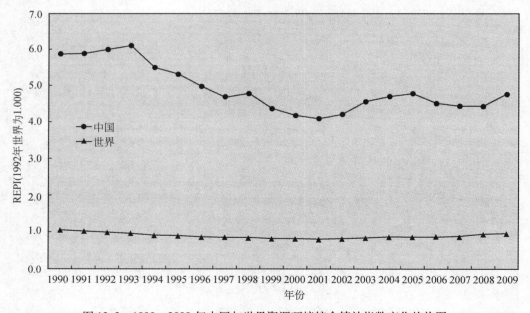

图 13.3　1990 ~ 2009 年中国与世界资源环境综合绩效指数变化趋势图

三　世界主要国家资源环境绩效实证分析

（一）世界主要国家资源环境绩效与经济发展水平、经济结构之间的关系分析

为了反映世界主要国家资源环境综合绩效与其经济发展水平、经济结构之间的关系，我们采用 1990～2009 年各国每年的 REPI 与其对应的人均 GDP（表征经济发展水平）和工业增加值占 GDP 比重（表征经济结构）的横截面数据进行分析，结果如图 13.4 和图 13.5 所示。

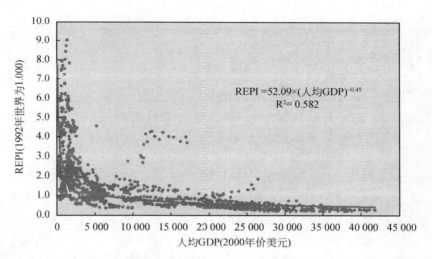

$$REPI = 52.09 \times (人均GDP)^{-0.45}$$
$$R^2 = 0.582$$

图 13.4　1990～2009 年世界主要国家资源环境综合绩效指数与人均 GDP 之间的关系

由图 13.4 可以看出，资源环境绩效综合指数随着经济发展水平的不断提高而呈明显的下降趋势，同时也基本上说明了发达国家的资源环境综合绩效水平要高于发展中国家。资源环境综合绩效指数高的国家，也就是资源环境绩效较差的国家大体分布在人均 5000 美元（2000 年价）以下。总体来看，人均 GDP 每增长 1%，REPI 平均下降 0.45%。图 13.5 表明，资源环境绩效综合指数随着工业增加值比重的增加大体呈现出"倒 U 型"的发展趋势，即 REPI 最初随着工业增加值比重的增加而增加，而达到一定拐点时，则随着工业增加值比重的增加而减小，图中 REPI 高峰对应的工业增加值比重的拐点大致为 40% 左右。

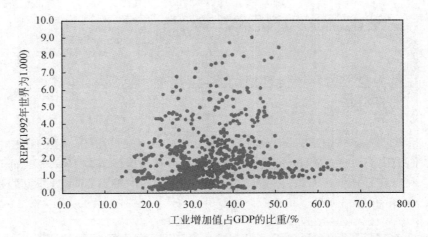

图 13.5　1990～2009 年世界主要国家资源环境综合绩效指数（REPI）与工业增加值占
GDP 比重之间的关系

数据来源：UNEP，2011

（二）世界主要国家资源环境绩效与自然资源对经济产出的贡献率、真实储蓄率之间的关系分析

　　世界银行（2011）用自然资源租金占 GDP 或 GNI 的比例来表征资源资源对经济产出的贡献，以及反映人类经济活动对环境资源的依赖程度。自然资源租金就是一种资源商品的价格与生产该商品的平均成本之间的差额。它既反映了一个国家资源的相对丰度，也在一定程度上反映该国可持续发展的潜力。作为全面衡量发展质量和可持续发展能力高低的重要指标，真实储蓄率是指真实储蓄占 GDP 或 GNI 的比重。真实储蓄就是经调整的净储蓄加上人力资本后扣减固定资本折旧、自然资源消耗和污染损失，可以反映一个国家有形资本和无形资本的净增加或净减少。为了反映世界主要国家资源环境综合绩效与其自然资源贡献率、真实储蓄率之间的关系，我们采用 1990～2009 年各国每年的 REPI 与其对应的自然资源总租金占 GDP 的比重贡献和真实储蓄率的横截面数据进行分析，结果如图 13.6 和图 13.7 所示。由图 13.6 大体可以发现，资源环境综合绩效指数越高，自然资源对 GDP 的贡献相对越高，经济增长方式相对更加粗放。而图 13.7 则大体可以反映出资源环境绩效指数相对越低，则真实储蓄率相对较高，可持续发展能力相对较强。这也在一定程度上反映了 REPI 作为绿色发展指标的可行性。

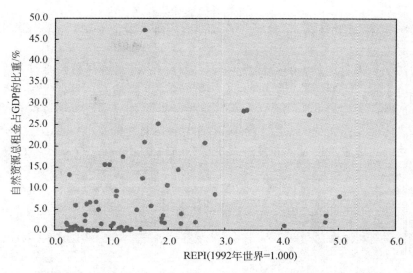

图 13.6　2009 年世界主要国家资源环境综合绩效指数与其自然资源
对 GDP 贡献之间的关系

数据来源：世界银行，2011

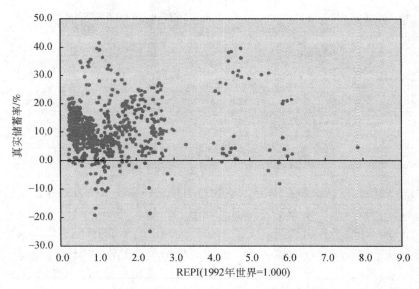

图 13.7　1990~2009 年世界主要国家资源环境综合绩效指数（REPI）
与真实储蓄率之间的关系

数据来源：世界银行，2011

（三）世界主要国家资源环境绩效与生态足迹之间的关系分析

作为衡量人类对自然影响的重要生态学指标，生态足迹是指要维持一个国家或地区的人口生存所需要的或者能够吸纳人类所排放的废物的、具有生物生产力的地域面积，通常用人均量的形式表达。为了反映世界主要国家资源环境综合绩效与其生态足迹之间的关系，我们采用 1990～2009 年各国每年的 REPI 与单位 GDP 的生态总足迹即生态足迹强度以及生态足迹两个指标的横截面数据进行分析，如图 13.8 和图 13.9 所示。

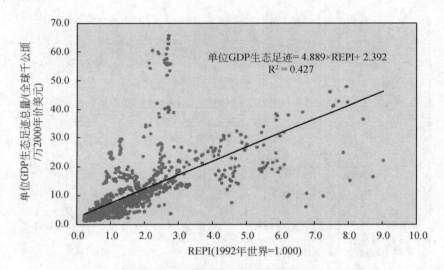

图 13.8　1990～2009 年世界主要国家资源环境综合绩效与生态
足迹强度之间的关系

数据来源：Global Footprint Network，2010

图 13.8 表明，资源环境综合绩效指数与生态足迹强度基本上呈正相关关系，即资源环境绩效指数越高，生态足迹的强度就越大。这表明两个复合指标之间在衡量人类经济活动对环境的压力和影响上是趋于一致的。而图 13.9 则可以反映出资源环境绩效指数与生态足迹呈反相关关系，即资源环境绩效高的国家往往也是人均环境影响大的国家。换言之，发达国家虽然资源环境绩效相对较高，但其人均环境影响一般也明显高于发展中国家。

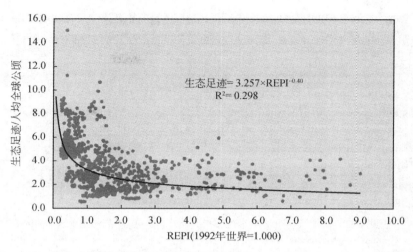

生态足迹= 3.257×REPI$^{-0.40}$
R^2= 0.298

图 13.9　1990~2009 年世界主要国家资源环境综合绩效指数（REPI）与生态足迹之间的关系
数据来源：Global Footprint Network，2010

参 考 文 献

北京师范大学科学发展观与经济可持续发展研究基地，西南财经大学绿色经济与经济可持续发展研究基地，国家统计局中国经济景气监测中心．2011.2011 中国绿色发展指数报告：区域比较．北京：北京师范大学出版社

世界银行．2011.2011 年世界发展指标．王辉等译．北京：中国财政经济出版社

张坤民，等．2003.生态城市评估与指标体系．北京：化学工业出版社

中国科学院可持续发展战略研究组．2006.2006 中国可持续发展战略报告——建设资源节约型、环境友好型社会．北京：科学出版社

中国科学院可持续发展战略研究组．2007.2007 中国可持续发展战略报告——水：治理与创新．北京：科学出版社

中国科学院可持续发展战略研究组．2008.2008 中国可持续发展战略报告——政策回顾与展望．北京：科学出版社

中国科学院可持续发展战略研究组．2009.2009 中国可持续发展战略报告——探索中国特色的低碳道路．北京：科学出版社

中国科学院可持续发展战略研究组．2010.2010 中国可持续发展战略报告——绿色发展与创新．北京：科学出版社

中国科学院可持续发展战略研究组．2011.2011 中国可持续发展战略报告——实现绿色的经济转型．北京：科学出版社

中国有色金属工业协会，中国有色金属工业年鉴编委会．2000~2008.2000~2008 中国有色金属工业年鉴．北京：中国有色金属工业年鉴社

Chen S F, Wang Y. 2008. REPI-based evaluation for Resource-Efficient and Environment-Friendly Society in China. International Journal of Ecological Economics & Statistics, Summer 2008, Vol. 11, No. S08: 100~113

EIA. 2011. International Energy Statistics. http://www. eia. gov/cfapps/ipdbproject/iedindex3. cfm? tid = 5&pid = 53&aid = 1 [2011-12-28]

Global Footprint Network. 2010. National footprint accounts 2010 edition. www. footprintnetwork. org. http://ozone. unep. org/Data_ Reporting/Data_ Access/ [2011-12-28]

IEA. 2010. Key world energy statistics 2010. http://www. iea. org/textbase/nppdf/free/2010/key_ stats _ 2010. pdf [2012-12-28]

IEA. 2011. Key world energy statistics 2011. http://www. iea. org/work/2011/statistics/s1 _ kwes. pdf [2012-12-28]

International Cement Review. 2011. The global cement report (ninth edition. http://www. cement. com/ Publications/global-cement-report [2012-12-28]

OECD. 2010. Interim report of the Green Growth Strategy: Implement our commitment for a sustainable future.

Smith, et al. 2010. Anthropogenic Sulfur Dioxide Emissions: 1850-2005 (submitted to ACP)

UNDP. 2002. China human development report 2002: Making green development a choice. New York: Oxford University Press

UNEP Ozone Secretariat. 2011. Data Access Centre

UNEP. 2011. Towards a green economy-pathways to sustainable development and poverty eradication. UNEP

UNEP. 2011. GEO data portal, 2011. http://geodata. grid. unep. ch/ [2012-12-28]

UNESCAP. 2006. State of the environment in Asia and the Pacific 2005. United Nations publication

World Bureau of Metal Statistics. 2010. World metal statistics yearbook2010, May 5th 2010

World Bureau of Metal Statistics. 2011. World metal statistics yearbook2011, May 4th 2011

World steel Association. 2002. Steel statistical yearbook 2002, Brussels

World steel Association. 2011. Steel statistical yearbook 2011, Brussels

附　表

附表1　中国各省、直辖市、自治区能源绩效指数（2000～2010）（2000年全国为100）

地　区	2000 年	2001 年	2002 年	2003 年	2004 年	2005 年	2006 年	2007 年	2008 年	2009 年	2010 年
全　国	100.0	104.8	107.8	102.9	97.6	93.5	96.1	101.2	106.8	110.8	115.5
北　京	113.5	121.8	132.0	139.9	144.3	150.6	159.2	171.2	185.5	196.9	205.0
天　津	86.5	92.8	101.0	108.9	109.7	114.1	118.8	124.9	134.1	142.7	144.4
河　北	62.7	62.0	62.4	61.0	60.7	60.2	62.2	64.8	69.2	72.8	75.4
山　西	40.2	37.3	36.0	37.2	39.5	39.6	40.4	42.3	45.7	50.5	53.4
内蒙古	59.6	57.4	58.1	53.9	49.4	48.2	49.5	51.8	55.3	59.4	62.3
辽　宁	52.9	57.7	63.9	67.1	65.2	70.5	73.2	76.2	80.3	82.9	86.5
吉　林	69.1	73.7	68.8	66.4	68.8	81.3	84.1	88.0	92.6	98.7	104.2
黑龙江	64.5	72.0	79.8	78.6	79.0	81.7	84.5	88.1	92.5	98.3	103.2
上　海	114.2	119.3	123.6	127.6	133.7	134.2	140.1	148.1	154.0	164.1	167.6
江　苏	140.2	149.8	154.7	152.6	142.0	129.3	133.9	139.9	148.5	156.8	162.6
浙　江	132.3	147.0	130.5	130.2	131.3	133.1	137.9	144.0	152.4	161.0	166.4
安　徽	79.7	82.7	87.3	93.0	95.4	98.1	101.6	106.0	111.0	117.3	123.1
福　建	135.4	132.5	132.7	130.4	128.6	127.3	131.5	136.3	141.6	147.1	152.4
江　西	111.4	130.4	114.4	110.6	112.5	112.9	116.6	121.8	129.4	135.6	141.2
山　东	104.3	131.0	99.7	99.3	97.1	90.7	93.9	98.4	105.2	111.3	116.4
河　南	93.0	97.4	97.1	91.8	84.6	86.4	89.0	92.8	97.8	103.2	107.0
湖　北	77.1	87.0	85.7	81.8	76.9	78.0	80.6	84.0	90.1	97.0	100.9
湖　南	118.0	113.3	106.1	99.4	92.3	81.1	83.9	87.8	94.1	99.3	102.0
广　东	152.5	156.4	157.6	156.3	155.0	150.2	154.7	159.8	167.0	174.4	179.7
广　西	106.7	115.6	109.3	106.7	100.0	97.6	100.2	103.4	107.9	112.9	115.2
海　南	138.0	139.0	131.6	128.1	130.7	130.3	131.8	132.9	136.5	140.3	147.7
重　庆	101.5	89.1	109.8	107.6	100.9	83.7	86.6	90.6	95.4	101.0	105.9
四　川	79.6	83.1	83.1	75.4	73.1	74.6	77.0	80.6	83.9	89.2	93.6
贵　州	34.1	35.8	38.7	34.4	35.3	42.4	43.7	45.6	48.7	50.8	53.1
云　南	77.6	82.3	75.8	76.6	72.8	68.6	69.6	72.5	76.2	79.8	83.0
西　藏	—	—	—	—	—	82.2	—	—	—	—	93.5
陕　西	98.2	90.4	88.1	87.7	86.4	84.2	87.2	91.4	97.1	101.8	105.7
甘　肃	46.0	52.4	52.7	52.5	52.8	52.8	54.2	56.6	59.5	64.0	66.3
青　海	40.9	44.1	45.1	45.8	42.4	38.8	38.6	39.8	41.5	44.4	46.8
宁　夏	36.8	37.3	38.2	29.4	28.4	28.8	29.1	30.2	32.4	34.5	36.1
新　疆	57.8	59.8	60.8	60.2	57.1	56.4	57.0	58.8	60.8	61.7	59.9
东部地区	105.7	113.7	111.5	112.4	111.1	109.2	113.2	118.4	125.2	131.5	136.2
东北老工业基地	59.4	64.9	69.4	70.3	69.9	76.0	78.7	82.0	86.4	90.4	94.7
中部地区	77.9	81.3	80.2	78.4	77.1	77.9	80.3	83.7	89.3	95.8	100.0
西部地区	69.2	70.6	71.7	67.8	65.2	64.5	66	68.8	72.5	76.6	79.6

注：GDP 均按 2005 年价格计算，新疆 2010 年能源强度数据采用的是中华人民共和国国家统计局、国家发展和改革委员会、国家能源局三部门联合发布的 2010 年上半年单位 GDP 能耗等指标公报数据

资料来源：1）国家统计局能源统计司，国家能源局．2005～2011．中国能源统计年鉴 2004～2010．中国统计出版社

　　　　　2）中华人民共和国国家统计局．2011．2011 中国统计年鉴．中国统计出版社

附表 2　中国各省、直辖市、自治区用水绩效指数（2000～2010）（2000 年全国为 100）

地　区	2000 年	2001 年	2002 年	2003 年	2004 年	2005 年	2006 年	2007 年	2008 年	2009 年	2010 年
全　国	100.0	106.9	118.2	134.3	141.8	155.5	170.3	193.7	209.0	226.1	247.3
北　京	461.9	535.5	671.4	737.1	850.8	956.5	1087.2	1226.7	1327.9	1446.1	1608.7
天　津	423.6	561.3	606.5	677.0	728.3	800.5	922.2	1048.3	1278.2	1422.8	1736
河　北	131.3	143.3	157.0	185.3	213.4	234.9	263.5	299.5	342.3	379.1	425.4
山　西	190.3	205.1	231.9	272.4	315.7	359.6	381.0	445.8	499.2	532.2	534.8
内蒙古	48.7	52.8	58.9	74.0	87.1	105.9	123.2	145.8	175.9	199.4	228.5
辽　宁	164.1	189.4	211.4	233.6	259.7	285.8	308.2	350.3	397.4	449.5	510.1
吉　林	91.1	107.5	110.7	131.0	154.1	174.2	191.6	227.1	255.1	271.5	285.9
黑龙江	53.2	60.0	75.3	85.2	90.2	96.2	102.5	112.5	123.4	129.1	141.6
上　海	229.9	259.2	293.9	315.8	332.5	361.0	416.1	473.0	520.7	538.9	589.3
江　苏	107.5	113.2	123.2	154.6	146.3	169.4	185.2	208.2	234.7	268.1	300.6
浙　江	171.2	185.5	206.2	238.8	271.0	302.7	347.4	393.4	421.9	503.2	548.4
安　徽	87.3	87.0	92.1	112.8	108.8	121.8	117.8	140.3	137.7	141.9	161.9
福　建	105.6	114.8	122.0	136.1	150.4	166.1	190.2	209.1	234.2	258.6	293
江　西	50.9	57.1	65.9	87.2	83.7	92.3	104.9	104.0	118.0	129.6	148.7
山　东	192.8	205.6	229.0	298.7	351.9	412.2	441.8	518.9	580.2	650.7	722.6
河　南	142.7	137.6	159.4	205.8	218.7	253.4	252.6	314.0	323.8	349.6	409.2
湖　北	70.9	75.0	94.7	102.1	114.7	123.1	136.5	156.5	169.6	185.1	207.7
湖　南	60.4	65.3	73.8	77.9	86.0	95.1	107.5	124.9	142.6	162.8	184.9
广　东	133.4	141.5	158.8	178.2	201.3	232.7	266.9	304.6	337.0	368.2	408.9
广　西	38.6	42.1	45.5	53.6	57.4	60.3	68.2	79.5	89.7	104.5	120
海　南	59.7	65.8	71.3	75.1	83.1	96.4	103.5	119.4	131.1	154.5	179.6
重　庆	173.7	185.7	194.9	207.4	217.8	230.6	252.1	276.3	295.9	329.9	381.4
四　川	98.7	108.0	118.7	131.3	147.6	164.2	184.5	212.4	242.9	258.5	288.7
贵　州	68.8	72.2	76.4	80.7	89.3	97.7	107.1	125.4	134.3	151.9	169.5
云　南	72.6	78.0	83.7	92.6	102.6	111.7	126.3	136.9	148.2	166.7	193.8
西　藏	24.2	26.9	27.8	37.1	37.5	35.5	38.1	41.5	44.6	61.0	60.1
陕　西	135.2	150.0	166.4	193.3	217.0	236.4	252.3	301.3	334.6	385.2	446.4
甘　肃	44.8	49.7	54.1	60.4	67.2	74.4	83.5	93.6	103.1	115.4	127.8
青　海	52.3	59.8	67.5	70.4	75.9	83.5	90.5	106.3	109.3	143.7	154.9
宁　夏	19.7	22.5	25.6	36.7	35.3	37.1	42.1	51.9	55.9	64.3	72.8
新　疆	15.9	17.0	18.9	19.9	22.4	24.2	26.7	29.7	32.3	34.7	38.1
东部地区	151.0	163.7	181.1	212.3	230.5	261.8	292.3	331.5	369.6	413.9	461.9
东北老工业基地	88.7	101.5	118.6	135.0	148.8	161.7	174.4	197.6	220.5	237.1	260.9
中部地区	79.2	84.8	98.6	115.0	122.8	135.9	146.0	167.0	180.7	194.1	217.8
西部地区	53.2	57.8	63.6	71.6	79.5	87.3	98	112.7	125.9	142.3	161.8

资料来源：1）中华人民共和国国家统计局 . 2003～2011. 2003～2011 中国统计年鉴 . 中国统计出版社

2）中华人民共和国水利部 . 2001，2002. 中国水资源公报 2000，2001. 中国水利水电出版社

附表3　中国各省、直辖市、自治区建设用地绩效指数（2000～2010）（2000年全国为100）

地　区	2000年	2001年	2002年	2003年	2004年	2005年	2006年	2007年	2008年	2009年	2010年
全　国	100.0	107.7	139.2	151.5	164.2	180.6	200.8	226.8	246.1	264.0	287.3
北　京	439.5	469.5	506.1	550.7	606.3	672.8	750.4	845.4	908.4	983.5	1069.4
天　津	169.2	188.2	256.7	291.4	308.5	352.0	400.6	447.8	510.5	584.3	676.3
河　北	87.6	94.8	129.7	144.2	162.1	180.1	200.0	224.1	245.1	264.8	292.9
山　西	73.9	80.9	106.9	121.9	138.9	156.9	173.4	199.1	215.2	222.9	250.2
内蒙古	33.3	36.7	50.3	58.3	69.4	84.6	99.6	117.0	136.4	156.7	177.7
辽　宁	95.7	104.1	133.8	148.8	163.4	183.2	207.7	236.9	267.2	296.9	334.2
吉　林	57.4	62.6	78.3	86.1	96.3	107.5	123.1	142.2	164.1	183.2	205.5
黑龙江	53.0	57.8	85.7	94.3	104.8	116.6	130.4	145.6	161.7	177.0	196.6
上　海	649.1	713.4	907.4	999.5	1107.8	1201.5	1370.6	1541.3	1620.0	1722.2	1872.6
江　苏	132.4	144.9	226.6	252.9	280.2	316.5	356.5	402.5	446.1	492.7	547.4
浙　江	286.3	308.4	337.2	370.5	409.0	444.6	488.5	539.5	573.5	613.7	676.9
安　徽	49.9	54.2	76.3	83.0	93.2	102.9	114.5	129.7	145.4	161.2	182.2
福　建	201.4	216.8	265.5	290.4	317.9	347.0	383.2	428.1	471.9	520.6	584.6
江　西	75.6	81.8	100.1	111.4	125.1	139.6	153.2	171.1	190.8	212.0	238.0
山　东	105.9	115.2	165.1	184.8	208.9	236.5	266.8	301.4	334.7	368.9	408.4
河　南	75.6	82.2	109.6	119.7	135.1	153.4	174.3	198.8	221.9	241.8	268.1
湖　北	80.2	87.0	112.3	122.3	135.2	150.2	168.8	191.8	215.8	240.7	272.4
湖　南	86.4	93.9	113.5	123.8	137.7	153.6	170.3	194.2	218.6	244.4	275.9
广　东	241.1	264.2	289.2	324.8	365.7	410.1	460.7	522.1	572.4	616.6	683.6
广　西	83.7	89.8	102.3	112.1	123.4	136.5	151.3	172.1	192.2	215.0	242.1
海　南	65.5	71.4	71.2	78.7	86.8	95.6	108.1	124.0	135.8	149.1	170.5
重　庆	112.5	121.9	149.0	159.8	173.2	190.0	210.4	240.5	271.9	307.0	354.3
四　川	79.7	86.2	107.1	118.3	132.2	147.4	165.6	188.7	207.2	233.1	264.4
贵　州	69.3	74.8	87.3	94.8	103.7	115.6	129.0	146.7	161.8	177.1	196.6
云　南	79.3	84.3	110.6	118.9	129.4	139.3	152.9	169.2	183.2	201.8	223.4
西　藏	50.1	56.4	100.1	103.3	112.8	123.1	136.0	151.8	164.0	181.1	200.5
陕　西	77.6	84.8	109.1	121.2	135.7	153.5	173.5	199.9	230.6	257.3	290.7
甘　肃	32.2	35.3	45.6	50.4	55.9	62.4	69.3	77.7	85.1	92.2	101.6
青　海	33.7	37.3	37.4	43.3	48.4	52.9	59.7	67.1	75.6	81.8	92.9
宁　夏	44.9	49.0	75.4	82.9	87.1	94.1	104.9	116.3	128.6	141.4	158.2
新　疆	32.6	35.4	50.0	54.8	60.5	66.5	73.5	81.9	90.5	96.2	104.9
东部地区	156.7	171.1	225.5	251.6	280.5	313.2	351.2	396.4	435.6	475.1	527.0
东北老工业基地	68.2	74.3	100.4	111.0	123.1	137.6	155.7	176.9	199.6	221.0	247.7
中部地区	68.0	73.9	98.0	107.7	120.6	135.0	151.3	171.8	192.2	211.3	237.0
西部地区	59.4	64.4	82.4	91	101.3	113.4	127.3	144.9	162.2	180.9	203.7

注：由于2009和2010年各省建设用地缺乏数据，故统一按照全国建设用地增长率推算，可能导致一定偏差
资料来源：1）中华人民共和国国家统计局. 2011. 2011中国统计年鉴. 中国统计出版社
　　　　　2）中国国土资源年鉴编辑部. 2001～2009. 中国国土资源年鉴2001～2009. 中国国土资源年鉴编辑部

附表4　中国各省、直辖市、自治区固定资产投资绩效指数（2000～2010）（2000 年全国为 100）

地　区	2000 年	2001 年	2002 年	2003 年	2004 年	2005 年	2006 年	2007 年	2008 年	2009 年	2010 年
全　国	100.0	96.2	89.9	79.1	72.5	65.1	60.1	57.1	54.2	44.4	41.0
北　京	88.7	84.3	79.5	74.7	76.3	77.0	74.9	74.4	89.6	79.2	76.6
天　津	93.7	90.7	88.8	81.3	84.3	81.6	77.4	71.0	62.7	51.0	46.3
河　北	91.3	94.2	97.2	90.5	84.1	75.6	65.9	61.3	57.5	44.1	41.7
山　西	113.3	104.8	97.0	84.7	78.3	72.4	67.1	63.8	63.5	46.9	45.2
内蒙古	114.9	107.8	87.6	63.7	53.2	46.1	44.6	42.5	43.2	37.1	37.0
辽　宁	104.3	101.8	100.0	88.4	72.8	59.9	51.5	47.3	43.4	38.8	35.1
吉　林	102.9	97.8	91.2	87.4	84.6	65.0	51.2	43.9	39.6	35.1	33.4
黑龙江	113.3	107.3	109.2	110.4	105.6	99.1	88.2	81.4	76.9	60.8	53.2
上　海	79.0	82.0	82.9	84.5	84.3	82.3	83.6	87.9	95.4	95.7	108.1
江　苏	104.3	105.5	98.1	76.6	76.7	71.2	67.1	66.4	66.0	58.5	56.7
浙　江	87.1	80.2	74.0	64.4	64.1	64.3	63.8	68.9	74.9	68.5	69.6
安　徽	113.5	110.7	101.9	87.4	77.0	66.2	54.2	45.3	42.2	34.3	32.2
福　建	105.4	108.1	111.2	105.3	96.2	88.4	80.4	68.2	67.2	61.8	55.3
江　西	126.2	110.9	87.1	70.6	65.2	58.2	54.7	53.1	46.2	35.8	32.4
山　东	105.2	106.5	96.3	73.6	69.6	61.6	60.3	63.5	62.0	54.8	52.2
河　南	121.8	118.9	115.0	100.8	92.1	76.7	65.1	57.5	53.7	43.9	42.2
湖　北	84.6	83.1	83.8	84.3	79.4	76.9	71.0	65.4	62.2	50.0	46.1
湖　南	108.8	103.6	98.7	94.2	85.5	78.4	75.5	70.2	65.9	53.7	51.0
广　东	108.7	108.2	110.3	103.4	103.3	101.0	102.2	103.1	105.7	94.3	90.3
广　西	115.8	113.8	110.3	100.8	87.8	74.9	65.1	57.3	54.6	43.6	38.1
海　南	80.3	81.9	83.4	76.6	79.1	76.4	75.7	78.4	69.8	54.4	49.8
重　庆	100.4	90.6	78.0	69.2	61.7	56.0	51.4	48.4	48.0	41.2	38.4
四　川	82.9	80.4	75.7	70.2	70.0	64.4	61.1	57.3	56.6	39.9	40.8
贵　州	87.9	71.1	65.9	62.7	63.4	62.8	59.7	57.0	55.2	47.7	43.0
云　南	88.4	88.3	87.2	79.0	73.5	60.8	55.6	52.1	49.6	41.4	39.1
西　藏	—	—	—	—	—	—	—	—	—	—	—
陕　西	92.3	88.7	84.9	73.6	69.1	65.3	57.9	50.6	47.8	39.8	37.1
甘　肃	81.9	78.8	75.9	72.6	72.1	69.4	68.6	62.1	55.5	45.0	39.0
青　海	57.4	49.5	48.4	50.2	51.2	51.5	48.2	48.2	50.1	40.6	38.2
宁　夏	64.4	59.3	55.4	45.6	44.9	43.2	43.8	42.4	37.6	32.5	28.6
新　疆	72.4	69.6	66.6	63.0	62.2	60.8	58.9	58.4	51.0	51.9	47.8
东部地区	97.7	97.1	93.6	82.1	79.6	74.3	71.1	70.7	70.6	61.9	59.1
东北老工业基地	106.8	102.6	100.7	94.3	83.7	69.9	59.2	53.3	48.9	42.5	38.6
中部地区	109.0	104.2	98.9	90.7	83.7	74.1	65.3	58.9	54.8	44.3	41.5
西部地区	89.6	84.9	79.3	71	66.6	60.5	56.4	52.5	51	41.3	39.1

注：固定资产投资按 2005 年价格计算

资料来源：中华人民共和国国家统计局．2001～2011．2001～2011 中国统计年鉴．中国统计出版社

附表5　中国各省、直辖市、自治区二氧化硫排放绩效指数（2000~2010）（2000年全国为100）

地　区	2000年	2001年	2002年	2003年	2004年	2005年	2006年	2007年	2008年	2009年	2010年
全　国	100.0	110.9	122.4	120.1	126.6	124.6	138.3	165.7	193.1	221.0	247.3
北　京	302.3	376.3	439.3	512.2	559.3	627.0	768.8	1021.6	1371.9	1568.1	1785.9
天　津	105.5	145.5	186.9	194.5	256.2	253.2	301.8	363.3	431.4	509.8	602.4
河　北	76.5	85.2	94.1	94.5	106.2	115.0	126.3	147.4	180.1	212.6	242.4
山　西	32.4	35.7	40.4	40.8	45.3	47.9	55.5	68.5	78.8	85.7	99.1
内蒙古	45.9	52.1	52.1	34.8	46.0	46.1	51.3	65.4	78.4	93.8	108.2
辽　宁	87.1	105.5	123.0	132.2	147.6	115.5	125.4	147.2	182.1	221.5	260.2
吉　林	131.2	154.7	169.3	181.9	194.7	162.8	174.9	208.2	255.2	301.5	349.5
黑龙江	193.0	214.3	240.3	213.3	227.6	186.5	205.0	230.8	262.6	302.1	340.6
上　海	194.5	211.3	248.8	277.4	301.5	309.7	352.0	414.4	507.3	646.2	754.2
江　苏	144.7	166.9	191.1	196.3	225.1	232.7	281.6	346.4	420.7	497.5	573.3
浙　江	210.8	233.5	249.4	243.1	251.1	268.1	305.7	377.9	447.8	514.9	595.7
安　徽	141.6	153.9	168.7	160.7	169.4	161.0	177.1	206.6	239.5	279.1	323.7
福　建	300.4	367.3	419.5	297.2	309.6	244.3	275.7	334.2	392.4	450.4	526.3
江　西	124.4	142.9	164.9	124.8	119.1	113.7	123.5	142.7	172.0	201.1	232.2
山　东	95.0	109.0	124.1	129.5	150.7	157.6	184.5	226.9	273.6	326.6	379.3
河　南	120.9	128.8	135.1	134.8	126.8	111.9	128.1	152.5	184.1	218.8	249.2
湖　北	124.3	140.4	153.6	149.3	146.0	157.9	168.2	207.6	248.7	293.7	343.1
湖　南	89.6	99.0	110.7	106.2	115.8	123.3	136.9	162.1	199.3	234.6	272.3
广　东	229.4	235.6	264.6	275.3	295.8	299.5	351.2	425.0	496.9	578.4	662.5
广　西	49.4	63.7	71.9	62.0	64.1	66.9	78.2	91.9	109.2	129.1	145.3
海　南	467.5	520.3	518.4	550.4	607.1	701.3	727.7	790.0	1025.9	1131.1	1003.3
重　庆	42.3	53.6	60.9	62.0	67.1	71.2	77.9	93.9	113.6	136.9	166.2
四　川	61.1	71.8	80.4	82.9	89.2	97.7	112.4	139.9	159.5	184.9	213.3
贵　州	14.5	16.5	18.8	20.7	23.2	25.4	26.5	32.4	40.2	47.1	54.3
云　南	100.4	115.9	123.9	108.4	114.3	113.9	120.5	139.5	164.2	184.9	207.1
西　藏	2983.2	2690.7	3037.7	4542.1	3812.6	2137.4	2421.8	2920.6	3039.5	3416.6	1989.5
陕　西	61.9	68.5	73.8	68.7	72.7	73.3	78.5	96.1	116.7	146.5	173.5
甘　肃	54.2	59.2	56.4	54.0	61.4	59.0	67.9	79.5	91.3	101.0	102.4
青　海	165.2	168.8	206.9	122.9	112.4	75.3	81.4	89.6	101.1	110.6	120.6
宁　夏	30.3	34.4	34.1	29.1	32.4	30.7	31.0	36.2	43.2	53.6	61.5
新　疆	89.3	100.3	110.0	109.1	84.1	86.2	90.5	96.1	105.7	113.4	125.7
东部地区	140.9	161.0	183.2	188.0	210.6	210.6	241.8	292.3	352.4	416.7	480.9
东北老工业基地	116.2	137.6	157.2	161.3	176.7	141.4	153.5	178.6	216.0	257.6	298.3
中部地区	100.7	111.2	122.1	117.1	120.4	116.7	130.5	155.4	185.5	216.4	249.4
西部地区	48.9	57.2	62.4	57.9	63.2	64.8	71	85.4	101.1	118.8	136

资料来源：中华人民共和国国家统计局. 2001~2010. 2001~2010中国统计年鉴. 中国统计出版社

附表 6　中国各省、直辖市、自治区化学需氧量（COD）排放绩效指数（2000~2010）

（2000 年全国为 100）

地　区	2000 年	2001 年	2002 年	2003 年	2004 年	2005 年	2006 年	2007 年	2008 年	2009 年	2010 年
全　国	100.0	111.4	124.9	140.9	154.4	162.7	181.6	214.4	245.8	277.5	316.1
北　京	274.8	322.3	401.9	505.8	596.3	748.0	892.0	1053.7	1209.0	1364.9	1617.6
天　津	135.5	266.4	308.9	280.1	308.7	332.7	389.8	469.0	563.5	657.1	777.4
河　北	103.6	122.0	136.3	153.0	167.0	188.6	205.4	238.8	290.1	338.6	396.6
山　西	89.0	99.5	113.0	112.4	122.0	136.1	153.4	183.9	208.1	228.5	269.1
内蒙古	86.1	86.8	116.0	118.3	142.6	163.5	194.2	239.7	290.1	341.1	397.1
辽　宁	83.9	94.7	119.1	144.2	177.6	155.4	178.4	209.5	255.4	299.8	355.7
吉　林	57.1	72.2	91.0	96.4	109.8	110.7	124.3	150.4	186.4	219.7	256.1
黑龙江	79.5	86.0	97.2	107.8	121.9	136.2	154.5	176.5	202.2	232.2	272.1
上　海	205.5	237.3	244.1	267.3	351.5	378.1	429.5	507.5	614.5	728.5	889.9
江　苏	192.6	167.0	197.7	229.5	236.4	239.6	285.9	342.8	404.4	471.1	553.6
浙　江	144.6	172.6	195.0	230.0	266.0	280.8	320.9	386.8	445.9	509.0	601.2
安　徽	91.6	105.9	117.7	128.4	140.5	150.0	164.2	189.7	222.7	256.6	303.4
福　建	152.2	169.4	207.9	186.0	203.9	207.0	237.0	281.5	322.3	364.4	418.4
江　西	74.6	76.3	89.5	93.7	98.6	110.4	119.5	136.9	163.2	188.8	217.3
山　东	123.8	147.5	176.6	207.6	255.2	296.7	345.8	415.9	494.1	581.5	680.9
河　南	93.6	110.1	123.4	143.4	165.7	182.5	209.0	248.9	297.5	342.9	389.8
湖　北	71.8	82.2	90.5	104.2	119.1	133.1	148.3	176.9	206.0	237.9	274.7
湖　南	74.4	76.9	80.4	80.2	86.1	91.8	100.4	117.8	137.1	162.5	198.0
广　东	158.0	150.3	196.0	218.2	265.9	265.3	307.1	364.0	424.2	492.1	587.2
广　西	29.0	38.9	42.1	42.3	44.1	46.3	50.3	61.0	72.2	85.3	101.5
海　南	81.4	107.7	125.2	135.3	109.1	117.5	127.8	144.5	160.5	180.0	226.7
重　庆	97.4	110.2	123.5	132.1	142.8	160.4	183.7	223.7	266.2	308.4	369.3
四　川	55.5	59.5	69.5	77.3	92.5	117.1	129.4	154.9	177.0	203.0	235.8
贵　州	66.7	79.9	88.1	90.2	99.2	110.6	122.8	142.4	162.2	185.5	217.4
云　南	94.5	97.3	108.5	124.6	136.3	151.3	163.7	186.0	212.7	244.9	279.9
西　藏	43.2	177.2	275.0	311.7	199.6	222.1	229.1	260.1	285.9	321.4	193.0
陕　西	85.6	91.9	105.6	118.3	127.4	139.7	156.9	187.3	226.3	268.4	318.0
甘　肃	104.4	131.1	134.2	121.8	135.8	132.0	150.7	173.0	194.6	217.7	244.2
青　海	115.3	129.6	145.3	168.3	153.1	94.5	102.4	114.7	132.5	142.7	150.8
宁　夏	25.9	26.2	49.4	60.9	103.9	53.4	61.4	70.7	82.7	97.5	113.8
新　疆	101.9	108.5	115.1	114.6	111.6	119.5	125.0	139.1	156.0	168.9	180.9
东部地区	142.6	157.1	188.1	212.8	245.9	256.6	295.4	350.8	413.9	480.1	566.0
东北老工业基地	75.0	86.1	104.6	118.2	139.0	137.5	156.2	183.3	219.7	256.4	301.7
中部地区	79.1	88.9	99.8	107.8	119.9	130.7	145.7	171.3	200.9	232.0	271.6
西部地区	62.7	71.5	82.5	87.9	97.8	106.7	118.2	140.4	164.2	190.1	221.1

资料来源：1）《中国环境年鉴》编委会 . 2001~2010. 中国环境年鉴 2001~2010. 中国环境年鉴社

　　　　　2）中华人民共和国国家统计局 . 2011. 2011 中国统计年鉴 . 中国统计出版社

附表 7　中国各省、直辖市、自治区工业固体废物排放绩效指数（2000～2010）

（2000 年全国为 100）

地　区	2000 年	2001 年	2002 年	2003 年	2004 年	2005 年	2006 年	2007 年	2008 年	2009 年	2010 年
全　国	100.0	99.5	102.0	105.6	97.3	96.7	96.7	95.2	96.4	98.2	91.7
北　京	243.2	272.3	327.6	322.9	335.3	395.6	408.1	497.1	597.5	613.2	662.2
天　津	302.9	277.3	279.4	320.3	317.2	244.4	243.7	259.8	286.4	325.6	311.2
河　北	58.8	50.8	57.9	61.2	37.0	43.2	56.1	48.2	50.1	49.6	38.6
山　西	20.7	24.3	23.9	24.6	25.8	26.6	28.4	28.1	26.0	30.1	27.7
内蒙古	52.4	55.5	51.2	50.3	47.1	37.3	37.5	35.5	43.2	44.3	36.3
辽　宁	43.9	46.0	49.0	53.9	56.5	55.2	49.6	51.8	53.2	55.3	63.0
吉　林	95.6	102.5	112.5	116.5	112.0	103.5	104.4	109.1	115.4	113.6	109.7
黑龙江	86.9	87.5	91.4	100.4	109.5	120.7	111.0	117.8	121.6	114.9	126.3
上　海	273.0	254.6	285.2	307.9	322.1	330.9	355.0	389.6	394.4	444.2	451.2
江　苏	234.1	220.5	230.6	255.3	244.4	227.0	208.7	234.6	251.8	272.3	271.8
浙　江	368.8	352.6	358.0	369.5	360.6	375.1	346.9	340.9	358.3	377.8	387.2
安　徽	81.3	76.4	80.0	84.9	89.9	89.6	84.1	81.0	71.9	72.6	76.9
福　建	126.2	58.5	80.2	123.8	122.8	122.1	124.2	126.5	128.2	121.8	117.6
江　西	34.3	40.9	33.8	36.1	38.7	40.7	43.3	46.6	50.1	52.1	56.2
山　东	129.1	123.5	130.8	143.3	141.7	140.7	134.5	141.7	145.8	150.3	148.8
河　南	119.6	120.1	121.8	128.3	126.8	120.4	114.0	110.2	114.4	112.4	127.3
湖　北	101.1	115.1	113.8	119.4	126.3	125.4	121.5	128.3	135.9	139.0	130.3
湖　南	120.2	125.2	138.2	133.4	126.4	137.3	141.8	131.9	151.5	152.9	154.6
广　东	500.9	471.2	515.4	538.7	532.4	547.3	595.3	542.8	477.6	534.3	521.7
广　西	79.6	68.6	79.3	68.7	75.2	80.2	81.7	80.6	76.2	82.6	86.2
海　南	410.6	567.4	496.3	566.9	509.6	496.9	485.9	523.6	414.7	507.4	557.7
重　庆	111.2	121.7	129.4	145.5	146.5	137.1	155.3	152.1	157.3	163.7	172.4
四　川	64.8	73.8	80.4	79.5	78.8	80.8	77.5	69.9	81.0	99.7	87.8
贵　州	37.8	39.5	35.4	29.8	27.4	29.0	27.3	30.5	34.8	30.9	31.2
云　南	49.7	54.0	53.7	58.7	55.1	52.2	45.5	42.9	42.2	43.5	45.2
西　藏	574.2	611.4	1553.1	2319.0	1113.8	2185.5	2201.1	4116.4	4143.8	2514.2	2853.1
陕　西	60.2	72.0	66.7	73.0	63.6	60.3	65.7	66.5	69.3	86.9	80.2
甘　肃	47.9	69.7	56.8	52.6	56.8	60.4	58.5	56.7	58.6	65.6	61.7
青　海	64.2	65.7	86.2	80.0	67.0	58.8	49.0	43.5	41.7	45.5	39.7
宁　夏	53.3	65.2	66.5	60.0	60.2	59.9	60.7	52.3	53.9	49.3	31.7
新　疆	157.9	157.0	132.2	136.3	146.2	141.3	128.5	106.7	103.8	85.3	77.3
东部地区	147.3	131.8	147.9	166.0	145.3	151.3	156.9	156.8	161.0	165.4	156.4
东北老工业基地	60.7	63.2	67.2	73.2	76.4	75.9	69.6	72.7	75.0	75.9	83.5
中部地区	68.4	74.3	72.9	75.5	77.8	79.2	79.8	80.1	81.0	85.1	86.6
西部地区	63.6	69.6	68.8	67.3	65.2	62.5	60.8	58.4	63	66.8	61.7

资料来源：中华人民共和国国家统计局 . 2001～2011. 2001～2011 中国统计年鉴 . 中国统计出版社

附表8　中国各省、直辖市、自治区能源绩效（2000～2010）（单位：万元 GDP/吨标准煤）

地　区	2000 年	2001 年	2002 年	2003 年	2004 年	2005 年	2006 年	2007 年	2008 年	2009 年	2010 年
全　国	0.838	0.878	0.904	0.862	0.818	0.784	0.806	0.849	0.895	0.929	0.968
北　京	0.951	1.021	1.107	1.172	1.210	1.262	1.334	1.435	1.555	1.650	1.718
天　津	0.725	0.778	0.846	0.913	0.919	0.956	0.995	1.047	1.124	1.196	1.211
河　北	0.525	0.520	0.523	0.511	0.509	0.505	0.521	0.543	0.580	0.610	0.632
山　西	0.337	0.313	0.301	0.312	0.331	0.332	0.338	0.355	0.383	0.423	0.447
内蒙古	0.499	0.481	0.487	0.452	0.414	0.404	0.414	0.434	0.463	0.498	0.522
辽　宁	0.444	0.483	0.535	0.563	0.546	0.591	0.613	0.639	0.673	0.695	0.725
吉　林	0.579	0.617	0.576	0.556	0.576	0.681	0.705	0.737	0.776	0.827	0.873
黑龙江	0.540	0.603	0.669	0.659	0.662	0.685	0.708	0.738	0.776	0.824	0.865
上　海	0.957	1.000	1.036	1.070	1.121	1.124	1.174	1.242	1.290	1.376	1.404
江　苏	1.175	1.256	1.296	1.279	1.190	1.083	1.122	1.172	1.245	1.314	1.362
浙　江	1.109	1.232	1.094	1.091	1.099	1.115	1.156	1.207	1.278	1.350	1.395
安　徽	0.668	0.693	0.731	0.780	0.801	0.822	0.851	0.888	0.930	0.983	1.032
福　建	1.136	1.111	1.112	1.093	1.078	1.067	1.102	1.143	1.187	1.233	1.277
江　西	0.934	1.092	0.959	0.927	0.943	0.947	0.978	1.021	1.085	1.136	1.183
山　东	0.874	1.098	0.836	0.832	0.814	0.760	0.787	0.825	0.881	0.933	0.976
河　南	0.779	0.816	0.813	0.770	0.709	0.724	0.746	0.778	0.820	0.865	0.897
湖　北	0.646	0.729	0.718	0.686	0.645	0.654	0.675	0.704	0.755	0.813	0.845
湖　南	0.989	0.950	0.889	0.833	0.774	0.679	0.703	0.736	0.789	0.832	0.855
广　东	1.278	1.311	1.321	1.314	1.299	1.259	1.297	1.339	1.399	1.462	1.506
广　西	0.894	0.969	0.916	0.894	0.838	0.818	0.840	0.869	0.904	0.946	0.965
海　南	1.156	1.165	1.103	1.073	1.095	1.092	1.104	1.114	1.144	1.176	1.238
重　庆	0.851	0.747	0.920	0.902	0.846	0.702	0.726	0.760	0.799	0.847	0.887
四　川	0.667	0.696	0.696	0.632	0.613	0.625	0.645	0.675	0.703	0.747	0.784
贵　州	0.286	0.300	0.325	0.289	0.296	0.355	0.366	0.382	0.408	0.426	0.445
云　南	0.650	0.690	0.635	0.642	0.610	0.575	0.584	0.608	0.638	0.669	0.695
西　藏	—	—	—	—	—	0.689	—	—	—	—	0.784
陕　西	0.823	0.757	0.738	0.735	0.724	0.706	0.731	0.766	0.814	0.853	0.886
甘　肃	0.386	0.439	0.442	0.440	0.443	0.443	0.455	0.474	0.499	0.536	0.555
青　海	0.343	0.370	0.378	0.384	0.355	0.325	0.323	0.333	0.348	0.372	0.392
宁　夏	0.308	0.313	0.320	0.247	0.238	0.242	0.244	0.253	0.271	0.290	0.302
新　疆	0.485	0.501	0.509	0.505	0.478	0.473	0.478	0.493	0.509	0.517	0.502
东部地区	0.886	0.953	0.934	0.942	0.931	0.915	0.949	0.992	1.050	1.102	1.141
东北老工业基地	0.497	0.544	0.582	0.589	0.586	0.637	0.659	0.687	0.724	0.758	0.793
中部地区	0.653	0.681	0.672	0.657	0.647	0.653	0.673	0.702	0.748	0.803	0.838
西部地区	0.580	0.592	0.601	0.568	0.546	0.540	0.553	0.577	0.607	0.642	0.667

　　注：GDP 以 2005 年价格计算，以下均同；2001 年部分省份能源消费总量采用相邻年份插值。新疆 2010 年能源强度数据采用的是国家统计局、国家发展改革委、国家能源局三部门联合发布的 2010 年上半年单位 GDP 能耗等指标公报数据

　　资料来源：1）国家统计局能源统计司，国家能源局. 2005～2010. 中国能源统计年鉴 2004～2009. 中国统计出版社

　　　　　　 2）中华人民共和国国家统计局. 2011. 2011 中国统计年鉴. 中国统计出版社

附表9　中国各省、直辖市、自治区用水绩效（2000～2010）（单位：元 GDP／立方米水）

地　区	2000 年	2001 年	2002 年	2003 年	2004 年	2005 年	2006 年	2007 年	2008 年	2009 年	2010 年
全　国	21.12	22.59	24.96	28.37	29.95	32.83	35.97	40.91	44.14	47.76	52.22
北　京	97.56	113.09	141.80	155.68	179.69	202.02	229.61	259.09	280.45	305.41	339.76
天　津	89.47	118.54	128.10	142.98	153.81	169.08	194.77	221.40	269.95	300.49	366.65
河　北	27.72	30.27	33.15	39.14	45.07	49.61	55.66	63.24	72.30	80.07	89.85
山　西	40.20	43.32	48.97	57.53	66.68	75.95	80.47	94.15	105.43	112.40	112.96
内蒙古	10.29	11.15	12.45	15.63	18.39	22.34	26.03	30.79	37.15	42.12	48.26
辽　宁	34.66	40.01	44.66	49.33	54.84	60.37	65.08	73.97	83.94	94.93	107.74
吉　林	19.23	22.70	23.39	27.68	32.56	36.79	40.46	47.96	53.87	57.34	60.38
黑龙江	11.23	12.67	15.91	17.99	19.05	20.31	21.60	23.76	26.06	27.26	29.90
上　海	48.56	54.75	62.08	66.70	70.29	76.24	87.88	99.89	109.97	113.82	124.47
江　苏	22.71	23.91	26.02	32.64	30.90	35.79	39.11	43.98	49.56	56.63	63.48
浙　江	36.16	39.17	43.54	50.44	57.24	63.92	73.37	83.09	89.10	106.28	115.83
安　徽	18.44	18.38	19.46	23.83	22.99	25.72	24.88	29.62	29.08	29.97	34.19
福　建	22.29	24.24	25.77	28.74	31.77	35.07	40.18	44.16	49.46	54.61	61.89
江　西	10.75	12.06	13.91	18.42	17.67	19.49	22.15	21.96	24.93	27.37	31.40
山　东	40.71	43.43	48.36	63.09	74.32	87.05	93.30	109.58	122.54	137.43	152.61
河　南	30.15	29.07	33.66	38.92	46.19	53.53	53.36	66.32	68.39	73.83	86.43
湖　北	14.98	15.84	20.01	21.57	24.22	26.01	28.83	33.04	35.81	39.10	43.86
湖　南	12.75	13.78	15.59	16.74	18.17	20.09	22.70	26.39	30.11	34.38	39.05
广　东	28.10	29.89	33.55	37.63	42.52	49.14	56.37	64.33	71.17	77.76	86.36
广　西	8.16	8.88	9.61	11.32	12.11	12.73	14.40	16.78	18.95	22.06	25.34
海　南	12.61	13.90	15.06	15.85	17.55	20.36	21.86	25.21	27.69	32.62	37.93
重　庆	36.67	39.22	41.15	43.80	45.99	48.70	53.25	58.34	62.49	69.67	80.56
四　川	20.86	22.81	25.06	27.73	31.17	34.79	38.97	44.85	51.31	54.59	60.97
贵　州	14.52	15.26	16.13	17.05	18.87	20.63	22.62	26.49	28.37	32.08	35.80
云　南	15.33	16.47	17.68	19.55	21.64	23.58	26.68	28.89	31.31	35.21	40.92
西　藏	5.10	5.69	5.88	7.84	7.93	7.49	8.05	8.76	9.43	12.89	12.69
陕　西	28.56	31.68	35.14	40.82	45.82	49.92	53.28	63.63	70.67	81.35	94.27
甘　肃	9.46	10.51	11.43	12.76	14.20	15.72	17.63	19.77	21.82	24.38	26.99
青　海	11.04	12.63	14.26	14.86	16.03	17.70	19.12	22.46	23.08	30.36	32.71
宁　夏	4.16	4.75	5.41	7.76	7.46	7.84	8.90	10.96	11.81	13.57	15.38
新　疆	3.36	3.60	3.99	4.21	4.72	5.12	5.63	6.04	6.82	7.33	8.04
东部地区	31.89	34.57	38.24	44.84	48.69	55.29	61.73	70.02	78.05	87.41	97.54
东北老工业基地	18.74	21.44	25.05	28.51	31.32	34.14	36.84	41.73	46.58	50.07	55.11
中部地区	16.72	17.91	20.83	24.30	25.92	28.71	30.83	35.26	38.15	40.99	46.00
西部地区	11.24	12.20	13.43	15.13	16.78	18.45	20.70	23.81	26.60	30.06	34.17

资料来源：1）中华人民共和国国家统计局.2003～2011.2003～2011中国统计年鉴.中国统计出版社

　　　　　2）中华人民共和国水利部.2001，2002.中国水资源公报2000，2001.中国水利水电出版社

附表 10   中国各省、直辖市、自治区建设用地绩效（2000～2010）（单位：万元 GDP/亩）

地 区	2000 年	2001 年	2002 年	2003 年	2004 年	2005 年	2006 年	2007 年	2008 年	2009 年	2010 年
全 国	2.14	2.30	2.98	3.24	3.51	3.86	4.29	4.85	5.26	5.64	6.14
北 京	9.40	10.04	10.82	11.77	12.96	14.38	16.04	18.07	19.42	21.03	22.86
天 津	3.62	4.02	5.49	6.23	6.60	7.53	8.56	9.57	10.91	12.49	14.46
河 北	1.87	2.03	2.77	3.08	3.46	3.85	4.28	4.79	5.24	5.66	6.26
山 西	1.58	1.73	2.28	2.61	2.97	3.35	3.71	4.26	4.60	4.76	5.35
内蒙古	0.71	0.78	1.07	1.25	1.48	1.81	2.13	2.50	2.92	3.35	3.80
辽 宁	2.05	2.22	2.86	3.18	3.49	3.92	4.44	5.06	5.71	6.35	7.15
吉 林	1.23	1.34	1.67	1.84	2.06	2.30	2.63	3.04	3.51	3.92	4.39
黑龙江	1.13	1.24	1.83	2.02	2.24	2.49	2.79	3.11	3.46	3.78	4.20
上 海	13.88	15.25	19.40	21.37	23.68	25.69	29.30	32.95	34.64	36.82	40.04
江 苏	2.83	3.10	4.85	5.41	5.99	6.77	7.62	8.60	9.54	10.53	11.70
浙 江	6.12	6.59	7.21	7.92	8.75	9.51	10.45	11.54	12.26	13.12	14.47
安 徽	1.07	1.16	1.63	1.77	1.99	2.20	2.45	2.77	3.11	3.45	3.89
福 建	4.31	4.63	5.68	6.21	6.80	7.42	8.19	9.16	10.09	11.13	12.50
江 西	1.62	1.75	2.14	2.38	2.67	2.99	3.28	3.66	4.08	4.53	5.09
山 东	2.26	2.46	3.53	3.95	4.47	5.06	5.70	6.44	7.16	7.89	8.73
河 南	1.62	1.76	2.34	2.56	2.89	3.28	3.73	4.25	4.74	5.17	5.73
湖 北	1.71	1.86	2.40	2.62	2.89	3.21	3.61	4.10	4.62	5.15	5.82
湖 南	1.85	2.01	2.43	2.64	2.94	3.28	3.64	4.15	4.67	5.22	5.90
广 东	5.15	5.65	6.18	6.95	7.82	8.77	9.85	11.16	12.24	13.19	14.61
广 西	1.79	1.92	2.19	2.40	2.64	2.92	3.24	3.68	4.11	4.60	5.18
海 南	1.40	1.53	1.52	1.68	1.86	2.04	2.31	2.65	2.90	3.19	3.64
重 庆	2.40	2.61	3.18	3.42	3.70	4.06	4.50	5.14	5.81	6.56	7.58
四 川	1.70	1.84	2.29	2.53	2.83	3.15	3.54	4.03	4.43	4.98	5.65
贵 州	1.48	1.60	1.87	2.03	2.22	2.47	2.76	3.14	3.46	3.79	4.21
云 南	1.70	1.80	2.37	2.54	2.77	2.98	3.27	3.62	3.92	4.31	4.78
西 藏	1.07	1.21	2.15	2.21	2.41	2.63	2.91	3.25	3.51	3.87	4.29
陕 西	1.66	1.81	2.33	2.59	2.90	3.28	3.71	4.27	4.93	5.50	6.22
甘 肃	0.69	0.75	0.98	1.08	1.20	1.33	1.48	1.66	1.82	1.97	2.17
青 海	0.72	0.80	0.80	0.93	1.03	1.13	1.28	1.43	1.62	1.75	1.99
宁 夏	0.96	1.05	1.61	1.77	1.86	2.01	2.24	2.49	2.75	3.02	3.38
新 疆	0.70	0.76	1.07	1.17	1.29	1.42	1.57	1.75	1.94	2.06	2.24
东部地区	3.35	3.66	4.82	5.38	6.00	6.70	7.51	8.48	9.31	10.16	11.27
东北老工业基地	1.46	1.59	2.15	2.37	2.63	2.94	3.33	3.78	4.27	4.73	5.29
中部地区	1.45	1.58	2.10	2.30	2.58	2.89	3.23	3.67	4.11	4.52	5.07
西部地区	1.27	1.38	1.76	1.95	2.17	2.42	2.72	3.10	3.47	3.87	4.35

注：由于 2009 和 2010 年各省建设用地缺乏数据，故统一按照全国建设用地增长率推算，可能导致一定偏差

资料来源：1）中华人民共和国国家统计局 . 2011. 2011 中国统计年鉴. 中国统计出版社

2）中国国土资源年鉴编辑部 . 2001～2009. 中国国土资源年鉴 2001～2009. 中国国土资源年鉴编辑部

附表 11　中国各省、直辖市、自治区 固定资产绩效（2000～2010）（单位：元 GDP／元）

地　区	2000 年	2001 年	2002 年	2003 年	2004 年	2005 年	2006 年	2007 年	2008 年	2009 年	2010 年
全　国	3.20	3.08	2.88	2.53	2.32	2.08	1.92	1.83	1.73	1.42	1.31
北　京	2.84	2.70	2.55	2.39	2.44	2.47	2.40	2.38	2.87	2.54	2.45
天　津	3.00	2.90	2.84	2.60	2.70	2.61	2.48	2.27	2.01	1.63	1.48
河　北	2.92	3.01	3.11	2.90	2.69	2.42	2.11	1.96	1.84	1.41	1.34
山　西	3.63	3.35	3.10	2.71	2.51	2.32	2.15	2.04	2.03	1.50	1.45
内蒙古	3.68	3.45	2.81	2.04	1.70	1.48	1.43	1.36	1.38	1.19	1.18
辽　宁	3.34	3.26	3.20	2.83	2.33	1.92	1.65	1.51	1.39	1.24	1.12
吉　林	3.29	3.13	2.92	2.80	2.71	2.08	1.64	1.41	1.27	1.12	1.07
黑龙江	3.63	3.44	3.49	3.54	3.38	3.17	2.82	2.61	2.46	1.95	1.70
上　海	2.53	2.62	2.65	2.70	2.70	2.63	2.67	2.81	3.05	3.06	3.46
江　苏	3.34	3.38	3.14	2.45	2.46	2.28	2.15	2.12	2.11	1.87	1.81
浙　江	2.79	2.57	2.37	2.06	2.05	2.06	2.04	2.21	2.40	2.19	2.23
安　徽	3.63	3.54	3.26	2.80	2.46	2.12	1.74	1.45	1.35	1.10	1.03
福　建	3.38	3.46	3.56	3.37	3.08	2.83	2.57	2.18	2.15	1.98	1.77
江　西	4.04	3.55	2.79	2.26	2.09	1.86	1.75	1.70	1.48	1.15	1.04
山　东	3.37	3.41	3.08	2.36	2.23	1.97	1.93	2.03	1.99	1.75	1.67
河　南	3.90	3.81	3.68	3.23	2.95	2.46	2.08	1.84	1.72	1.41	1.35
湖　北	2.71	2.66	2.68	2.70	2.54	2.46	2.27	2.09	1.99	1.60	1.48
湖　南	3.48	3.32	3.16	3.02	2.74	2.51	2.42	2.25	2.11	1.72	1.63
广　东	3.48	3.48	3.53	3.31	3.32	3.23	3.27	3.30	3.38	3.02	2.89
广　西	3.71	3.64	3.53	3.23	2.81	2.40	2.08	1.83	1.75	1.40	1.22
海　南	2.57	2.62	2.67	2.45	2.53	2.45	2.42	2.51	2.23	1.74	1.59
重　庆	3.21	2.90	2.50	2.22	1.97	1.79	1.65	1.55	1.54	1.32	1.23
四　川	2.65	2.57	2.42	2.25	2.24	2.06	1.95	1.83	1.81	1.28	1.31
贵　州	2.81	2.28	2.11	2.01	2.03	2.01	1.91	1.83	1.77	1.53	1.38
云　南	2.83	2.83	2.79	2.53	2.35	1.95	1.78	1.67	1.59	1.33	1.25
西　藏	—	—	—	—	—	—	—	—	—	—	—
陕　西	2.95	2.84	2.72	2.36	2.21	2.09	1.85	1.62	1.53	1.27	1.19
甘　肃	2.62	2.52	2.43	2.32	2.31	2.22	2.20	1.99	1.78	1.44	1.25
青　海	1.84	1.58	1.55	1.61	1.64	1.65	1.54	1.54	1.60	1.30	1.22
宁　夏	2.06	1.90	1.77	1.46	1.44	1.38	1.40	1.36	1.20	1.04	0.92
新　疆	2.32	2.23	2.13	2.02	1.99	1.94	1.89	1.87	1.89	1.66	1.53
东部地区	3.13	3.11	3.00	2.63	2.55	2.38	2.28	2.26	2.26	1.98	1.89
东北老工业基地	3.42	3.29	3.22	3.02	2.68	2.24	1.90	1.71	1.56	1.36	1.24
中部地区	3.49	3.34	3.16	2.90	2.68	2.37	2.09	1.88	1.75	1.42	1.33
西部地区	2.87	2.72	2.54	2.27	2.13	1.94	1.81	1.68	1.63	1.32	1.25

注：固定资产投资按 2005 年价格计算

资料来源：中华人民共和国国家统计局. 2001～2011. 2001～2011 中国统计年鉴. 中国统计出版社

附表 12　中国各省、直辖市、自治区二氧化硫排放绩效（2000～2010）（单位：万元 GDP／吨）

地　区	2000 年	2001 年	2002 年	2003 年	2004 年	2005 年	2006 年	2007 年	2008 年	2009 年	2010 年
全　国	58.2	64.6	71.2	69.9	73.7	72.5	80.5	96.4	112.4	128.6	143.9
北　京	176.0	219.0	255.7	298.1	325.5	364.9	447.5	594.6	798.5	912.6	1039.4
天　津	61.4	84.7	108.8	113.2	149.1	147.4	175.7	211.4	251.1	296.7	350.6
河　北	44.5	49.6	54.8	55.0	61.8	66.9	73.5	85.8	104.8	123.7	141.1
山　西	18.9	20.8	23.5	23.7	26.3	27.9	32.3	39.9	45.9	49.9	57.7
内蒙古	26.7	30.3	30.4	20.3	26.8	26.8	29.9	38.1	45.6	54.6	63.0
辽　宁	50.7	61.4	71.6	76.9	85.9	67.2	73.0	85.7	106.0	128.9	151.4
吉　林	76.4	90.0	98.6	105.9	113.3	94.8	101.8	121.1	148.5	175.5	203.4
黑龙江	112.9	124.7	139.9	124.3	132.5	108.1	119.3	134.3	152.8	175.8	198.2
上　海	113.4	123.0	144.8	161.4	175.5	180.3	205.2	241.2	295.3	376.1	438.9
江　苏	84.2	97.1	111.2	114.0	131.5	135.5	163.9	201.6	244.8	289.6	333.7
浙　江	122.7	135.9	145.1	141.5	146.3	156.0	177.9	219.9	260.8	299.7	346.7
安　徽	82.4	89.6	98.2	93.5	98.6	93.7	103.1	120.2	139.4	162.4	188.4
福　建	174.8	213.8	244.1	173.0	180.2	142.2	160.4	194.5	228.4	262.1	306.3
江　西	72.4	83.2	96.0	72.7	69.3	66.2	71.9	83.0	100.1	117.0	135.1
山　东	55.3	63.5	72.2	75.4	87.7	91.7	107.4	132.0	159.3	190.1	220.8
河　南	70.2	75.0	78.6	78.5	73.8	65.2	74.6	88.1	107.2	127.3	145.0
湖　北	72.3	81.7	89.4	86.9	85.0	91.3	98.2	120.1	144.7	170.9	199.7
湖　南	52.1	57.6	64.4	61.8	67.4	71.9	79.7	94.6	116.0	136.5	158.5
广　东	133.5	137.1	154.0	160.1	172.2	174.2	204.4	247.3	289.4	336.6	385.6
广　西	28.7	37.1	41.9	36.1	37.3	38.9	45.5	53.5	63.6	75.2	84.6
海　南	272.1	302.8	301.7	320.3	353.3	408.2	423.5	459.8	597.1	658.3	583.9
重　庆	24.6	31.2	35.5	36.1	39.1	41.4	45.3	54.7	66.1	79.7	96.7
四　川	35.6	41.8	46.8	48.2	51.9	56.9	65.4	81.4	92.8	107.4	124.1
贵　州	8.4	9.6	10.9	12.1	13.5	14.8	15.4	18.9	23.4	27.4	31.6
云　南	58.4	67.5	72.1	63.1	66.9	66.3	70.1	81.2	95.5	107.6	120.5
西　藏	1736.3	1566.0	1768.0	2643.5	2219.0	1244.0	1409.5	1699.8	1769.0	1988.5	1157.9
陕　西	36.0	39.9	43.0	40.0	42.3	42.7	45.7	56.0	67.9	85.3	101.0
甘　肃	31.5	34.5	32.8	31.4	35.7	34.4	39.5	46.3	53.2	58.8	59.6
青　海	96.2	98.2	120.4	71.5	65.4	43.8	47.4	52.2	58.8	64.3	70.2
宁　夏	17.7	20.0	19.9	16.9	18.9	17.9	18.0	21.0	25.2	31.2	35.8
新　疆	52.0	58.4	64.0	63.6	48.9	50.2	52.7	55.9	61.5	66.0	73.1
东部地区	82.0	93.7	106.6	109.4	122.6	122.6	140.7	170.1	205.1	242.5	279.9
东北老工业基地	67.6	80.1	91.5	94.0	102.6	82.3	89.4	103.9	125.8	149.9	173.6
中部地区	58.6	64.7	71.1	68.1	70.1	67.9	75.9	90.4	107.9	125.9	145.1
西部地区	28.5	33.3	36.3	33.7	36.8	37.7	41.3	49.7	58.8	69.1	79.1

资料来源：中华人民共和国国家统计局 . 2001～2011. 2001～2011 中国统计年鉴 . 中国统计出版社

附表 13　中国各省、直辖市、自治区化学需氧量（COD）排放绩效（2000～2010）

（单位：万元 GDP／吨）

地　区	2000 年	2001 年	2002 年	2003 年	2004 年	2005 年	2006 年	2007 年	2008 年	2009 年	2010 年
全　国	80.4	89.5	100.4	113.2	124.1	130.8	145.9	172.3	197.5	223.0	254.0
北　京	220.8	259.0	323.0	406.4	479.2	601.1	716.8	846.7	971.5	1096.8	1299.9
天　津	108.9	214.0	248.2	225.0	248.1	267.3	313.3	376.8	452.8	528.0	624.7
河　北	83.2	98.1	109.5	122.9	134.2	151.5	165.1	191.9	233.1	272.1	318.7
山　西	71.5	79.9	90.8	90.3	98.0	109.4	123.3	147.8	167.2	183.6	216.3
内蒙古	69.2	69.7	93.2	95.1	114.6	131.4	156.1	192.7	233.1	274.1	319.1
辽　宁	67.4	76.1	95.7	115.8	142.7	124.9	143.4	168.4	205.2	240.9	285.8
吉　林	45.8	58.0	73.2	77.4	88.2	89.0	99.9	120.1	149.8	176.5	205.8
黑龙江	63.8	69.1	78.1	86.6	97.9	109.6	124.1	141.8	162.5	186.6	218.6
上　海	165.1	190.7	196.1	214.8	282.5	303.8	345.0	407.9	493.8	585.4	715.1
江　苏	154.8	134.2	158.0	184.4	190.2	192.5	229.7	275.5	325.0	378.5	444.8
浙　江	116.2	138.7	156.7	184.4	213.7	225.9	257.9	310.8	358.3	409.1	483.1
安　徽	73.6	85.1	94.6	103.2	112.9	120.6	131.9	152.4	179.0	206.2	243.8
福　建	122.3	136.2	167.1	149.5	163.8	166.3	190.5	226.2	259.0	292.8	336.2
江　西	60.0	61.3	71.9	75.3	79.3	88.7	96.1	110.0	131.1	151.7	174.6
山　东	99.5	118.5	141.9	166.8	205.0	238.5	277.9	334.2	397.1	467.3	547.1
河　南	75.2	88.5	99.1	115.3	133.2	146.9	168.0	200.0	239.1	275.6	313.3
湖　北	57.7	66.1	72.7	83.3	95.7	106.9	119.2	142.2	165.5	191.4	220.7
湖　南	59.8	61.8	64.2	64.4	69.2	73.7	80.7	94.7	110.2	130.6	159.1
广　东	126.9	120.7	157.5	175.3	213.4	213.2	246.6	292.5	340.9	395.5	471.9
广　西	23.3	31.3	33.8	34.0	35.4	37.2	40.4	49.0	58.0	68.6	81.6
海　南	65.4	86.5	100.6	108.7	87.7	94.4	102.7	116.1	129.0	144.6	182.2
重　庆	78.3	88.7	99.3	106.2	114.8	128.9	147.6	179.8	214.0	247.8	296.7
四　川	44.8	47.8	55.9	62.2	74.4	94.3	104.0	124.7	142.2	163.1	189.5
贵　州	53.6	64.2	70.8	72.5	79.7	88.9	98.7	114.4	130.3	149.1	174.7
云　南	75.9	78.2	87.2	100.1	109.6	121.6	131.9	149.5	170.9	196.8	224.9
西　藏	34.7	142.4	221.0	250.5	160.4	178.5	184.1	209.0	229.7	258.2	155.1
陕　西	68.8	73.9	84.9	95.4	102.3	112.3	126.1	150.5	181.8	215.7	255.6
甘　肃	83.9	105.4	107.8	97.9	109.2	106.1	121.1	139.1	156.3	174.9	196.2
青　海	92.7	104.2	116.8	135.3	123.1	75.9	82.3	92.2	106.3	114.7	121.1
宁　夏	20.8	21.4	39.7	48.9	83.3	42.9	49.3	56.7	66.5	78.3	91.4
新　疆	81.8	87.2	92.5	92.1	89.7	96.0	100.5	112.0	125.4	135.7	145.4
东部地区	114.8	126.3	151.1	171.0	197.6	209.2	237.3	281.9	332.6	385.3	454.8
东北老工业基地	60.3	69.2	84.0	95.4	111.7	110.5	125.6	147.3	176.6	206.0	242.4
中部地区	63.6	71.4	80.2	86.6	96.3	105.1	117.1	137.7	161.4	186.4	218.2
西部地区	50.4	57.4	66.3	70.6	78.6	85.7	95.0	112.8	131.9	152.8	177.7

资料来源：1）《中国环境年鉴》编委会.2001～2010.中国环境年鉴2001～2010.中国环境年鉴社
　　　　　2）中华人民共和国国家统计局.2011.2011中国统计年鉴.中国统计出版社

附表 14　中国各省、直辖市、自治区工业固体废物排放绩效（2000～2010）

（单位：万元 GDP /吨）

地　区	2000 年	2001 年	2002 年	2003 年	2004 年	2005 年	2006 年	2007 年	2008 年	2009 年	2010 年
全　国	1.42	1.42	1.45	1.50	1.38	1.38	1.38	1.36	1.37	1.40	1.31
北　京	3.46	3.88	4.66	4.59	4.77	5.63	5.81	7.07	8.50	8.73	9.42
天　津	4.31	3.95	3.98	4.56	4.51	3.48	3.47	3.70	4.08	4.63	4.43
河　北	0.84	0.72	0.82	0.87	0.53	0.62	0.80	0.69	0.71	0.71	0.55
山　西	0.29	0.35	0.34	0.35	0.37	0.38	0.40	0.40	0.37	0.43	0.39
内蒙古	0.75	0.79	0.73	0.72	0.67	0.53	0.53	0.51	0.61	0.63	0.52
辽　宁	0.62	0.66	0.70	0.77	0.80	0.79	0.71	0.74	0.76	0.79	0.90
吉　林	1.36	1.46	1.60	1.66	1.59	1.47	1.49	1.55	1.64	1.62	1.56
黑龙江	1.24	1.25	1.30	1.43	1.56	1.72	1.58	1.68	1.73	1.63	1.80
上　海	3.88	3.62	4.06	4.38	4.58	4.71	5.05	5.54	5.61	6.32	6.42
江　苏	3.33	3.14	3.28	3.63	3.48	3.23	2.97	3.34	3.58	3.87	3.87
浙　江	5.25	5.02	5.09	5.26	5.13	5.34	4.94	4.85	5.10	5.38	5.51
安　徽	1.16	1.09	1.14	1.21	1.28	1.28	1.20	1.15	1.02	1.03	1.09
福　建	1.80	0.83	1.14	1.76	1.75	1.74	1.78	1.80	1.82	1.73	1.67
江　西	0.49	0.58	0.48	0.51	0.55	0.58	0.62	0.66	0.71	0.74	0.80
山　东	1.84	1.76	1.86	2.04	2.02	2.00	1.91	2.02	2.07	2.14	2.12
河　南	1.70	1.71	1.73	1.83	1.80	1.71	1.62	1.57	1.63	1.60	1.81
湖　北	1.44	1.64	1.62	1.70	1.80	1.78	1.73	1.83	1.93	1.98	1.85
湖　南	1.71	1.78	1.97	1.90	1.80	1.96	2.02	1.88	2.16	2.18	2.20
广　东	7.13	6.70	7.33	7.67	7.58	7.79	8.47	7.72	6.80	7.60	7.42
广　西	1.13	0.98	1.13	0.98	1.07	1.14	1.16	1.15	1.08	1.18	1.23
海　南	5.84	8.07	7.06	8.07	7.26	7.07	6.91	7.45	5.90	7.22	7.94
重　庆	1.58	1.73	1.84	2.07	2.08	1.95	2.21	2.16	2.24	2.33	2.45
四　川	0.92	1.05	1.14	1.13	1.12	1.15	1.10	0.99	1.15	1.42	1.25
贵　州	0.54	0.56	0.50	0.42	0.39	0.41	0.39	0.43	0.49	0.44	0.44
云　南	0.71	0.77	0.76	0.84	0.78	0.74	0.65	0.61	0.60	0.62	0.64
西　藏	8.17	8.70	22.10	33.00	15.85	31.10	31.32	58.58	58.97	35.78	40.60
陕　西	0.86	1.02	0.95	1.04	0.91	0.86	0.93	0.95	0.99	1.24	1.14
甘　肃	0.68	0.99	0.81	0.75	0.81	0.84	0.83	0.81	0.83	0.93	0.88
青　海	0.91	0.93	1.23	1.14	0.95	0.84	0.70	0.62	0.59	0.65	0.56
宁　夏	0.76	0.93	0.95	0.85	0.86	0.87	0.86	0.74	0.77	0.70	0.45
新　疆	2.25	2.23	1.88	1.94	2.08	2.01	1.83	1.52	1.48	1.21	1.10
东部地区	2.10	1.88	2.11	2.36	2.07	2.15	2.23	2.23	2.29	2.35	2.23
东北老工业基地	0.86	0.90	0.96	1.04	1.09	1.08	0.99	1.03	1.07	1.08	1.19
中部地区	0.97	1.06	1.04	1.07	1.11	1.13	1.14	1.14	1.15	1.21	1.23
西部地区	0.90	0.99	0.98	0.96	0.93	0.89	0.86	0.83	0.90	0.95	0.88

资料来源：中华人民共和国国家统计局 . 2001～2011. 2001～2011 中国统计年鉴 . 中国统计出版社

附表15　中国各省、直辖市、自治区能源消费总量（2000～2010）（单位：万吨标准煤）

地　区	2000 年	2001 年	2002 年	2003 年	2004 年	2005 年	2006 年	2007 年	2008 年	2009 年	2010 年
全　国	138553	143199	151797	174990	203227	235997	258676	280508	291448	306647	324939
北　京	4144	4313	4436	4648	5140	5522	5904	6285	6327	6570	6960
天　津	2794	2918	3022	3215	3697	4085	4500	4943	5364	5871	6810
河　北	11196	12301	13405	15298	17348	19836	21794	23585	24322	25437	27549
山　西	6728	7968	9340	10386	11251	12750	14098	15601	15675	14952	16101
内蒙古	3549	4073	4560	5778	7623	9666	11221	12777	14100	15337	16813
辽　宁	10656	10656	10602	11253	13074	13611	14987	16544	17801	19505	21362
吉　林	3766	3863	4531	5174	5603	5315	5908	6557	7221	7701	8300
黑龙江	6166	6037	6004	6714	7466	8050	8731	9377	9979	10467	11232
上　海	5499	5818	6249	6796	7406	8225	8876	9670	10207	10360	11192
江　苏	8612	8881	9609	11060	13652	17167	19041	20948	22232	23670	25730
浙　江	6560	6530	8280	9523	10825	12032	13219	14524	15107	15574	16863
安　徽	4879	5118	5316	5457	6017	6506	7069	7739	8325	8895	9712
福　建	3463	3850	4236	4808	5449	6142	6828	7587	8254	8921	9810
江　西	2505	2329	2933	3426	3814	4286	4660	5053	5383	5810	6360
山　东	11362	9955	14599	16625	19624	24162	26759	29177	30570	32409	34800
河　南	7919	8244	9055	10595	13074	14625	16232	17838	18976	19948	21645
湖　北	6269	6052	6713	7708	9120	10082	11049	12143	12845	13535	14944
湖　南	4071	4622	5382	6298	7599	9709	10581	11629	12355	13319	14858
广　东	9448	10179	11355	13099	15210	17921	19971	22217	23476	24648	26894
广　西	2669	2669	3120	3523	4203	4869	5390	5997	6497	7074	7918
海　南	480	520	602	684	742	822	920	1057	1135	1233	1359
重　庆	2428	3016	2696	3069	3670	4943	5368	5947	6472	7019	7843
四　川	6518	6810	7510	9204	10700	11816	12986	14214	15145	16321	17901
贵　州	4279	4438	4470	5534	6021	5641	6172	6800	7084	7560	8165
云　南	3468	3490	4131	4450	5210	6024	6621	7133	7511	8034	8679
西　藏	—	—	—	—	—	361	—	—	—	—	570
陕　西	2731	3257	3713	4170	4776	5571	6129	6775	7417	8041	8877
甘　肃	3012	2905	3174	3525	3908	4368	4743	5109	5346	5482	5921
青　海	897	930	1019	1123	1364	1670	1903	2095	2279	2348	2567
宁　夏	1179	1279	1378	2015	2322	2536	2830	3077	3229	3386	3681
新　疆	3328	3496	3723	4177	4910	5506	6047	6576	7069	7527	8579
东部地区	74214	75921	86395	97009	112167	129524	142799	156537	164796	174198	189329
东北老工业基地	20588	20556	21137	23141	26143	26976	29626	32478	35002	37673	40894
中部地区	42303	44233	49274	55758	63944	71323	78329	85937	90761	94627	103152
西部地区	34058	36363	39494	46568	54707	62611	69412	76500	82151	88129	96944

注：2009 年能源消费总量数据是根据能源消费强度推算；2001 年能源消费总量个别省份的能源总量采用差值修正。新疆 2010 年能源强度数据是根据国家统计局、国家发展改革委、国家能源局三部门联合发布的 2010 年上半年单位 GDP 能耗等指标公报中单位 GDP 能耗变化率数据推算

资料来源：国家统计局能源统计司，国家能源局 . 2005～2011. 中国能源统计年鉴 2004～2010. 中国统计出版社

附表16　中国各省、直辖市、自治区总用水量（2000~2010）（单位：亿立方米）

地　区	2000 年	2001 年	2002 年	2003 年	2004 年	2005 年	2006 年	2007 年	2008 年	2009 年	2010 年
全　国	5497.59	5567.43	5497.28	5320.40	5547.80	5633.00	5795	5818.7	5910.0	5965.2	6022.0
北　京	40.40	38.93	34.62	35.00	34.60	34.50	34.3	34.8	35.1	35.5	35.2
天　津	22.64	19.14	19.96	20.53	22.10	23.10	23	23.4	22.3	23.4	22.5
河　北	212.16	211.24	211.38	199.82	195.90	201.80	204	202.5	195.0	193.7	193.7
山　西	56.36	57.58	57.50	56.24	55.90	55.70	59.3	58.7	56.9	56.3	63.8
内蒙古	172.24	175.83	178.23	166.90	171.50	174.80	178.7	180.0	175.8	181.3	181.9
辽　宁	136.36	128.77	127.13	128.32	130.20	133.30	141.2	142.9	142.8	142.8	143.7
吉　林	113.46	105.10	111.69	104.00	99.20	98.40	102.9	100.8	104.1	111.1	120.0
黑龙江	296.75	287.79	252.28	245.81	259.40	271.50	286.2	291.4	297.0	316.3	325.0
上　海	108.38	106.22	104.27	178.99	118.10	121.30	118.6	120.2	119.8	125.2	126.3
江　苏	445.60	466.38	478.74	433.46	525.90	519.70	546.4	558.3	558.8	549.2	552.2
浙　江	201.15	205.36	208.00	205.98	207.80	209.90	208.3	211.0	216.6	197.8	203.0
安　徽	176.69	192.99	199.83	178.56	209.70	208.00	241.9	232.1	266.4	291.9	293.1
福　建	176.44	176.41	182.86	182.78	184.90	186.90	187.3	196.3	198.0	201.4	202.5
江　西	217.64	210.92	202.06	172.50	203.50	208.10	205.7	234.9	234.2	241.3	239.7
山　东	243.98	251.57	252.37	219.36	214.90	211.10	225.8	219.5	219.9	220.0	222.5
河　南	204.20	231.40	218.81	187.60	200.70	197.80	227	209.3	227.8	233.7	224.6
湖　北	270.60	278.54	240.86	231.50	242.90	253.40	258.8	258.7	270.7	281.4	288.0
湖　南	315.96	318.55	306.91	318.84	323.60	328.40	327.7	324.3	323.6	322.3	325.2
广　东	429.77	446.33	447.03	457.53	464.80	459.00	459.4	462.5	461.8	463.4	469.0
广　西	292.50	291.07	297.47	278.38	290.80	312.90	314.4	310.4	310.1	303.4	301.6
海　南	44.01	43.56	44.09	46.31	46.30	44.10	46.5	46.7	46.9	44.5	44.4
重　庆	56.33	57.41	60.30	63.17	67.50	71.20	73.2	77.4	82.8	85.3	86.4
四　川	208.53	207.84	208.61	209.86	210.40	212.30	215.1	214.0	207.6	223.5	230.3
贵　州	84.16	87.16	89.94	93.70	94.30	97.20	100	98.0	101.9	100.4	101.4
云　南	147.11	146.21	148.50	146.09	146.90	146.80	144.8	150.0	153.1	152.6	147.5
西　藏	27.22	27.54	30.08	25.26	28.00	33.30	35	36.7	37.5	30.9	35.2
陕　西	78.66	77.88	78.01	75.08	75.50	78.80	84.1	81.5	85.2	84.3	83.4
甘　肃	122.73	121.37	122.64	121.57	121.80	123.00	122.3	122.5	122.2	120.6	121.8
青　海	27.87	27.23	27.02	29.01	30.20	30.70	32.2	31.1	34.4	28.8	30.8
宁　夏	87.23	84.23	81.52	64.02	74.00	78.10	77.6	71.0	74.2	72.2	72.4
新　疆	479.95	487.14	474.56	500.67	497.10	508.50	513.4	517.7	528.2	530.9	535.1
东部地区	2060.9	2093.9	2110.5	2038.1	2145.2	2144.6	2194.8	2218.1	2216.3	2196.9	2214.8
东北老工业基地	546.6	521.7	491.1	478.1	488.8	503.2	530.3	535.0	543.9	570.1	588.7
中部地区	1652.2	1682.6	1589.9	1508.6	1594.7	1621.3	1709.5	1710.1	1780.4	1854.2	1879.5
西部地区	1757.3	1763.4	1766.8	1748.5	1780.0	1834.3	1855.8	1853.8	1875.7	1883.3	1892.5

资料来源：1）中华人民共和国国家统计局.2003~2011.2003~2011 中国统计年鉴.中国统计出版社

　　　　　2）中华人民共和国水利部.2001，2002.中国水资源公报2000，2001.中国水利水电出版社

附表 17　中国各省、直辖市、自治区建设用地（2000～2010）（单位：千公顷）

地　区	2000 年	2001 年	2002 年	2003 年	2004 年	2005 年	2006 年	2007 年	2008 年	2009 年	2010 年
全　国	36206	36413	30724	31065	31551	31922	32365	32720	33058	33646	34130
北　京	280	292	302	309	320	323	327	333	338	344	349
天　津	373	376	311	314	344	346	349	360	368	375	380
河　北	2094	2102	1685	1691	1699	1733	1771	1782	1794	1826	1852
山　西	955	961	822	828	837	841	858	865	869	885	898
内蒙古	1659	1665	1376	1396	1417	1439	1456	1478	1492	1519	1541
辽　宁	1540	1544	1323	1327	1363	1370	1380	1391	1399	1424	1444
吉　林	1186	1188	1040	1042	1046	1050	1055	1060	1065	1084	1100
黑龙江	1959	1963	1460	1462	1470	1474	1478	1483	1492	1519	1541
上　海	253	254	222	227	234	240	237	243	254	258	262
江　苏	2383	2400	1714	1744	1807	1832	1869	1902	1934	1969	1997
浙　江	792	813	838	874	907	941	975	1013	1049	1068	1083
安　徽	2038	2039	1590	1599	1613	1622	1640	1652	1662	1691	1716
福　建	609	615	553	564	576	589	612	631	647	659	668
江　西	964	969	876	889	896	906	927	940	954	971	985
山　东	2926	2957	2305	2336	2384	2422	2462	2489	2511	2555	2592
河　南	2547	2553	2096	2124	2140	2152	2167	2178	2187	2226	2258
湖　北	1577	1583	1338	1344	1355	1368	1378	1390	1400	1425	1446
湖　南	1450	1457	1315	1322	1331	1339	1362	1374	1390	1415	1435
广　东	1562	1575	1617	1653	1685	1715	1753	1777	1790	1821	1848
广　西	889	898	871	877	890	910	933	944	954	971	985
海　南	264	265	291	291	292	293	293	296	298	303	308
重　庆	573	576	519	540	559	569	578	586	593	604	612
四　川	1702	1715	1523	1533	1547	1562	1578	1588	1603	1632	1656
贵　州	550	555	518	525	535	541	547	552	557	567	575
云　南	887	891	740	749	764	775	788	799	816	830	842
西　藏	86	87	55	60	61	63	65	66	67	68	69
陕　西	903	907	783	788	795	799	805	809	817	831	843
甘　肃	1126	1128	958	960	964	967	970	972	977	995	1009
青　海	285	287	321	310	312	320	322	325	327	333	338
宁　夏	252	255	182	187	198	203	205	209	212	216	219
新　疆	1544	1544	1182	1200	1210	1221	1227	1234	1240	1262	1280
东部地区	13075	13193	11161	11329	11610	11804	12028	12217	12381	12602	12783
东北老工业基地	4685	4695	3822	3831	3879	3894	3912	3934	3957	4027	4085
中部地区	12676	12714	10536	10611	10689	10752	10865	10942	11020	11216	11378
西部地区	10369	10419	8975	9065	9191	9306	9408	9495	9589	9760	9900

注：由于 2009 和 2010 年各省建设用地缺乏数据，故统一按照全国建设用地增长率推算，可能导致一定偏差

资料来源：1）中华人民共和国国家统计局 . 2011. 2011 中国统计年鉴 . 中国统计出版社

　　　　　2）中国国土资源年鉴编辑部 . 2001～2009. 中国国土资源年鉴 2001～2009. 中国国土资源年鉴编辑部

附表18 中国各省、直辖市、自治区二氧化硫排放量（2000～2010）（单位：万吨）

地 区	2000 年	2001 年	2002 年	2003 年	2004 年	2005 年	2006 年	2007 年	2008 年	2009 年	2010 年
全 国	1995.1	1947.8	1926.6	2158.5	2254.9	2549.4	2588.8	2468.1	2321.2	2214.4	2185.1
北 京	22.4	20.1	19.2	18.3	19.1	19.1	17.6	15.2	12.3	11.9	11.5
天 津	33.0	26.8	23.5	25.9	22.8	26.5	25.5	24.5	24.0	23.7	23.5
河 北	132.1	128.9	127.9	142.2	142.8	149.6	154.5	149.2	134.5	125.3	123.4
山 西	120.2	119.9	119.9	136.3	141.5	151.5	147.8	138.7	130.8	126.8	124.9
内蒙古	66.4	64.6	73.1	128.8	117.9	145.6	155.7	145.6	143.1	139.9	139.4
辽 宁	93.2	83.9	79.3	82.3	83.1	119.7	125.9	123.4	113.1	105.1	102.2
吉 林	28.6	26.5	26.5	27.2	28.5	38.2	40.9	39.7	37.8	36.3	35.6
黑龙江	29.7	29.2	28.7	35.6	37.3	50.5	51.8	51.5	50.6	49.0	49.0
上 海	46.5	47.3	44.7	45.0	47.3	51.3	50.8	49.8	44.6	37.9	35.8
江 苏	120.2	114.8	112.0	124.1	124.0	137.3	130.4	121.8	113.0	107.4	105.0
浙 江	59.3	59.2	62.4	73.4	81.4	86.0	85.9	79.7	74.1	70.1	67.8
安 徽	39.5	39.6	39.6	45.5	48.9	57.1	58.4	57.2	55.6	53.8	53.2
福 建	22.5	20.0	19.3	30.4	32.6	46.1	46.9	44.6	42.9	42.0	40.9
江 西	32.3	30.6	29.3	43.7	51.9	61.3	63.4	62.1	58.3	56.4	55.7
山 东	179.6	172.2	169.0	183.6	182.4	200.3	196.2	182.7	169.2	159.0	153.8
河 南	87.7	89.7	93.7	103.9	125.4	162.5	162.4	156.7	145.2	135.5	133.9
湖 北	56.0	54.0	53.9	60.9	69.2	71.7	76.0	70.8	67.0	64.4	63.3
湖 南	77.3	76.2	74.3	84.8	87.2	91.9	93.4	90.4	84.0	81.2	80.1
广 东	90.5	97.3	97.4	107.5	114.8	129.4	126.7	120.3	113.6	107.0	105.1
广 西	83.0	69.7	68.3	87.4	94.4	102.3	99.4	97.4	92.5	89.0	90.4
海 南	2.0	2.0	2.2	2.3	2.3	2.2	2.4	2.6	2.2	2.2	2.9
重 庆	83.9	72.2	70.0	76.6	79.5	83.7	86.0	82.6	78.2	74.6	71.9
四 川	122.3	113.8	111.7	120.7	126.4	129.9	128.1	117.9	114.4	113.5	113.1
贵 州	145.0	138.1	132.5	132.3	131.4	135.8	146.5	137.5	123.6	117.5	114.9
云 南	38.6	35.7	36.4	45.3	47.8	52.2	55.1	53.4	50.2	49.9	50.1
西 藏	0.1	0.1	0.1	0.1	0.1	0.2	0.2	0.2	0.2	0.2	0.4
陕 西	62.3	61.9	63.8	76.6	81.8	92.2	98.1	92.7	88.9	80.4	77.9
甘 肃	36.9	37.0	42.7	49.4	48.4	56.3	54.6	52.3	50.2	50.0	55.2
青 海	3.2	3.5	3.2	6.0	7.4	12.4	13.0	13.4	13.5	13.6	14.3
宁 夏	20.6	20.0	22.2	29.3	29.3	34.3	38.3	37.0	34.8	31.4	31.1
新 疆	31.1	30.0	29.6	33.0	48.0	51.3	54.9	57.3	58.5	59.0	58.8
东部地区	801.3	772.5	756.9	835.0	852.3	967.5	962.8	913.2	843.4	791.7	771.9
东北老工业基地	151.5	139.6	134.5	145.1	148.9	208.7	218.6	214.8	201.5	190.5	186.9
中部地区	471.2	465.7	465.9	537.9	590.1	685.1	694.1	667.0	629.3	603.5	595.7
西部地区	693.3	646.2	653.5	785.5	812.4	896.6	929.7	887.7	848.3	819.0	817.1

资料来源：中华人民共和国国家统计局. 2011. 2011 中国统计年鉴. 中国统计出版社

附表 19　中国各省、直辖市、自治区化学需氧量（COD）排放量（2000～2010）（单位：万吨）

地　区	2000 年	2001 年	2002 年	2003 年	2004 年	2005 年	2006 年	2007 年	2008 年	2009 年	2010 年
全　国	1445.0	1404.8	1366.9	1332.9	1339.2	1414.2	1428.2	1381.8	1320.7	1277.5	1238.1
北　京	17.9	17.0	15.2	13.4	13.0	11.6	11.0	10.6	10.1	9.9	9.2
天　津	18.6	10.6	10.3	13.0	13.7	14.6	14.3	13.7	13.3	13.3	13.2
河　北	70.7	65.2	64.0	63.6	65.8	66.1	68.8	66.7	60.5	57.0	54.6
山　西	31.7	31.2	31.0	35.8	38.0	38.7	38.7	37.4	35.9	34.4	33.3
内蒙古	25.6	28.1	23.8	27.4	27.5	29.7	29.8	28.8	28.0	27.9	27.5
辽　宁	70.1	67.7	59.3	54.6	50.0	64.4	64.1	62.8	58.4	56.3	54.2
吉　林	47.6	41.1	35.7	37.2	36.6	40.7	41.7	40.0	37.4	36.1	35.2
黑龙江	52.2	52.7	51.4	51.0	50.5	50.4	49.8	48.8	47.6	46.2	44.4
上　海	31.9	30.5	33.0	33.8	29.4	30.4	30.2	29.4	26.7	24.3	22.0
江　苏	65.4	83.1	78.4	76.7	85.4	96.6	93.0	89.1	85.1	82.2	78.8
浙　江	62.6	58.0	57.8	56.2	55.7	59.5	59.3	56.4	53.9	51.4	48.7
安　徽	44.3	41.7	41.1	41.2	42.7	44.4	45.6	45.1	43.3	42.4	41.1
福　建	32.2	31.4	28.2	35.1	35.9	39.4	39.5	38.3	37.8	37.6	37.3
江　西	39.0	41.5	39.1	42.2	45.4	45.7	47.4	46.9	44.5	43.5	43.1
山　东	99.9	92.2	86.0	83.0	77.9	77.0	75.8	72.0	67.9	64.7	62.1
河　南	82.0	76.0	74.3	70.7	69.6	72.1	72.1	69.4	65.1	62.6	62.0
湖　北	70.2	66.8	66.3	63.4	61.4	61.6	62.6	60.1	58.6	57.6	57.2
湖　南	67.4	71.0	74.1	81.4	85.0	89.5	92.3	90.4	88.5	84.8	79.8
广　东	95.1	110.5	95.2	98.2	92.4	105.8	104.9	101.7	96.4	91.1	85.8
广　西	102.6	82.7	84.6	92.7	99.4	107.0	111.9	106.3	101.3	97.6	93.7
海　南	8.5	7.0	6.6	6.8	9.3	9.5	9.9	10.1	10.1	10.0	9.2
重　庆	26.4	25.4	25.0	26.1	27.0	26.9	26.4	25.1	24.2	24.0	23.5
四　川	97.6	99.2	93.6	93.6	88.2	78.3	80.6	77.1	74.9	74.8	74.1
贵　州	22.8	20.7	20.5	22.0	22.3	22.6	22.9	22.7	22.2	21.6	20.8
云　南	29.7	30.8	30.1	28.5	29.0	28.5	29.4	29.0	28.1	27.3	26.8
西　藏	4.0	1.1	0.8	0.8	1.4	1.4	1.5	1.5	1.5	1.5	2.9
陕　西	32.7	33.4	32.3	32.1	33.8	35.0	35.5	34.5	33.2	31.8	30.8
甘　肃	13.8	12.1	13.0	15.8	15.8	17.2	17.8	17.4	17.1	16.8	16.8
青　海	3.3	3.3	3.3	3.2	3.9	7.2	7.5	7.6	7.5	7.6	8.3
宁　夏	17.5	18.7	11.1	10.2	6.6	14.3	14.0	13.7	13.2	12.5	12.2
新　疆	19.7	20.1	20.5	22.9	26.2	27.1	28.8	29.0	28.7	28.7	29.6
东部地区	572.7	573.2	534.0	534.5	528.7	575.0	570.8	551.0	520.1	497.8	475.0
东北老工业基地	170.0	161.5	146.4	142.9	137.1	155.5	155.6	151.6	143.5	138.5	133.8
中部地区	434.4	422.0	413.0	423.1	429.2	443.0	450.2	438.1	420.9	407.7	396.2
西部地区	391.7	374.5	357.8	374.5	379.9	394.8	404.6	391.1	378.2	370.6	364.0

资料来源：中华人民共和国国家统计局．2011．2011 中国统计年鉴．中国统计出版社

附表 20　中国各省、直辖市、自治区工业固体废物产生量（2000～2010）（单位：万吨）

地　区	2000 年	2001 年	2002 年	2003 年	2004 年	2005 年	2006 年	2007 年	2008 年	2009 年	2010 年
全　国	81608	88840	94509	100428	120030	134449	151541	175632	190127	203943	240944
北　京	1139	1136	1053	1186	1303	1238	1356	1275	1157	1242	1269
天　津	470	575	643	644	753	1123	1292	1399	1479	1516	1862
河　北	7028	8847	8503	8975	16765	16279	14229	18688	19769	21976	31688
山　西	7695	7211	8295	9252	10167	11183	11817	13819	16213	14743	18270
内蒙古	2376	2483	3044	3647	4702	7363	8710	10973	10622	12108	16996
辽　宁	7563	7865	8146	8250	8879	10242	13013	14342	15841	17221	17273
吉　林	1604	1635	1631	1736	2026	2457	2802	3113	3415	3941	4642
黑龙江	2694	2925	3086	3097	3170	3210	3914	4130	4472	5275	5405
上　海	1355	1605	1595	1659	1811	1964	2063	2165	2347	2255	2448
江　苏	3038	3553	3796	3894	4673	5757	7195	7354	7724	8028	9064
浙　江	1386	1603	1778	1976	2318	2514	3096	3613	3785	3910	4268
安　徽	2815	3262	3415	3522	3767	4196	5028	5960	7569	8471	9158
福　建	2191	5133	4131	2981	3361	3773	4238	4815	5371	6349	7487
江　西	4796	4377	5850	6182	6524	7007	7393	7777	8190	8898	9407
山　东	5407	6215	6559	6786	7922	9175	11011	11935	12988	14138	16038
河　南	3625	3935	4251	4467	5140	6178	7464	8851	9557	10786	10714
湖　北	2818	2694	2977	3112	3266	3692	4315	4683	5014	5561	6813
湖　南	2355	2464	2434	2754	3269	3366	3688	4560	4520	5093	5773
广　东	1694	1990	2045	2246	2609	2896	3057	3852	4833	4741	5456
广　西	2108	2648	2535	3224	3291	3489	3894	4544	5417	5693	6232
海　南	95	75	94	91	112	127	147	158	220	201	212
重　庆	1305	1300	1348	1336	1489	1777	1764	2087	2311	2552	2837
四　川	4714	4513	4573	5145	5847	6421	7600	9654	9237	8597	11239
贵　州	2272	2367	2879	3772	4560	4854	5827	5989	5844	7317	8188
云　南	3187	3134	3433	3418	4053	4661	5972	7098	7986	8673	9392
西　藏	17	18	8	6	14	8	9	5	6	11	11
陕　西	2625	2408	2887	2948	3820	4588	4794	5480	6121	5547	6892
甘　肃	1704	1286	1734	2073	2139	2249	2591	3001	3199	3150	3745
青　海	337	368	314	379	508	649	882	1129	1337	1348	1783
宁　夏	479	431	466	582	645	719	799	1046	1143	1398	2465
新　疆	718	784	1008	1087	1129	1295	1581	2137	2438	3206	3914
东部地区	31366	38597	38343	38688	50506	55088	60697	69597	75514	81576	97065
东北老工业基地	11861	12425	12863	13083	14075	15909	19729	21584	23728	26437	27320
中部地区	28402	28503	31939	34122	37329	41289	46421	52892	58950	62767	70182
西部地区	21825	21722	24221	27611	32183	38065	44414	53136	55655	59589	73683

资料来源：中华人民共和国国家统计局 . 2001～2011. 2001～2011 中国统计年鉴 . 中国统计出版社

附表 21　世界主要国家资源环境综合绩效指数（1990～2009）（1992 年世界为 1.000）

国家＼年份	1990	1991	1992	1993	1994	1995	1996	1997	1998	1999	2000	2001	2002	2003	2004	2005	2006	2007	2008	2009
阿尔巴尼亚	2.730	2.457	2.182	1.958	3.159	—	—	—	—	—	1.758	2.080	2.243	2.265	2.186	2.248	2.181	2.089	1.997	1.935
阿尔及利亚	—	—	—	—	—	—	—	—	—	1.270	1.379	1.332	1.424	1.437	1.315	1.329	1.472	1.493	1.729	1.817
阿根廷	0.400	0.585	0.573	0.464	0.512	0.553	0.462	0.460	0.464	0.460	0.426	0.407	0.379	0.418	0.439	0.415	0.423	0.394	0.404	0.366
澳大利亚	0.834	0.865	0.881	0.856	0.845	0.790	0.746	0.724	0.708	0.689	0.702	0.697	0.698	0.698	0.667	0.653	0.637	0.620	0.666	0.619
奥地利	0.581	0.577	0.561	0.506	0.518	0.491	0.462	0.461	0.471	0.436	0.427	0.449	0.461	0.478	0.471	0.458	0.482	0.473	0.476	0.411
巴林	—	—	—	3.612	3.067	2.977	2.704	2.939	4.158	3.748	4.259	4.295	4.033	3.876	4.236	4.022	3.998	3.770	4.004	3.716
孟加拉国	—	—	—	—	—	—	—	—	—	0.870	0.902	0.935	0.897	0.897	0.843	0.882	0.830	0.793	0.856	0.973
白俄罗斯	—	—	—	—	—	—	—	—	—	—	3.095	2.594	2.527	2.733	2.535	2.496	2.493	2.365	2.400	2.220
玻利维亚	—	—	—	—	—	—	—	—	—	—	1.010	0.955	0.953	1.013	1.001	1.018	1.044	1.069	1.179	1.197
波黑	—	—	—	—	—	—	—	—	2.520	2.386	3.011	3.045	3.010	2.819	2.733	2.789	2.693	2.500	2.696	2.478
巴西	0.999	0.762	0.883	0.929	0.773	0.802	0.825	0.808	0.861	0.877	0.859	0.840	0.777	0.756	0.758	0.744	0.756	0.776	0.833	0.771
英国	0.463	0.441	0.434	0.420	0.402	0.388	0.385	0.365	0.349	0.318	0.311	0.292	0.278	0.262	0.263	0.237	0.239	0.221	0.237	0.221
保加利亚	7.851	5.864	6.117	5.775	5.480	5.990	5.755	5.906	5.523	4.659	4.617	4.606	4.292	4.512	4.316	4.281	4.255	4.387	4.482	4.040
喀麦隆	0.876	0.968	0.917	1.137	1.159	1.242	1.237	1.285	1.384	1.335	1.577	1.564	1.374	1.256	1.142	1.085	1.172	1.110	1.088	1.089
加拿大	0.835	0.841	0.823	0.771	0.772	0.774	0.752	0.746	0.743	0.726	0.709	0.661	0.654	0.646	0.656	0.634	0.634	0.572	0.597	0.537
智利	2.438	2.175	1.990	1.906	1.743	1.634	1.537	1.453	1.334	1.240	1.160	1.081	0.970	0.903	0.991	1.052	1.043	0.959	0.978	0.881
中国	5.862	5.879	5.985	6.101	5.504	5.311	4.976	4.677	4.776	4.368	4.184	4.090	4.220	4.561	4.704	4.770	4.512	4.442	4.438	4.764
哥伦比亚	—	—	—	—	—	—	—	—	—	0.582	0.632	0.598	0.569	0.568	0.581	0.621	0.615	0.614	0.599	0.565

续表

国家＼年份	1990	1991	1992	1993	1994	1995	1996	1997	1998	1999	2000	2001	2002	2003	2004	2005	2006	2007	2008	2009
哥斯达黎加	—	—	—	—	—	—	—	—	—	—	0.687	0.680	0.622	0.626	0.571	0.545	0.499	0.486	0.550	0.479
克罗地亚	—	—	—	—	—	0.973	0.917	0.971	1.015	1.053	0.999	1.002	1.066	1.056	1.104	1.078	1.046	1.082	1.116	0.995
古巴	1.164	0.900	0.786	0.818	0.871	—	—	—	—	—	2.122	1.960	1.767	1.612	1.591	1.390	1.187	1.097	1.097	1.086
捷克	—	—	—	2.342	2.199	2.026	1.816	1.930	1.655	1.459	1.547	1.548	1.541	1.525	1.577	1.508	1.485	1.471	1.538	1.356
丹麦	0.321	0.341	0.326	0.292	0.304	0.292	0.298	0.295	0.280	0.247	0.238	0.239	0.250	0.252	0.248	0.231	0.249	0.245	0.257	0.207
埃及	2.067	2.028	1.984	2.004	1.795	1.863	1.809	1.924	1.903	—	1.805	1.840	1.802	1.674	1.550	1.695	1.635	1.678	1.866	1.982
爱沙尼亚	—	—	—	—	—	—	—	—	—	—	1.556	1.495	1.407	1.420	1.479	1.283	1.359	1.303	1.355	1.274
芬兰	0.705	0.634	0.598	0.631	0.601	0.560	0.574	0.550	0.555	0.527	0.531	0.522	0.492	0.517	0.494	0.447	0.457	0.439	0.438	0.402
法国	0.463	0.461	0.436	0.406	0.419	0.423	0.403	0.407	0.413	0.404	0.399	0.377	0.369	0.357	0.354	0.338	0.334	0.328	0.360	0.311
德国	0.661	0.614	0.570	0.552	0.571	0.553	0.513	0.528	0.529	0.506	0.503	0.482	0.473	0.486	0.480	0.466	0.482	0.479	0.498	0.421
加纳	2.160	2.130	2.226	2.389	2.418	2.698	2.648	2.671	2.713	2.700	2.600	2.581	2.633	2.755	2.660	2.742	2.668	2.660	2.946	2.822
希腊	0.859	0.862	0.822	0.836	0.826	0.877	0.897	0.931	0.889	0.934	0.968	0.930	0.939	0.911	0.859	0.840	0.860	0.836	0.799	0.685
危地马拉	—	—	—	—	—	—	—	—	—	—	1.012	1.037	1.009	0.917	0.896	0.944	0.875	0.855	0.800	0.822
匈牙利	2.132	1.995	1.853	2.065	1.951	1.838	1.813	1.768	1.687	1.654	1.582	1.515	1.488	1.451	1.293	1.187	1.199	1.173	1.246	1.132
冰岛	—	—	—	—	—	0.698	0.653	—	—	—	—	—	—	—	—	—	—	—	—	—
印度	2.400	2.467	2.519	2.515	2.491	2.459	2.472	2.481	2.445	2.525	2.429	2.296	2.408	2.332	2.242	2.172	2.142	2.054	2.227	2.229
印度尼西亚	1.521	1.481	1.647	1.643	1.731	1.780	1.720	1.727	1.498	1.639	1.744	1.821	1.789	1.746	1.808	1.747	1.613	1.627	1.991	1.696
伊朗	2.751	2.902	2.959	2.974	3.062	2.919	2.837	3.087	3.041	3.036	3.121	3.233	3.314	3.325	3.307	3.217	3.084	3.260	3.258	3.375
爱尔兰	0.475	0.465	0.437	0.413	0.429	—	—	0.403	0.414	0.386	0.403	0.378	0.359	0.339	0.354	0.352	0.352	0.336	0.331	0.262
以色列	—	—	—	0.413	—	0.599	0.548	—	0.590	0.581	0.532	0.525	0.547	0.513	0.489	0.457	0.413	0.397	0.415	0.422
意大利	0.640	0.622	0.614	0.567	0.572	0.599	0.574	0.574	0.590	0.590	0.587	0.577	0.583	0.605	0.618	0.603	0.625	0.619	0.588	0.480

续表

国家＼年份	1990	1991	1992	1993	1994	1995	1996	1997	1998	1999	2000	2001	2002	2003	2004	2005	2006	2007	2008	2009
日本	0.512	0.550	0.448	0.407	0.364	0.379	0.349	0.344	0.317	0.318	0.325	0.309	0.301	0.304	0.300	0.291	0.288	0.279	0.294	0.249
哈萨克斯坦	—	—	9.036	8.731	8.049	7.262	6.777	6.201	6.752	6.260	5.927	5.632	5.575	5.383	5.446	5.462	4.662	4.536	4.547	4.479
肯尼亚	—	—	—	—	—	—	—	—	—	1.283	1.324	1.260	1.274	1.268	1.288	1.286	1.305	1.266	—	—
科威特	—	—	—	—	—	—	—	—	—	0.912	0.916	0.933	0.953	0.869	0.918	0.913	0.800	0.771	0.938	0.997
马来西亚	1.793	1.954	1.971	1.955	1.973	2.107	2.083	2.138	1.624	1.700	1.767	1.819	2.590	1.659	1.691	1.719	1.651	1.633	1.621	1.544
墨西哥	0.990	0.934	0.888	0.890	0.914	0.780	0.785	0.830	0.862	0.829	0.772	0.733	0.732	0.721	0.721	0.708	0.721	0.696	0.727	0.729
荷兰	0.479	0.473	0.453	0.443	0.447	0.456	0.441	0.446	0.433	0.407	0.392	0.389	0.379	0.365	0.373	0.354	0.347	0.333	0.386	0.367
新西兰	—	—	—	0.625	0.586	0.594	0.581	0.569	0.558	0.554	0.544	0.544	0.567	0.550	0.547	0.544	0.511	0.519	0.570	0.534
尼日利亚	—	—	—	2.598	2.418	2.371	2.696	2.682	2.666	2.686	2.730	2.851	2.699	2.435	2.155	2.027	2.029	1.976	2.034	1.886
挪威	0.436	0.404	0.397	0.383	0.378	0.335	0.336	0.332	0.304	0.303	0.313	0.298	0.298	0.301	0.312	0.291	0.299	0.289	0.300	0.254
秘鲁	1.386	1.559	1.506	1.538	1.522	1.466	1.365	1.324	1.439	1.441	1.376	1.440	1.354	1.275	1.311	1.206	1.198	1.159	1.137	1.081
菲律宾	1.314	1.252	1.444	1.560	1.591	1.755	1.834	1.786	1.561	1.515	1.435	1.343	1.379	1.280	1.174	1.075	0.999	0.976	1.030	1.033
波兰	2.690	2.355	2.355	2.337	2.242	2.085	1.955	1.864	1.741	1.645	1.530	1.393	1.400	1.376	1.339	4.573	1.350	1.338	1.322	1.169
葡萄牙	0.787	0.752	0.820	0.721	0.728	0.775	0.713	0.758	0.776	0.788	0.783	0.737	0.766	0.708	0.709	0.688	0.642	0.613	0.585	0.570
韩国	1.456	1.565	2.000	1.844	1.856	1.779	1.727	1.692	1.369	1.534	1.521	1.441	1.477	1.460	1.405	1.303	1.291	1.262	1.323	1.221
罗马尼亚	3.313	2.997	2.611	2.797	2.956	2.387	2.603	2.501	2.637	2.150	2.332	2.276	2.236	2.290	2.208	2.269	2.324	2.421	2.297	1.888
俄罗斯	—	—	4.870	4.244	3.866	4.024	3.501	3.322	3.500	3.562	3.698	3.240	3.171	3.024	2.960	2.889	2.855	2.754	2.962	2.637
沙特	0.920	0.903	1.088	1.183	1.246	1.179	1.182	1.140	1.164	1.169	1.176	1.266	1.330	1.318	2.773	1.343	1.321	1.356	1.561	1.573
新加坡	1.515	1.252	1.282	1.341	1.116	1.031	1.034	1.024	0.968	0.803	0.732	0.761	0.730	0.693	0.648	0.587	0.530	0.542	0.750	0.750
斯洛伐克	—	—	—	1.902	1.624	1.550	1.440	1.246	1.259	1.188	1.156	1.235	1.156	1.081	1.081	1.042	1.013	0.939	0.960	1.506
斯洛文尼亚	—	—	—	—	—	—	1.323	1.380	1.434	1.379	1.387	1.450	1.245	1.261	1.345	1.232	1.257	1.282	1.222	1.322

续表

国家＼年份	1990	1991	1992	1993	1994	1995	1996	1997	1998	1999	2000	2001	2002	2003	2004	2005	2006	2007	2008	2009
西班牙	0.780	0.769	0.731	0.691	0.725	0.746	0.715	0.759	0.781	0.807	0.805	0.817	0.834	0.805	0.836	0.830	0.826	0.812	0.702	0.610
瑞典	0.447	0.403	0.404	0.420	0.432	0.419	0.407	0.408	0.424	0.387	0.383	0.357	0.334	0.340	0.341	0.320	0.316	0.316	0.364	0.279
瑞士	0.361	0.336	0.303	0.284	0.283	0.269	0.239	0.247	0.250	0.243	0.245	0.245	0.229	0.231	0.235	0.234	0.240	0.231	0.241	0.222
叙利亚	—	—	—	—	—	—	—	—	—	—	—	—	—	—	2.496	2.468	2.389	2.258	2.221	2.169
泰国	2.412	2.612	2.669	2.575	2.462	2.648	2.565	2.451	1.921	2.000	1.958	2.016	2.132	2.139	2.221	2.172	2.060	1.874	2.068	1.904
突尼斯	2.021	2.082	1.951	2.021	1.794	—	—	—	—	1.756	1.804	1.764	1.667	1.605	1.598	1.592	1.553	1.421	1.509	1.441
土耳其	1.208	1.199	1.210	1.249	1.164	1.265	1.280	1.261	1.309	1.239	1.258	1.149	1.153	1.186	1.158	1.188	1.244	1.306	1.305	1.285
乌克兰	—	—	8.445	7.563	7.710	7.944	7.980	7.458	7.540	6.650	6.232	5.907	5.501	5.438	4.833	4.977	5.018	4.946	5.286	4.776
阿联酋	—	—	—	—	—	—	—	—	—	1.092	1.048	1.084	1.157	1.120	1.194	1.239	1.314	1.361	1.862	1.580
美国	0.660	0.638	0.622	0.615	0.567	0.513	0.495	0.478	0.482	0.461	0.445	0.424	0.411	0.400	0.403	0.386	0.377	0.357	0.371	0.337
乌兹别克斯坦	—	—	—	—	—	—	—	—	4.714	4.495	4.330	4.342	4.337	4.254	4.086	3.716	3.677	3.523	3.744	3.325
委内瑞拉	1.067	1.003	0.978	0.921	0.929	1.005	0.949	0.947	0.929	0.981	0.891	0.923	0.902	0.915	0.952	0.856	0.872	0.819	0.919	0.963
越南	—	—	—	—	—	—	—	—	—	2.869	3.081	3.508	3.961	4.055	4.200	4.181	4.039	4.564	4.551	5.012
世界合计	1.069	1.028	1.000	0.978	0.918	0.903	0.871	0.860	0.849	0.832	0.826	0.808	0.823	0.848	0.867	0.873	0.880	0.889	0.949	0.966

注：GDP 为 2000 年价美元，以下表均同

附表 22　世界主要国家资源环境综合绩效指数排序（1990~2009）（按由小到大顺序排列）

国家＼年份	1990	1991	1992	1993	1994	1995	1996	1997	1998	1999	2000	2001	2002	2003	2004	2005	2006	2007	2008	2009
阿尔巴尼亚	42	40	38	37	49	—	—	—	—	—	51	56	56	56	55	57	58	58	54	56
阿尔及利亚	—	—	—	—	—	—	—	—	—	36	41	40	46	46	43	46	49	51	50	52

续表

国家＼年份	1990	1991	1992	1993	1994	1995	1996	1997	1998	1999	2000	2001	2002	2003	2004	2005	2006	2007	2008	2009
阿根廷	3	11	12	10	10	11	10	10	10	11	10	10	9	11	11	11	12	11	11	10
澳大利亚	18	21	21	22	22	21	19	17	17	19	20	21	21	22	22	22	22	23	22	23
奥地利	11	10	10	11	11	9	9	11	11	10	11	12	12	12	12	14	15	14	14	13
巴林	—	—	—	49	48	47	47	47	50	58	67	67	66	65	68	66	67	67	66	66
孟加拉国	—	—	—	—	—	—	—	—	—	25	28	30	27	28	27	29	28	27	29	31
白俄罗斯	—	—	—	—	—	—	—	—	—	—	63	60	58	60	60	60	61	60	60	59
玻利维亚	—	—	—	—	—	—	—	—	—	—	32	31	30	33	33	32	35	35	39	40
波黑	—	—	—	—	—	—	—	—	44	51	61	62	62	62	62	62	63	62	61	61
巴西	24	17	22	25	20	22	22	21	21	26	26	26	25	25	25	25	25	26	28	27
英国	6	5	5	7	5	5	5	5	5	4	3	3	3	3	3	3	1	1	1	2
保加利亚	46	45	47	51	51	50	51	51	53	61	69	69	68	68	69	68	69	68	68	67
喀麦隆	21	25	24	26	27	28	28	30	32	38	48	49	42	38	36	37	37	38	35	37
加拿大	19	19	20	19	19	18	20	18	18	20	21	19	20	20	21	21	21	19	20	19
智利	40	38	36	35	34	32	33	33	30	35	36	34	32	29	32	34	34	33	33	29
中国	45	46	46	52	52	49	50	50	52	59	66	66	67	69	70	70	70	69	67	69
哥伦比亚	—	—	—	—	—	—	—	—	—	17	18	18	17	17	18	20	19	21	21	20
哥斯达黎加	—	—	—	—	—	—	—	—	—	—	19	20	19	19	17	17	16	16	16	16
克罗地亚	—	—	—	20	23	24	24	25	26	30	31	32	34	34	35	36	36	36	37	32
古巴	26	22	17	20	23	—	—	—	—	—	56	54	51	51	50	48	38	37	36	36
捷克	—	—	—	42	40	38	38	40	38	41	46	48	49	49	49	49	50	50	47	45
丹麦	1	2	2	2	2	2	2	2	2	2	1	1	3	2	2	1	3	3	3	1

续表

国家\年份	1990	1991	1992	1993	1994	1995	1996	1997	1998	1999	2000	2001	2002	2003	2004	2005	2006	2007	2008	2009
埃及	35	35	35	38	36	37	36	39	41	—	54	53	53	53	48	51	53	54	52	57
爱沙尼亚	—	—	—	—	—	—	—	—	—	—	47	46	45	45	47	43	48	44	45	42
芬兰	15	14	13	16	16	13	14	14	14	14	14	14	14	15	15	12	13	13	13	12
法国	7	6	6	4	6	7	6	7	6	8	8	7	8	8	8	7	7	7	7	8
德国	14	12	11	12	13	12	12	13	13	13	13	13	13	13	13	15	14	15	15	14
加纳	37	37	39	43	42	45	45	45	47	54	59	59	60	61	61	61	62	63	62	63
希腊	20	20	19	21	21	23	23	23	23	28	30	28	29	30	28	27	29	30	26	24
危地马拉	36	34	32	40	38	36	37	—	—	—	33	33	33	32	29	31	31	31	27	28
匈牙利	—	—	—	—	—	—	—	36	39	46	49	47	48	47	41	38	40	40	41	38
冰岛	—	—	—	—	—	16	16	—	—	—	—	—	72	—	—	—	—	—	—	—
印度	38	41	41	44	45	43	42	43	43	52	58	58	57	58	58	55	57	57	58	60
印度尼西亚	32	30	31	32	33	35	34	35	35	44	50	52	52	54	53	53	52	52	53	51
伊朗	43	43	44	48	47	46	48	48	48	56	64	63	64	64	65	64	65	65	64	65
爱尔兰	8	7	8	6	7	—	—	6	7	6	9	8	7	6	7	8	—	9	6	6
以色列	—	13	14	—	14	15	13	—	16	16	15	15	15	14	14	13	11	12	12	15
意大利	12	13	14	13	14	15	13	16	16	18	17	17	18	18	19	19	20	22	19	17
日本	10	9	8	5	3	4	4	4	4	5	5	5	5	5	4	5	4	4	4	4
哈萨克斯坦	—	—	49	54	54	51	52	52	54	62	70	70	71	70	72	72	71	70	69	68
肯尼亚	—	—	—	—	—	—	—	—	—	37	39	38	39	40	40	44	44	42	—	—
科威特	—	—	—	—	—	—	—	—	—	27	29	29	31	27	30	30	26	25	31	33
马来西亚	33	33	34	36	39	40	41	41	37	47	52	51	59	52	52	52	54	53	49	48

续表

国家\年份	1990	1991	1992	1993	1994	1995	1996	1997	1998	1999	2000	2001	2002	2003	2004	2005	2006	2007	2008	2009
墨西哥	23	24	23	23	24	20	21	22	22	24	23	22	23	24	24	24	24	24	24	25
荷兰	9	8	9	9	9	8	8	9	9	9	7	9	10	9	9	9	8	8	10	11
新西兰	—	—	—	15	15	14	15	15	15	15	16	16	16	16	16	16	17	17	17	18
尼日利亚	—	—	—	46	43	41	46	46	46	53	60	61	61	59	54	54	55	56	55	53
挪威	4	4	3	3	4	3	3	3	3	3	4	4	4	4	5	4	5	5	5	5
秘鲁	29	31	30	30	30	30	31	31	34	40	40	43	41	41	42	40	39	39	38	35
菲律宾	28	28	29	31	31	33	39	37	36	42	43	41	43	42	38	35	32	34	34	34
波兰	41	39	40	41	41	39	40	38	40	45	45	42	44	44	44	69	47	46	43	39
葡萄牙	17	16	18	18	18	19	17	19	19	21	24	23	24	23	23	23	23	20	18	21
韩国	30	32	37	33	34	34	35	34	31	43	44	44	47	48	46	45	43	41	44	41
罗马尼亚	44	44	42	47	46	42	44	44	45	50	57	57	55	57	56	58	59	61	59	54
俄罗斯	—	—	45	50	50	48	49	49	49	57	65	64	63	63	64	63	64	64	63	62
沙特	22	23	26	27	29	27	27	27	27	32	37	39	40	43	63	47	46	47	48	49
新加坡	31	29	28	29	26	26	26	26	25	22	22	24	22	21	20	18	18	18	25	26
斯洛伐克	—	—	—	34	32	31	32	28	28	33	35	37	36	35	34	33	33	32	32	47
斯洛文尼亚	—	—	—	—	—	—	30	32	33	39	42	45	38	39	45	41	42	43	40	44
西班牙	16	18	16	17	17	17	18	20	20	23	25	25	26	26	26	26	27	28	23	22
瑞典	5	3	4	8	8	6	7	8	8	7	6	6	6	7	6	6	6	6	8	7
瑞士	2	1	1	1	1	1	1	1	1	1	2	2	1	1	1	2	2	2	2	3
叙利亚	—	—	—	—	—	—	—	—	—	—	—	—	73	—	59	59	60	59	57	58
泰国	39	42	43	45	44	44	43	42	42	49	55	55	54	55	57	56	56	55	56	55

续表

年份 国家	1990	1991	1992	1993	1994	1995	1996	1997	1998	1999	2000	2001	2002	2003	2004	2005	2006	2007	2008	2009
突尼斯	34	36	33	39	35	—	—	—	—	48	53	50	50	50	51	50	51	49	46	46
土耳其	27	27	27	28	28	29	29	29	29	34	38	36	35	37	37	39	41	45	42	43
乌克兰	—	—	48	53	53	52	53	53	55	63	71	71	70	71	71	71	72	72	71	70
阿联酋	—	—	—	—	—	—	—	—	—	31	34	35	37	36	39	42	45	48	51	50
美国	13	15	15	14	12	10	11	12	12	12	12	11	11	10	10	10	10	10	9	9
乌兹别克斯坦	—	—	—	—	—	—	—	—	51	60	68	68	69	67	66	65	66	66	65	64
委内瑞拉	25	26	25	24	25	25	25	24	24	29	27	27	28	31	31	28	30	29	30	30
越南	—	—	—	—	—	—	—	—	—	55	62	65	65	66	67	67	68	71	70	71

附表 23　世界主要国家一次能源消费强度（1990～2009）（单位：吨/万 2000 年价美元）

年份 国家	1990	1991	1992	1993	1994	1995	1996	1997	1998	1999	2000	2001	2002	2003
阿尔巴尼亚	6.96	7.33	5.93	4.65	4.40	3.60	3.48	3.16	3.03	4.23	4.05	3.90	4.39	4.18
阿尔及利亚	2.70	2.94	2.97	3.10	2.97	2.82	2.68	2.65	2.61	2.72	2.76	2.74	2.81	2.87
阿根廷	1.66	1.51	1.42	1.47	1.57	1.68	1.66	1.58	1.61	1.65	1.67	1.68	1.80	1.78
澳大利亚	1.89	1.88	1.89	1.88	1.85	1.84	1.82	1.80	1.75	1.69	1.67	1.65	1.58	1.56
奥地利	1.32	1.37	1.31	1.32	1.26	1.28	1.36	1.32	1.30	1.27	1.23	1.30	1.30	1.37
巴林	5.10	4.47	4.18	3.71	3.67	3.73	3.73	3.73	3.62	3.39	3.20	3.29	3.33	3.15
孟加拉国	3.72	3.52	3.51	3.49	3.52	3.70	3.56	3.50	3.44	3.27	3.23	3.30	3.21	3.26
白俄罗斯	22.77	22.49	23.07	19.04	17.60	19.64	19.44	17.37	16.16	15.20	13.86	13.70	12.94	12.47
玻利维亚	3.86	3.96	3.97	3.95	4.05	4.28	4.10	3.96	3.83	3.73	3.45	3.47	3.27	3.41

续表

国家＼年份	1990	1991	1992	1993	1994	1995	1996	1997	1998	1999	2000	2001	2002	2003
波黑	—	—	—	—	9.35	7.92	4.22	3.52	3.39	2.99	4.22	3.98	3.77	3.56
巴西	2.23	2.23	2.27	2.23	2.23	2.22	2.28	2.33	2.41	2.47	2.40	2.36	2.37	2.36
英国	1.21	1.27	1.25	1.25	1.20	1.16	1.18	1.12	1.08	1.06	1.02	1.00	0.96	0.94
保加利亚	12.00	9.63	9.14	9.36	9.12	9.35	10.70	9.68	8.98	7.73	7.39	7.12	6.50	6.65
喀麦隆	5.40	5.65	5.89	6.30	6.62	6.52	6.35	6.25	6.12	5.90	5.89	5.70	5.62	5.55
加拿大	2.93	2.96	2.99	3.00	2.96	2.94	3.00	2.92	2.73	2.69	2.62	2.49	2.49	2.54
智利	2.83	2.78	2.76	2.65	2.67	2.57	2.57	2.71	2.66	2.85	2.84	2.75	2.73	2.66
中国	14.91	14.08	12.55	11.48	10.45	9.91	9.27	8.30	7.75	6.95	6.40	5.95	5.68	5.66
哥伦比亚	2.45	2.47	2.39	2.55	2.53	2.50	2.52	2.32	2.29	2.27	2.20	2.16	2.06	2.02
哥斯达黎加	1.89	1.88	1.94	1.57	1.60	1.56	1.57	1.46	1.41	1.39	1.47	1.46	1.52	1.45
克罗地亚	2.58	2.70	2.80	3.03	2.99	2.89	2.79	2.86	2.76	2.91	2.79	2.71	2.64	2.70
古巴	3.33	3.05	3.05	2.77	2.78	2.54	2.60	2.53	2.35	2.40	2.33	2.25	1.94	1.82
捷克	6.06	6.03	5.79	5.53	5.13	4.99	4.90	4.85	4.71	4.46	4.40	4.37	4.19	4.36
刚果民主共和国	13.84	15.38	17.61	20.95	22.24	22.74	23.64	25.80	27.10	29.04	32.03	33.57	33.37	32.50
丹麦	1.06	1.11	1.08	1.11	1.05	1.04	1.06	1.00	0.97	0.94	0.89	0.90	0.88	0.90
埃及	3.49	3.38	3.36	3.41	3.12	3.23	3.27	3.29	3.29	3.28	3.23	3.23	3.31	3.43
爱沙尼亚	9.95	10.03	8.20	7.21	7.54	6.40	7.05	6.21	5.44	4.93	4.49	4.41	3.95	3.84
芬兰	2.24	2.37	2.45	2.46	2.50	2.32	2.28	2.20	2.17	2.10	1.96	1.93	1.98	2.00
法国	1.31	1.40	1.38	1.36	1.32	1.32	1.35	1.32	1.31	1.27	1.24	1.25	1.21	1.23
德国	1.56	1.47	1.40	1.42	1.36	1.36	1.40	1.35	1.32	1.27	1.22	1.23	1.21	1.27
加纳	13.23	12.71	12.98	12.70	12.70	12.89	12.91	12.64	12.41	12.66	12.21	12.06	11.81	11.38

续表

国家\年份	1990	1991	1992	1993	1994	1995	1996	1997	1998	1999	2000	2001	2002	2003
希腊	1.46	1.44	1.43	1.45	1.43	1.45	1.52	1.51	1.55	1.48	1.47	1.46	1.44	1.43
危地马拉	3.15	3.16	3.12	3.03	2.94	3.04	2.98	2.98	2.99	3.22	3.14	3.15	3.06	3.09
匈牙利	4.68	4.98	4.53	4.53	4.42	4.40	4.47	4.14	3.98	3.80	3.59	3.57	3.46	3.42
冰岛	2.43	2.38	2.54	2.59	2.49	2.50	2.45	2.36	2.31	2.42	2.42	2.38	2.49	2.43
印度	9.29	9.47	9.19	8.83	8.60	8.23	7.76	7.76	7.33	7.05	6.91	6.55	6.54	6.15
印度尼西亚	7.22	6.86	6.53	6.37	6.16	5.90	5.81	5.85	6.19	7.05	7.16	7.08	6.88	6.48
伊朗	7.59	7.53	7.94	8.19	9.31	9.26	8.90	9.03	8.95	9.14	9.11	9.13	9.03	8.96
爱尔兰	1.56	1.56	1.49	1.47	1.45	1.33	1.30	1.21	1.20	1.13	1.10	1.08	1.02	0.97
以色列	0.98	0.93	0.90	0.96	0.97	1.00	0.99	0.99	0.97	0.96	0.96	0.94	0.93	0.96
意大利	1.23	1.23	1.22	1.23	1.19	1.21	1.20	1.19	1.21	1.21	1.17	1.17	1.16	1.20
日本	0.72	0.71	0.71	0.72	0.73	0.74	0.74	0.73	0.73	0.75	0.74	0.73	0.74	0.72
哈萨克斯坦	22.63	26.68	29.61	27.04	23.64	24.93	21.39	18.09	18.83	16.36	14.72	13.86	13.12	12.94
肯尼亚	7.31	7.29	7.60	7.77	7.81	7.70	7.64	7.69	7.49	7.46	7.53	7.47	7.67	7.53
科威特	—	—	2.38	2.21	2.07	2.10	1.96	1.90	2.11	2.11	2.10	2.08	2.01	2.12
马来西亚	2.94	2.94	2.97	2.95	2.90	2.98	2.99	2.96	3.14	3.15	3.12	3.29	3.31	3.24
墨西哥	2.09	2.08	2.05	1.99	1.97	2.06	1.96	1.88	1.84	1.72	1.68	1.65	1.66	1.65
荷兰	1.75	1.84	1.77	1.75	1.70	1.66	1.69	1.57	1.51	1.44	1.45	1.45	1.43	1.49
新西兰	2.33	2.41	2.42	2.36	2.37	2.38	2.39	2.39	2.39	2.39	2.44	2.31	2.31	2.11
尼日利亚	17.98	17.99	18.29	18.02	17.99	17.93	17.85	17.82	18.03	18.03	17.65	17.76	18.08	16.70
挪威	1.49	1.43	1.36	1.37	1.33	1.32	1.29	1.21	1.23	1.22	1.18	1.20	1.15	1.16
秘鲁	2.37	2.30	2.25	2.21	2.04	2.02	2.06	1.92	1.93	2.07	1.99	1.91	1.88	1.78
菲律宾	2.94	2.93	3.08	3.17	3.17	3.35	3.32	3.29	3.35	3.21	2.95	2.88	2.75	2.63
波兰	5.24	5.62	5.35	5.56	5.12	4.90	4.90	4.49	3.99	3.72	3.40	3.36	3.21	3.20

续表

年份\国家	1990	1991	1992	1993	1994	1995	1996	1997	1998	1999	2000	2001	2002	2003
葡萄牙	1.53	1.48	1.52	1.55	1.61	1.60	1.61	1.62	1.66	1.64	1.66	1.64	1.66	1.68
韩国	2.20	2.23	2.38	2.46	2.48	2.48	2.49	2.52	2.44	2.46	2.43	2.37	2.33	2.30
罗马尼亚	9.81	9.29	8.29	7.38	7.03	6.81	7.37	7.63	7.25	6.47	6.42	6.14	5.80	5.71
俄罗斯	16.20	16.92	18.29	19.48	19.17	19.26	18.03	17.03	17.62	17.29	16.19	15.53	14.39	13.76
沙特	2.67	2.55	2.67	2.78	2.94	2.77	2.94	2.85	3.01	3.13	3.09	3.33	3.68	3.51
新加坡	1.12	1.08	0.95	0.88	0.86	0.87	0.86	1.06	0.99	0.91	0.81	0.88	1.00	0.98
斯洛伐克	5.72	5.68	5.66	5.23	4.77	4.57	4.48	4.22	4.01	3.93	3.91	3.97	3.84	3.49
斯洛文尼亚	2.23	2.45	2.37	2.48	2.50	2.59	2.76	2.65	2.51	2.42	2.34	2.34	2.23	2.25
西班牙	1.38	1.40	1.40	1.38	1.43	1.45	1.43	1.45	1.48	1.45	1.47	1.49	1.47	1.51
瑞典	1.60	1.62	1.74	1.77	1.75	1.72	1.74	1.66	1.60	1.51	1.43	1.40	1.38	1.33
瑞士	0.82	0.86	0.87	0.84	0.82	0.83	0.84	0.81	0.82	0.82	0.78	0.79	0.77	0.80

资料来源：1) UNEP. 2011. GEO data portal, 2011. http://geodata.grid.unep.ch/ [2012-12-28]
2) IEA. 2010. Key world energy statistics 2010. http://www.iea.org/textbase/nppdf/free/2010/key_stats_2010.pdf [2012-12-28]
3) IEA. 2011. Key world energy statistics 2011. http://www.iea.org/work/2011/statistics/s1_kwes.pdf [2012-12-28]

附表 24　世界主要国家成品钢材消费强度（1990～2009）（单位：吨/万 2000 年价美元）

年份\国家	1990	1991	1992	1993	1994	1995	1996	1997	1998	1999	2000	2001	2002	2003	2004	2005	2006	2007	2008	2009
阿尔巴尼亚	0.379	0.159	0.190	0.178	0.148	0.177	0.178	0.401	0.295	0.250	0.350	0.682	0.815	0.881	0.834	0.943	1.023	1.000	0.840	1.034
阿尔及利亚	0.342	0.365	0.422	0.397	0.531	0.364	0.294	0.183	0.303	0.257	0.343	0.400	0.432	0.489	0.497	0.466	0.562	0.558	0.689	0.785
阿根廷	0.075	0.096	0.114	0.105	0.121	0.111	0.122	0.130	0.128	0.109	0.105	0.094	0.072	0.108	0.125	0.118	0.132	0.125	0.121	0.080

续表

年份 国家	1990	1991	1992	1993	1994	1995	1996	1997	1998	1999	2000	2001	2002	2003	2004	2005	2006	2007	2008	2009
澳大利亚	0.162	0.156	0.173	0.166	0.176	0.180	0.156	0.159	0.152	0.145	0.142	0.129	0.140	0.143	0.148	0.141	0.137	0.145	0.137	0.097
奥地利	0.176	0.171	0.177	0.161	0.182	0.183	0.137	0.154	0.160	0.149	0.152	0.158	0.161	0.159	0.163	0.168	0.192	0.186	0.176	0.148
巴林	0.056	0.075	0.078	0.114	0.089	0.064	0.040	0.065	0.059	0.066	0.053	0.035	0.075	0.096	0.104	0.117	0.119	0.111	0.305	0.063
孟加拉国	0.124	0.147	0.097	0.136	0.104	0.095	0.088	0.129	0.114	0.123	0.135	0.168	0.178	0.171	0.143	0.162	0.131	0.121	0.103	0.206
白俄罗斯	—	—	0.391	1.192	0.767	1.012	1.108	1.003	1.036	0.977	0.931	0.427	0.590	1.021	1.012	0.966	1.036	1.053	1.017	0.748
玻利维亚	0.081	0.080	0.151	0.151	0.152	0.154	0.149	0.155	0.172	0.159	0.191	0.199	0.183	0.178	0.171	0.164	0.166	0.168	0.176	0.123
波黑	—	—	—	—	—	0.086	0.127	0.160	0.143	0.092	0.260	0.378	0.439	0.342	0.359	0.640	0.986	0.777	0.777	0.639
巴西	0.177	0.181	0.175	0.199	0.216	0.206	0.219	0.249	0.235	0.228	0.244	0.256	0.246	0.235	0.256	0.227	0.241	0.271	0.280	0.218
英国	0.122	0.107	0.102	0.101	0.104	0.102	0.103	0.105	0.106	0.096	0.091	0.089	0.081	0.077	0.081	0.064	0.077	0.075	0.067	0.052
保加利亚	0.926	0.527	0.545	0.685	0.455	0.650	0.688	0.761	0.690	0.506	0.692	0.604	0.759	0.844	0.845	0.837	0.814	0.794	0.690	0.491
喀麦隆	0.067	0.155	0.055	0.058	0.040	0.061	0.056	0.060	0.074	0.037	0.107	0.232	0.143	0.098	0.085	0.099	0.119	0.115	0.115	0.125
加拿大	0.189	0.175	0.181	0.200	0.231	0.216	0.221	0.246	0.242	0.235	0.246	0.206	0.209	0.200	0.218	0.205	0.214	0.180	0.169	0.113
智利	0.179	0.172	0.231	0.242	0.207	0.231	0.241	0.244	0.225	0.179	0.195	0.227	0.221	0.215	0.238	0.225	0.238	0.236	0.259	0.170
中国	1.195	1.162	1.260	1.680	1.474	1.103	1.155	1.083	1.077	1.109	1.037	1.217	1.351	1.544	1.608	1.782	1.719	1.684	1.615	1.864
哥伦比亚	0.141	0.127	0.126	0.165	0.166	0.193	0.176	0.161	0.154	0.103	0.169	0.129	0.124	0.126	0.181	0.199	0.212	0.228	0.181	0.155
哥斯达黎加	0.161	0.125	0.209	0.161	0.197	0.118	0.127	0.195	0.207	0.217	0.245	0.161	0.181	0.153	0.152	0.149	0.142	0.136	0.128	0.108
克罗地亚	—	—	0.152	0.166	0.187	0.185	0.136	0.108	0.215	0.209	0.250	0.237	0.285	0.318	0.328	0.306	0.290	0.349	0.370	0.275
古巴	0.197	0.076	0.038	0.031	0.046	0.066	0.083	0.055	0.066	0.059	0.062	0.057	0.059	0.042	0.040	0.036	0.032	0.032	0.041	0.024
捷克	—	—	0.658	0.617	0.643	0.681	0.584	0.673	0.685	0.607	0.689	0.687	0.706	0.719	0.808	0.768	0.816	0.850	0.826	0.594
刚果民主共和国	0.071	0.100	0.083	0.077	0.105	0.084	0.081	0.079	0.099	0.104	0.116	0.140	0.138	0.130	0.175	0.153	0.145	—	—	—

续表

国家\年份	1990	1991	1992	1993	1994	1995	1996	1997	1998	1999	2000	2001	2002	2003	2004	2005	2006	2007	2008	2009
丹麦	0.134	0.129	0.141	0.109	0.113	0.136	0.114	0.123	0.137	0.106	0.112	0.111	0.123	0.110	0.112	0.101	0.116	0.113	0.101	0.055
埃及	0.449	0.454	0.376	0.373	0.475	0.512	0.406	0.554	0.462	0.454	0.443	0.516	0.523	0.383	0.338	0.419	0.363	0.402	0.450	0.600
爱沙尼亚	—	—	0.078	0.080	0.156	0.272	0.383	0.457	0.538	0.386	0.502	0.537	0.514	0.443	0.644	0.399	0.615	0.502	0.424	0.216
芬兰	0.175	0.129	0.144	0.156	0.180	0.204	0.189	0.199	0.195	0.164	0.192	0.173	0.162	0.155	0.160	0.152	0.164	0.167	0.150	0.111
法国	0.148	0.134	0.129	0.111	0.126	0.138	0.124	0.136	0.147	0.141	0.146	0.128	0.126	0.115	0.123	0.110	0.114	0.119	0.110	0.079
德国	0.233	0.214	0.208	0.171	0.203	0.204	0.186	0.203	0.207	0.196	0.205	0.193	0.183	0.184	0.186	0.184	0.194	0.207	0.198	0.137
加纳	0.178	0.192	0.260	0.219	0.160	0.233	0.192	0.216	0.265	0.269	0.275	0.384	0.287	0.418	0.353	0.545	0.390	0.366	0.606	0.533
希腊	0.174	0.208	0.158	0.167	0.165	0.198	0.195	0.234	0.230	0.218	0.260	0.239	0.256	0.241	0.196	0.225	0.255	0.249	0.214	0.153
危地马拉	0.131	0.093	0.176	0.146	0.135	0.123	0.110	0.164	0.206	0.193	0.218	0.243	0.200	0.166	0.166	0.165	0.161	0.159	0.154	0.124
匈牙利	0.385	0.276	0.250	0.281	0.309	0.315	0.307	0.336	0.363	0.373	0.374	0.379	0.388	0.389	0.373	0.342	0.377	0.442	0.451	0.272
冰岛	0.052	0.053	0.054	0.050	0.045	0.044	0.063	0.064	0.067	0.064	0.052	0.037	0.044	0.060	0.087	0.099	0.047	0.096	0.071	0.028
印度	0.625	0.580	0.536	0.520	0.577	0.640	0.611	0.590	0.600	0.596	0.601	0.589	0.611	0.608	0.599	0.619	0.647	0.640	0.634	0.654
印度尼西亚	0.383	0.345	0.326	0.336	0.357	0.399	0.406	0.380	0.212	0.207	0.294	0.294	0.272	0.250	0.291	0.252	0.285	0.311	0.357	0.287
伊朗	0.652	0.656	0.718	0.565	0.626	0.604	0.707	0.778	0.697	0.735	0.948	1.014	0.999	1.217	1.143	1.177	1.040	1.374	0.957	1.087
爱尔兰	0.092	0.083	0.078	0.063	0.081	0.093	0.100	0.095	0.094	0.090	0.088	0.077	0.082	0.076	0.073	0.064	0.078	0.080	0.066	0.028
以色列	0.113	0.119	0.121	0.156	0.147	0.170	0.138	0.134	0.148	0.161	0.132	0.139	0.147	0.141	0.131	0.122	0.096	0.089	0.090	0.097
意大利	0.272	0.251	0.243	0.204	0.239	0.288	0.223	0.263	0.282	0.275	0.274	0.270	0.263	0.279	0.284	0.271	0.308	0.301	0.278	0.164
日本	0.224	0.217	0.183	0.171	0.171	0.180	0.176	0.177	0.155	0.152	0.163	0.157	0.153	0.154	0.157	0.154	0.152	0.153	0.152	0.110
哈萨克斯坦	—	—	1.406	1.317	0.977	0.464	0.398	0.311	0.555	0.339	0.493	0.433	0.424	0.562	0.668	0.769	0.708	0.830	0.650	0.704
肯尼亚	0.461	0.277	0.209	0.184	0.251	0.312	0.236	0.284	0.217	0.286	0.251	0.281	0.322	0.325	0.354	0.294	0.363	0.338	0.352	0.463
科威特	—	—	0.217	0.166	0.150	0.151	0.100	0.123	0.133	0.109	0.088	0.118	0.172	0.138	0.137	0.110	0.099	0.095	0.153	0.097

续表

国家\年份	1990	1991	1992	1993	1994	1995	1996	1997	1998	1999	2000	2001	2002	2003	2004	2005	2006	2007	2008	2009
马来西亚	0.553	0.705	0.708	0.773	0.735	1.051	0.967	0.920	0.503	0.655	0.662	0.784	0.711	0.589	0.636	0.726	0.694	0.748	0.609	0.485
墨西哥	0.160	0.176	0.175	0.165	0.185	0.132	0.171	0.222	0.241	0.234	0.243	0.225	0.244	0.252	0.259	0.252	0.269	0.258	0.234	0.215
荷兰	0.156	0.144	0.136	0.122	0.134	0.153	0.141	0.138	0.159	0.139	0.122	0.119	0.101	0.086	0.087	0.088	0.083	0.079	0.096	0.066
新西兰	0.119	0.102	0.127	0.140	0.145	0.147	0.148	0.124	0.117	0.123	0.140	0.139	0.146	0.146	0.148	0.151	0.140	0.142	0.139	0.086
尼日利亚	0.148	0.186	0.269	0.151	0.098	0.081	0.077	0.123	0.105	0.190	0.196	0.299	0.266	0.296	0.217	0.274	0.192	0.180	0.232	0.235
挪威	0.091	0.095	0.113	0.111	0.106	0.109	0.108	0.105	0.109	0.066	0.065	0.064	0.065	0.064	0.089	0.067	0.075	0.070	0.065	0.044
秘鲁	0.108	0.105	0.111	0.135	0.151	0.193	0.148	0.187	0.209	0.134	0.155	0.165	0.200	0.177	0.153	0.166	0.197	0.201	0.255	0.186
菲律宾	0.275	0.312	0.334	0.399	0.378	0.500	0.629	0.553	0.395	0.424	0.375	0.374	0.432	0.396	0.314	0.303	0.294	0.314	0.300	0.293
波兰	0.618	0.122	0.385	0.419	0.422	0.555	0.463	0.489	0.478	0.433	0.444	0.387	0.438	0.446	0.468	0.433	0.541	0.571	0.490	0.326
葡萄牙	0.274	0.258	0.290	0.177	0.186	0.242	0.208	0.242	0.241	0.257	0.262	0.255	0.279	0.289	0.282	0.223	0.252	0.236	0.184	0.185
韩国	0.678	0.756	0.637	0.695	0.769	0.825	0.816	0.790	0.550	0.687	0.718	0.686	0.736	0.743	0.739	0.709	0.718	0.752	0.780	0.602
罗马尼亚	1.519	1.263	0.815	0.722	0.765	0.810	0.852	0.853	0.768	0.581	0.688	0.693	0.690	0.711	0.692	0.716	0.802	0.903	0.783	0.491
俄罗斯	—	—	1.464	1.079	0.657	0.918	0.710	0.666	0.694	0.757	0.938	0.985	0.872	0.826	0.800	0.836	0.923	0.984	0.820	0.626
沙特	0.147	0.163	0.171	0.265	0.194	0.212	0.208	0.231	0.244	0.219	0.206	0.267	0.273	0.282	0.708	0.291	0.317	0.358	0.388	0.307
新加坡	0.603	0.621	0.570	0.603	0.531	0.594	0.512	0.563	0.466	0.351	0.321	0.310	0.318	0.297	0.281	0.248	0.152	0.203	0.234	0.197
斯洛伐克	—	—	0.431	0.210	0.351	0.414	0.487	0.443	0.319	0.385	0.437	0.432	0.435	0.451	0.503	0.452	0.496	0.521	0.460	0.318
斯洛文尼亚	—	—	0.372	0.330	0.361	0.431	0.403	0.387	0.441	0.449	0.492	0.503	0.489	0.450	0.508	0.439	0.477	0.518	0.448	0.340
西班牙	0.250	0.234	0.222	0.200	0.232	0.263	0.239	0.271	0.296	0.317	0.300	0.314	0.319	0.329	0.321	0.307	0.333	0.333	0.243	0.167
瑞典	0.143	0.114	0.116	0.130	0.142	0.159	0.136	0.143	0.154	0.149	0.147	0.124	0.127	0.136	0.146	0.145	0.148	0.159	0.143	0.090
瑞士	0.111	0.094	0.090	0.081	0.091	0.093	0.075	0.083	0.083	0.079	0.090	0.085	0.075	0.072	0.077	0.080	0.086	0.089	0.084	0.068
叙利亚	0.457	0.560	0.466	0.621	0.613	0.192	0.251	0.253	0.234	0.423	0.585	0.667	0.824	0.829	0.755	0.933	0.928	0.878	0.745	0.785
泰国	0.754	0.725	0.814	0.771	0.727	0.755	0.691	0.608	0.341	0.540	0.537	0.601	0.757	0.778	0.842	0.882	0.761	0.732	0.763	0.619
突尼斯	0.456	0.396	0.530	0.496	0.332	0.404	0.271	0.255	0.300	0.313	0.365	0.331	0.306	0.365	0.381	0.405	0.419	0.303	0.405	0.327

续表

年份 国家	1990	1991	1992	1993	1994	1995	1996	1997	1998	1999	2000	2001	2002	2003	2004	2005	2006	2007	2008	2009
土耳其	0.363	0.376	0.380	0.429	0.339	0.467	0.430	0.472	0.469	0.440	0.478	0.439	0.459	0.519	0.527	0.557	0.598	0.632	0.572	0.505
乌克兰	—	—	4.252	2.934	1.787	2.187	2.339	2.129	1.839	1.322	1.566	1.695	1.544	1.634	1.235	1.229	1.385	1.586	1.286	0.868
阿联酋	0.195	0.093	0.105	0.170	0.223	0.195	0.164	0.178	0.222	0.285	0.257	0.320	0.398	0.455	0.510	0.560	0.640	0.595	0.862	0.504
美国	0.123	0.112	0.116	0.121	0.132	0.125	0.129	0.131	0.132	0.122	0.121	0.106	0.105	0.101	0.112	0.099	0.107	0.095	0.087	0.052
乌兹别克斯坦	—	—	0.454	0.427	0.335	0.373	0.429	0.356	0.322	0.304	0.350	0.388	0.417	0.463	0.487	0.452	0.529	0.616	0.577	0.616
委内瑞拉	0.200	0.224	0.217	0.170	0.162	0.211	0.182	0.207	0.161	0.150	0.149	0.186	0.145	0.145	0.199	0.203	0.212	0.252	0.205	0.168
越南	0.119	0.133	0.233	0.411	0.224	0.293	0.624	0.590	0.692	0.793	0.865	1.115	1.354	1.250	1.301	1.155	1.171	1.914	1.644	1.983
世界合计	0.272	0.255	0.242	0.244	0.239	0.246	0.236	0.245	0.236	0.233	0.242	0.241	0.253	0.266	0.280	0.290	0.304	0.314	0.305	0.294

资料来源：1) World steel Association. 2002. Steel statistical yearbook 2002, Brussels

2) World steel Association. 2011. Steel statistical yearbook 2011, Brussels

附表 25　世界主要国家成品水泥消费强度（1990~2009）（单位：吨/万 2000 年价美元）

年份 国家	1990	1991	1992	1993	1994	1995	1996	1997	1998	1999	2000	2001	2002	2003	2004	2005	2006	2007	2008	2009
阿尔巴尼亚	2.176	2.649	3.331	3.473	8.018	7.076	3.243	3.611	2.884	2.765	3.255	3.803	4.065	4.102	4.072	4.026	3.795	3.640	3.606	3.238
阿尔及利亚	1.838	1.735	1.930	1.971	1.826	1.921	1.736	1.529	1.338	1.420	1.643	1.690	1.784	1.828	1.701	1.830	2.142	2.203	2.338	2.382
阿根廷	0.187	0.210	0.219	0.230	0.244	0.216	0.193	0.240	0.246	0.254	0.219	0.201	0.159	0.188	0.211	0.237	0.260	0.260	0.247	0.232
澳大利亚	0.204	0.191	0.210	0.214	0.207	0.199	0.192	0.186	0.186	0.185	0.192	0.174	0.175	0.183	0.177	0.176	0.205	0.207	0.197	0.194
奥地利	0.329	0.330	0.336	0.335	0.341	0.312	0.290	0.285	0.282	0.260	0.235	0.231	0.246	0.244	0.258	0.257	0.260	0.258	0.261	0.215
巴林	—	—	0.810	0.902	0.868	0.744	0.679	0.661	0.661	0.661	0.627	0.600	0.832	0.882	0.000	0.000	1.225	1.373	1.375	1.371

续表

国家＼年份	1990	1991	1992	1993	1994	1995	1996	1997	1998	1999	2000	2001	2002	2003	2004	2005	2006	2007	2008	2009
孟加拉国	0.736	0.630	0.600	0.661	0.550	0.652	0.667	0.707	0.990	1.000	1.019	1.046	1.081	1.100	1.165	1.303	1.237	1.105	1.154	1.351
白俄罗斯	3.906	3.657	4.217	1.434	1.433	1.386	—	—	1.460	1.454	1.256	1.125	1.199	1.300	1.304	1.376	1.456	1.600	1.499	1.619
玻利维亚	0.962	0.965	1.009	1.075	1.123	1.111	1.343	1.339	1.418	1.418	1.357	1.230	1.257	1.357	1.346	1.452	1.571	1.652	1.741	1.914
波黑	—	—	—	—	—	—	—	—	2.310	2.318	2.870	2.783	2.825	2.494	2.336	2.239	2.189	2.048	2.074	1.685
巴西	0.517	0.537	0.473	0.468	0.448	0.480	0.586	0.618	0.644	0.650	0.611	0.589	0.559	0.495	0.480	0.496	0.529	0.553	0.602	0.609
英国	0.145	0.117	0.111	0.108	0.104	0.105	0.113	0.112	0.107	0.106	0.095	0.093	0.095	0.090	0.091	0.089	0.086	0.089	0.077	0.062
保加利亚	3.097	1.762	1.698	1.543	1.451	1.450	1.508	1.247	1.220	1.262	1.124	1.049	1.116	1.186	1.515	1.810	2.073	2.267	2.376	1.737
喀麦隆	0.512	0.473	0.488	0.441	0.367	0.373	0.417	0.454	0.659	0.714	0.794	0.855	0.822	0.746	0.855	0.811	0.882	0.852	0.865	0.959
加拿大	0.159	0.162	0.124	0.121	0.125	0.117	0.125	0.129	0.123	0.122	0.114	0.114	0.112	0.115	0.117	0.115	0.113	0.114	0.111	0.094
智利	0.507	0.497	0.536	0.579	0.546	0.542	0.465	0.550	0.545	0.432	0.461	0.462	0.459	0.469	0.459	0.474	0.441	0.464	0.462	0.404
中国	4.572	4.985	5.354	5.661	5.470	5.424	5.504	5.172	4.973	5.038	4.881	4.777	5.077	5.502	5.621	5.548	5.578	5.373	5.096	5.442
哥伦比亚	0.694	0.687	0.734	0.854	0.931	0.890	0.782	0.779	0.718	0.529	0.528	0.529	0.490	0.500	0.500	0.651	0.625	0.665	0.634	0.585
哥斯达黎加	0.752	0.662	0.681	0.762	0.785	0.715	0.664	0.704	0.750	0.738	0.650	0.729	0.708	0.708	0.707	0.708	0.576	0.569	0.683	0.520
克罗地亚	0.701	0.641	0.537	0.600	0.646	0.623	0.763	0.894	0.889	0.883	0.848	0.863	0.976	1.101	1.045	1.006	1.016	1.035	1.006	0.844
古巴	0.929	0.587	0.352	0.286	0.335	0.368	0.360	0.387	0.379	0.367	0.350	0.311	0.272	0.262	0.268	0.261	0.299	0.281	0.270	0.266
捷克	1.114	0.835	0.798	0.756	0.743	0.703	0.717	0.769	0.724	0.682	0.636	0.622	0.623	0.660	0.668	0.612	0.636	0.652	0.654	0.550
刚果民主共和国	—	—	—	—	—	—	—	—	—	—	—	—	—	—	—	—	0.727	1.197	1.336	1.659
丹麦	0.110	0.100	0.100	0.084	0.089	0.088	0.085	0.096	0.100	0.095	0.098	0.093	0.098	0.094	0.096	0.097	0.102	0.104	0.105	0.071
埃及	2.321	2.344	2.092	2.150	2.257	2.417	2.410	2.513	2.665	2.871	2.634	2.583	2.570	2.436	2.076	2.400	2.365	2.539	2.640	3.074
爱沙尼亚	—	—	—	—	—	—	0.315	0.376	0.463	0.386	0.440	0.422	0.489	0.524	0.548	0.608	0.668	0.665	0.488	0.308

续表

国家＼年份	1990	1991	1992	1993	1994	1995	1996	1997	1998	1999	2000	2001	2002	2003	2004	2005	2006	2007	2008	2009
芬兰	0.188	0.155	0.132	0.119	0.121	0.121	0.117	0.132	0.135	0.138	0.139	0.130	0.123	0.124	0.124	0.123	0.131	0.135	0.124	0.096
法国	0.232	0.219	0.193	0.174	0.176	0.170	0.160	0.156	0.153	0.158	0.156	0.153	0.152	0.150	0.156	0.157	0.164	0.165	0.161	0.139
德国	0.178	0.204	0.221	0.224	0.242	0.221	0.205	0.194	0.206	0.208	0.187	0.158	0.151	0.151	0.149	0.138	0.143	0.131	0.132	0.127
加纳	1.837	2.035	2.239	3.203	3.359	3.723	3.797	3.871	3.915	3.750	3.516	3.381	3.901	4.129	4.077	4.085	4.106	4.189	4.235	4.058
希腊	0.760	0.739	0.736	0.702	0.658	0.632	0.664	0.658	0.717	0.707	0.725	0.730	0.786	0.767	0.710	0.660	0.723	0.673	0.605	0.464
危地马拉	0.691	0.666	0.721	0.769	0.779	0.755	0.883	0.949	1.004	1.020	1.037	1.018	1.102	1.094	1.130	1.228	1.271	1.276	1.116	1.098
匈牙利	0.884	0.689	0.679	0.660	0.762	0.767	0.732	0.725	0.717	0.710	0.741	0.732	0.738	0.737	0.706	0.679	0.721	0.667	0.662	0.571
冰岛	0.164	0.162	0.149	0.130	0.121	0.111	0.123	0.144	0.147	0.157	0.178	0.169	0.129	0.154	0.200	0.242	0.321	0.320	0.174	0.071
印度	1.808	1.946	1.825	1.650	1.642	1.635	1.802	1.895	2.027	2.168	2.010	1.865	2.206	2.158	2.086	2.104	2.160	2.143	2.144	2.174
印度尼西亚	1.261	1.305	1.239	1.302	1.465	1.510	1.366	1.528	1.224	1.195	1.356	1.499	1.524	1.471	1.535	1.513	1.464	1.465	1.540	1.485
伊朗	2.148	1.908	1.866	1.995	1.977	1.962	2.005	2.022	1.926	2.128	2.073	2.227	2.392	2.481	2.475	2.445	2.529	2.717	2.866	2.910
爱尔兰	0.328	0.295	0.282	0.253	0.276	0.268	0.324	0.320	0.346	0.340	0.470	0.450	0.404	0.426	0.496	0.491	0.489	0.463	0.436	0.264
以色列	0.407	0.508	0.543	0.537	0.588	0.574	0.548	0.519	0.457	0.425	0.362	0.351	0.351	0.304	0.289	0.280	0.267	0.261	0.251	0.241
意大利	0.431	0.426	0.429	0.393	0.337	0.325	0.333	0.328	0.333	0.341	0.349	0.353	0.368	0.388	0.407	0.402	0.401	0.390	0.357	0.324
日本	0.203	0.202	0.192	0.182	0.184	0.179	0.180	0.169	0.158	0.156	0.155	0.147	0.138	0.126	0.119	0.118	0.115	0.107	0.099	0.091
哈萨克斯坦	3.131	3.275	2.877	1.929	2.185	2.380	0.685	0.616	0.555	0.654	0.705	0.943	1.040	1.192	1.406	1.769	1.900	2.104	1.474	1.298
肯尼亚	1.053	1.215	1.291	0.911	0.776	0.914	0.968	0.880	0.851	0.793	0.843	0.828	0.831	0.873	0.977	1.035	1.097	1.193	1.261	1.485
科威特	—	—	0.763	0.447	0.667	0.539	0.724	0.735	0.682	0.555	0.594	0.658	0.703	0.512	0.706	0.729	0.764	0.749	0.765	0.802
马来西亚	1.165	1.373	1.456	1.434	1.483	1.583	1.860	1.996	1.361	1.095	1.256	1.252	1.203	1.447	1.411	1.315	1.258	1.190	1.216	1.170
墨西哥	0.518	0.541	0.571	0.582	0.604	0.471	0.480	0.485	0.499	0.504	0.513	0.488	0.504	0.507	0.527	0.534	0.536	0.529	0.500	0.525
荷兰	0.196	0.185	0.177	0.165	0.173	0.168	0.164	0.164	0.162	0.167	0.162	0.149	0.137	0.122	0.127	0.128	0.136	0.136	0.137	0.124

续表

国家＼年份	1990	1991	1992	1993	1994	1995	1996	1997	1998	1999	2000	2001	2002	2003	2004	2005	2006	2007	2008	2009
新西兰	—	—	—	0.167	0.178	0.190	0.188	0.192	0.184	0.173	0.188	0.184	0.176	0.186	0.216	0.219	0.197	0.245	0.247	0.213
尼日利亚	—	—	—	1.375	1.011	1.039	1.018	0.944	1.043	1.192	1.305	1.772	1.682	1.582	1.566	1.635	1.688	1.901	1.806	1.865
挪威	0.115	0.100	0.095	0.078	0.085	0.085	0.094	0.097	0.095	0.080	0.075	0.072	0.072	0.073	0.082	0.094	0.093	0.103	0.100	0.081
秘鲁	0.612	0.556	0.594	0.630	0.722	0.780	0.783	0.829	0.836	0.726	0.684	0.637	0.674	0.658	0.678	0.694	0.729	0.768	0.832	0.853
菲律宾	1.203	1.141	1.196	1.330	1.478	1.631	1.799	1.966	1.714	1.585	1.472	1.359	1.458	1.336	1.261	1.144	1.097	1.143	1.116	1.212
波兰	0.956	0.961	0.926	0.839	0.873	0.809	0.792	0.816	0.840	0.862	0.835	0.660	0.643	0.608	0.597	0.612	0.685	0.742	0.720	0.634
葡萄牙	0.811	0.808	0.821	0.830	0.824	0.824	0.850	0.913	0.909	0.901	0.949	0.878	0.899	0.777	0.754	0.796	0.634	0.618	0.579	0.499
韩国	1.150	1.363	1.365	1.285	1.335	1.312	1.320	1.276	0.994	0.910	0.900	0.903	0.914	0.954	0.859	0.697	0.693	0.692	0.714	0.676
罗马尼亚	1.614	1.174	1.117	1.056	0.963	1.000	0.995	0.922	1.062	1.058	1.179	1.131	1.161	1.132	1.174	1.256	1.501	1.749	1.819	1.447
俄罗斯	2.053	2.039	1.900	1.694	1.436	1.473	1.158	1.105	1.172	1.203	1.178	1.220	1.256	1.255	1.262	1.315	1.380	1.486	1.407	1.100
沙特	0.778	0.704	0.906	0.994	1.147	0.963	0.875	0.826	0.757	0.807	0.817	0.950	1.075	1.090	1.121	1.168	1.057	1.123	1.200	1.466
新加坡	0.466	0.595	0.634	0.661	0.602	0.542	0.741	0.803	0.700	0.617	0.503	0.463	0.424	0.390	0.297	0.257	0.237	0.269	0.313	0.336
斯洛伐克	1.308	1.446	1.368	0.663	0.590	0.526	0.487	0.568	0.594	0.556	0.568	0.544	0.538	0.528	0.570	0.642	0.586	0.585	0.583	2.708
斯洛文尼亚	—	—	—	—	—	—	0.582	0.581	0.593	0.633	0.623	0.577	0.545	0.617	0.552	0.533	0.551	0.598	0.563	0.467
西班牙	0.648	0.637	0.559	0.504	0.520	0.536	0.508	0.530	0.587	0.626	0.662	0.700	0.714	0.725	0.729	0.755	0.788	0.762	0.576	0.405
瑞典	0.119	0.106	0.089	0.075	0.070	0.072	0.067	0.061	0.065	0.066	0.062	0.065	0.062	0.062	0.064	0.067	0.072	0.077	0.083	0.067
瑞士	0.246	0.224	0.201	0.193	0.204	0.190	0.165	0.158	0.155	0.155	0.157	0.166	0.158	0.152	0.161	0.166	0.165	0.159	0.159	0.164
叙利亚	1.759	2.456	2.179	2.473	2.671	2.839	2.940	2.990	2.423	2.586	2.173	2.361	2.394	2.560	2.639	2.627	2.717	2.679	2.432	2.284
泰国	2.268	2.565	2.545	2.530	2.630	2.800	2.894	2.814	1.917	1.605	1.458	1.478	1.651	1.657	1.748	1.785	1.606	1.434	1.447	1.341
突尼斯	2.558	2.533	2.451	2.515	2.434	2.464	2.398	2.394	2.347	2.364	2.545	2.538	2.411	2.330	2.417	2.457	2.549	2.452	2.379	2.341
土耳其	1.275	1.294	1.313	1.401	1.318	1.304	1.366	1.292	1.321	1.263	1.182	1.004	1.005	0.998		1.053	1.170	1.140	1.136	1.199
乌克兰	2.553	3.118	3.075	2.351	2.542	2.027	1.769	1.658	1.690	1.863	1.759	1.684	1.671	1.973	2.100	2.388	2.569	2.773	2.669	1.932

续表

年份\国家	1990	1991	1992	1993	1994	1995	1996	1997	1998	1999	2000	2001	2002	2003	2004	2005	2006	2007	2008	2009
阿联酋	0.539	0.538	0.586	0.634	0.886	0.967	0.945	0.950	0.850	0.907	0.892	0.891	0.869	0.832	1.128	1.182	1.316	1.528	1.754	1.546
美国	0.117	0.104	0.107	0.109	0.112	0.110	0.104	0.105	0.113	0.114	0.116	0.116	0.109	0.110	0.111	0.114	0.107	0.095	0.080	0.061
乌兹别克斯坦	—	—	—	—	—	—	—	—	2.360	2.263	2.107	2.232	2.247	2.349	2.331	2.290	2.295	2.248	2.329	2.219
委内瑞拉	0.376	0.435	0.501	0.493	0.438	0.408	0.315	0.352	0.410	0.363	0.341	0.363	0.328	0.293	0.297	0.330	0.495	0.471	0.517	0.494
越南	1.831	1.961	2.238	2.944	3.196	3.210	3.408	3.485	3.661	3.871	4.385	5.069	5.759	6.365	6.298	6.701	6.551	6.833	7.196	7.767
世界合计	0.458	0.471	0.485	0.498	0.503	0.510	0.520	0.518	0.511	0.521	0.517	0.523	0.560	0.598	0.620	0.646	0.682	0.706	0.714	0.774

资料来源：International Cement Review. 2011. The global cement report（ninth edition. http://www.cemnet.com/Publications/global-cement-report [2012-12-28]

附表26　世界主要国家常用有色金属消费强度（1990~2009）（单位：公斤/万 2000 年价美元）

年份\国家	1990	1991	1992	1993	1994	1995	1996	1997	1998	1999	2000	2001	2002	2003	2004	2005	2006	2007	2008	2009
阿尔巴尼亚	35.4	21.2	14.3	10.4	9.6	—	—	—	—	—	3.5	3.3	3.2	3.0	2.9	2.7	2.6	2.4	2.3	1.7
阿尔及利亚	—	—	—	—	—	—	—	—	—	6.0	6.3	4.3	4.3	3.8	3.4	3.9	3.4	3.1	3.2	3.7
阿根廷	6.9	8.8	9.9	9.3	8.7	7.8	7.5	7.9	8.5	6.9	6.9	5.3	5.6	6.3	8.1	7.1	7.2	6.9	6.6	6.7
澳大利亚	19.5	22.3	22.7	24.7	24.8	22.5	22.7	20.0	20.4	19.1	18.0	17.4	17.0	17.8	17.3	16.6	15.6	14.3	12.9	11.5
奥地利	20.4	20.1	19.7	17.4	16.9	17.6	17.1	16.8	17.8	15.9	16.1	17.6	18.1	19.5	18.2	16.5	18.5	18.9	18.0	13.9
巴林	223.4	204.7	226.1	282.6	214.1	206.0	178.6	197.8	346.3	301.5	368.5	380.3	341.5	326.4	406.1	378.2	331.0	304.5	286.5	265.6
孟加拉国	—	—	—	—	—	—	—	—	—	7.9	11.6	10.7	9.9	9.5	5.4	3.5	4.4	7.2	7.3	—
白俄罗斯	—	—	—	—	—	—	—	—	—	—	7.8	7.6	7.3	6.8	6.1	5.7	5.6	4.7	5.3	4.2
玻利维亚	—	—	—	—	—	—	—	—	—	—	0.2	0.2	0.2	0.2	0.4	0.5	0.5	0.5	0.4	0.4

续表

国家＼年份	1990	1991	1992	1993	1994	1995	1996	1997	1998	1999	2000	2001	2002	2003	2004	2005	2006	2007	2008	2009
波黑	—	—	—	—	44.7	—	—	—	12.6	11.5	20.0	19.1	18.2	17.5	16.5	15.7	14.8	13.8	13.1	11.8
巴西	13.8	14.3	14.4	14.5	15.7	17.6	16.5	16.8	18.3	17.2	18.5	19.9	18.4	19.0	19.9	20.8	20.2	20.2	20.6	17.8
英国	11.4	10.3	11.3	11.2	11.5	11.8	11.8	11.6	10.6	9.3	9.8	8.3	8.0	6.8	7.3	6.0	6.0	4.8	4.5	3.7
保加利亚	116.8	55.9	53.9	51.6	50.6	49.8	41.7	37.0	45.9	44.7	49.6	38.8	37.3	41.4	39.2	53.7	59.4	68.1	71.3	67.3
喀麦隆	23.1	23.8	18.9	23.9	21.8	26.3	22.2	28.0	26.9	22.9	41.1	40.2	40.6	39.1	30.8	30.1	29.2	28.2	21.3	20.1
加拿大	14.4	14.6	15.0	16.5	16.5	17.4	17.5	16.2	18.8	18.9	18.0	16.5	16.4	15.5	16.3	16.0	16.9	11.8	11.6	10.6
智利	12.4	12.3	14.6	15.3	17.0	15.5	13.3	11.3	12.8	13.9	15.3	15.7	14.4	15.4	15.4	14.7	15.3	13.2	12.5	11.3
中国	48.9	48.5	53.8	49.8	43.5	57.4	49.8	51.8	54.1	56.2	63.4	63.2	68.0	74.6	80.5	84.1	83.6	97.0	95.1	104.9
哥伦比亚	—	—	—	—	—	—	—	—	—	5.4	7.3	6.8	7.9	7.5	7.6	7.9	7.4	7.9	6.1	5.7
哥斯达黎加	—	—	—	—	—	—	—	—	—	—	5.7	7.0	3.4	5.3	2.3	1.7	2.3	2.7	3.6	3.1
克罗地亚	—	—	—	—	—	13.2	17.7	17.3	16.9	19.7	19.2	22.3	22.5	16.2	26.6	28.5	27.3	27.9	28.6	25.2
古巴	0.7	0.6	0.5	1.0	1.3	—	—	—	—	—	152.9	140.0	121.0	107.6	113.5	104.2	80.5	74.5	65.8	68.8
捷克	—	—	—	17.2	15.5	16.1	14.3	22.8	27.5	28.2	33.7	36.3	36.9	33.7	37.5	37.5	34.1	32.1	30.1	26.1
刚果民主共和国	3.0	2.9	2.2	4.4	2.7	—	—	—	—	21.6	44.1	81.4	—	—	—	—	—	—	—	—
丹麦	3.4	3.6	3.5	3.2	3.2	3.0	2.9	3.8	3.8	3.4	3.5	3.6	4.5	4.6	4.9	4.5	4.8	5.0	4.8	3.5
埃及	12.2	13.7	10.0	11.9	11.4	10.5	10.7	11.8	10.8	—	12.3	14.5	13.7	14.0	14.3	16.4	18.2	17.4	23.0	14.7
爱沙尼亚	—	—	—	—	—	—	—	—	—	—	—	—	—	—	—	3.9	6.6	5.6	5.6	5.4
芬兰	17.2	17.1	17.4	19.6	17.1	18.3	20.8	18.1	20.7	20.8	20.7	21.0	18.3	19.5	18.5	16.5	15.4	14.2	12.2	10.2
法国	16.4	16.3	15.6	14.7	16.1	16.1	14.8	15.4	15.3	15.5	15.4	14.3	14.1	13.3	12.5	11.8	11.3	10.7	10.2	7.4
德国	20.6	21.0	18.4	19.3	20.6	20.7	18.2	20.1	20.6	19.8	20.3	19.6	20.0	20.8	20.4	19.7	21.0	21.5	20.8	15.9

续表

国家	1990	1991	1992	1993	1994	1995	1996	1997	1998	1999	2000	2001	2002	2003	2004	2005	2006	2007	2008	2009
加纳	31.2	28.5	28.0	26.7	25.8	40.0	38.2	36.7	35.5	34.0	32.1	30.9	29.6	31.6	33.3	34.6	35.4	38.8	39.9	38.1
希腊	20.7	19.1	18.0	19.1	20.3	24.6	26.5	28.6	21.4	29.2	31.6	29.2	28.0	26.5	27.5	26.0	25.4	25.3	23.0	18.1
危地马拉	—	—	—	—	—	—	—	—	—	—	4.5	2.2	3.2	2.8	2.4	3.8	2.5	3.1	3.3	3.2
匈牙利	47.7	34.1	39.2	45.3	43.6	38.4	47.4	47.6	46.8	46.5	51.8	51.4	53.2	51.5	44.8	41.5	41.4	39.2	37.4	28.1
冰岛	—	—	—	—	—	41.3	33.7	—	—	—	—	—	—	—	—	—	—	—	—	—
印度	29.1	29.8	26.3	28.5	26.3	26.8	25.1	26.7	27.1	25.5	25.0	25.8	27.7	30.0	29.0	29.6	30.5	27.5	30.6	31.3
印度尼西亚	20.4	19.2	20.5	23.3	22.5	26.4	24.3	25.8	15.5	18.8	20.2	23.8	21.6	25.0	31.0	29.2	28.5	27.5	53.4	28.3
伊朗	27.1	25.4	25.9	25.1	24.2	25.2	24.6	14.0	26.0	27.6	32.3	33.4	32.9	31.1	34.7	32.7	33.2	31.6	30.3	28.7
爱尔兰	4.2	4.9	4.2	4.4	4.2	—	—	4.5	5.4	4.9	4.4	3.4	4.8	3.8	3.7	4.6	4.3	4.3	3.6	2.9
以色列	—	—	—	—	—	—	—	—	—	6.7	6.2	6.2	7.0	7.2	7.0	6.9	5.7	5.6	5.0	4.7
意大利	18.0	18.2	18.3	16.9	18.1	18.2	17.1	18.1	18.8	19.3	19.9	19.1	20.1	20.6	21.2	20.8	21.3	22.0	18.7	14.9
日本	13.0	12.9	11.7	11.1	11.3	11.4	11.5	11.1	9.9	10.0	10.3	9.3	9.1	9.6	9.7	9.3	9.3	8.7	8.7	6.6
哈萨克斯坦	—	—	103.3	57.0	95.3	75.3	44.7	42.0	43.2	45.9	39.0	33.8	50.6	40.9	36.4	33.0	37.4	30.1	30.3	27.3
肯尼亚	—	—	—	—	—	—	—	—	—	7.8	11.3	9.1	9.4	12.4	11.5	11.5	10.8	10.1	—	—
科威特	—	—	—	—	—	—	—	—	—	—	1.9	2.1	2.0	2.3	2.1	1.9	1.8	1.7	1.6	1.7
马来西亚	35.4	39.2	42.1	42.9	42.4	45.2	44.0	50.5	41.7	52.5	55.2	50.0	149.4	40.4	43.2	47.2	48.7	47.6	41.6	45.2
墨西哥	11.0	10.0	10.9	11.0	10.3	9.6	10.1	13.0	15.3	15.9	9.1	9.3	9.3	8.9	8.7	9.3	8.7	7.1	6.8	6.2
荷兰	9.9	9.8	9.7	9.7	10.1	10.8	10.2	11.9	10.1	9.1	9.0	8.9	9.9	9.4	10.1	7.9	8.3	7.9	7.5	7.0
新西兰	15.2	11.5	11.8	12.8	12.8	15.4	16.4	16.3	17.0	16.1	13.5	13.9	17.1	15.5	15.0	15.3	13.6	14.1	13.8	14.3
尼日利亚	1.8	2.3	2.2	3.9	3.8	1.8	1.8	1.7	1.7	3.4	15.2	14.0	14.2	13.2	12.4	10.9	11.6	10.5	10.1	10.0
挪威	14.4	15.5	16.5	17.2	18.2	13.6	13.8	14.1	10.8	14.3	16.4	14.7	15.1	15.1	14.5	14.2	15.1	13.8	12.4	9.9

续表

国家 \ 年份	1990	1991	1992	1993	1994	1995	1996	1997	1998	1999	2000	2001	2002	2003	2004	2005	2006	2007	2008	2009
秘鲁	31.2	30.9	26.4	28.6	25.2	21.6	19.4	20.3	26.1	33.7	29.7	34.3	26.6	25.2	32.9	26.5	26.8	26.4	20.1	16.3
菲律宾	12.1	13.1	16.1	18.4	16.4	24.3	22.6	19.7	16.2	19.5	16.1	14.7	15.0	13.0	12.0	10.5	10.1	9.1	8.0	7.7
波兰	34.7	29.3	27.7	30.1	29.3	31.3	28.3	31.3	33.9	32.8	32.9	28.4	30.5	31.3	31.3	422.3	29.3	30.0	28.6	23.3
葡萄牙	12.8	11.4	13.6	11.3	12.2	12.6	10.0	10.0	10.8	10.9	10.2	9.1	9.5	9.2	10.6	10.4	10.7	9.8	10.4	7.6
韩国	36.6	36.7	34.7	40.1	38.3	42.9	41.2	40.1	38.0	49.4	47.2	44.7	46.6	45.9	46.6	45.4	42.1	38.8	35.6	36.9
罗马尼亚	24.4	38.2	22.6	28.5	29.7	27.2	27.4	28.7	36.3	40.7	47.4	40.8	38.3	48.0	51.8	59.1	59.2	62.2	48.3	36.1
俄罗斯	—	—	72.3	48.3	40.2	41.7	29.8	37.2	40.2	41.5	46.9	47.7	57.3	51.6	56.3	56.0	53.7	48.7	47.1	33.7
沙特	5.4	5.5	6.9	7.9	7.9	7.6	11.1	9.4	11.1	13.9	13.4	13.5	13.8	10.3	13.4	14.6	13.9	14.0	13.7	13.8
新加坡	10.7	9.9	12.5	15.8	14.3	7.6	11.1	7.3	9.1	4.9	6.3	10.3	9.9	19.0	9.8	8.5	8.0	7.3	7.2	7.0
斯洛伐克	—	—	—	—	27.6	25.6	24.0	11.3	29.0	20.3	19.3	28.1	25.1	19.0	18.6	17.6	17.7	13.8	12.8	9.9
斯洛文尼亚	—	—	—	53.7	49.2	52.8	45.6	55.2	59.4	56.9	59.4	73.3	52.1	55.6	66.5	61.5	57.0	58.7	52.1	74.4
西班牙	15.7	15.9	15.3	15.5	18.2	18.2	19.8	20.2	20.6	21.8	21.8	21.4	22.1	19.1	22.8	22.8	21.2	20.9	19.8	17.6
瑞典	14.1	13.6	12.9	15.5	18.0	16.9	17.0	17.9	19.5	16.8	17.7	16.4	14.1	14.4	14.5	12.5	12.4	11.9	14.3	8.9
瑞士	8.9	8.6	7.9	7.7	8.1	7.2	7.2	8.3	8.6	8.1	8.0	8.0	7.4	7.7	7.8	7.3	8.0	7.5	7.2	5.6
叙利亚	—	—	—	—	—	—	—	—	—	—	—	—	—	—	0.0	0.0	0.0	0.0	0.0	0.1
泰国	35.2	38.4	39.4	42.4	38.8	46.6	45.7	42.5	28.2	35.7	42.6	45.0	50.8	55.5	60.6	55.6	55.8	44.3	50.9	44.4
突尼斯	2.0	1.9	3.5	2.1	1.7	—	—	—	—	6.7	6.9	6.5	5.8	4.5	5.0	4.7	3.4	4.3	4.1	3.5
土耳其	17.9	15.2	15.5	15.8	14.2	15.4	16.8	16.4	20.0	19.9	22.9	19.7	23.3	27.4	27.4	27.8	26.3	31.5	31.2	30.3
乌克兰	—	—	30.8	36.8	46.5	22.0	25.6	28.2	46.1	29.4	29.5	27.6	23.7	17.1	18.5	30.7	40.3	32.8	31.8	34.3
阿联酋	—	—	—	—	—	—	—	—	—	5.1	6.1	8.6	9.0	8.1	7.3	10.3	10.6	10.3	14.3	14.2
美国	12.6	12.1	12.7	13.2	13.8	13.0	13.4	13.0	14.2	13.1	12.5	10.9	10.6	10.2	10.2	10.0	9.7	8.9	8.2	6.9

续表

国家＼年份	1990	1991	1992	1993	1994	1995	1996	1997	1998	1999	2000	2001	2002	2003	2004	2005	2006	2007	2008	2009
乌兹别克斯坦	—	—	68.5	75.1	70.5	17.2	16.9	16.1	15.4	13.6	13.8	13.7	16.5	19.0	21.8	20.3	18.9	21.0	24.1	12.3
委内瑞拉	21.8	17.7	15.0	14.4	15.3	17.0	20.0	18.1	18.1	18.3	18.9	17.6	19.1	22.4	22.0	18.1	14.7	18.0	23.2	26.4
越南	—	—	—	—	—	—	—	—	—	12.6	20.2	30.2	39.9	39.9	43.1	46.2	47.6	52.8	43.6	60.1
世界合计	18.0	17.0	17.0	16.8	17.2	17.5	17.2	17.3	17.2	17.5	18.0	17.2	17.7	18.0	18.9	18.8	19.0	19.7	19.5	19.2

资料来源：1) 中国有色金属工业协会，中国有色金属工业年鉴编委会. 2000~2008. 2000~2008 中国有色金属工业年鉴. 北京：中国有色金属工业年鉴社

2) World Bureau of Metal Statistics. 2010. World metal statistics yearbook2011, May 5th 2010

3) World Bureau of Metal Statistics. 2011. World metal statistics yearbook2011, May 4th 2011

附表 27　世界主要国家臭氧层消耗物质消费强度（1990~2009）（单位：ODP 公斤/万 2000 年价美元）

国家＼年份	1990	1991	1992	1993	1994	1995	1996	1997	1998	1999	2000	2001	2002	2003	2004	2005	2006	2007	2008	2009
阿尔巴尼亚	0.000	0.000	0.000	0.000	0.000	0.154	0.140	0.163	0.159	0.164	0.177	0.178	0.124	0.089	0.081	0.030	0.030	0.012	0.007	0.009
阿尔及利亚	0.000	0.000	0.000	0.518	0.518	0.537	0.543	0.407	0.344	0.324	0.311	0.218	0.334	0.312	0.173	0.137	0.056	0.039	0.032	0.019
阿根廷	0.083	0.483	0.439	0.180	0.275	0.402	0.187	0.154	0.148	0.173	0.119	0.141	0.099	0.108	0.097	0.070	0.065	0.032	0.017	0.010
澳大利亚	0.248	0.273	0.234	0.148	0.131	0.092	0.024	0.017	0.020	0.021	0.012	0.008	0.009	0.006	0.004	0.004	0.001	0.002	0.001	0.001
奥地利	0.135	0.123	0.109	0.043	0.062	0.000	0.000	0.000	0.000	0.000	0.000	0.000	0.000	0.000	0.000	0.000	0.000	0.000	0.000	0.000
巴林	0.385	0.312	0.419	0.300	0.324	0.325	0.349	0.374	0.305	0.246	0.224	0.179	0.157	0.134	0.086	0.080	0.053	0.035	0.038	0.041
孟加拉国	0.069	0.031	0.068	0.068	0.056	0.080	0.166	0.209	0.198	0.183	0.173	0.167	0.068	0.062	0.054	0.045	0.033	0.028	0.030	0.025
白俄罗斯	1.082	1.023	0.906	0.980	0.962	0.635	0.622	0.390	0.240	0.173	0.013	0.007	0.002	0.003	0.002	0.001	0.001	0.000	0.000	0.004
玻利维亚	0.000	0.026	0.000	0.000	0.113	0.116	0.125	0.078	0.095	0.091	0.096	0.094	0.077	0.039	0.049	0.030	0.036	0.006	0.008	0.004
波黑	—	—	—	—	0.074	0.059	0.095	0.159	0.106	0.305	0.336	0.373	0.428	0.393	0.303	0.088	0.049	0.035	0.020	0.007

续表

国家\年份	1990	1991	1992	1993	1994	1995	1996	1997	1998	1999	2000	2001	2002	2003	2004	2005	2006	2007	2008	2009
巴西	0.784	0.182	0.524	0.614	0.207	0.229	0.194	0.074	0.169	0.212	0.176	0.113	0.054	0.066	0.044	0.028	0.017	0.018	0.015	0.017
英国	0.000	0.000	0.000	0.000	0.000	0.000	0.000	0.000	0.000	0.000	0.000	0.000	0.000	0.000	0.000	0.000	0.000	0.000	0.000	0.000
保加利亚	1.616	1.468	1.324	0.604	0.596	0.292	0.015	0.001	0.033	0.034	0.015	0.017	0.017	0.009	0.010	0.009	0.006	0.000	0.000	0.000
喀麦隆	0.142	0.140	0.126	0.269	0.276	0.354	0.398	0.324	0.365	0.418	0.406	0.383	0.239	0.205	0.135	0.117	0.103	0.033	0.027	0.076
加拿大	0.182	0.174	0.161	0.083	0.070	0.081	0.016	0.016	0.014	0.013	0.013	0.013	0.012	0.011	0.008	0.007	0.007	0.006	0.006	0.003
智利	0.251	0.240	0.188	0.241	0.201	0.190	0.177	0.122	0.150	0.113	0.117	0.099	0.075	0.090	0.065	0.051	0.045	0.027	0.029	0.025
中国	1.342	1.448	1.854	1.799	1.311	1.393	0.946	0.950	1.625	0.908	0.758	0.515	0.338	0.366	0.207	0.163	0.140	0.103	0.065	0.069
哥伦比亚	0.279	0.238	0.008	0.000	0.248	0.284	0.294	0.223	0.126	0.106	0.115	0.125	0.096	0.108	0.089	0.059	0.064	0.034	0.029	0.022
哥斯达黎加	0.000	0.559	0.457	0.192	0.405	0.328	0.617	0.378	0.165	0.390	0.316	0.336	0.256	0.279	0.222	0.187	0.150	0.123	0.101	0.092
克罗地亚	0.370	0.399	0.505	0.527	0.347	0.241	0.129	0.153	0.057	0.082	0.088	0.064	0.074	0.040	0.034	0.020	0.000	0.001	0.003	0.002
古巴	0.277	0.126	0.060	0.054	0.074	0.248	0.284	0.253	0.225	0.224	0.187	0.168	0.162	0.153	0.134	0.062	0.061	0.022	0.018	0.002
捷克	0.000	0.001	0.000	0.021	0.112	0.084	0.010	0.004	0.003	0.000	0.002	0.002	0.025	0.015	0.000	0.000	0.000	0.000	0.000	0.000
刚果民主共和国	0.000	0.025	0.000	0.000	0.000	2.301	1.846	1.177	1.878	0.888	1.056	2.731	2.479	1.317	0.740	0.597	0.415	0.155	0.081	0.140
丹麦	0.000	0.000	0.000	0.000	0.000	0.000	0.000	0.000	0.000	0.000	0.000	0.000	0.000	0.000	0.000	0.000	0.000	0.000	0.000	0.000
埃及	0.683	0.601	0.907	0.927	0.370	0.372	0.362	0.324	0.315	0.290	0.275	0.262	0.184	0.152	0.145	0.114	0.086	0.063	0.050	0.051
爱沙尼亚	0.000	0.000	0.000	0.000	0.000	1.809	0.000	0.000	0.110	0.112	0.030	0.002	0.003	0.005	0.000	0.000	0.000	0.000	0.000	0.000
芬兰	0.263	0.184	0.103	0.128	0.064	0.000	0.000	0.114	0.000	0.000	0.000	0.000	0.000	0.000	0.000	0.000	0.000	0.000	0.000	0.000
法国	0.000	0.000	0.000	0.000	0.000	0.000	0.000	0.000	0.000	0.000	0.000	0.000	0.000	0.000	0.000	0.000	0.000	0.000	0.000	0.000
德国	0.000	0.000	0.000	0.000	0.000	0.000	0.000	0.000	0.000	0.000	0.000	0.000	0.000	0.000	0.000	0.000	0.000	0.000	0.000	0.000
加纳	0.351	0.312	0.219	0.075	0.121	0.121	0.037	0.117	0.120	0.114	0.114	0.079	0.044	0.066	0.079	0.040	0.051	0.033	0.028	0.099
希腊	0.000	0.000	0.000	0.000	0.000	0.000	0.000	0.000	0.000	0.000	0.000	0.000	0.000	0.000	0.000	0.000	0.000	0.000	0.000	0.000

续表

国家＼年份	1990	1991	1992	1993	1994	1995	1996	1997	1998	1999	2000	2001	2002	2003	2004	2005	2006	2007	2008	2009
危地马拉	0.280	0.277	0.264	0.254	0.227	0.308	0.309	0.439	0.441	0.387	0.462	0.535	0.465	0.322	0.256	0.262	0.151	0.121	0.071	0.096
匈牙利	1.733	1.072	0.657	0.514	0.257	0.175	0.025	0.029	0.028	0.025	0.020	0.019	0.009	0.006	0.000	0.000	0.000	0.000	0.000	0.000
冰岛	0.255	0.187	0.136	0.105	0.056	0.011	0.010	0.012	0.009	0.008	0.008	0.008	0.003	0.003	0.002	0.002	0.002	0.002	0.002	0.002
印度	0.000	0.000	0.383	0.540	0.499	0.297	0.447	0.391	0.297	0.485	0.406	0.297	0.299	0.254	0.172	0.067	0.075	0.038	0.036	0.011
印度尼西亚	0.000	0.007	0.525	0.416	0.546	0.577	0.552	0.443	0.406	0.376	0.330	0.306	0.324	0.273	0.216	0.131	0.025	0.021	0.012	0.014
伊朗	0.198	0.867	0.872	0.994	0.848	0.565	0.424	1.069	0.944	0.615	0.562	0.553	0.759	0.558	0.487	0.184	0.081	0.049	0.033	0.029
爱尔兰	0.000	0.000	0.000	0.000	0.000	0.000	0.000	0.000	0.000	0.000	0.000	0.000	0.000	0.000	0.000	0.000	0.000	0.000	0.000	0.000
以色列	0.000	0.280	0.831	0.663	0.156	0.113	0.000	0.201	0.204	0.145	0.136	0.092	0.100	0.057	0.056	0.040	0.040	0.033	0.030	0.046
意大利	0.000	0.000	0.000	0.000	0.000	0.000	0.000	0.000	0.000	0.000	0.000	0.000	0.000	0.000	0.000	0.000	0.000	0.000	0.000	0.000
日本	0.289	0.400	0.234	0.170	0.054	0.081	0.013	0.016	0.015	0.015	0.013	0.011	0.005	0.007	0.004	0.002	0.002	0.002	0.002	0.001
哈萨克斯坦	0.894	0.974	0.000	1.626	0.000	0.000	1.070	0.932	1.215	0.498	0.327	0.167	0.064	0.026	0.017	0.013	0.024	0.033	0.035	0.034
肯尼亚	0.429	0.414	0.330	0.331	0.516	0.493	0.346	0.480	0.460	0.307	0.301	0.261	0.243	0.197	0.140	0.176	0.084	0.051	0.043	0.032
科威特	—	—	0.000	0.191	0.212	0.179	0.178	0.174	0.149	0.166	0.158	0.137	0.132	0.098	0.096	0.067	0.067	0.070	0.061	0.067
马来西亚	0.888	0.871	0.794	0.690	0.768	0.531	0.405	0.418	0.325	0.274	0.260	0.253	0.198	0.144	0.132	0.088	0.077	0.050	0.041	0.044
墨西哥	0.520	0.380	0.260	0.282	0.302	0.151	0.132	0.122	0.107	0.088	0.104	0.080	0.068	0.064	0.091	0.060	0.024	0.028	0.028	0.027
荷兰	0.000	0.000	0.000	0.000	0.000	0.000	0.000	0.000	0.000	0.000	0.000	0.000	0.000	0.000	0.000	0.000	0.000	0.000	0.000	0.000
新西兰	0.308	0.219	0.187	0.209	0.106	0.071	0.021	0.017	0.010	0.014	0.004	0.006	0.008	0.006	0.005	0.007	0.006	0.004	0.003	0.003
尼日利亚	0.267	0.286	0.290	0.560	0.506	0.435	1.239	1.299	1.269	1.139	1.046	0.909	0.817	0.588	0.431	0.080	0.075	0.016	0.042	0.049
挪威	0.188	0.121	0.068	0.043	0.020	0.007	0.005	0.004	0.003	0.001	0.001	0.000	0.000	0.000	0.000	0.000	0.000	0.000	0.001	0.000
秘鲁	0.247	0.192	0.081	0.077	0.113	0.091	0.052	0.053	0.066	0.060	0.072	0.036	0.036	0.033	0.026	0.023	0.014	0.006	0.003	0.003
菲律宾	0.569	0.382	0.635	0.630	0.656	0.545	0.469	0.393	0.307	0.286	0.378	0.266	0.208	0.179	0.162	0.122	0.076	0.029	0.034	0.034
波兰	0.446	0.320	0.234	0.254	0.339	0.133	0.052	0.030	0.028	0.020	0.017	0.019	0.020	0.014	0.000	0.000	0.000	0.000	0.000	0.000

续表

国家 \ 年份	1990	1991	1992	1993	1994	1995	1996	1997	1998	1999	2000	2001	2002	2003	2004	2005	2006	2007	2008	2009
葡萄牙	0.000	0.000	0.000	0.000	0.000	0.000	0.000	0.000	0.000	0.000	0.000	0.000	0.000	0.000	0.000	0.000	0.000	0.000	0.000	0.000
韩国	0.000	0.000	0.000	0.717	0.665	0.350	0.301	0.317	0.195	0.235	0.258	0.187	0.198	0.155	0.117	0.080	0.093	0.062	0.054	0.057
罗马尼亚	0.000	0.000	1.239	0.693	1.325	0.000	0.346	0.161	0.727	0.000	0.070	0.059	0.102	0.149	0.068	0.047	0.008	0.000	0.000	0.000
俄罗斯	3.384	1.411	1.562	1.041	1.035	0.986	0.606	0.514	0.563	0.650	0.991	0.028	0.031	0.031	0.034	0.022	0.031	0.034	0.034	0.030
沙特	0.000	0.000	0.234	0.214	0.301	0.268	0.213	0.172	0.177	0.122	0.103	0.108	0.102	0.072	0.075	0.050	0.069	0.068	0.066	0.066
新加坡	1.087	0.383	0.465	0.498	0.183	0.145	0.024	0.000	0.016	0.022	0.018	0.017	0.016	0.019	0.020	0.012	0.025	0.011	0.010	0.016
斯洛伐克	0.000	0.003	0.419	0.615	0.283	0.165	0.000	0.004	0.004	0.001	0.002	0.002	0.001	0.001	0.000	0.000	0.000	0.000	0.000	0.000
斯洛文尼亚	0.000	0.762	0.844	0.465	0.410	0.261	0.007	0.005	0.004	0.003	0.004	0.005	0.003	0.003	0.000	0.000	0.000	0.000	0.000	0.000
西班牙	0.804	0.000	0.000	0.000	0.000	0.000	0.000	0.000	0.000	0.000	0.000	0.000	0.000	0.000	0.000	0.000	0.000	0.000	0.000	0.000
瑞典	0.000	0.083	0.086	0.055	0.021	0.000	0.000	0.000	0.001	0.001	0.001	0.001	0.001	0.001	0.000	0.000	0.000	0.000	0.000	0.000
瑞士	0.130	0.129	0.085	0.071	0.042	0.017	0.001	0.000	0.001	0.001	0.001	0.001	0.001	0.001	0.000	0.000	0.000	0.000	0.000	0.000
叙利亚	0.151	1.149	1.079	1.083	1.744	1.773	1.701	1.529	0.893	0.961	0.886	0.978	0.830	0.770	0.573	0.454	0.279	0.139	0.103	0.077
泰国	1.116	1.124	1.125	0.922	0.707	0.777	0.523	0.437	0.423	0.424	0.416	0.415	0.274	0.223	0.168	0.147	0.089	0.079	0.067	0.058
突尼斯	0.880	0.861	0.472	0.581	0.362	0.549	0.638	0.691	0.557	0.398	0.322	0.322	0.266	0.201	0.153	0.118	0.039	0.021	0.021	0.023
土耳其	0.607	0.198	0.234	0.238	0.156	0.211	0.209	0.184	0.192	0.098	0.060	0.046	0.050	0.038	0.029	0.024	0.025	0.025	0.020	0.017
乌克兰	0.234	0.693	0.585	0.339	0.629	0.344	0.336	0.000	1.335	0.325	0.277	0.322	0.041	0.040	0.037	0.030	0.020	0.018	0.014	0.014
阿联酋	0.635	0.221	0.223	0.224	0.127	0.131	0.106	0.115	0.132	0.100	0.089	0.089	0.085	0.074	0.071	0.067	0.051	0.045	0.047	0.048
美国	0.183	0.317	0.280	0.257	0.132	0.061	0.018	0.000	0.014	0.014	0.004	0.022	0.016	0.012	0.013	0.010	0.009	0.007	0.005	0.004
乌兹别克斯坦	0.330	0.003	0.000	0.000	0.000	0.000	0.000	0.048	0.094	0.040	0.032	0.013	0.001	0.001	0.001	0.002	0.002	0.000	0.001	0.001
委内瑞拉	0.000	0.408	0.420	0.349	0.302	0.450	0.279	0.321	0.274	0.471	0.255	0.230	0.150	0.137	0.264	0.146	0.180	0.009	0.008	0.010
越南	0.505	0.270	0.000	0.000	0.234	0.314	0.307	0.300	0.203	0.160	0.119	0.106	0.125	0.106	0.102	0.102	0.083	0.057	0.050	0.049
世界合计	0.410	0.369	0.347	0.305	0.189	0.152	0.106	0.094	0.115	0.095	0.083	0.065	0.050	0.051	0.036	0.026	0.023	0.016	0.011	0.013

资料来源：UNEP Ozone Secretariat. 2011. Data Access Centre. 少数国家个别年份数据为负值，为方便计算均以零值处理

附表 28　世界主要国家能源使用 CO_2 排放强度 (1990～2009)（单位：吨/万 2000 年价美元）

国家＼年份	1990	1991	1992	1993	1994	1995	1996	1997	1998	1999	2000	2001	2002	2003	2004	2005	2006	2007	2008	2009
阿尔巴尼亚	18.9	19.4	18.0	12.2	9.1	8.3	6.4	6.9	7.4	8.6	8.8	9.1	9.3	9.8	9.6	9.6	9.0	8.2	7.6	7.7
阿尔及利亚	17.9	18.7	17.6	18.0	18.6	18.7	17.3	16.4	16.3	15.8	15.3	14.1	13.9	13.0	12.2	13.0	13.3	13.8	14.3	14.8
阿根廷	5.6	5.3	4.8	4.9	4.5	4.8	4.9	4.6	4.6	4.9	4.9	4.7	5.0	5.1	4.9	4.8	4.6	4.6	4.3	4.2
澳大利亚	8.9	9.0	9.2	9.1	8.7	8.6	8.6	9.1	8.8	8.9	8.5	8.7	8.5	8.3	8.2	8.1	8.0	7.9	7.9	7.6
奥地利	3.7	3.9	3.6	3.7	3.6	3.6	3.8	3.7	3.8	3.5	3.4	3.6	3.7	3.8	3.8	3.8	3.5	3.3	3.1	3.2
巴林	30.8	30.8	24.6	25.7	25.5	24.6	23.6	26.7	26.8	26.8	25.4	24.9	24.9	23.9	23.3	23.6	24.3	23.2	23.2	22.9
孟加拉国	5.1	4.9	5.2	5.2	5.6	6.2	5.9	5.9	5.7	6.1	6.2	6.6	6.6	6.8	6.7	6.7	6.8	6.6	6.8	7.0
白俄罗斯	—	—	71.4	68.6	63.1	66.5	62.8	54.8	48.7	48.3	47.1	40.5	36.4	37.1	32.8	35.7	33.4	31.1	27.5	24.8
玻利维亚	8.7	8.1	10.0	10.4	12.0	10.8	9.8	10.3	9.3	10.7	11.0	9.4	10.7	13.0	12.5	11.8	12.5	12.1	12.3	11.6
波黑	—	—	—	—	37.3	54.6	14.7	23.0	24.8	22.4	27.5	25.7	26.3	25.6	25.7	26.2	26.2	25.2	26.0	22.6
巴西	4.7	4.8	4.7	4.9	4.8	5.0	5.1	5.3	5.3	5.4	5.3	5.3	5.2	5.1	5.0	5.0	5.0	4.9	5.0	5.0
英国	5.2	5.4	5.1	5.0	4.7	4.5	4.6	4.3	4.1	3.9	3.8	3.8	3.6	3.6	3.6	3.5	3.4	3.2	3.2	3.1
保加利亚	52.3	42.6	46.6	42.7	41.1	40.8	46.2	47.4	41.7	36.6	38.0	39.0	34.1	34.8	32.3	30.9	29.4	27.1	24.9	23.2
喀麦隆	3.9	4.1	4.4	8.6	9.8	9.4	8.1	7.8	7.4	7.2	6.8	6.1	5.6	5.4	5.5	5.6	5.9	6.1	5.7	5.5
加拿大	8.7	8.8	9.0	8.8	8.6	8.6	8.6	8.7	8.4	8.2	7.9	7.6	7.5	7.7	7.7	7.6	7.1	7.1	6.9	6.4
智利	7.9	7.0	6.4	6.4	6.6	6.5	6.9	7.7	7.5	8.3	7.3	7.0	6.8	7.0	7.3	7.4	7.2	6.0	6.2	6.1
中国	51.1	48.8	44.2	41.6	39.6	36.1	33.2	32.3	28.9	26.1	23.8	22.9	24.5	26.1	29.7	28.9	27.0	25.5	25.3	26.2
哥伦比亚	5.4	6.1	6.5	6.5	6.0	5.7	5.9	6.3	6.4	6.0	5.7	5.5	5.3	5.3	4.9	5.0	4.8	4.5	4.6	4.9
哥斯达黎加	2.9	2.9	3.4	3.5	3.3	3.8	3.5	3.4	3.5	3.3	3.1	3.2	3.4	3.4	3.1	2.9	3.1	3.2	3.0	3.0
克罗地亚	—	—	9.5	10.5	10.4	10.1	9.0	9.1	9.5	9.7	9.4	9.1	9.0	9.1	8.5	7.9	8.1	7.4	7.4	7.5

续表

国家＼年份	1990	1991	1992	1993	1994	1995	1996	1997	1998	1999	2000	2001	2002	2003	2004	2005	2006	2007	2008	2009
古巴	10.0	10.3	10.4	12.1	12.2	12.6	11.5	12.4	12.0	11.5	10.8	10.5	10.7	10.0	9.4	7.3	5.8	5.6	5.9	6.1
捷克	—	—	—	24.0	22.2	21.1	21.3	18.3	17.5	15.6	16.7	16.4	15.6	15.2	14.1	13.8	13.3	13.4	12.5	12.6
刚果民主共和国	4.8	5.5	6.9	8.4	6.9	7.3	7.4	7.6	7.3	6.9	6.3	4.7	4.1	4.0	4.8	4.7	4.5	4.7	4.4	4.1
丹麦	4.6	5.1	4.8	4.6	4.8	5.0	5.1	5.1	4.0	3.7	3.4	3.5	3.3	3.8	3.4	3.0	3.4	3.2	3.1	3.0
埃及	14.1	14.2	13.5	13.4	13.3	12.8	13.3	13.1	12.9	12.4	12.0	12.5	12.6	13.1	13.4	13.5	12.0	11.7	12.6	12.1
爱沙尼亚	—	—	59.4	40.9	41.2	34.9	44.2	37.1	35.8	31.0	28.7	27.0	24.8	26.1	25.1	22.5	20.1	21.1	21.1	21.7
芬兰	5.4	5.5	5.5	5.9	6.3	5.2	5.3	5.1	4.5	4.2	4.1	4.3	4.2	5.2	4.6	3.7	4.0	3.8	3.6	3.7
法国	3.4	3.6	3.4	3.3	3.3	3.3	3.3	3.2	3.3	3.1	3.0	3.0	2.9	3.0	2.9	2.9	2.8	2.8	2.8	2.7
德国	6.4	5.7	5.4	5.4	5.2	5.2	5.1	5.0	4.8	4.6	4.5	4.6	4.4	4.5	4.5	4.3	4.2	4.0	3.9	3.8
加纳	9.3	8.7	9.5	9.3	10.0	9.9	9.7	8.7	8.4	10.0	10.7	10.0	10.1	10.4	10.8	10.3	9.9	9.4	9.5	9.9
希腊	8.2	7.9	7.7	8.2	8.2	8.1	8.0	8.1	8.1	8.0	8.1	7.9	7.6	7.4	7.0	6.9	6.6	6.5	6.3	6.0
危地马拉	2.9	2.7	3.1	3.7	3.6	3.8	3.9	4.1	4.7	4.7	4.7	5.1	5.0	4.9	5.0	5.2	4.8	4.9	4.5	4.4
匈牙利	15.2	17.1	16.7	15.8	15.3	14.8	15.1	14.3	13.4	12.9	11.6	11.5	11.0	11.0	10.2	10.1	9.8	9.4	9.3	8.9
冰岛	3.5	3.3	3.6	3.7	3.7	3.8	3.9	3.8	3.8	3.6	3.7	3.4	3.5	3.4	3.3	3.1	3.1	3.2	3.1	3.0
印度	21.4	22.7	22.9	22.9	22.8	25.1	22.2	22.4	22.0	21.8	21.8	21.2	20.2	19.0	19.1	18.4	18.2	17.7	18.0	18.0
印度尼西亚	14.3	14.3	14.2	14.6	14.3	13.5	13.9	13.7	15.4	16.8	16.1	15.9	16.1	15.7	15.7	15.9	16.4	16.7	16.4	16.0
伊朗	28.8	28.6	28.4	29.3	31.0	31.6	29.6	31.6	31.2	32.9	31.7	31.8	32.3	32.0	32.0	33.8	33.8	32.2	33.0	33.4
爱尔兰	5.3	5.4	5.4	5.4	5.3	5.0	4.8	4.7	4.6	4.4	4.2	4.2	3.9	3.6	3.6	3.5	3.5	3.2	3.4	3.2
以色列	4.9	4.7	5.2	5.4	5.3	5.0	4.8	5.1	5.1	5.0	4.8	5.4	5.3	5.1	5.0	5.0	4.7	4.5	4.2	4.3
意大利	4.4	4.4	4.3	4.3	4.2	4.3	4.2	4.1	4.2	4.2	4.1	4.0	4.0	4.2	4.1	4.1	4.0	3.9	3.8	3.7

续表

国家＼年份	1990	1991	1992	1993	1994	1995	1996	1997	1998	1999	2000	2001	2002	2003	2004	2005	2006	2007	2008	2009
日本	2.5	2.5	2.5	2.5	2.6	2.5	2.5	2.5	2.4	2.5	2.6	2.6	2.6	2.6	2.6	2.5	2.4	2.4	2.4	2.3
哈萨克斯坦	—	—	117.5	112.0	94.8	86.0	87.0	72.1	71.2	79.4	77.5	70.6	66.0	58.9	60.3	55.7	54.7	48.8	44.9	48.8
肯尼亚	6.3	5.4	6.2	6.3	6.5	6.3	6.3	5.8	6.4	6.4	6.9	6.1	6.0	6.1	6.4	6.7	7.1	6.5	6.4	6.3
科威特	—	—	10.4	10.2	11.4	11.7	14.3	14.9	15.5	15.7	15.8	15.1	14.4	13.8	13.4	13.7	13.1	12.2	11.8	13.2
马来西亚	13.8	13.0	12.9	12.5	12.8	12.1	12.5	11.7	12.7	12.4	12.5	13.2	13.7	13.8	12.9	12.5	12.0	11.3	10.7	10.9
墨西哥	7.3	7.2	7.0	7.0	7.1	7.2	7.1	7.0	7.1	6.7	6.6	6.5	6.6	6.6	6.1	6.2	6.5	6.4	6.4	6.7
荷兰	7.5	7.6	7.2	7.5	7.3	7.0	7.0	7.0	6.7	6.4	6.4	6.7	6.5	6.5	6.6	6.5	6.3	5.8	5.5	5.8
新西兰	7.4	7.6	8.1	7.3	7.2	6.9	6.9	7.2	6.7	6.9	6.8	7.0	6.8	6.8	6.5	6.5	6.3	6.0	6.1	6.0
尼日利亚	23.6	24.2	25.0	25.1	24.7	25.3	24.7	21.7	20.6	19.4	17.6	19.3	18.9	17.5	15.7	17.4	15.7	14.4	13.6	9.9
挪威	3.0	2.7	2.9	2.7	2.7	2.7	2.7	2.7	2.6	2.7	2.5	2.4	2.4	2.6	2.6	2.2	2.1	2.1	2.0	2.0
秘鲁	5.6	5.1	5.5	5.8	5.4	5.2	5.3	4.9	5.1	5.1	5.1	4.9	4.7	4.5	4.7	4.6	4.6	4.2	4.1	4.2
菲律宾	6.8	6.9	7.6	8.1	8.2	8.5	8.4	8.7	8.9	8.9	8.7	8.6	8.4	8.1	7.9	7.5	7.0	6.6	6.3	6.0
波兰	28.3	30.0	29.1	29.0	26.2	23.4	24.6	22.5	20.0	19.9	17.1	15.9	15.6	15.6	15.2	14.4	14.1	13.1	12.4	11.8
葡萄牙	8.2	8.3	8.6	9.1	8.9	8.9	8.6	8.8	8.5	8.6	8.2	8.1	7.9	7.8	7.6	7.4	6.9	6.8	6.9	7.0
韩国	5.0	4.9	5.2	5.2	5.1	5.4	4.9	5.1	5.2	5.6	5.4	5.1	5.5	5.2	5.2	5.4	5.0	4.7	4.4	4.6
罗马尼亚	40.0	35.4	37.2	34.7	31.7	31.3	30.8	31.2	27.4	25.1	25.2	26.0	24.3	23.0	21.4	20.4	19.3	18.1	15.7	14.3
俄罗斯	99.0	96.1	64.5	65.1	67.5	66.9	68.5	62.2	65.9	65.0	59.9	55.8	54.1	52.2	49.9	47.3	44.3	39.6	38.7	39.1

续表

国家＼年份	1990	1991	1992	1993	1994	1995	1996	1997	1998	1999	2000	2001	2002	2003	2004	2005	2006	2007	2008	2009
沙特	14.4	14.4	14.3	14.2	14.5	14.2	14.6	14.5	14.3	14.7	15.4	15.9	16.4	17.0	18.1	17.9	17.3	16.6	17.1	17.5
新加坡	12.9	12.9	13.5	13.4	13.0	12.2	13.4	12.6	13.3	12.5	11.6	12.4	11.7	11.6	11.8	11.1	10.6	10.3	10.8	10.8
斯洛伐克	—	—	—	20.3	17.9	17.9	17.1	15.3	13.7	13.2	12.7	13.3	12.6	12.1	11.2	10.9	10.0	8.6	8.1	8.2
斯洛文尼亚	—	—	8.8	9.0	8.5	9.6	10.1	9.5	9.0	8.6	7.9	7.9	7.8	7.7	7.4	7.2	6.8	6.3	6.2	6.8
西班牙	5.1	5.2	5.3	5.1	5.1	5.1	4.9	5.3	5.2	5.4	5.5	5.4	5.5	5.5	5.6	5.6	5.3	5.3	4.9	4.6
瑞典	2.8	2.8	3.0	3.1	3.2	3.1	3.2	3.0	2.7	2.7	2.5	2.4	2.2	2.3	2.2	2.0	1.9	1.9	1.8	1.8
瑞士	1.9	2.0	2.1	2.0	1.9	2.0	2.0	1.9	1.9	1.9	1.8	1.8	1.7	1.8	1.7	1.7	1.6	1.5	1.6	1.6
叙利亚	31.4	26.1	24.5	25.5	25.4	23.1	23.5	24.2	24.5	27.0	26.4	24.3	24.8	24.6	23.2	21.1	20.5	19.7	19.5	19.5
泰国	10.6	10.8	10.8	11.4	11.7	12.1	13.4	14.1	14.5	14.6	13.2	13.7	14.2	14.5	15.0	15.4	14.3	14.2	14.3	14.7
突尼斯	10.7	10.2	9.3	10.8	11.1	9.7	9.7	10.4	10.6	10.3	10.3	10.5	10.2	9.5	9.1	9.2	8.3	7.4	7.6	7.8
土耳其	6.9	7.3	7.0	6.8	6.9	7.0	7.2	7.1	7.1	7.3	7.6	7.3	7.3	7.3	6.9	6.9	7.0	7.5	7.3	7.1
乌克兰	—	—	89.6	96.8	105.0	122.0	117.2	113.5	112.0	110.3	103.9	92.8	90.4	90.4	78.3	78.2	68.7	67.6	66.0	55.4
阿联酋	17.0	20.3	21.4	20.2	18.6	18.4	17.8	18.1	18.1	17.6	16.4	16.1	16.8	15.4	14.8	14.3	14.6	15.2	16.5	16.4
美国	7.1	7.1	7.0	6.9	6.7	6.6	6.6	6.4	6.2	6.0	5.9	5.7	5.7	5.6	5.5	5.4	5.2	5.2	5.0	4.8
乌兹别克斯坦	—	—	77.3	95.5	85.2	92.2	89.3	84.7	80.1	77.8	78.3	78.5	77.4	74.7	73.2	65.4	63.1	58.4	55.4	46.5
委内瑞拉	11.5	10.7	10.1	10.2	11.0	11.0	11.8	11.3	11.8	11.4	11.5	12.3	13.3	13.1	11.9	11.0	10.3	9.6	9.8	9.9
越南	11.2	10.9	10.1	11.6	11.3	13.5	14.8	14.4	14.5	14.7	14.8	14.7	15.8	15.7	18.1	17.0	17.3	16.8	18.5	16.7
世界合计	9.1	8.9	8.7	8.6	8.4	8.3	8.2	8.0	7.8	7.7	7.5	7.4	7.5	7.7	7.9	7.8	7.8	7.6	7.7	7.8

资料来源：EIA. 2011. International Energy Statistics. http://www.eia.gov/cfapps/ipdbproject/iedindex3.cfm? tid=5&pid=53&aid=1 [2011-12-28]

附表 29　世界主要国家人均 SO$_2$ 排放强度（1990~2009）（单位：吨/万 2000 年价美元）

国家＼年份	1990	1991	1992	1993	1994	1995	1996	1997	1998	1999	2000	2001	2002	2003	2004	2005	2006	2007	2008	2009
阿尔巴尼亚	0.290	0.224	0.111	0.092	0.075	0.068	0.050	0.028	0.041	0.042	0.037	0.027	0.026	0.023	0.022	0.022	0.023	0.021	0.020	0.019
阿尔及利亚	0.030	0.031	0.032	0.034	0.033	0.032	0.032	0.032	0.032	0.033	0.034	0.027	0.026	0.023	0.019	0.013	0.021	0.021	0.020	0.019
阿根廷	0.006	0.006	0.005	0.005	0.005	0.005	0.005	0.005	0.005	0.005	0.005	0.005	0.005	0.005	0.005	0.004	0.004	0.004	0.003	0.003
澳大利亚	0.053	0.054	0.058	0.057	0.057	0.051	0.051	0.050	0.046	0.046	0.057	0.062	0.063	0.062	0.053	0.052	0.050	0.047	0.049	0.046
奥地利	0.005	0.005	0.004	0.003	0.003	0.003	0.003	0.002	0.002	0.002	0.002	0.002	0.002	0.002	0.001	0.001	0.001	0.001	0.001	0.001
巴林	0.027	0.034	0.044	0.056	0.062	0.066	0.071	0.077	0.081	0.081	0.084	0.076	0.069	0.062	0.056	0.057	0.051	0.048	0.046	0.045
孟加拉国	0.022	0.020	0.021	0.022	0.022	0.025	0.024	0.027	0.025	0.024	0.021	0.023	0.022	0.021	0.020	0.021	0.017	0.016	0.015	0.014
白俄罗斯	0.754	0.706	0.597	0.522	0.501	0.490	0.449	0.333	0.286	0.234	0.176	0.161	0.139	0.119	0.105	0.089	0.087	0.061	0.058	0.077
亚美尼亚	0.025	0.026	0.026	0.026	0.027	0.029	0.028	0.026	0.077	0.026	0.024	0.026	0.025	0.026	0.026	0.026	0.022	0.021	0.020	0.019
波黑	—	—	—	—	0.279	0.264	0.143	0.308	0.341	0.302	0.344	0.352	0.320	0.322	0.317	0.317	0.230	0.233	0.227	0.237
巴西	0.033	0.032	0.032	0.030	0.029	0.029	0.030	0.029	0.028	0.029	0.027	0.026	0.023	0.021	0.021	0.019	0.021	0.020	0.019	0.019
英国	0.032	0.032	0.030	0.027	0.022	0.019	0.016	0.013	0.012	0.009	0.008	0.007	0.006	0.006	0.005	0.004	0.004	0.003	0.003	0.005
保加利亚	1.088	0.921	1.024	1.020	0.992	0.968	1.081	1.173	1.075	0.869	0.819	0.871	0.770	0.803	0.732	0.660	0.625	0.651	0.604	0.596
喀麦隆	0.018	0.028	0.038	0.051	0.062	0.066	0.077	0.086	0.099	0.094	0.106	0.084	0.063	0.052	0.039	0.026	0.058	0.057	0.055	0.052
加拿大	0.057	0.061	0.056	0.042	0.040	0.040	0.038	0.036	0.034	0.032	0.031	0.031	0.029	0.028	0.027	0.025	0.026	0.025	0.025	0.026
智利	0.575	0.495	0.420	0.378	0.331	0.298	0.277	0.245	0.202	0.185	0.152	0.124	0.096	0.068	0.098	0.125	0.122	0.110	0.100	0.098
中国	0.387	0.373	0.337	0.316	0.292	0.284	0.265	0.229	0.213	0.187	0.178	0.170	0.164	0.167	0.173	0.171	0.113	0.099	0.091	0.085
哥伦比亚	0.016	0.016	0.017	0.017	0.016	0.017	0.016	0.016	0.015	0.015	0.015	0.014	0.013	0.012	0.010	0.010	0.011	0.010	0.010	0.010
哥斯达黎加	0.019	0.019	0.023	0.019	0.022	0.021	0.017	0.015	0.014	0.012	0.012	0.012	0.010	0.009	0.009	0.008	0.009	0.008	0.008	0.008
克罗地亚	0.068	0.053	0.062	0.066	0.064	0.046	0.033	0.040	0.048	0.048	0.030	0.029	0.030	0.028	0.023	0.024	0.022	0.024	0.018	0.024
古巴	0.101	0.095	0.096	0.111	0.116	0.123	0.118	0.122	0.125	0.109	0.105	0.096	0.095	0.092	0.075	0.062	0.069	0.065	0.061	0.060

续表

国家＼年份	1990	1991	1992	1993	1994	1995	1996	1997	1998	1999	2000	2001	2002	2003	2004	2005	2006	2007	2008	2009
捷克	0.339	0.363	0.321	0.302	0.259	0.208	0.170	0.180	0.082	0.049	0.047	0.043	0.040	0.038	0.035	0.032	0.029	0.028	0.022	0.030
刚果民主共和国	0.327	0.171	0.094	0.051	0.054	0.050	0.054	0.030	0.031	0.032	0.036	0.037	0.035	0.034	0.032	0.030	0.030	0.026	0.025	0.024
丹麦	0.014	0.019	0.014	0.012	0.011	0.010	0.012	0.007	0.005	0.004	0.002	0.002	0.002	0.002	0.002	0.001	0.001	0.001	0.001	0.002
埃及	0.102	0.094	0.092	0.085	0.068	0.071	0.071	0.074	0.075	0.066	0.056	0.051	0.049	0.045	0.047	0.043	0.045	0.042	0.038	0.035
爱沙尼亚	0.279	0.294	0.224	0.159	0.166	0.164	0.172	0.153	0.132	0.126	0.131	0.119	0.108	0.118	0.102	0.087	0.076	0.078	0.072	0.091
芬兰	0.025	0.022	0.018	0.015	0.013	0.011	0.011	0.010	0.008	0.008	0.007	0.007	0.007	0.008	0.006	0.005	0.006	0.005	0.004	0.006
法国	0.013	0.012	0.012	0.010	0.010	0.009	0.009	0.007	0.007	0.006	0.005	0.005	0.004	0.004	0.004	0.004	0.004	0.003	0.003	0.004
德国	0.034	0.024	0.019	0.017	0.014	0.010	0.008	0.007	0.005	0.004	0.003	0.003	0.003	0.003	0.003	0.003	0.003	0.002	0.002	0.003
加纳	0.061	0.055	0.058	0.055	0.054	0.054	0.055	0.055	0.065	0.071	0.066	0.066	0.065	0.054	0.038	0.041	0.043	0.042	0.039	0.037
希腊	0.047	0.050	0.051	0.052	0.050	0.051	0.049	0.046	0.046	0.046	0.040	0.039	0.038	0.039	0.037	0.035	0.033	0.032	0.026	0.031
危地马拉	0.016	0.017	0.022	0.023	0.023	0.025	0.024	0.024	0.031	0.028	0.030	0.029	0.029	0.027	0.027	0.025	0.022	0.022	0.022	0.022
匈牙利	0.002	0.112	0.125	0.201	0.191	0.181	0.170	0.160	0.137	0.133	0.102	0.081	0.070	0.064	0.044	0.025	0.021	0.016	0.017	0.052
冰岛	0.030	0.029	0.031	0.032	0.030	0.028	0.029	0.028	0.026	0.035	0.040	0.043	0.047	0.036	0.033	0.038	0.040	0.050	0.061	0.038
印度	0.122	0.127	0.127	0.125	0.123	0.122	0.125	0.124	0.120	0.119	0.117	0.112	0.111	0.105	0.103	0.097	0.077	0.071	0.068	0.063
印度尼西亚	0.032	0.031	0.029	0.032	0.027	0.025	0.026	0.029	0.033	0.055	0.061	0.069	0.067	0.069	0.067	0.074	0.045	0.045	0.044	0.045
伊朗	0.173	0.160	0.162	0.161	0.171	0.163	0.150	0.145	0.142	0.141	0.134	0.140	0.126	0.114	0.116	0.120	0.100	0.093	0.092	0.090
爱尔兰	0.038	0.037	0.033	0.031	0.032	0.026	0.023	0.023	0.022	0.018	0.014	0.013	0.009	0.007	0.006	0.006	0.005	0.004	0.003	0.007
以色列	0.038	0.036	0.037	0.038	0.037	0.037	0.036	0.037	0.036	0.036	0.035	0.036	0.039	0.040	0.036	0.033	0.030	0.029	0.028	0.028
意大利	0.019	0.018	0.016	0.016	0.014	0.013	0.011	0.011	0.010	0.008	0.007	0.006	0.005	0.005	0.004	0.004	0.003	0.003	0.003	0.005
日本	0.002	0.002	0.002	0.002	0.002	0.002	0.002	0.002	0.002	0.002	0.002	0.002	0.002	0.002	0.002	0.002	0.002	0.002	0.002	0.002

续表

年份\国家	1990	1991	1992	1993	1994	1995	1996	1997	1998	1999	2000	2001	2002	2003	2004	2005	2006	2007	2008	2009
哈萨克斯坦	0.921	1.070	0.963	0.960	1.053	0.949	0.970	0.975	1.068	1.028	0.966	0.947	0.926	0.895	0.884	0.862	0.594	0.558	0.549	0.551
肯尼亚	0.040	0.037	0.039	0.043	0.042	0.040	0.042	0.040	0.046	0.050	0.053	0.044	0.038	0.031	0.032	0.032	0.033	0.031	0.031	0.030
科威特	—	—	0.062	0.043	0.049	0.052	0.049	0.053	0.067	0.080	0.077	0.077	0.075	0.077	0.081	0.083	0.051	0.051	0.049	0.052
马来西亚	0.021	0.021	0.019	0.018	0.017	0.017	0.016	0.016	0.017	0.017	0.016	0.018	0.020	0.024	0.027	0.026	0.015	0.015	0.015	0.015
墨西哥	0.066	0.065	0.062	0.062	0.063	0.062	0.059	0.059	0.060	0.055	0.051	0.048	0.043	0.040	0.035	0.034	0.040	0.039	0.038	0.040
荷兰	0.007	0.006	0.006	0.005	0.005	0.004	0.004	0.003	0.003	0.003	0.002	0.002	0.002	0.002	0.002	0.002	0.001	0.001	0.001	0.002
新西兰	0.015	0.014	0.015	0.014	0.013	0.013	0.013	0.012	0.012	0.012	0.012	0.013	0.012	0.014	0.013	0.013	0.013	0.011	0.012	0.011
尼日利亚	0.131	0.130	0.132	0.127	0.123	0.121	0.127	0.130	0.124	0.119	0.119	0.103	0.075	0.060	0.043	0.028	0.065	0.059	0.054	0.049
挪威	0.004	0.004	0.003	0.003	0.003	0.002	0.002	0.002	0.002	0.002	0.002	0.001	0.001	0.001	0.001	0.001	0.001	0.001	0.001	0.001
秘鲁	0.187	0.265	0.270	0.265	0.258	0.239	0.224	0.199	0.214	0.217	0.207	0.225	0.209	0.196	0.187	0.170	0.159	0.147	0.135	0.134
菲律宾	0.061	0.061	0.066	0.068	0.070	0.074	0.074	0.074	0.074	0.062	0.059	0.061	0.063	0.062	0.060	0.056	0.050	0.047	0.045	0.044
波兰	0.272	0.273	0.250	0.233	0.212	0.181	0.169	0.146	0.121	0.105	0.088	0.090	0.083	0.075	0.064	0.057	0.058	0.050	0.043	0.055
葡萄牙	0.037	0.034	0.040	0.035	0.033	0.035	0.028	0.028	0.032	0.031	0.026	0.024	0.024	0.016	0.016	0.016	0.014	0.013	0.009	0.018
韩国	0.050	0.048	0.048	0.045	0.041	0.038	0.034	0.031	0.023	0.021	0.018	0.015	0.012	0.010	0.007	0.006	0.013	0.011	0.010	0.010
罗马尼亚	0.172	0.156	0.175	0.181	0.168	0.161	0.169	0.156	0.134	0.123	0.123	0.129	0.131	0.122	0.109	0.107	0.103	0.097	0.088	0.092
俄罗斯	0.021	0.020	0.021	0.020	0.018	0.020	0.019	0.019	0.020	0.020	0.020	0.019	0.019	0.018	0.018	0.017	0.016	0.015	0.014	0.014
沙特	0.056	0.057	0.059	0.063	0.065	0.068	0.071	0.070	0.075	0.077	0.076	0.073	0.071	0.068	0.065	0.061	0.058	0.057	0.055	0.055
新加坡	0.071	0.067	0.063	0.062	0.057	0.050	0.048	0.042	0.043	0.036	0.033	0.031	0.026	0.021	0.016	0.015	0.021	0.018	0.018	0.017
斯洛伐克	0.191	0.189	0.178	0.155	0.109	0.104	0.090	0.075	0.065	0.061	0.044	0.044	0.033	0.032	0.028	0.024	0.022	0.016	0.015	0.024
斯洛文尼亚	0.119	0.120	0.132	0.126	0.115	0.079	0.069	0.069	0.069	0.056	0.050	0.034	0.033	0.029	0.024	0.018	0.034	0.031	0.029	0.030
西班牙	0.049	0.048	0.047	0.044	0.042	0.038	0.032	0.034	0.030	0.029	0.025	0.024	0.025	0.020	0.020	0.019	0.017	0.016	0.007	0.018

续表

年份\国家	1990	1991	1992	1993	1994	1995	1996	1997	1998	1999	2000	2001	2002	2003	2004	2005	2006	2007	2008	2009
瑞典	0.005	0.005	0.005	0.004	0.004	0.003	0.003	0.003	0.002	0.002	0.002	0.002	0.002	0.002	0.001	0.001	0.001	0.001	0.001	0.001
瑞士	0.002	0.002	0.002	0.001	0.001	0.001	0.001	0.001	0.001	0.001	0.001	0.001	0.001	0.001	0.001	0.001	0.001	0.000	0.000	0.001
叙利亚	0.212	0.221	0.192	0.181	0.172	0.168	0.161	0.152	0.150	0.156	0.147	0.136	0.126	0.119	0.116	0.115	0.109	0.103	0.098	0.092
泰国	0.087	0.088	0.088	0.084	0.083	0.087	0.089	0.091	0.093	0.086	0.079	0.072	0.061	0.049	0.044	0.034	0.054	0.050	0.047	0.047
突尼斯	0.131	0.135	0.128	0.129	0.123	0.122	0.117	0.115	0.113	0.110	0.108	0.102	0.098	0.092	0.085	0.080	0.078	0.074	0.071	0.069
土耳其	0.045	0.048	0.045	0.040	0.053	0.050	0.051	0.050	0.054	0.055	0.055	0.057	0.042	0.031	0.026	0.026	0.027	0.027	0.029	0.031
乌克兰	0.737	0.664	0.599	0.625	0.724	0.733	0.727	0.673	0.566	0.553	0.464	0.427	0.400	0.370	0.313	0.312	0.332	0.298	0.286	0.328
阿联酋	0.036	0.038	0.038	0.039	0.037	0.033	0.027	0.026	0.025	0.024	0.023	0.022	0.022	0.020	0.019	0.018	0.015	0.015	0.014	0.014
美国	0.030	0.029	0.027	0.026	0.025	0.021	0.020	0.020	0.019	0.017	0.015	0.014	0.013	0.013	0.012	0.012	0.011	0.010	0.009	0.012
乌兹别克斯坦	0.257	0.269	0.252	0.237	0.256	0.245	0.239	0.217	0.212	0.188	0.165	0.170	0.163	0.155	0.143	0.124	0.129	0.116	0.106	0.097
委内瑞拉	0.030	0.030	0.027	0.027	0.035	0.026	0.029	0.028	0.026	0.024	0.026	0.029	0.028	0.027	0.026	0.025	0.021	0.020	0.019	0.019
越南	0.076	0.073	0.070	0.068	0.067	0.072	0.067	0.072	0.071	0.066	0.064	0.068	0.070	0.069	0.084	0.077	0.049	0.047	0.045	0.043
世界合计	0.054	0.052	0.049	0.047	0.045	0.043	0.041	0.039	0.038	0.035	0.034	0.033	0.032	0.032	0.032	0.032	0.029	0.028	0.028	0.028

注: 部分国家数据采用 10 年滑动平均值

资料来源: Smith, et al., 2011. Anthropogenic Sulfur Dioxide Emissions: 1850-2005 (submitted to ACP)